U0389093

国家科学技术学术著作出版基金资助出版

火星探测器进入、下降与着陆过程的导航、制导与控制

——“恐怖”七分钟

夏元清　著

科学出版社
北　京

内 容 简 介

本书以深空探测的重要研究领域——火星探测为研究背景，对火星探测任务中探测器进入、下降和着陆过程（EDL 过程）中的导航、制导与控制问题进行了详细研究，系统提出探测器在经历火星大气层“恐怖”七分钟后能够精确着陆火星表面的理论与方法。全书共九章：第 1 章为绪论，阐述了火星探测的研究意义及存在的问题；第 2 章建立了火星 EDL 过程中的动力学模型；第 3 章至第 5 章分别分析与研究了进入过程中的“黑障”现象、导航策略和制导方案；第 6 章对火星探测器伞降段进行了研究，建立了物伞系统六自由度模型；第 7 章提出的最优制导律显著提高了探测器动力下降段的着陆精度；第 8 章分析火星探测器着陆段的图像特征识别、匹配与路径规划问题；在前面章节的基础上，第 9 章对整个 EDL 过程进行虚拟仿真实现。

希望本书能够为从事深空探测和其他相关领域的工程师和研究人员提供一些参考，并对我国深空探测相关的研究工作起到推动作用。

图书在版编目(CIP)数据

火星探测器进入、下降与着陆过程的导航、制导与控制——“恐怖”七分钟/夏元清著. —北京: 科学出版社, 2018.1

ISBN 978-7-03-055127-6

Ⅰ.① 火… Ⅱ.① 夏… Ⅲ.①火星探测器—研究 Ⅳ.①V476.4

中国版本图书馆 CIP 数据核字(2017) 第 268751 号

责任编辑：许 健／责任校对：谭宏宇
责任印制：黄晓鸣／封面设计：殷 靓

科学出版社 出版
北京东黄城根北街 16 号
邮政编码：100717
http://www.sciencep.com

苏州越洋印刷有限公司印刷
科学出版社发行 各地新华书店经销
*
2018 年 1 月第 一 版 开本：787 × 1092 1/16
2018 年 1 月第一次印刷 印张：16 3/4
字数：400 000

定价:170.00 元

(如有印装质量问题，我社负责调换)

前言

Foreword

深空探测是人类航天活动的重要组成部分，是继近地卫星、载人航天之后又一新的航天发展领域，开展深空探测任务可以帮助人类研究太阳系及宇宙的起源、演变和现状，认识地球环境的形成和演变，以及寻找地外生命和研究生命的起源。本书以深空探测的重要研究领域——火星探测为研究背景，对火星探测任务中探测器进入、下降和着陆 (EDL) 过程中的导航、制导与控制问题进行了详细研究，系统提出探测器在经历火星大气层“恐怖”七分钟后能够精确着陆火星表面的理论与方法，提高了火星探测器的着陆精度。

本书总结了作者及其研究生在该领域的相关研究成果，并加以归纳、系统化，是一部具有总结性、内容详细且全面的学术著作。本书对火星探测器动力学和运动学方程、进入段通信“黑障”分析、导航方案研究、制导控制方案设计、伞降段运动分析、动力下降段最优能量消耗和着陆段视觉导航等方面进行详细论述，并利用已有的数据对相关结论进行仿真验证，得到了很好的结果。

除作者外，作者的学生王连升、沈刚辉、王夕臣、陈荣芳、戴娟、孙浩然、周鎏宇、潘啸和张将等博士和硕士研究生也参与了本书的资料搜集、讨论研究和文字工作，其中王连升协助撰写了第 4 章；沈刚辉协助撰写了第 5 章、第 6 章和第 9 章部分内容，并全程参与书稿的整理与语言的润色；王夕臣协助撰写了第 3 章；陈荣芳和戴娟协助撰写了第 5 章；周鎏宇协助撰写了第 7 章；潘啸和张将协助撰写了第 8 章；孙浩然协助撰写了第 9 章部分内容。此外，作者的其他多位研究生参与了对书稿的整理和校对，在此深表感谢!

本书得到了国家重点基础研究发展计划 (973 计划) 项目 (2012CB720000)——“行星表面精确着陆导航与制导控制问题研究”、国家杰出青年科学基金 (61225015) 和国家自然科学基金 (61720106010) 的资助，在此也对 973 项目的首席科学家——北京理工大学崔平远教授的指导，以及北京航空航天大学郭雷教授的支持与帮助表示衷心的感谢!

希望本书能够为从事火星探测和其他相关领域的工程师和研究人员提供一些参考，并对我国深空探测相关的研究工作起到推动作用。此外，由于作者水平有限，书中难免存在不足之处，欢迎读者批评指正。

夏元清

2018 年 1 月

于北京理工大学

目录

Contents

第1章 绪　　论

1.1 引　　言

认识太空、探索宇宙，自古以来就是人类的不懈追求。1957 年，苏联发射了第一颗人造地球卫星，一年后人类开始尝试发射月球探测器，踏上了深空探测的征程。深空探测是人类航天活动的重要组成部分，是继近地卫星、载人航天之后又一新的航天发展领域，是对月球及月球以外的天体和空间的探测活动，它能帮助人类研究太阳系及宇宙的起源、演变和现状，认识地球环境的形成和演变，以及寻找地外生命和研究生命的起源 [1]。

火星，是运行在太阳系内第四轨道的行星，也是地球外围轨道最靠近地球的行星，因而也是有文字记载以来人类最关注的星体之一，因为呈火红色，中国古代将其称为“荧惑”，西方则将其称为“战神”(Mars)。太阳系和火星如图 1.1 所示，火星最早的观测记录可以追溯到公元前三四世纪的战国时期，中国的两位天文学家测定了火星的公转周期为 668.49 天，是世界上最早的火星观测活动 [2, 3]。近代火星探测则从 19 世纪 60 年代人类发射第一个火星探测器开始，如何将设备以及人员送上火星，对火星的天文学特征、土壤和岩石的成分与分布进行分析，将结果传回或者将样本带回地球，航天员安全去与回的探测方式逐渐成为火星探测的研究热点。20 世纪 60~80 年代，苏联和美国总共进行了 25 次火星探测任务。其间，苏联发射了火星系列探测器，美国发射了“水手”(Mariner) 系列探测器以及“海盗”(Viking)1 号、2 号火星着陆探测器。进入 21 世纪后，人类探索火星的步伐明显加快，

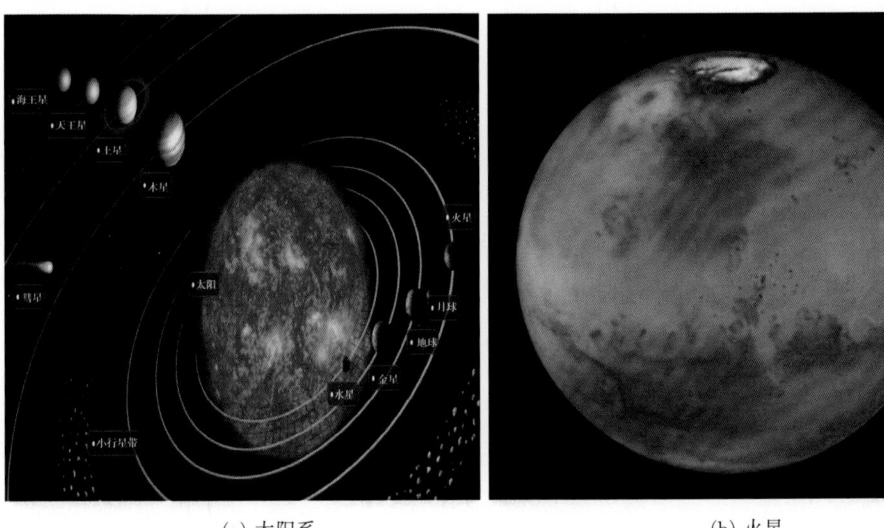

(a) 太阳系　　　　(b) 火星

图 1.1　太阳系示意图和火星示意图

成功率也得到了较大的提高。美国发射了包括火星“奥德赛号”(Mars Odyssey) 轨道器、“勇气号”(Spirit) 和“机遇号”(Opportunity) 火星漫游车、“火星勘测号”(Mars Reconnaissance Orbiter) 轨道器、“凤凰号”(Phoenix) 着陆器 (图 1.2)，以及“火星科学实验室”(Mars Science Lab) 漫游车 (又称“好奇号”)，均获得了成功。欧洲航天局发射了“火星快车”(Mars Express) 轨道器，印度发射了“曼加里安号”火星探测器。这些探测活动大大加深了人类对火星的认识，同时带动了空间能源、人工智能、深空探测等一系列高新技术的发展。

图 1.2 “凤凰号”着陆器

1.2 研究背景及意义

1.2.1 研究背景

火星，作为位于地球轨道外侧最近的一颗行星，是太阳系中最近似于地球的天体，被称为地球的“姊妹星”。对火星的探索有利于探索天体的演化过程，从而对地球进行有效的保护，更能探索地外生命的起源、地外资源、能源和特殊环境的利用等。长久以来，科学家一直致力于探索火星的天文学特征、大气层与电离层、火星地质学、磁场和引力场等问题。考虑到未来载人火星探测任务，最关键的问题是研究火星上的生命。因此，火星是否存在或者曾经存在过生命？以及人类能否移居火星 [4]？这些都是涉及人类未来的基础性问题。

火星探测，是一个国家政治、经济和科技实力的综合表现。西方国家依靠其在航天航空科技方面的优势，很早就开始了对火星的探测。美国在 1964 年就已经开始了对火星的探索，发射了第一个火星表面探测器“海盗号”，又成功着陆“勇气号”“机遇号”“凤凰号”等探测器。现阶段及未来的火星探测计划主要集中于火星近表面环境或者火星表面环境的探测。2012 年 8 月 6 日，美国花费 25 亿美元的首辆核能火星车“好奇号”成功着陆于火星表面。2010 年，美国时任总统奥巴马提出开展机器人火星探测计划，并计划在未来 25 年内完成载人火星探测的使命。欧洲空间局在 21 世纪初制订了曙光计划，该计划将执行一系列火星探测任务，包括发射地外火星漫游器 (exobiology on Mars，ExoMars)、火星采样返回探测器 (Mars sample return, MSR) 等，并最终实现载人火星探测目标。2007 年，俄罗斯启动了“火星 500”试验项目，这项试验深入研究了前往火星探测的宇航员的生理和心理状态，为未来载人火星探测积累科学数据 [1]。俄罗斯于 2011 年发射“福布斯号”探测器，本来计划软着陆于“火卫一”上，因主动推进装置未能点火而变轨失败。2014 年，印度“曼加里安号”火星探测器成功进入火星轨道，拉开了亚洲国家火星探测的序幕。2016 年 3 月 14 日，欧洲空间局和俄罗斯联邦航天局联合研制的“ExoMars 2016”火星探测器搭乘俄罗斯的“质子”号火箭，从位于哈萨克斯坦的拜科努尔航天发射场升空，于 10 月 19 日 14 时 42 分进入火星的大气层。但是由于探测器在大气进入和伞降过程中缺乏在线故障检测、隔离和恢复能力，探测器最终以极高的速度撞毁于火星表面。

随着我国经济实力的不断增长，对火星的探测任务也已提上日程。2016 年 1 月，我国首个火星探测任务已经批准立项，并预计在“十三五”规划的最后一年，即 2020 年，发射我国首颗火星探测卫星；预计在 2025~2030 年先后进行木星探测和火星取样返回探测的任务，以提升我国的航天竞争力和国际地位 [5, 6]。2017 年初出版的《2016 中国的航天》白皮书中提出，中国未来深空探测工程还将实施四次重大任务：一是 2020 年左右发射首个火星探测器，按照一步实现“绕、落、巡”开展火星探测；二是实施第二次火星探测任务，进行火星表面采样返回，开展火星构造、物质成分、火星环境等科学分析与研究；三是进行一次小行星探测；四是规划一次木星和行星的探测。

1.2.2 研究意义

截至 2016 年 6 月，人类总共进行了 40 余次火星探测任务，其中仅有 20 次获得成功或取得部分成功，已经成功的 20 次科学考察为人们认识火星的大气环境、自然条件、火星表面物质组成和地理地貌提供了科学依据，为人类登陆火星实地考察提供了大量信息；在 15 次的登陆任务中，仅 7 次成功着陆火星表面，火星探测所面临的挑战远大于近地卫星以及载人航天活动。首先，火星与地球最近距离为 5000 万 km，最远距离为 4 亿 km，这就意味着火星与地球之间的通信有超过 20min 的时延；其次，来回的总飞行时间超过一年，这对星际航行和生命保障技术是一个严峻的挑战 [7]；最后，火星探测器受质量约束，探测器携带的通信设备能力有限，这就导致信息的保真性以及信息的顺利传送很难得到保证。

到目前为止，火星探测主要经历了三个阶段：飞越、环绕火星飞行以及在火星表面着陆，其中最具有科学价值的为在火星表面着陆。火星探测软着陆是进行火星表面环境、土壤化学分析以及有关火星物理研究等必须解决的一项技术，同时也是将来进行采样返回和载人探测、建立火星基地、向火星索取资源或移居，实现人类探测火星的最终目的所必须解决的一项科学难题 [8]。

未来的火星探测任务要求探测器具有在具有较高科学价值的特定区域精确着陆的能力 [9-11]。这就对探测器着陆区域的精度有一定的要求，同时火星探测器在到达进入点之后受到火星大气模型不确定、气动环境复杂、强非线性、强耦合等问题的影响，使得着陆精度产生很大的偏差。因此，为了完成未来火星探测任务精确着陆的需求，需要对火星探测过程中的各个阶段进行深入分析，并研究在多约束条件下的火星探测器在进入大气后的快速、精确导航制导技术，从而实现精确软着陆，这是目前国内外火星探测任务正致力解决的关键问题之一。

1.3 火星探测器进入、下降与着陆过程

由于探测器在进入火星大气之前具有极快的速度，因此要实现探测器的减速与精确着陆就必须经历大气进入、下降 (包含伞降段和动力下降段) 以及最终着陆 (entry，descent and landing，EDL) 过程。EDL 过程虽然短暂，但却是整个火星探测任务中最为重要和关键的部分之一 [12]，其开始于着陆器以 $4\sim7$ km/s 的速度撞击火星大气层顶，逐渐减速降落，以着陆器安全着陆于火星地表为结束标志，整个过程如图 1.3 所示。表 1.1 展示了以往成功着陆于火星表面的 7 个探测器的各项参数和性能指标。

1. 进入段

探测器进入火星大气层的场景向人们展示了一幅空间时代的经典画面：一个密封舱被一团火球包围着，如闪电般穿过天空。进入段一般始于着陆器接触火星大气层顶 (高度 125km，速度 $4\sim7$km/s)，结束于降落伞完全打开。整个过程仅利用火星大气进行减速，消耗掉 99% 的动能，将速度减到合适的开伞条件高度 ($6\sim10$km，速度 $2Ma$ 左右，压强 $300\sim800$Pa)，其间，经历制动过载、动压峰值，同时产生大量的气动热，是整个 EDL 过程中气动环境最恶劣，也是最重要的阶段。

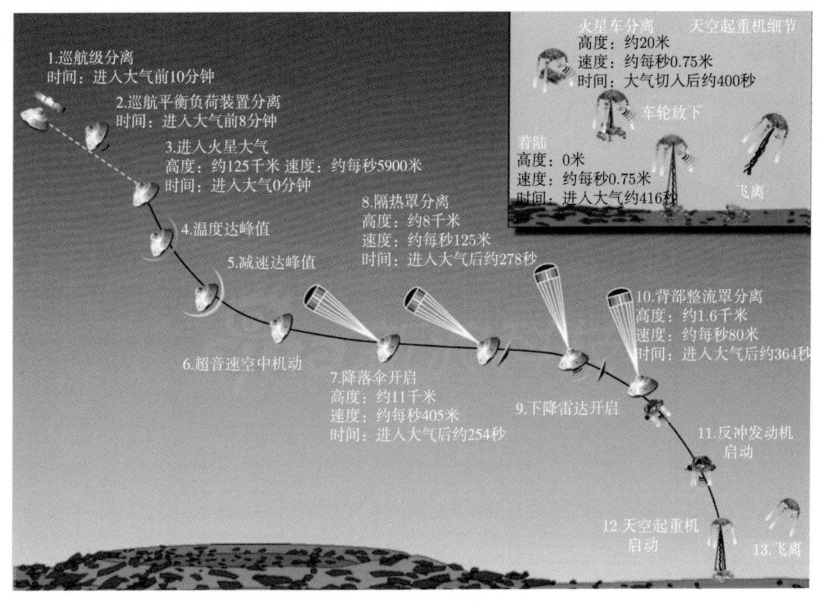

图 1.3 火星 EDL 过程

表 1.1　成功着陆火星表面任务的 EDL 总结

着陆时间 着陆任务	1976 年 海盗 1、2 号	1997 年 7 月 4 日 火星探路者号	2004 年 1 月 3 日 勇气号	2004 年 1 月 25 日 机遇号	2008 年 5 月 25 日 凤凰号	2012 年 8 月 6 好奇号
进入方式	轨道进入	直接进入	直接进入	直接进入	直接进入	直接进入
进入速度/(km/s)	4.7	7.26	5.4	5.5	5.67	5.9
进入质量/kg	992	584	827	832	600	2800
进入升力控制	质心偏置	无偏置	无偏置	无偏置	质心偏置	质心偏置
进入制导	无制导	无制导	无制导	无制导	无制导	阿波罗制导
升阻比	0.18	0	0	0	0.06	0.22
热防护罩直径/m	3.5	2.65	2.65	2.65	2.65	4.6
热防护罩构型	70 度锥角	70 度锥角	70 度锥角	70 度锥角	70 度锥角	70 度锥角
盘缝带伞直径/m	16	12.5	14	14	11.5	16
开伞马赫数	1.1	1.57	1.77	1.77	1.6	2
开伞动压/Pa	350	585	725	750	420	750
开伞高度/km	5.79	9.4	7.4	7.4	9	6.5
高度传感器	雷达	雷达	雷达	雷达	雷达	雷达
水平速度传感器	多普勒雷达	无	成像/IMU	成像/IMU	多普勒雷达	多普勒雷达
着陆垂直速度/(m/s)	2.4	12.5	8	5.5	2.4	0.75
着陆水平速度/(m/s)	< 1	< 20	11.5	9	<1	< 0.5
着陆缓冲方式	3 个缓冲腿	安全气囊	安全气囊	安全气囊	3 个缓冲腿	6 轮车式
着陆质量/kg	590	360	539	539	364	1541
有效着陆质量/kg	244	92	173	173	167	775
3σ 着陆椭圆长轴/km	280	200	80	80	260	20
3σ 着陆椭圆短轴/km	100	100	12	12	30	20
着陆区海拔/km	−3.5	−2.5	−1.9	−1.4	−3.5	2

由于火星大气密度非常稀薄，仅为地球的 1%[13]，在进入段过程中，探测器仅依靠自己的气动外形进行减速，相比地球上的探测器，需要飞行在更低的高度才能达到所需的减速效果。这也就意味着，适合开伞的高度也相对较低，留给接下来的伞降段以及最终着陆段的时间变少，可能导致着陆器没有充足的着陆准备时间。同时，火星探测器在大气的作用下将急剧减速，会产生严重的气动热。因而合适的气动外形是确保火星探测器安全通过进入段的高速高温飞行区，并最终实现火星软着陆的重要保障 [14]。

火星探测器的进入段气动外形必须能够同时满足两个条件，即能提供较高的阻力系数，同时具有较好的防热性能。目前成功着陆于火星地表的着陆器的进入段气动外形都借鉴了“海盗号”的成功经验，均采用 70 度半锥角的大钝头球锥形的外形设计 (其零攻角的阻力系数为 1.68)，如图 1.4 所示。该结构设计提高了进入探测器的阻力面积，充分发挥了自身气动阻力的减速作用，同时相比于细长物体，钝头物的进入能量耗散在一个空气质量较大的空间中，有效抵消了高超声物体承受的热负荷 [15]。

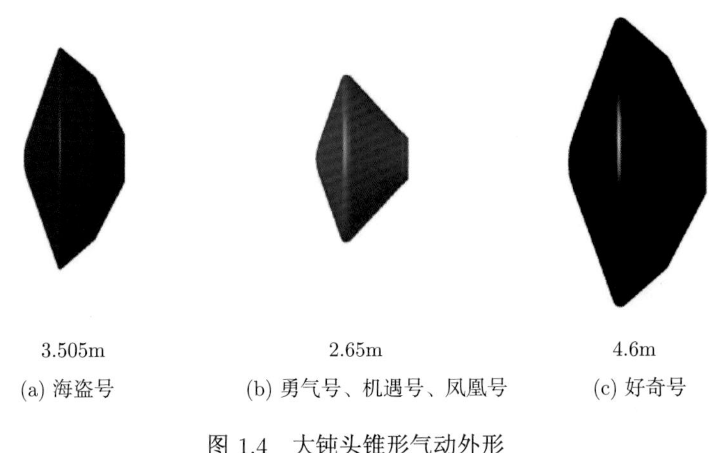

3.505m　　2.65m　　4.6m

(a) 海盗号　　(b) 勇气号、机遇号、凤凰号　　(c) 好奇号

图 1.4　大钝头锥形气动外形

2. 下降段

下降段，分为伞降段和动力下降段。其中伞降段为无控过程，即当探测器的速度与高度降低到一定程度后，通过降落伞的打开进一步消耗探测器的动能。降落伞是航天器减速着陆系统最常见的减速装置之一，目前成功实施的无人火星探测任务都采用了超声速伞减速技术。之所以使用降落伞进行减速，除了其具有较高的安全可靠性，还因为降落伞质量较轻、制作加工的成本低廉、便于携带 [16, 17]。进入 21 世纪后，随着运载火箭、高超声速飞行器和航天器返回技术的快速发展以及柔性减速材料研究的不断深入，降落伞的应用领域不断扩大 [18, 19]。与地球大气相比，火星大气十分稀薄，表面大气密度仅为地球的 1%；尽管如此，依靠高分子材料制作而成的特殊形状减速伞依然是探测器能够安全到达火星表面的最有效方法。另外，由于火星大气比较稀薄，降落伞材料、形状和参数的选取都将与着陆于地面的返回舱所用的降落伞有较大差异，因此通过使用降落伞装置进行减速从而实现探测器在火星表面安全着陆是一项极具难度和复杂性的设计任务 [20,21]。

考虑到火星稀薄的大气密度，在地球大气中能正常工作的超声速伞在火星大气中就可能会出现许多问题。同时，降落伞在超声速条件下还存在开伞困难、开伞不稳定、阻力系数下降等问题 [14]。受降落伞制作材料以及目前的技术工艺的限制，使开伞的高度和速度有一定的约束，若开伞高度过低，则探测器可能没有足够的时间将速度减小到希望的范围，可能导致着陆器坠毁；若开伞高度过高，则对开伞条件来说，速度可能过大。

不同几何形状的降落伞的充气性能、阻力系数、稳定性以及制造成本也不同。从 20 世纪 60 年代开始，美国国家航空航天局 (NASA) 就开始对低密度条件下的超声速降落伞进行研究，先后进行过十字伞、环帆伞以及盘缝带伞等伞型的研究，各种伞型的超声速高空投放试验结果如表 1.2 所示，最终采用盘缝带伞 (disk gap band，DGB 降落伞) 作为火星降落伞 [14]。相比其他类型的降落伞，盘缝带伞具有更好的稳定性。

表 1.2　美国研制超声速降落伞高空投放实验结果

伞型	名义直径/m	开伞点速度/Ma	开伞动压/Pa	飞行器质量/kg	是否成功
环帆伞	12.2	1.64	436	108	否
环帆伞	26.0	1.16	282	125	是
环帆伞	9.5	1.39	527	100	是
环帆伞	16.6	1.60	555	244	是
环帆伞	12.2	2.95	440	127	是
十字型伞	16.6	1.65	607	257	是
十字型伞	9.1	1.57	464	109	是
十字型伞	7.7	1.57	474	98	否
盘缝带伞	9.1	1.56	546	102	是
盘缝带伞	19.7	1.59	555	248	是
盘缝带伞	12.2	2.72	464	127	是
盘缝带伞	12.2	1.91	555	127	是
盘缝带伞	12.2	3.31	508	129	是
盘缝带伞	12.2	2.58	972	127	是
盘缝带伞	12.2	2.77	958	129	否
盘缝带伞	16.8	2.69	886	1193	否

“海盗号”的成功减速与着陆，验证了盘缝带伞能够适应火星稀薄的大气环境以及能够满足低密度条件下的超声速开伞的条件，并一直被随后的火星着陆器所采用。DGB 降落伞是一种透气开缝伞，主要由伞衣、伞绳、旋转接头和吊带等部分组成。其中伞衣由圆形“盘”和筒状“带条”组成，两者中间有较宽的缝隙，伞衣幅顶部呈三角形，底部呈矩形，降落伞形状如图 1.5 所示。DGB 降落伞在超声速、低密度开伞条件及工作环境下稳定性好，充气性能和载荷能力较为优良，因此选择盘缝带降落伞能最大限度保证伞降过程的可靠性与稳定性。

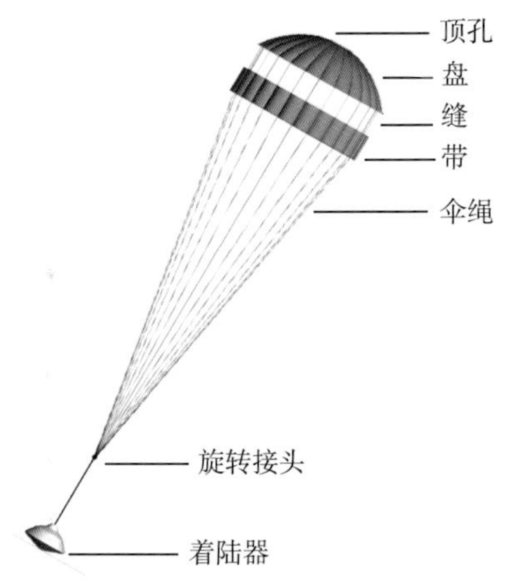

图 1.5 “好奇号”采用的降落伞

“好奇号”(即“火星科学实验室号”探测器，MSL) 所采用的 DGB 降落伞是在 1976 年成功着陆火星的“海盗号”着陆器所用的名义直径为 16.1m 的 DGB 降落伞基础上改进的，盘缝带伞的设计基本上沿用了“海盗号”盘缝带伞的结构参数，如透气量、缝–带比值等参数。但与“海盗号”不同的是，由于“好奇号”需要执行更加复杂和特殊的任务，需要对降落伞做一定的改进，在增加其负载量的同时降低伞本身的自重，因此“好奇号”采用了包括聚酯、尼龙、凯夫拉和泰克诺拉在内的高韧性、高强度和低密度材料，这与“海盗号”仅采用一般有机材料所不同。

表 1.3 为“好奇号”所采用的盘缝带伞与“海盗号”的降落伞各设计参数的比较。其中名义直径 D_0 为降落伞伞衣结构计算直径的名称，它等于和气动阻力产生面具有相同总面积的平面圆的直径。图 1.6 所示为“好奇号”系统的缩小简化比例模型，图中给出了其降落伞和着陆器的各参数量。从表 1.3 中的盘缝带伞设计参数可以看出，“好奇号”所采用的降落伞的透气量以及盘、缝和带的宽度比与“海盗号”基本相同，不同的是“好奇号”盘缝带伞增大了降落伞伞衣的半径尺寸以及采用了现代化的高性能分子材料，以满足所需要执行的更加复杂的火星着陆探测任务。

表 1.3 “好奇号”与“海盗号”降落伞结构设计参数之间的比较

参数	海盗号	好奇号
名义直径 (D_0)/m	16.1	21.35
盘直径 (D_p)/m	11.7	14.20
缝宽 (L_d)/m	0.67	0.83
带宽 (L_b)/m	1.95	1.40
伞绳长度 (L_s)/m	27.4	36.60
结构透气量	12.8%	12.8%
拖拽距离比 (x/d)	8.5	10.0
伞衣、伞绳材料	涤纶	锦纶、尼龙、凯夫拉等

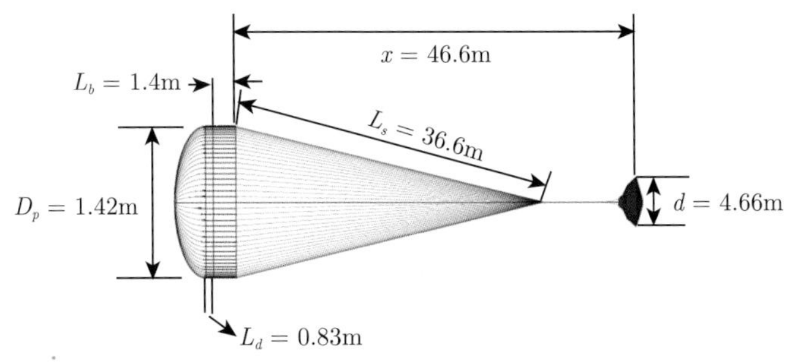

图 1.6 “好奇号”盘缝带伞的参数

和之前的降落伞相比,“好奇号”所采用的降落伞是到目前为止深空探测领域所使用的面积最大和强度最高的降落伞。但根据 NASA 近期公布的深空探测计划显示,未来火星探测器将执行更加复杂、难度更大的探测任务,这对降落伞的阻力特性和稳定性都提出了更高的要求,因此需要在盘缝带伞的基础上做出相应的改进。文献 [22] 介绍了 NASA 下一代超声速降落伞的研究计划——低密度高超声速减速器 (low density supersonic decelerator, LDSD) 计划。该计划主要为未来执行更加复杂任务的火星探测器研制相应的降落伞 [22]。LDSD 计划采用传统的盘缝带伞和在其基础上做出相应改进的环形伞 (ringsail)、盘帆伞 (disksail) 和星形伞 (starsail) 这四种不同的伞衣类型 [23](图 1.7),改进的降落伞均是为了满足未来火星探测的某一重要任务指标而设计的,因此具有重要的意义。

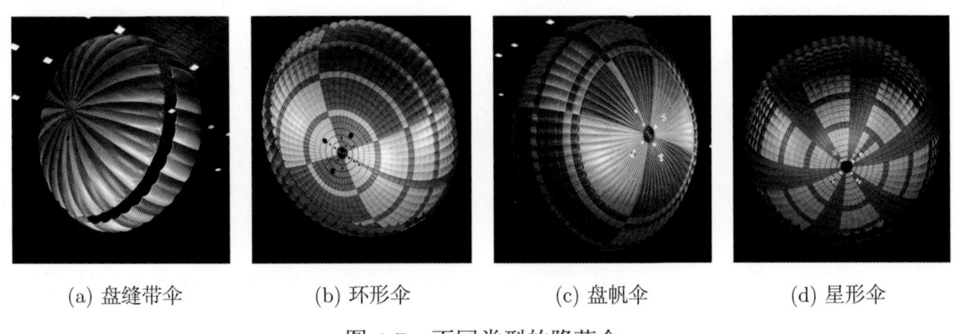

(a) 盘缝带伞 (b) 环形伞 (c) 盘帆伞 (d) 星形伞

图 1.7 不同类型的降落伞

注 1.1 后三种降落伞都是在盘缝带伞型的基础上修改的,均是针对提高稳定性或者增大降落伞的负载承受力这一特定目标而对传统降落伞所做的改进,但由于其目前处于研制初级阶段,工作性能和参数特点并非十分确定,短期内不会被应用于实际探测当中,因此在本讨论和后面的仿真验证中,均采用“好奇号”探测器所使用的传统盘缝带降落伞。

当着陆器抛弃降落伞后,探测器进入动力下降段。为了进一步降低着陆器的下降速度,利用火箭反推技术,同时采用推力器控制着陆器进行姿态调整以及障碍规避,并最终使着陆器安全到达着陆点上方。将大载荷的着陆器送上火星表面是未来火星探测任务的主题,目前的火箭反推系统都是在亚声速条件下点火的,有学者提出在超声速条件下使用火箭反推技术,这将是一项巨大的挑战,因为超声速条件下反推点火会产生很多复杂的冲击波,它们将会向后倒流进发动机,引起发动机故障,并且目前该技术没有任何经验可供借鉴,相关的科学数据非常少 [24]。

在探测器下降阶段的两个过程 (伞降段和动力下降段) 中，系统的动力学特性存在着许多不同。首先，整个伞降段为无控过程，而动力下降段却可以通过对探测器助推器的调整实现着陆器的精确着陆任务；其次，伞降段中探测器的飞行速度极快，需要提供较大的阻力面积以快速降低探测器速度，而动力下降段探测器的速度下降较慢，需要对姿态进行调整，此过程需要消耗大量能量。两个过程所用的分析方法也大相径庭，因此本书将对下降阶段的两个过程——伞降段和动力下降段分别进行研究。

3. 着陆段

着陆器经过反推火箭系统后速度将进一步减小，最后采用缓冲着陆装置实现探测器的软着陆。目前在火星探测上已经成功应用的着陆方案有“海盗号”“凤凰号”的着陆支架方案，“探路者号”和“漫游者号”所采用的缓冲气囊着陆方式，以及 2012 年“好奇号”的“空中起重机”(sky crane) 的缓冲着陆方式 [25]。

着陆支架技术已成功应用于月球和火星表面的着陆任务，着陆器的结构集成度较高，也能承受较大的载荷。但是着陆支架技术受支架高度以及稳定性的限制，对着陆地形要求较高，着陆地点不能有较大的陡坡、岩石和凹坑等地质情况。采用着陆支架后，为了确保安全着陆，需要配备较大推力的反推火箭系统进行减速，同时为了避免对着陆姿态产生干扰以及对着陆地点的表面环境产生影响，需要在一定高度时关闭反推发动机，着陆器将自由落体，这会使着陆速度增大，对支架的承载能力以及稳定性有较高的要求。着陆支架技术如图 1.8 所示。

图 1.8　着陆支架

缓冲气囊技术简化了着陆系统的设计，着陆器可以在较大的速度下进行着陆，该技术也降低了对着陆器姿态的要求，能适应相对复杂的地理环境。但是，缓冲气囊能承载的有效载荷较小，同时考虑到气囊弹跳的随机性，该着陆技术的精度也较低，不适合未来火星的精确着陆以及大载荷的探测任务需求。缓冲气囊技术如图 1.9 所示。

2012 年成功着陆火星的“好奇号”采用了不同的着陆缓冲方案——“空中起重机”精确着陆技术，如图 1.10 所示。该技术工作原理是在动力下降段通过吊带将火星车以 0.75m/s 的速度匀速下降，直到火星车接触地表，火星车安全着陆后切断吊带，下降平台飞离着陆地点。采用这种着陆方式既无需担心发动机气流对着陆器姿态以及地表环境的影响，无需提前关闭发动机，又能进一步提高着陆器的有效载荷和着陆精度 [26-28]。

图 1.9 缓冲气囊

探测器着陆后若偏离目标点，则需要通过视觉导航自主前往目标点。近年来，深度学习在计算机视觉领域取得突破性进展 [29]，使得计算机能够像人脑一样逐层提取数据信息并形成对数据的抽象解释。深度学习的概念于 2006 年由加拿大多伦多大学的 Hinton 教授提出 [30]，此后在全球掀起了一股以深度学习为代表的人工智能浪潮，深度学习被广泛用来处理各种复杂的计算机视觉任务。2016 年，Tamar 等 [31] 提出价值迭代网络，并成功应用于火星视觉导航任务中。Levine 等 [32] 提出一种能够端到端训练的视觉策略网络，在机器人视觉任务中取得突出效果。这为火星探测精确着陆提供了良好的借鉴，深度学习应用于火星探测器视觉导航任务，能够使着陆器最终精准抵达目标点。

图 1.10 空中起重机

1.4 EDL 各阶段研究现状及存在问题

1.4.1 进入段研究现状和存在问题

1. 进入段导航问题及现状

1) 存在问题

火星探测与近地航天任务相比，具有跟踪测量距离远、信号传输延时大、导航测量难度高、任务持续周期长等特点，需要解决先进有效的载荷研制技术、火星测控数传技术、探测器热控技术、探测器自主管理技术等一系列难题 [33]。探测器与地球的最远通信距离达 4 亿 km，是地月距离的 900 多倍，且通信过程中存在巨大的信号衰减，通信延时超过 20min，因此需要提高地面测控站和星载测控设备的发射频率和灵敏度，满足探测器测控数传要求。此外，长时间的通信延时，给探测器的生存安全带来巨大的隐患，表 1.4 为历次火星探测器大气进入段参数。当探测器的导航制导与控制系统或通信系统出现故障时，地面测控站不能对探测器故障及时进行干预和处理，这就相当于给探测器的生命带来威胁。因此，为确保探测器能够正常工作，探测器需具备自主管理能力，即自主导航与控制能力。下面主要分析火星进入段导航的难点与挑战。

表 1.4　历次火星探测器大气进入段参数

	海盗号	探路者号	勇气号	机遇号	凤凰号	好奇号
进入质量/kg	992	584	827	832	603	3300
进入速度/(km/s)	4.7	7.26	5.4	5.5	5.6	5.9
隔热罩直径/m	3.5005	2.65	2.65	2.65	2.65	4.5
总热负荷/(J/m^2)	1100	3865	3687	3687	2406	小于 6200
热流密度峰值/(W/cm^2)	26	100	44	44	46	小于 210
进入段通信频段	UHF	X-band	X-band	X-band	UHF	UHF/X-band
黑障持续时间/s	*	30	0	0	信号衰减	小于 95

* 为受限于当时的探测技术手段，并没有确切观测到。

(1) 大气进入段可以利用的导航信息源有限，可用导航测量设备少，导航精度难以保证。由于火星与地球距离遥远，存在通信延时，而进入过程仅仅持续几分钟，因此火星着陆器无法利用地面深空网以及天体信息，只能依靠自主导航。此外，在火星高超声速大气进入段，整个着陆器被包裹在热防护罩内，在这种情况下一些常用的测量设备 (如激光雷达、多普勒雷达、测高计、光学敏感器等) 无法正常使用 [34]，火星着陆器只能依靠自身携带的惯性测量器件和火星在轨轨道器。但是，目前仅有限的火星轨道器能正常工作，并不能完全保证导航系统的可观性 [35]。

(2) 探测器在进入过程中通常会发生通信“黑障”。着陆器以高超声速进入火星大气层，与周围空气剧烈摩擦，从而在着陆器前端产生很高的温度，致使周围大气发生电离。此外，着陆器本身热防护材料在高温烧灼下电子密度大幅增加，在着陆器周围形成等离子鞘套 [36]。等离子鞘套会严重吸收和散射电磁波，使得电磁波严重衰减甚至中断，从而造成着陆器与火星轨道器或其他通信设备的通信“黑障”现象 [37-41]。通信“黑障”区间的存在会直接造成对着陆器飞行状态的捕获难度，对着陆器大气进入段的实时通信和导航精度的保证提出了挑战。

(3) 复杂多变的大气环境及其不确定性和未知扰动。火星表面大气环境较为复杂，经常发生大规模的尘暴和突风，而且火星大气密度和气动参数 (如升阻比和弹道系数) 具有不确定性，这些未知扰动和不确定性为高速飞行的着陆器动力学建模带来很大困难，难以在地面进行实验验证 [42]。而且，受空间环境和剧烈运动的影响，着陆器内部自身携带的惯性测量器件的测量精度也会有所偏差 [43-45]，使得导航精度进一步失准。

(4) 探测器载荷和机载计算机数据处理能力受限。特定的探测器 (着陆器) 构型限制了其载荷的质量和体积，使其不能携带高精度导航传感器，同时制约了着陆器上数据的存储和运算能力。在着陆器超高速运行过程中，需要实时快速处理着陆器状态信息，这对机载计算机的数据处理能力和高精度导航滤波算法的实施提出了挑战 [46]。

2) 国内外研究现状

高精度的自主导航与控制技术是火星探测器着陆任务成功实施的前提和保障，是火星探测器 EDL 过程的核心技术之一，对成功实现火星高精度着陆起着不可替代的作用。而控制技术的实施以获得精确的着陆器状态信息为前提，因此，对火星着陆器导航的研究具有重要的理论和实际意义。火星大气进入段是整个 EDL 的起始阶段，其导航精度是探测器精确着陆的关键。下面详细给出火星大气进入段导航方案和导航方法的国内外研究现状。

对于火星进入段导航方案，目前成功着陆的“海盗号”“探路者号”“勇气号”“机遇号”“凤凰号”以及“好奇号”均采用基于惯性测量单元 (inertial measurement unit，IMU) 的航迹递推导航方式，只有进入火星大气层之前的巡航段采用地面深空网和星敏感器获得精确的大气进入点 [47]。但是由于惯性测量单元存在固定的常值偏差和漂移，并且由于进入段气动环境恶劣、存在未知扰动，没有其他的导航测量设备对其进行辅助和修正，因此基于惯性测量单元的航迹递推导航方案具有较大的导航误差 [34]。虽然地面深空网可以提供较为精确的导航信息，但是由于存在通信延时，火星着陆器只能依靠自主导航，各国学者提出了潜在的自主组合导航方案。文献 [48] 提出利用 IMU 测量的加速度数据作为外部观测量，并用导航滤波器进行状态估计。此方法虽然比航迹递推导航方式的精度高，但是太过于依赖大气密度模型。文献 [49] 提出在两颗卫星上配置无线电转发器，利用与探测器三角测量的方式实现自主导航。此方法虽然存在很多局限性，如需要在探测器和卫星上安装无线电发射和接收装置，但是对火星进入段的自主导航具有启发性作用，可以利用火星轨道器或在火星表面布置无线电信标进行通信。国内外许多学者充分利用这一构想展开研究，并提出了“火星网”(Mars network) 的概念 [50-52]。尽管可以利用潜在的“火星网”，但是由于目前可利用的观测资源有限，因此需要对火星轨道器和火星表面信标的组合导航方案进行优化配置，保证导航系统的完全可观性。对于火星着陆器进入段自主组合导航方案的可观测性分析，崔平远教授率领的团队做出了很大的贡献。文献 [48] 研究了火星着陆器状态和不确定参数扩维系统的可观性问题，通过分析可观性矩阵的约当标准型，给出了火星表面信标数量与系统可观性和状态估计精度的关系。文献 [53] 使用基于李导数的可观测度分析方法对火星表面信标进行优化配置，其配置方案是三个信标的优化组合就能使整个导航系统完全可观，并给出了信标的可行性布置区域和信标的最优经纬度。随后文献 [54] 又对火星进入段的组合导航方案进行了彻底的可观性分析。文献 [55] 利用 Fisher 信息矩阵行列式研究了火星轨道器数量和运行轨道对导航系统可观性的影响。

火星表面具有复杂的大气环境和多变的气候特征，常常伴有突风和沙尘暴等，此外，大气密度、进入初始条件和着陆器气动参数存在不确定性，使得火星着陆器进入段的动力学模型具有不确定性、强非线性、时变性和强扰动性，因此需要设计具有鲁棒性的导航滤波算法来进行状态估计。目前，工程上常用的导航滤波算法是卡尔曼滤波 (KF) 和扩展卡尔曼滤波

(EKF)。其中，扩展卡尔曼滤波方法已经应用到火星进入段导航的验证中 [56]。虽然扩展卡尔曼滤波迭代过程简单，易于工程实现，但是需要对状态模型和观测模型求导计算雅可比矩阵，而且在线性化过程中引入了截断误差，导致估计精度和稳定性降低 [55]。目前另一种流行的非线性滤波算法是无迹卡尔曼滤波 (UKF)[57, 58]，它的算法基础是无迹变换，通过 sigma 点的形式传播均值和协方差，估计精度相对较高，但是也增加了计算量。无迹卡尔曼滤波在文献 [46, 59] 中也应用到了火星进入导航方案的验证。针对火星大气进入段存在的未知动力学偏差和未知测量误差，文献 [60] 采用了具有鲁棒性的扩展卡尔曼滤波算法，可以验证在模型误差下具有高的收敛速率和较小的估计误差。针对火星大气进入段的不确定参数，文献 [61] 研究了扩展施密特卡尔曼滤波来缓解不可观的不确定参数对导航精度的负面影响。在扩展卡尔曼滤波的基础上，文献 [62] 研究了一种自校准滤波算法，可以验证在大气密度和气动参数不确定以及未知干扰的情况下，该算法相比扩展卡尔曼滤波算法具有较高的估计精度。针对火星进入段的大气密度不确定性，文献 [63] 采用了基于门网络的多模型自适应导航滤波算法。基于多模型自适应滤波的思想，文献 [64] 给出了一种基于指数衰减项的修正多模型自适应滤波方法，可以验证在初始状态误差和大气密度不确定的情况下，提出的算法仍然能够精确地估计进入段探测器的状态变化。但是以上多模型自适应方法只能在线处理一个不确定参数，且可能出现数值下溢的问题。在进入初始条件不确定的情况下，文献 [65] 采用多项式混沌来预测高超声速非线性系统状态不确定性的变化，并采用贝叶斯理论来估计非线性随机过程的后验概率密度函数，提出了一种高超声速飞行器非线性滤波算法，并通过火星大气进入动力学模型验证了其估计精度要高于扩展卡尔曼滤波和无迹卡尔曼滤波。文献 [66] 结合 Frobenius-Perron 算子理论和贝叶斯估计理论提出了一种非线性估计算法，通过火星高超声速进入动力学模型可以验证该算法与粒子滤波具有相似的估计精度，但是计算效率要高于粒子滤波。尽管如此，其计算时间和计算复杂度对目前机载计算机的数据处理能力仍然是一个挑战。

2. 进入段制导问题及现状

火星着陆器大气进入段制导策略是在整个进入段过程中提供合适的倾斜角命令，以确定着陆器的方向，用来补偿进入点误差、复杂的大气条件以及气动性能 [67-70]。导航制导控制策略在火星 EDL 过程是未来火星任务的关键领域 [67, 70, 71]。

1) 存在问题

精确着陆是未来火星探测任务的需求。然而，要完成这个精确着陆的目标，需要解决大气密度不确定性、气动参数不确定性、初始大气进入点误差以及建模误差等各种未知扰动。其中，大气密度不确定性是主要干扰源。高速飞行的探测器进入稀薄的火星大气，由于火星大气具有强不确定性，最终导致整个任务的着陆精度大大降低。同时，由于模型存在误差，这些模型误差可能是大气模型误差、着陆器气动模型偏差等，这会导致最终着陆精度变差 [72, 73]。

火星着陆器系统具有气动环境复杂、热流峰值以及无线电导线信标数量有限等特点，导致同时完成高性能、高精度的制导控制指标变得十分棘手。如何高性能、高精度地完成制导控制任务，制导控制算法的设计需要考虑以下因素。

(1) 火星探测器的运动学和动力学模型是一个复杂的非线性系统，具有强耦合的特

点 [74-77]。运动学模型描述了高度变化和速度之间的关系；动力学模型描述了探测器本体的角动量变化与外部作用力矩以及内部角动量变化之间的关系。通过级联关系，这两组方程描述了火星着陆器的轨迹变化规律。

(2) 气动性能不确定。由于火星着陆器结构的复杂性，执行任务时燃料消耗、附件收缩以及载荷释放等质量特性的变化会造成火星着陆器参数的不确定性。这些不确定性难以精确获知，并且在某些情况下变化幅度较大，影响火星着陆器控制精度，甚至导致其失稳 [76, 78]。

(3) 火星大气环境不确定。火星着陆器在着陆的过程中会持续受到火星大气环境的影响，即使是小的不确定长期作用在着陆器上，也会对其精度带来影响。火星大气环境不确定主要包括火星大气密度不确定、火星大气模型不准确以及火星风等 [78]。而火星着陆器内部组件在飞行过程中也会产生内部的模型不确定，主要包括内部干扰力矩，这些干扰力矩直接影响火星着陆器的运动轨迹。在进入段飞行过程中还会受到各种内部干扰的影响，如探测器转动时的内部摩擦力矩、喷气阀门转动引起的抖动等 [73, 79, 80]。

(4) 控制输入受限。在火星着陆器实际执行任务的过程中，执行器饱和特性是很常见的非线性现象之一。绝大多数执行器都会不可避免地出现饱和现象，即执行器不能与无限制的控制输入信号保持同步变化。当控制输入信号达到一定程度时，执行器输出值由于物理限制不再随输入信号的进一步增大而增大，而是不断逼近或者完全停止在某一限定值附近。如果设计时不考虑执行器饱和，会导致超调增大、系统的性能退化、调节时间延长，甚至会导致系统不稳定等严重后果 [81, 82]。

(5) 实现控制的实时性。无论是火星着陆器的大气进入段还是伞降段以及动力下降段，都需要在有限时间内完成。大气进入段控制则更是短暂的控制过程，倾斜角命令则需要使着陆器轨迹能在有限时间内到达预期的轨迹，从而保证开伞点的精度。近年来，对着陆器探测任务的研究越来越复杂，着陆精度要求越来越高，对有限时间实时控制能力的要求也就日益提高。快速性是实现探测器着陆任务的重要指标 [83]。

2) 火星进入段制导控制方法

对于火星进入段，最大的挑战来自于火星非常稀薄的大气。着陆器在进入段过程利用升力来改变飞行器的状态，升力的大小与大气密度以及速度成正比，稀薄的大气密度导致产生的升力也相对较小，因而利用升力来控制飞行器状态的能力很小。同时，进入制导算法还得考虑通过进一步减小控制能力来保证令人满意的着陆精度。

目前，飞行器大气进入段的制导算法大体分为两类：标称轨迹制导法和预测校正制导法。标称轨迹制导法，是指在获取飞行器进入时刻状态参数以及期望的开伞点信息后，设计一条满足过程约束 (压力、热量、速度、高度等) 和终端约束 (经纬度、速度、高度、压力等) 的标称轨迹，制导系统通过获取飞行时刻的状态参数与标称轨迹参数的误差信号，通过反馈控制律给出控制信号，从而让飞行器尽可能地沿着设计好的标称轨迹飞行，达到指定的开伞点。预测校正制导法，是指在每个制导周期开始，根据当前的状态参数以及期望的落点位置，设计一条满足约束条件并能到达期望位置的飞行轨迹，进而给出控制信号，实现对飞行器飞行轨迹的控制，达到期望开伞点。

(1) 标称轨迹制导法。标称轨迹的获取有两种方式：离线设计和在线设计。离线设计就是在地面计算机上优化出一条满足探测器进入段各种约束以及令某种性能达到最优的参考轨迹，然后装载到探测器上；在线设计则是根据探测器进入时刻状态，通过机载计算机设计一条适航参考轨迹 [12, 42]。离线设计虽然可以设计出满足各种条件约束和不同性能指标要求的最优轨迹，但是一些物理量的变化是事先设定的，如大气密度、气动力气动热符合多项式规律等；实际的大气进入点很难与离线参考轨迹进入点相匹配，导致实际飞行的轨迹很难与设计的参考轨迹相吻合，存在较大的偏差。在线设计则没有上述缺点，更具有鲁棒性和自适应性，但是对机载计算机的性能提出较高的要求，需要其具有快速规划标称轨迹的能力。

“阿波罗”计划首次采用标称轨迹制导法 [78]。通过离线设计一条优化阻力轨迹并装载在飞行器上，在再入地球大气的过程中，通过控制升力来跟踪标称阻力剖面，进而跟踪飞行航程，从而达到精确着陆的目的。飞行器所受的大气阻力可以通过机载设备获取，因而减少了对大气模型以及动力学模型的依赖性，同时飞行航程可以通过阻力动力学方程积分获得，因而精确地跟踪阻力剖面就能保证所需的飞行航程以及速度。

“阿波罗”计划成功后，美国开始研制一种可重复利用的飞行器——航天飞机，航天飞机为翼状飞行器，能提供足够的升阻比来完成各种不同的任务需求。航天飞机的进入段制导沿用“阿波罗”计划的阻力剖面跟踪制导方法。但是由于航天飞机需要更大的阻力剖面来满足约束条件，并且为了抵消积累的纵向误差，在进入段过程中标称轨迹可能需要进行重新设计。因而，航天飞机的进入段制导比“阿波罗”任务更复杂。

“阿波罗”计划的飞行器主要控制倾斜角来实现对标称轨迹的跟踪。在航天飞机中，攻角作为辅助控制量来控制飞行器飞行轨迹，但是考虑到热保护系统的约束，攻角只能在配平攻角附近做小范围波动。目前的进入段制导控制律主要是基于“阿波罗”计划的再入以及航天飞机的进入段制导控制方法的研究。

目前，基于反馈线性化的跟踪制导控制律的研究相对较多。Mease 等将航天飞机的进入段制导扩展到低升阻比的飞行器结构中，并采用反馈线性化方法设计了控制律实现对标称轨迹的跟踪 [84]。Mease 还将基于反馈线性化控制律的阻力跟踪与航天飞机进入段制导的基于近似线性化跟踪控制律的方法做了对比，并证明了反馈线性化的优越性。Talole 等结合滑模观测器与反馈线性化设计了轨迹跟踪制导律，实现了更高的制导精度 [85]。Lu 等采用 H_∞ 控制算法设计了鲁棒火星精确着陆的阻力跟踪控制律 [86]。Hedrick 等采用滑模控制算法设计了反馈线性跟踪控制律，并具有较高的鲁棒性 [87]。

Mease 等提出了一种制导算法 EAGLE(evolved acceleration guidance logic for entry)，该算法主要由两部分组成：标称轨迹的规划以及标称轨迹的制导跟踪控制律设计 [88]。该算法适用于不同进入段环境的各种飞行器结构。该算法：①继承了航天飞机的纵向制导算法，并且进一步考虑了进入段的侧向运动来保证侧向航程的精确性；②采用阻力剖面作为主要的轨迹规划量以及跟踪控制量，保持了阻力制导对大气模型以及动力学模型依赖小的特性；③设计了一条三维进入段轨迹，比单纯的纵向轨迹设计更具精确性；④在进入段过程中能够重新规划飞行轨迹来抵消积累的跟踪误差；⑤跟踪算法基于反馈线性化的方法，以倾斜角作为主要的控制量，通过调整攻角作为辅助控制量来减小标称阻力剖面的瞬时偏差。

Mendeck 等为“好奇号”提出了一种 ETPC(entry terminal point controller) 算法，该算法源自“阿波罗”计划再入制导算法，采用双段定常倾斜角制导产生一条标称轨迹，并采用线性扰动方法来设计跟踪控制律 [89]。

一些学者也提出了不同于阻力制导跟踪控制的方法。Dukeman 等提出了一种基于 LQR 技术的跟踪控制律的设计方法，该方法将进入段分为两部分：常值热流量阶段和线性倾斜角阶段 (包括倾斜角的翻转)[90, 91]。Lu 等提出一种升力式进入的平衡滑翔条件假设来规划一条三维的飞行轨迹，该方法将着陆过程分为初始下降段、准平衡滑翔段和末端能量管理段，飞行器的飞行路径角近似保持一个较小的常值 [92]。但是这些改进的算法都缺失了阻力制导算法对大气模型和进入段动力学模型依赖性小以及适用未知环境 (如火星大气) 的优点。

从以上描述可知，目前的大气进入段的轨迹规划基本都源自“阿波罗”计划，跟踪控制律的设计主要采用反馈线性化的方法来设计。“阿波罗”计划的轨迹规划缺少侧向动力学的规划，规划过程中忽视探测器控制能力有限的特点，跟踪控制律采用的反馈线性化方法是在忽略非线性的基础上，所以，该算法在实际应用中是不切实际的，除非能获取非常精确的动力学模型以及能够获取没有误差的状态变量。

(2) 预测校正制导法。标称轨迹制导法对模型的依赖较小，也不需要很高的在线计算能力，对机载计算机的要求较低，但是其对初始条件具有很高的敏感性，当初始条件的误差达到一定程度时，将不能实现对标称轨迹的跟踪，导致很大的落点误差。

预测校正制导法则相反，其具有对初始误差不敏感、受飞行过程中各种扰动因素的影响较小、抗扰能力强、落点精度高等优点，但是需要精度较高的大气模型和动力学模型，同时，在进入过程中，每个制导周期都要重新规划飞行轨迹，并要求要有很高的计算速度，对机载计算机的计算能力要求很高。

大气进入段的预测校正制导算法首次应用于美国的“双子座”计划中。“双子座”计划采用两种不同进入段预测校正制导策略 [78]。第一种通过经典预测校正算法来预测落点误差调整飞行轨迹；第二种则是采用全升力弹道式轨迹来预测终端纵程误差，通过不断翻转探测器来调整飞行轨迹。

Youssef 等采用一种在线预测校正制导算法，该算法假设一个常值倾斜角剖面以及安排了倾斜角反转时间表，并通过给出的倾斜角控制信号来实现飞行轨迹的控制 [93]。

Tu 等结合了标称轨迹制导法与预测校正制导法各自的优点，提出了一种基于阻力的预测跟踪制导算法 [88]。该算法在轨迹规划阶段采用了预测校正算法来设计标称轨迹，使其航程与期望航程值相等，并产生阻力轨迹。该过程仅利用运动学模型，无需力学模型，降低了预测校正算法对模型精确性的要求，同时保证了较高的飞行精度；在轨迹跟踪阶段，利用反馈线性化的方法设计了跟踪控制律来跟踪阻力轨迹。该过程利用了阻力剖面独立性的优点，减小了对大气模型以及运动学模型的依赖性，具有较强的鲁棒性。

文献 [94] 中，Kluever 基于“好奇号”的进入数据，提出了一种新型预测校正算法，并将标称轨迹制导法与预测校正制导法进行了仿真对比。蒙特卡罗试验结果显示，采用标称轨迹制导法的均方根着陆误差为 4.21km，预测校正法则为 3.00km。同时，两者 99% 的落点误差都在 10km 以内。但是预测校正算法对大气模型以及动力学模型的精度要求很高，因此相对而言，对于火星精确着陆需求，考虑到火星大气模型的不确定性，标称轨迹制导法可能是一个更好的选择。

目前预测校正算法中均没有考虑过载、热流等约束，防止算法过于复杂而导致不能收敛

[95]。综上，由于火星探测器机载设备计算能力有限，同时火星大气模型的高度不确定性以及系统动力学模型也具有不确定性，因此就目前而言，标称轨迹制导法相对来说更适用于火星大气进入段制导控制。未来，随着科技的进步以及对火星环境的进一步认识，预测校正制导法以及两种算法的结合将是一个研究热点。

1.4.2 伞降段研究现状和存在问题

由于探测器在进入火星大气之前具有极快的速度，因此要实现探测器的减速与精确着陆就必须经历大气 EDL 过程，EDL 过程虽然短暂但却是整个火星探测任务中最为重要和关键的部分之一 [96]。进入段和着陆段与目前地球上的探测器着陆方式相类似，都采用有效的制导控制策略，而且国内外已有相关的研究；使用降落伞减速的伞降段为无控过程，其间，降落伞和探测器 (着陆器) 组成的物伞系统运动变化仅由其动力学关系所决定，因此要实现探测器精确着陆于火星表面，除了要研究更先进的导航制导策略，还需要对伞降段进行更加深入的研究和分析。

尽管我国的航天工业相比于过去已有了长远的发展，但是关于火星探测的理论研究却刚刚展开，所取得的科技成果也十分稀少。作为火星探测 EDL 过程中的关键环节，降落伞减速系统的设计目前正处于起步阶段。因此预先对探测器和降落伞所组成的物伞系统进行理论分析，建立起物伞系统的运动学精确模型和确定降落伞的各项最优性能指标，可以为将来的工程设计提供技术支撑和理论基础。

1. *存在问题*

与探测器返回地球时所采用的降落伞不同，有关火星探测伞降段的研究，我国目前还处于起步阶段。根据现有的资料显示，目前伞降段研究所面临的困难包括如下几个方面。

(1) 目前尚未建立出火星表面精确的大气模型和较为精准的降落伞开伞条件 (即开伞时刻探测器的初始速度、所在高度及马赫数等)，这都制约着伞降段物伞系统精确模型的构建 [97, 98]。

(2) 整个伞降过程中，降落伞要受到周围非定常火星大气的相对作用，产生广义附加质量。降落伞速度较快，附加质量变化较大，而目前关于盘缝带伞所受附加质量的相关研究较少 [99]。

(3) 降落伞的充气过程时间很短，降落伞伞衣迅速膨胀并充满，导致伞衣的投影变化难以获取，开伞过程中负载力难以求取，而且过大的负载拉力会导致伞绳被拉断，使得整个着陆过程失败。

(4) 现有的关于火星探测盘缝带伞稳定下降段的数学模型中，很少考虑到附加质量的影响，所构建的物伞系统模型不精确，会对伞降段之后的动力下降段造成较大的初始误差，不利于安全着陆。

(5) 由于火星表面存在很强的瞬时风，会对降落伞造成很强的干扰，目前对火星降落伞受到干扰之后的鲁棒性研究还不成熟。

除了以上的困难，伞绳拉直过程中出现的“绳帆”、拍打现象和充气过程中充气不充分导致降落伞无法完全打开等，都是火星伞降段所要研究的问题 [97, 99]。

2. 伞降段研究现状

伞降段主要分为开伞过程及稳定下降过程，这两个过程是降落伞研究的重要内容。其中开伞过程又可以细分为弹射筒出伞阶段、伞绳拉直阶段、降落伞充气阶段。下面主要回顾各个阶段的研究现状。

1) 弹射筒出伞阶段研究现状

美国国家航空航天局 (National Aeronautics and Space Administration，NASA) 和兰利研究中心 (Langley Research Center，LRC) 在 20 世纪中期便开始对降落伞在火星探测任务中的可行性进行了研究 [100]。并制订了相应的研究计划以确定降落伞的型号、开伞条件下降落伞的充气性能、阻力特性和稳定性等 [101]。在多次风洞试验和空投试验之后，“海盗号”着陆器最终选择了稳定性和阻力特性均良好的盘缝带伞 [102]，并成功着陆于火星表面。其后执行探测任务的火星探测器均采用“海盗号”的盘缝带伞，并根据各自所执行任务的不同对降落伞做了相应的改进。

在初始研究阶段，盘缝带伞的打开方式为引导伞拉直主伞的方式 [103]，考虑到火星大气十分稀薄，最后采用安全性能较高的弹射筒弹射出伞方式。图 1.11 为发射于 2010 年的“火星科学实验室号”探测器及其降落伞弹射系统的结构图。20 世纪末，Pleasants[104] 对弹射筒弹射出降落伞的过程进行了研究，给出了安全弹射的初始速度。Pawlikowski[105] 对弹射筒的弹射过程进行了建模，得到的仿真结果能够很好地模拟气体产生装置的工作时序。文献 [106] 以“漫游者号”(Mars Exploration Rover，MER) 探测器为例，对火星探测器所用的弹射装置进行了详细的介绍和性能分析。文献 [107] 在保证弹射装置安全可靠的基础上对弹射筒内部结构进行了优化，采用了新型气动式的弹射筒以提高弹射初速度和降低整个弹射系统的质量，文献 [31] 在此基础上通过风洞试验 [图 1.12(a)] 对降落伞的安全开伞条件进行了研究，确定了更加精确的开伞条件。

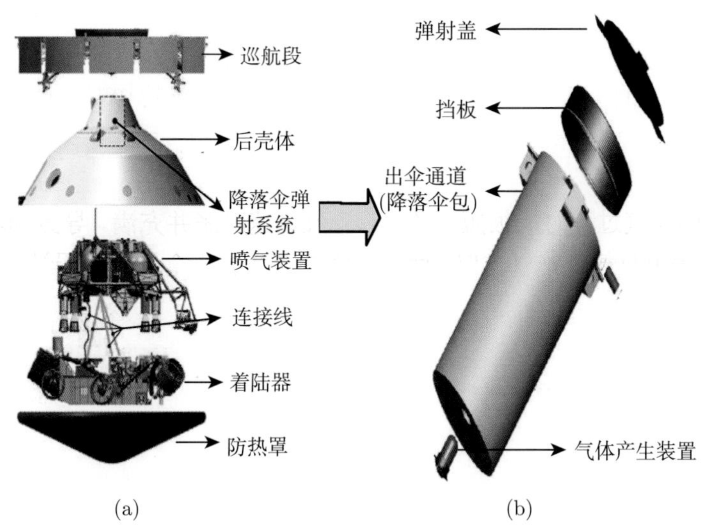

图 1.11 “好奇号”探测器及其降落伞弹射系统结构图

(a) 风洞试验

(b) 抛投试验

图 1.12　降落伞试验

2) 伞绳拉直阶段研究现状

降落伞的拉直过程指伞包内折叠状态的伞衣和伞绳依次从伞包中拉出的过程，虽然拉直过程很短暂，但却非常复杂 [16]。在此期间，降落伞会在极短的时间内发生复杂的形状变化，很可能会出现“绳帆”、伞绳抽打等影响物伞系统稳定性的现象。因此，降落伞的拉直过程是开伞阶段的关键环节。20 世纪 60 年代，Toni[108] 根据回收系统线性简化过程建立了降落伞倒拉法拉直过程的二维模型，该模型可以求解出伞包与回收物之间相对位置的变化和对应的拉直力。Wolf 等 [109, 110] 对带状降落伞的开伞过程进行研究，建立了降落伞拉直过程的动力学模型。Poole 等 [111] 对降落伞模型进行简化，并在无限质量下利用波动方程对拉直过程进行了建模，极大简化了拉力求取这一复杂的物理过程。针对降落伞开伞过程中可能出现的“绳帆”、抽打等现象，Moog[112] 采用了简化的理想弹簧质点链接模拟降落伞的拉直过程来研究“绳帆”现象。文献 [113] 在文献 [112] 的基础上做了相应改进，对于“绳帆”现象产生的机理进行了分析，并采取了有效的措施来避免拉直过程中出现伞绳抽打的现象。随着计算机技术的普及与应用，目前已经开发出相应的软件来对拉直过程进行模拟仿真 [114, 115]。

随着我国航天事业的迅猛发展和载人飞船回收着陆系统的成功研制，在降落伞开伞过程方面我国的科学家也做了大量研究。程文科 [116] 在研究“神舟”飞船着陆过程时建立了拉直过程三维动力学模型，得到了比较精确的计算结果；张青斌等 [117, 118] 采用有限段法建立了降落伞拉直过程的动力学模型，该模型将伞绳和伞衣离散为若干质量集中的绳段，每个绳段结点的运动由作用在其上的气动阻力和绳段张力所决定。余莉等 [119] 采用有限元方法建立降落伞回收系统的多质点动力学模型，研究了拉直过程中牵顶伞对主伞张力分布的改善以及对伞衣顶部横向摆动的抑制等问题。

3) 降落伞充气阶段研究现状

充气阶段是降落伞工作过程中最为复杂的阶段，是指空气从进入伞衣底边到完全充满整个降落伞的过程。由于该阶段降落伞周围大气的非定常流动和伞衣透气性之间存在很强的耦合，目前的研究方法均无法完整精确地对充气过程进行描述，只能采用较为成熟的半理论半试验方法来研究充气过程 [31]。

Heinrich[120] 最早开展了降落伞充气过程相关理论公式的研究。Kenneth[121] 通过大量实验与理论分析得到在不可压缩的流体当中，降落伞的充气距离是固定的，与所处高度和降落伞的速度无关，这为以后的研究奠定了基础。文献 [22] 对“阿波罗”飞船所采用的回收伞进行了研究，在考虑附加质量的情况下对充气过程中的充气距离和开伞负载力进行了计算，所得到的曲线与试验结果有着较好的相似度。Toni[108] 根据动量定理建立了充气过程伞衣径向运动方程，对充气过程中伞衣的变化进行了分析和计算，但计算过程中并未考虑流体惯性项的影响，所得到的结果与真实值存在一定的偏差。Stein 等 [122] 将计算流体力学程序应用到开伞过程中，研究了开伞过程中的流固耦合问题，并对开伞负载力进行了计算。Norio[123] 研究了柔性降落伞开伞过程中的颤振问题，并提出了有效的解决方法。Witkowski[124] 对低密度条件下盘缝带伞充气过程中透气性与气动参数的关系做了相应的研究，并采用最新的套筒开伞技术对火星探测所用的盘缝带伞进行试验。随着摄影技术的发展，降落伞开伞过程中伞衣表面的变化可以通过超高清相机拍摄得到，Tanner[23] 在风洞试验中通过对按比例缩小的降落伞进行三维拍摄，得到充气过程中投影面积的变化并由此确定了相应的气动参数。文献 [125] 对有收口和无收口的降落伞进行了分析和研究，比较了两者的不同。

国内研究人员在降落伞充气过程的理论研究方面也做出了许多贡献。国防科学技术大学的彭勇等 [126-128] 针对“神舟”飞船所用降落伞的充气问题，建立了降落伞初始充气及主充气过程流固耦合模型。荣伟等 [129, 130] 采用了牵顶伞与剥离带相结合的预充气控制技术，在实现初始充气过程中对主伞顶部控制的同时，避免了降落伞抽打现象的发生，确保了主伞开伞的可靠性。郭鹏 [31] 对开伞过程中伞衣的变化进行了录像，并对录像所得的降落伞投影面积进行了提取，利用所提取到的图像求得了降落伞充气过程中的附加质量和阻力。陈燕婷 [17] 基于多体系统动力学理论建立了降落伞开伞过程的完整动力学模型，得到了系统的运动特性，包括探测器位置和姿态变化等相关参数的结果。此外，余莉等 [119, 131]、张红英等 [132]、贾贺等 [133] 均对开伞过程进行了研究，并得到了有意义的结论。

4) 降落伞稳定下降阶段研究现状

降落伞充气完成之后，伞衣的投影面积会保持不变，物伞系统的速度会逐渐减小直至伞降段结束。目前对稳定下降阶段的研究主要集中于建立物伞系统精确数学模型、分析外界风力对系统运动的影响及物伞系统的稳定特性。Tory 和 Ayres[134] 将探测器和降落伞之间的连接绳看作刚性的，但没有考虑物伞系统在流体中运动时所受的附加质量因素，从而建立了 6 自由度分析模型，White 等 [135] 在此基础上忽略了物伞系统的绕轴转动，建立了 5 自由度模型，并用这个模型分析了降落伞的稳定性。文献 [136] 建立了降落伞的三维多体动力学模型。Wolf 在文献 [135] 的基础上建立了 9 自由度分析模型，但该模型未考虑周围大气对降落伞所产生的影响。金友兵等 [137] 经过推导得到了物伞系统的 9 自由度数学模型，唐乾刚等 [138]、朱勇等 [139]、郭叔伟等 [140] 从分析力学角度出发，基于不同的假设，建立了物伞系统的数学模型。

需要指出的是，以上研究多针对地球返回任务所采用的降落伞，火星的盘缝带伞由于结构特殊，目前关于其伞降段的数学模型研究还比较少。2016 年，欧洲空间局火星着陆任务失败的主要原因之一便是没有建立精确的伞降段模型。此外，大多数文献在构建物伞系统模型时，没有考虑到降落伞所受的周围大气的附加质量效应；极少数文献虽然考虑了附加质量的

作用 [20, 97, 141, 142]，但是却没有对附加质量进行详细的分析，只用工程上简单的近似关系替代。

稳定性分析同样是稳定下降阶段研究的一项重要内容。物伞系统的稳定性分析通常采用以下两种方法。第一种方法是建立物伞系统的动力学方程，从方程中求解系统的特征根，然后根据稳定性理论对特征值进行讨论，从而确定系统的稳定性 [135, 142, 143]，但由于系统建模复杂而且模型的特征根可能本身不稳定，因此这种方法具有很大的局限性。第二种方法多基于平面问题进行研究，主要研究系统在受到扰动情况下的运动规律及稳定性状态。Gulieri 等 [144] 分析了物伞系统的各种扰动因素；文献 [145] 给出了物伞系统受到侧向干扰之后，能够恢复到原状态的条件；李大耀等 [146, 147] 对受到扰动之后降落伞的稳定性进行了分析，并给出了稳定性判据；王海涛等 [148] 分析了降落伞的各相关参数对物伞系统稳定性的影响；廖前芳等 [149] 分析了扰动下降落伞的恢复稳定性，对伞降过程中出现的“锥摆”现象进行了研究。

1.4.3 动力下降段研究现状和存在问题

探测器伞降段结束后，开始进行动力下降段。在动力下降段，探测器要对自身姿态进行调整，并通过气体喷气装置增加反推力以降低探测器速度。在动力下降段，目前存在的最主要困难就是在保证探测器“软着陆”的前提下，实现探测器燃料的最小消耗问题 [7, 8, 13, 26]。

关于动力下降段燃料消耗问题，文献 [150] 用凸优化的方法对其进行了分析研究，随后文献 [151]、[154]、[155] 在其基础上进行了研究，得到了较为满意的分析结果。需要指出的是，根据凸优化方法的动力下降段制导是一种开环的制导方法，它对于扰动不具有鲁棒性。所以需要为着陆任务设计一种最优反馈制导律，它不仅可以使燃料消耗最优，同时可以满足精确着陆的要求。Ebrahimi 等 [152] 根据零脱靶量 (ZEM) 和零脱靶速度 (ZEV) 提出了一种新的最优滑模反馈制导律。ZEV 是一个由 Ebrahimi 等提出的与 ZEM 相类似的新概念。ZEV 定义为从当前时刻起没有推力加速度施加在飞船上，在终端时刻速度与期望终端速度的误差。Ebrahimi 等将该最优制导律和滑模控制律相结合并运用到了有终端速度限制的导弹系统上。此后，Furfaro 等 [153] 改进了这种 ZEM/ZEV 最优反馈制导律并应用在了月球精确着陆任务上，并在仿真中显示了针对扰动的很强的鲁棒性。

1.4.4 着陆段研究现状和存在问题

早在 20 世纪 90 年代，为了实现星际精确着陆这一科学目标，NASA、ESA 和 JAXA 等航天机构都开展了对新一代的基于计算机视觉的自主导航算法的研究 [14-17]。

NASA 很早就认识到了利用视觉信息进行导航对于降低任务成本、提高导航精度的重要性，并在“深空一号”“NEAR”和“深度撞击”等系列探测任务中进行了试验与验证。为了能够在下一代的火星探测任务中实现精确自主着陆，喷气推进实验室 (JPL) 对基于视觉信息的导航方法进行了大量的研究工作。

1. 视觉导航算法存在的困难

通过诸多航天任务的实践和学者不断的研究，证明了视觉导航方法在火星着陆任务中应用的可能性和广阔前景。光学敏感器能够提供丰富的测量信息，比其他传统导航设备具有巨大的优势。但是在实际任务的应用中仍然存在许多技术上的困难和挑战，主要有以下几个方面 [156, 157]。

(1) 目标的非合作性。与 GPS 导航等相比，在火星探测任务中能够提供导航信息的对象通常都是非合作性的，或者合作性较低。因此，探测器必须具备针对非合作目标的导航能力。

(2) 更加复杂的外部环境。在火星探测的着陆段，探测器所处的外部环境比巡航和绕飞阶段更加复杂，实施自主导航更加困难。在着陆段，导航信息的获取主要来自对天体的观测，由于探测器位置和姿态的变化以及光照环境的改变等，特征的提取和匹配难度加大。

(3) 更高的导航精度和实时性要求。探测器的安全着陆是后续任务顺利开展的保证，因此导航算法的精度和可靠性是导航方案设计时首要考虑的标准。视觉导航虽然有诸多的优势，但也存在着算法不够稳定的缺陷，因此需要对算法的可靠性做进一步的研究。另外，由于视觉导航算法通常都比较复杂，而星载计算机的处理能力有限，在进行导航系统设计时也需要考虑算法的实时性。

2. 视觉导航算法的研究现状

Robert 较早地提出了利用天体表面自然路标进行自主光学导航的方案，并研究了自然路标特征识别和跟踪算法 [158, 159]。针对 NEAR 任务，Cheng 等提出了一种利用天体表面陨石坑作为导航路标的导航方案。该方案能够实时检测下降图像中的特征并与数据库中的特征进行匹配，从而对探测器的位置、速度和姿态进行估计 [160-163]。针对"罗塞塔"任务，Johnson 等以彗星着陆为研究背景，提出了一种利用扫描激光测距的运动估计算法 [164]。针对火星探测任务，Johnson 等设计了 DIMES 系统，用于对探测器着陆过程中的横向速度进行估计。该系统采用了光学相机、雷达高度计和 IMU 的测量数据。为了处理下降图像之间尺度和方向的巨大变化，用高度和姿态信息对下降图像进行校正。DIMES 是第一个在行星着陆任务中用于探测器控制的机器视觉系统，在两次 MER 着陆任务中都取得了成功 [165, 166]。

利用早期发射的火星轨道器进行绕飞探测可以得到高精度的火星表面地图，然后通过相应的图像处理算法生成用于导航的特征库。在着陆过程中，探测器的图像处理系统对光学相机得到的下降图像中的特征进行检测，然后与特征库中的特征进行匹配。若多数图像均可匹配成功，则着陆过程中所选择的画面即为所存储的特征画面。在执行火星探测任务过程中，若提前选择好探测器的着陆点，将着陆点信息存储到特征库之中，则在着陆过程中便可以通过视觉导航对火星表面进行拍照，并与已知的预定着陆点进行特征点匹配，以实现探测器精确着陆于火星表面。当出现着陆误差时，可以通过智能算法对路径进行规划，以保证探测器精确到达目标点。

1.5 本书结构

第 1 章对火星探测的研究意义及存在的问题等进行阐述，对火星探测 EDL 过程中进行总体描述和分析。介绍 EDL 过程中进入段、伞降段、动力下降段和着陆段这几个过程的研究现状和目前探测过程中所遇到的困难，并对之后每个章节中的主要工作进行简述，第 1 章主要对火星探测过程进行综合描述，是后面各章的总结。

第 2 章对火星 EDL 过程中的动力学模型分别进行推导和分析。首先对探测器下降过程中的相关坐标系和坐标变换进行研究，给出各坐标之间的旋转变换关系；然后，对探测器自身的结构模型和所处的环境参数进行介绍；接着，针对进入段导航和制导问题进行初步讨论分析，为第 4、5 章的研究做铺垫；随后，对伞降段的初始开伞条件进行确定；最后，对动力下降段和着陆段的模型进行建立。

第 3 章主要分析火星进入段通信黑障的相关情况。对通信黑障的形成进行讨论，给出黑障的持续时间，并对存在黑障、电磁波衰减等情况下的探测器导航滤波算法进行研究，分析不同导航策略的优劣性。

第 4 章对探测器进入段的导航策略进行研究。首先，对传统的导航方案进行介绍，在此基础上针对火星进入段存在的初始条件、大气密度、升阻比不确定，提出弱敏感扩展卡尔曼滤波导航算法；然后，针对火星进入段存在的不确定参数和未知扰动，提出一种新型自适应插值滤波算法；最后，在考虑以上影响因素的条件下，并假设有突风的干扰，提出具有强鲁棒性的自适应胡贝尔插值滤波算法。

第 5 章研究探测器进入段的制导控制方法。首先，对两种传统的控制策略——轨迹跟踪和预测校正制导策略进行介绍；然后，分别介绍基于自抗扰、滑模以及滑模与 ESO 相结合的控制方法进行轨迹跟踪制导律的设计；最后，对预测校正制导算法进行分析，提出一种新型的分段预测校正制导算法，并给出仿真以显示其制导效果。

第 6 章对探测器伞降段进行分析研究。首先提出附加质量用以代替伞降过程中所受的非定常流体作用力；在此基础上对开伞过程进行分析，得到满足各种约束的开伞负载力曲线；然后，对物伞系统的 6 自由度模型进行研究，得到伞降过程的精确模型；最后对降落伞的稳定性进行分析，并给出降落伞具有稳定性的条件。

第 7 章对探测器动力下降段的相关问题进行研究。改进 ZEM 和 ZEV 下的最优制导律，为实现动力下降段的较低能量消耗和较高着陆精度奠定了基础。

第 8 章研究探测器着陆段的图像特征识别与匹配问题。为了实现火星探测器的软着陆，需要对着陆区火星表面图像进行特征提取，首先采用 SIFT 算法对特征点进行了提取；随后将提取到的火星表面图像与期望图像进行特征匹配，以确定最终的着陆点。最后，当探测器着陆之后需要前往目标点时，提取了一种基于双分支卷积神经网络结构的智能路径规划算法，使得火星探测器能够根据所拍摄的视觉图像，选择最佳路径并安全抵达目标点。

第 9 章对 EDL 过程进行虚拟仿真实现。使用 Unity3D 软件对火星探测 EDL 过程进行仿真实现，构建虚拟仿真平台，以实现对火星探测过程实时、形象生动的展现。

第 2 章　火星探测器 EDL 过程动力学模型

2.1　引　　言

本章主要对火星 EDL 过程的运动学、动力学的数学建模进行分析研究。本章作为全书的理论和数值仿真基础，首先假设火星为圆球形状，火星大气静止且不随火星自转而转动；然后对火星 EDL 过程中涉及的坐标系以及相互之间的转化进行详细介绍；最后基于牛顿第二定律，对火星的 EDL 过程动力学模型进行推导并适当简化，并对相应的火星大气进入段的环境以及相关的参数进行详细介绍。

2.2　EDL 过程坐标系、旋转矩阵

1. 火星惯性坐标系 $O\text{-}XYZ$

惯性坐标系以火星中心 O 为该坐标系原点，OX 轴沿火星黄道平面与赤道平面的交线并指向春分点，OZ 轴指向火星北极，与火星自转轴重合，OY 轴由右手法则确定，如图 2.1 所示。

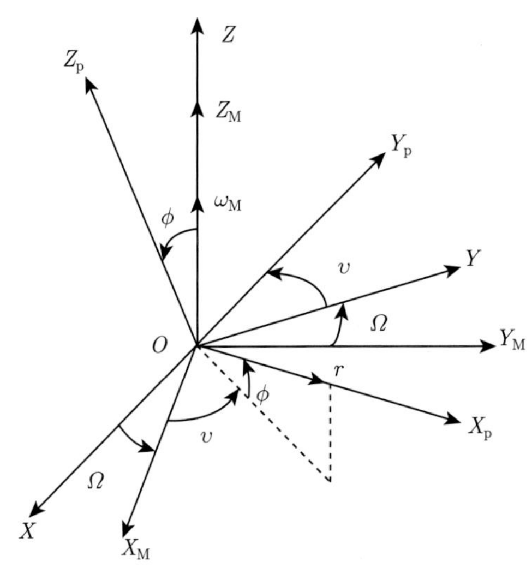

图 2.1　惯性坐标系、火星固连坐标系以及位置坐标系

2. 火星固连坐标系 $O\text{-}X_MY_MZ_M$

火星固连坐标系和火星惯性坐标系一样，也是以火星中心 O 为坐标系原点，OX_M 轴在赤道平面内指向零度经线，OZ_M 轴与自转轴重合并指向北极，OY_M 轴与 OX_M 轴和 OZ_M

轴成右手系，该坐标系由火星惯性坐标系绕 OZ 轴以角速率 $w_{\rm M}$ 旋转得到，如图 2.1 所示，旋转矩阵为

$$\boldsymbol{C}_{\rm I}^{\rm M}=\begin{bmatrix}\cos\varOmega & \sin\varOmega & 0\\ -\sin\varOmega & \cos\varOmega & 0\\ 0 & 0 & 1\end{bmatrix}\tag{2.1}$$

其中，$\varOmega$ 为火星固连坐标系相对于惯性坐标系的角位置，表达式为 $\varOmega=\varOmega_0+w_{\rm M}t$。

3. 地理坐标系 $O\text{-}X_{\rm g}Y_{\rm g}Z_{\rm g}$

火星地理坐标系是以飞行器的质心为原点，三个坐标轴 $OX_{\rm g}$、$OY_{\rm g}$、$OZ_{\rm g}$ 分别指向火星的正北、正东和质心。这里的地理坐标系是飞行器的导航坐标系。

4. 体坐标系 $O\text{-}X_{\rm b}Y_{\rm b}Z_{\rm b}$

体坐标系固定于飞行器上，也是以飞行器的质心为原点，$OX_{\rm b}$ 轴位于质心与体对称轴所确定的平面内，与体对称轴平行，指向探测器的运动方向；$OZ_{\rm b}$ 轴也位于质心与体对称轴所确定的平面内，与 $OX_{\rm b}$ 轴垂直，指向质心的反方向。$OY_{\rm b}$ 轴由右手法则确定。飞行器的姿态角定义在体坐标系中，因此导航坐标系 $O\text{-}X_{\rm g}Y_{\rm g}Z_{\rm g}$ 与体坐标系 $O\text{-}X_{\rm b}Y_{\rm b}Z_{\rm b}$ 之间的旋转矩阵可以通过飞行器的姿态角表示为

$$\boldsymbol{C}_{\rm b}^{\rm g}=\begin{bmatrix}\cos\vartheta\cos\varphi & -\sin\varphi\cos\lambda+\sin\vartheta\cos\varphi\sin\lambda & \sin\varphi\sin\lambda+\sin\vartheta\cos\varphi\cos\lambda\\ \cos\vartheta\sin\varphi & \cos\varphi\cos\lambda+\sin\vartheta\sin\varphi\sin\lambda & \cos\varphi\sin\lambda+\sin\vartheta\sin\varphi\cos\lambda\\ -\sin\vartheta & \cos\vartheta\sin\lambda & \cos\vartheta\cos\lambda\end{bmatrix}\tag{2.2}$$

其中，欧拉角 ϑ、φ、λ 分别是飞行器的俯仰角、偏航角、倾斜角，这里按照 $Z_{\rm b}-Y_{\rm b}-X_{\rm b}$ 的旋转顺序进行旋转。

5. 速度坐标系 $O\text{-}X_{\rm v}Y_{\rm v}Z_{\rm v}$

速度坐标系原点位于飞行器质心，$OX_{\rm v}$ 轴与探测器速度矢量 $\boldsymbol{V}$ 平行，$OZ_{\rm v}$ 轴与 $OX_{\rm v}$ 轴垂直且位于速度与升力的平面内，并指向升力的反方向，$OY_{\rm v}$ 轴由右手法则确定。飞行器的侧滑角 β 为 0，攻角 α 为常值，因此速度坐标系可以通过体坐标系绕 $OY_{\rm b}$ 轴旋转 $-\alpha$，接着绕 $OX_{\rm b}$ 轴旋转 $-\sigma$ 得到，如图 2.2 所示。旋转矩阵为

$$\boldsymbol{C}_{\rm b}^{\rm v}=\begin{bmatrix}\cos\alpha & 0 & \sin\alpha\\ \sin\sigma\sin\alpha & \cos\sigma & -\sin\sigma\cos\alpha\\ -\cos\sigma\sin\alpha & \sin\sigma & \cos\sigma\cos\alpha\end{bmatrix}\tag{2.3}$$

其中，σ 是倾斜角。

另外，速度坐标系与地理坐标系之间的转换关系可以通过飞行路径角 γ 和航向角 ψ 建立，将速度坐标系绕 $OY_{\rm v}$ 轴旋转 $-\gamma$，接着绕 $OZ_{\rm v}$ 轴旋转 $-\psi$ 可以变换得到地理坐标系，如图 2.3 所示。因此旋转矩阵为

$$\boldsymbol{C}_{\rm v}^{\rm g}=\begin{bmatrix}\cos\psi\cos\gamma & -\sin\psi & \cos\psi\sin\gamma\\ \sin\psi\cos\gamma & \cos\psi & \sin\psi\sin\gamma\\ -\sin\gamma & 0 & \cos\gamma\end{bmatrix}\tag{2.4}$$

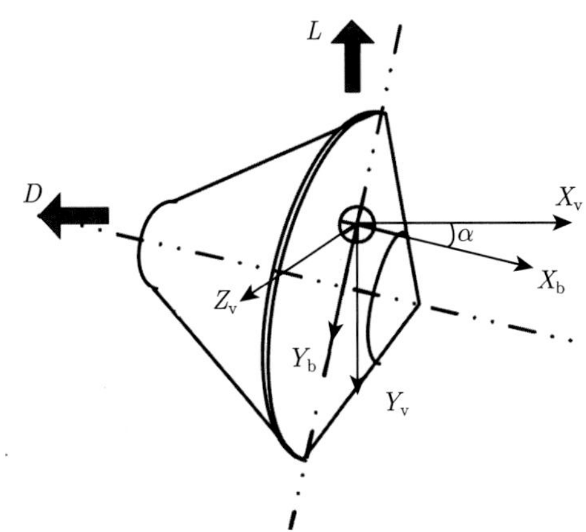

图 2.2　速度坐标系和体坐标系

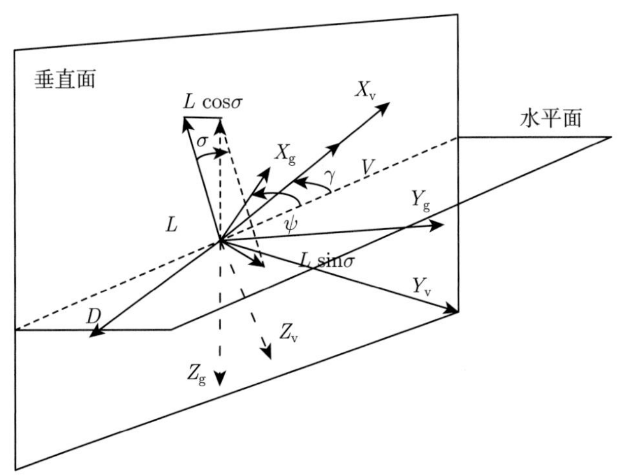

图 2.3　速度坐标系和地理坐标系

6. 位置坐标系 $O\text{-}X_\mathrm{p}Y_\mathrm{p}Z_\mathrm{p}$

位置坐标系是以火星中心为坐标原点，OX_p 轴指向探测器所在的位置，OY_p 轴垂直于 OX_p 轴并与赤道平面平行，OZ_p 轴由右手法则确定。由定义可知，位置坐标系是由火星固连坐标系先绕 OZ_M 轴旋转经度角 υ，再绕着 OY_M 轴旋转为纬度角 $-\phi$ 得到的，如图 2.1 所示。旋转矩阵为

$$\boldsymbol{C}_\mathrm{M}^\mathrm{p}=\begin{bmatrix}\cos\phi\cos\upsilon & \cos\phi\sin\upsilon & \sin\phi\\ -\sin\upsilon & \cos\upsilon & 0\\ -\sin\phi\cos\upsilon & -\sin\phi\sin\upsilon & \cos\phi\end{bmatrix}\tag{2.5}$$

此外，地理坐标与位置坐标转换关系为

$$\boldsymbol{C}_\mathrm{p}^\mathrm{g}=\begin{bmatrix}0 & 0 & 1\\ 0 & 1 & 0\\ -1 & 0 & 0\end{bmatrix}\tag{2.6}$$

7. 物伞系统坐标系 $O\text{-}X_\mathrm{s}Y_\mathrm{s}Z_\mathrm{s}$

物伞系统坐标系也称为体坐标系，坐标系的原点 O 选在物伞系统的质心 O_s 处，坐标系与物伞系统相固联，由于物伞系统关于主轴旋转对称，因此 OX_s 轴选为物伞系统初始的运动方向；OY_s 轴垂直于 OX_s 轴，并在主轴的垂面内指向右侧；OZ_s 轴与降落伞的主轴重合，指向探测器为正方向，且满足右手定则。在体坐标系下，P 为降落伞伞衣的质心，坐标为 $(x_\mathrm{P}, y_\mathrm{P}, z_\mathrm{P})$，着陆器的质心为 $v_\mathrm{s}(x_\mathrm{s}, y_\mathrm{s}, z_\mathrm{s})$，坐标系如图 2.4 所示。

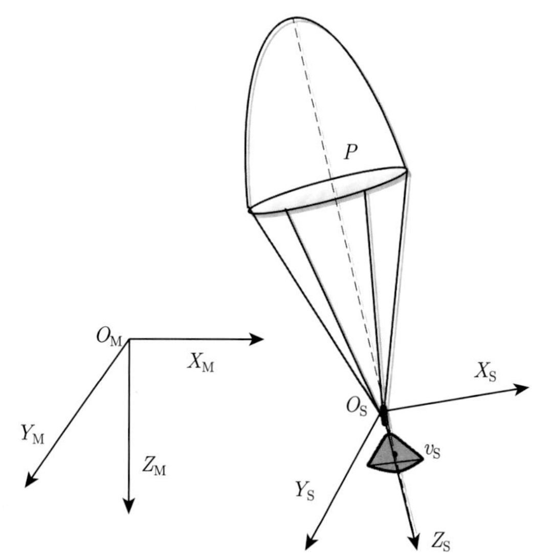

图 2.4　物伞系统坐标系和地理坐标系

物伞系统旋转欧拉角的定义为：偏航角 ψ 是指物伞系统坐标系中的 OX_s 轴在地理坐标系的水平面 $X_\mathrm{g}OY_\mathrm{g}$ 上的投影与 OX_d 轴的夹角，向右偏航为正；俯仰角 θ 为物伞坐标系中的 OX_s 轴与水平面 $X_\mathrm{g}OY_\mathrm{g}$ 间的夹角，向上为正方向；倾斜角 ϕ 为物伞系统的一个对称面 $X_\mathrm{g}OZ_\mathrm{g}$ 与包含 OX_g 轴的铅垂面之间的夹角，向右滚转为正。

同一物理量在地理坐标系和物伞坐标系中有着不同的坐标分量，并且它们之间可以通过转换矩阵相互转换。现在定义一种转换过程：先绕 OZ_g 轴旋转 ψ，再绕新的 OY_g' 轴旋转 θ，最后绕新的 OX_g'' 轴旋转 ϕ。则从地理坐标系 $O\text{-}X_\mathrm{g}Y_\mathrm{g}Z_\mathrm{g}$ 到物伞系统坐标系 $O\text{-}X_\mathrm{s}Y_\mathrm{s}Z_\mathrm{s}$ 的旋转矩阵可以表示为

$$
\begin{aligned}
\boldsymbol{T}_\mathrm{b}^i &= (\boldsymbol{T}_i^\mathrm{b})^\mathrm{T} \\
&= \begin{bmatrix} 1 & 0 & 0 \\ 0 & \cos\phi & \sin\phi \\ 0 & -\sin\phi & \cos\phi \end{bmatrix} \begin{bmatrix} \cos\theta & 0 & -\sin\theta \\ 0 & 1 & 0 \\ \sin\theta & 0 & \cos\theta \end{bmatrix} \begin{bmatrix} \cos\psi & \sin\psi & 0 \\ -\sin\psi & \cos\psi & 0 \\ 0 & 0 & 1 \end{bmatrix} \\
&= \begin{bmatrix} \cos\theta\cos\psi & \cos\theta\sin\psi & -\sin\theta \\ \sin\theta\cos\psi\sin\phi - \sin\psi\cos\phi & \sin\theta\sin\phi\sin\psi + \cos\psi\cos\phi & \cos\theta\sin\phi \\ \sin\theta\cos\psi\cos\phi + \sin\psi\sin\phi & \sin\theta\sin\psi\cos\phi - \cos\psi\sin\phi & \cos\theta\cos\phi \end{bmatrix}
\end{aligned}
\tag{2.7}
$$

2.3 火星基本环境参数

1. 火星与地球参数对比

火星，作为位于地球轨道外侧最近的一颗行星，是太阳系中最近似于地球的天体，与地球有很多相似之处，被称为地球的“姊妹星”，表 2.1 为火星与地球的一些参数对比。

表 2.1 火星与地球参数对比

参数	地球	火星	单位
质量 (10^{24})	5.9736	0.64185	kg
体积 (10^{10})	108.321	16.318	km^3
赤道半径	6378.1	3396.2	km
极半径	6356.8	3376.2	km
引力常数 (10^{14})	3.978	0.4284	m^3/s^2
自转角速度 (10^{-5})	7.292	7.095	rad/s
表面大气密度	1.217	0.0158	kg/m^3
表面重力加速度	9.78	3.69	m/s^2
大气标高	7527	9354	m

2. 火星重力场模型

由于火星整个 EDL 过程的时间很短，大约持续 7min，采用简单的牛顿力学公式能达到大约 99% 的准确度，已足够火星动力学建模。所以本书采用简化的重力场模型：

$$g = \frac{\mu}{r^2} \tag{2.8}$$

其中，μ 为火星引力常数；r 为探测器距离火星地心距离。

3. 火星大气模型

火星大气的主要成分是二氧化碳，表面大气压仅为地球的 0.7%，密度大约为地球的 1%，且火星经常有强风和沙尘暴，使得迄今为止还未建立精确的火星大气模型。

本书采用简化的指数大气密度模型：

$$\rho = \rho_0 \exp\left(\frac{r_0 - r}{h_{\rm s}}\right) \tag{2.9}$$

其中，ρ_0 为火星表面大气密度；r_0 为火星半径；$h_{\rm s}$ 为火星大气标高。探测器在大气进入段的气动力参数不仅跟探测器的攻角有关，还跟相对空气的速度 (即马赫数) 有关。图 2.5 和图 2.6 为火星大气密度和声速随高度变化的曲线。

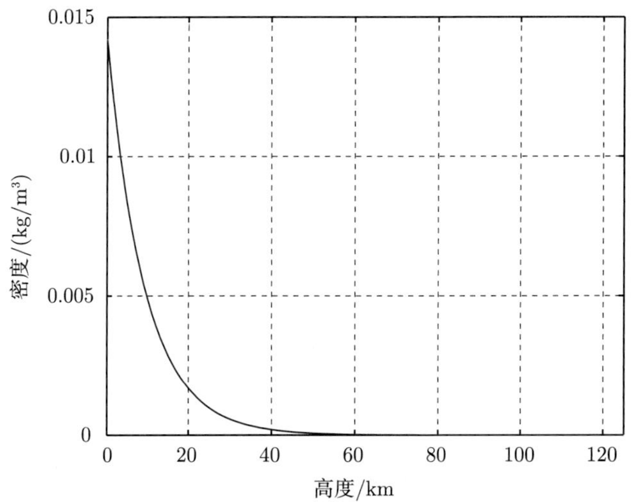

图 2.5　火星大气密度

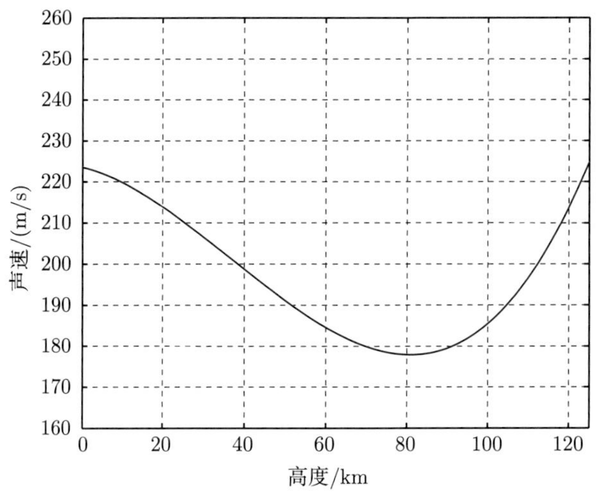

图 2.6　火星声速

2.4　“好奇号”探测器模型

1. “好奇号”结构模型

本书主要以“好奇号”为模型进行理论研究。其气动外形继承了“海盗号”的 70° 半锥角的大钝头球锥形的外形设计 (其零攻角的阻力系数为 1.68)。“好奇号”采用弹道升力式构型设计 (图 2.8)，在进入火星大气前通过抛掉两个负荷装置使得质心偏离中心，产生一个配平攻角 (α)，为探测器提供一定的升阻比 [10, 13]，如图 2.7 所示。表 2.2 列出了“好奇号”的结构参数。

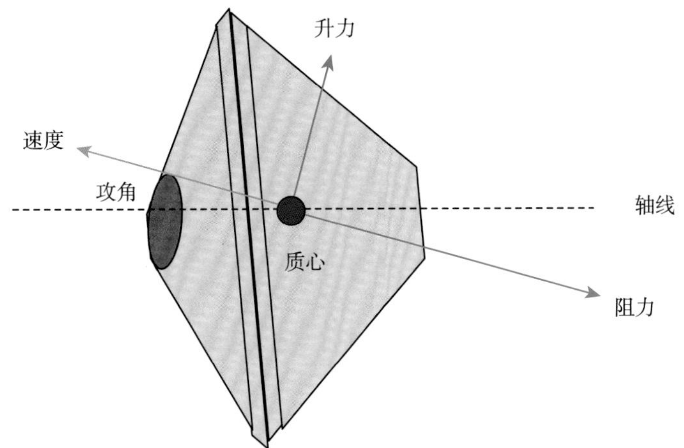

图 2.7　火星着陆器受力分析

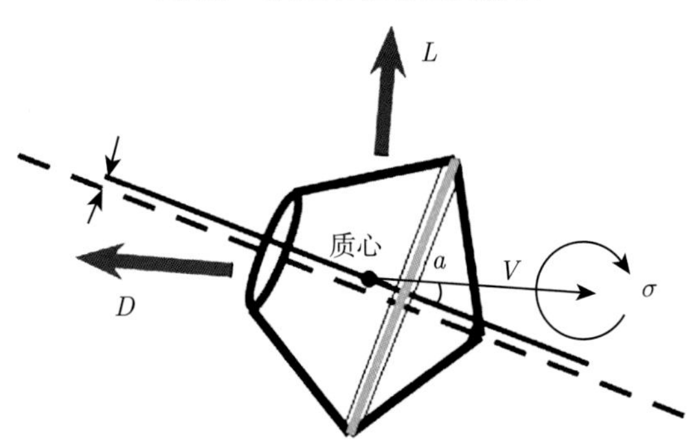

图 2.8　“好奇号”气动外形

表 2.2　“好奇号”结构参数

参数名称	数值	单位
进入段质量 (m)	2804	kg
探测器有效面积 (S)	15.9	m^2
配平攻角 (α)	15	(°)

2. “好奇号”气动力参数

探测器的升力系数 C_L 和阻力系数 C_D 与探测器的攻角以及火星的声速 (或马赫数) 有关。由于“好奇号”在进入段产生一个配平攻角，也就是产生一个常值攻角，因而气动力参数只与声速有关。

对类似于“好奇号”构型的探测器来说，气动力参数可以通过以下多项式来获取，表 2.3 列出了其相关气动力参数，获取的升阻力系数以及升阻比如图 2.9 所示。

$$C_X(Ma) = \frac{\sum_{i=0}^{R} p_i Ma^i}{Ma^S + \sum_{j=0}^{S-1} q_j Ma^j} \tag{2.10}$$

其中，Ma 为马赫数。

表 2.3　“好奇号”结构参数

参数	升力系数	阻力系数	参数	升力系数	阻力系数
R	4	5	S	4	5
p_0	1.172×10^4	2.598×10^4	q_0	2.53×10^4	1.505×10^4
p_1	−3654	−1022	q_1	−7846	1687
p_2	485.6	−2904	q_2	1086	−2651
p_3	−14.61	678.6	q_3	−28.35	544.1
p_4	0.4192	−44.33	q_4	—	−34.11
p_5	—	1.373	—	—	—

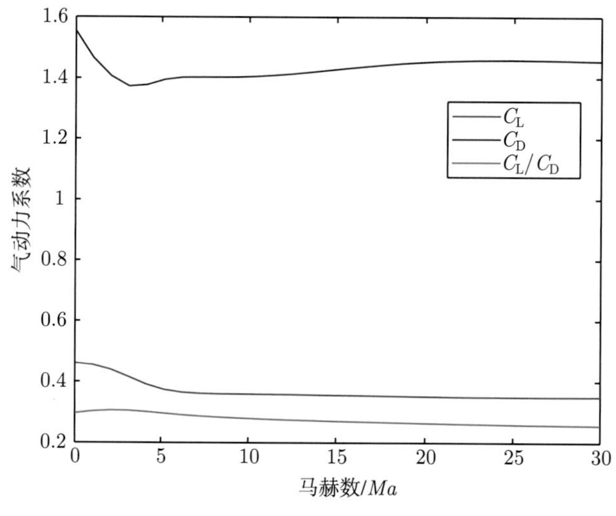

图 2.9　气动力系数曲线

2.4.1　进入段三自由度动力学模型

火星探测器在大气进入段过程中，可以近似为质点，考虑到在火星大气进入段的过程中，只用小喷嘴对探测器的姿态进行控制，产生的力较小，消耗的能量也很少，因而假设探测器在飞行过程中只受到重力 $\boldsymbol{G}$ 和空气动力 $\boldsymbol{A}$ 的合力作用，并且探测器质量保持不变。探测器在三维空间中的运动可用位置矢量 $\boldsymbol{r}$ 和速度矢量 $\boldsymbol{v}$ 表示。根据牛顿第二定律可以得

$$\boldsymbol{F}=\boldsymbol{G}+\boldsymbol{A}=m\frac{\mathrm{d}\boldsymbol{v}}{\mathrm{d}t} \tag{2.11}$$

由定义可知，火星固连坐标系相对于火星惯性坐标系以火星自转角速度 ω 绕火星自转轴旋转，所以有

$$\frac{\mathrm{d}\boldsymbol{v}}{\mathrm{d}t}=\frac{\partial\boldsymbol{v}}{\partial t}+\boldsymbol{\omega}\times\boldsymbol{v} \tag{2.12}$$

其中，$\dfrac{\mathrm{d}}{\mathrm{d}t}$ 表示火星惯性坐标系下的导数；$\dfrac{\partial}{\partial t}$ 表示在火星固连坐标系下的导数。火星的自转

速度为常值，即有 $\dfrac{\partial \boldsymbol{\omega}}{\partial t}=0$, 所以飞行器的位置和速度对时间的导数可以表示为

$$
\begin{aligned}
\boldsymbol{v}&=\frac{\mathrm{d}\boldsymbol{r}}{\mathrm{d}t}=\frac{\partial \boldsymbol{r}}{\partial t}+\boldsymbol{\omega}\times\boldsymbol{r}\\
\boldsymbol{a}&=\frac{\mathrm{d}\boldsymbol{v}}{\mathrm{d}t}=\frac{\partial^2 \boldsymbol{r}}{\partial t^2}+2\boldsymbol{\omega}\times\frac{\partial \boldsymbol{r}}{\partial t}+\boldsymbol{\omega}\times(\boldsymbol{\omega}\times\boldsymbol{r})
\end{aligned}
\tag{2.13}
$$

其中，$2\boldsymbol{\omega}\times\dfrac{\partial \boldsymbol{r}}{\partial t}$ 和 $\boldsymbol{\omega}\times(\boldsymbol{\omega}\times\boldsymbol{r})$ 分别为由火星自转而产生的科氏加速度和转移加速度。

设 $\boldsymbol{i}$、$\boldsymbol{j}$、$\boldsymbol{k}$ 为位置坐标系 $O\text{-}x_{\mathrm{p}}y_{\mathrm{p}}z_{\mathrm{p}}$ 的单位矢量，则探测器在位置坐标系的位置向量 $\boldsymbol{r}=r\boldsymbol{i}=r\begin{bmatrix}1 & 0 & 0\end{bmatrix}^{\mathrm{T}}$，由式 (2.13) 有

$$
\frac{\mathrm{d}\boldsymbol{r}}{\mathrm{d}t}=\dot{r}\boldsymbol{i}+r\frac{\mathrm{d}\boldsymbol{i}}{\mathrm{d}t}=\dot{r}\boldsymbol{i}+r(\boldsymbol{\Omega}\times\boldsymbol{i})
\tag{2.14}
$$

其中，$\boldsymbol{\Omega}$ 为位置坐标系相对火星固连坐标系的旋转角速度，由两坐标系的定义可知

$$
\boldsymbol{\Omega}=\dot{\theta}C_2(-\phi)\boldsymbol{k}-\dot{\phi}\boldsymbol{j}=(\dot{\theta}\sin\phi)\boldsymbol{i}-(\dot{\phi})\boldsymbol{j}+(\dot{\theta}\cos\phi)\boldsymbol{k}
\tag{2.15}
$$

则位置坐标系单位矢量 $\boldsymbol{i}$、$\boldsymbol{j}$、$\boldsymbol{k}$ 在火星固连坐标系下对时间的导数为

$$
\begin{aligned}
\frac{\mathrm{d}\boldsymbol{i}}{\mathrm{d}t}&=\boldsymbol{\Omega}\times\boldsymbol{i}=(\dot{\theta}\cos\phi)\boldsymbol{j}+(\dot{\phi})\boldsymbol{k}\\
\frac{\mathrm{d}\boldsymbol{j}}{\mathrm{d}t}&=\boldsymbol{\Omega}\times\boldsymbol{j}=-(\dot{\theta}\cos\phi)\boldsymbol{i}+(\dot{\theta}\sin\phi)\boldsymbol{k}\\
\frac{\mathrm{d}\boldsymbol{k}}{\mathrm{d}t}&=\boldsymbol{\Omega}\times\boldsymbol{k}=-(\dot{\phi})\boldsymbol{i}-(\dot{\theta}\sin\phi)\boldsymbol{j}
\end{aligned}
\tag{2.16}
$$

将式 (2.16) 代入式 (2.15) 有

$$
\boldsymbol{v}=\frac{\mathrm{d}\boldsymbol{r}}{\mathrm{d}t}=\dot{r}\boldsymbol{i}+(r\cos\phi\dot{\theta})\boldsymbol{j}+(r\dot{\phi})\boldsymbol{k}
\tag{2.17}
$$

同理，探测器的速度矢量在速度坐标系中的向量表示为 $\boldsymbol{v}_{\mathrm{v}}=V\begin{bmatrix}0 & 1 & 0\end{bmatrix}^{\mathrm{T}}$。由坐标系定义可知，将速度坐标系绕 OZ_{v} 轴旋转飞行路径角 γ，再绕 OX_{v} 旋转航向角 $-\psi$，即可投影到位置坐标系中。由旋转矩阵的定义有

$$
\boldsymbol{v}=C_1(-\psi)C_3(\gamma)\boldsymbol{v}_{\mathrm{v}}=(V\ \ sin\gamma)\boldsymbol{i}+(V\cos\gamma\cos\psi)\boldsymbol{j}+(V\cos\gamma\sin\psi)\boldsymbol{k}
\tag{2.18}
$$

联立式 (2.17)、式 (2.18) 可以获得如下运动学方程:

$$
\begin{aligned}
\dot{r}&=V\sin\gamma\\
\dot{\theta}&=\frac{V}{r}\frac{\cos\gamma\cos\psi}{\cos\phi}\\
\dot{\phi}&=\frac{V}{r}\cos\gamma\sin\psi
\end{aligned}
\tag{2.19}
$$

联立式 (2.11) 和式 (2.12)，可以得到

$$
m\frac{\mathrm{d}\boldsymbol{v}}{\mathrm{d}t}=\boldsymbol{F}-2m\boldsymbol{\omega}\times\frac{\partial \boldsymbol{r}}{\partial t}-m\boldsymbol{\omega}\times(\boldsymbol{\omega}\times\boldsymbol{r})
\tag{2.20}
$$

将式 (2.18) 中的 $\boldsymbol{v}$ 对时间求导可以得到

$$
\begin{aligned}
\frac{\mathrm{d}\boldsymbol{v}}{\mathrm{d}t} = & \left(\dot{V}\sin\gamma + V\dot{\gamma}\cos\gamma\right)\boldsymbol{i} \\
& + \left(\dot{V}\cos\gamma\cos\psi - V\dot{\gamma}\sin\gamma\cos\psi - V\dot{\psi}\cos\gamma\sin\psi\right)\boldsymbol{j} \\
& + \left(\dot{V}\cos\gamma\sin\psi - V\dot{\gamma}\sin\gamma\sin\psi + V\dot{\psi}\cos\gamma\cos\psi\right)\boldsymbol{k} + (V\sin\gamma)\frac{\mathrm{d}\boldsymbol{i}}{\mathrm{d}t} \\
& + (V\cos\gamma\cos\psi)\frac{\mathrm{d}\boldsymbol{j}}{\mathrm{d}t} + (V\cos\gamma\sin\psi)\frac{\mathrm{d}\boldsymbol{k}}{\mathrm{d}t}
\end{aligned} \tag{2.21}
$$

由速度坐标系的定义，可以得到阻力向量 $\boldsymbol{D}_{\mathrm{v}} = \begin{bmatrix} 0 & -D & 0 \end{bmatrix}^{\mathrm{T}}$。同时，从速度坐标系中可以看出，升力在垂直面上的投影相当于升力向量顺时针绕 OY_{v} 轴旋转 σ 角度，因而位于垂直面的升力向量可表示 $\boldsymbol{L}_{\mathrm{v}} = C_2(-\sigma)\begin{bmatrix} L & 0 & 0 \end{bmatrix}^{\mathrm{T}}$。将阻力向量和升力向量分别通过绕轴旋转的方式转换到位置坐标系，则由坐标系的定义有

$$
\begin{aligned}
\boldsymbol{D} &= C_1(-\psi)C_3(\gamma)\boldsymbol{D}_{\mathrm{v}} = -(D\sin\gamma)\boldsymbol{i} - (D\cos\gamma\cos\psi)\boldsymbol{j} - (D\cos\gamma\sin\psi)\boldsymbol{k} \\
\boldsymbol{L} &= C_1(-\psi)C_3(\gamma)\boldsymbol{L}_{\mathrm{v}} = (L\cos\gamma\cos\sigma)\boldsymbol{i} + (L\sin\psi\sin\sigma - L\sin\gamma\cos\psi\cos\sigma)\boldsymbol{j} \\
&\qquad -(L\sin\gamma\sin\psi\cos\sigma + L\cos\psi\sin\sigma)\boldsymbol{k}
\end{aligned} \tag{2.22}
$$

因而探测器受到的整体加速度为 $\boldsymbol{a} = \boldsymbol{L} + \boldsymbol{D} + \boldsymbol{g}$，将式 (2.18)、式 (2.19)、式 (2.21) 和式 (2.22) 代入式 (2.20) 可得

$$
\begin{aligned}
\dot{V} &= -D - g\sin\gamma + \varGamma_V \\
\dot{\gamma} &= \frac{L}{D}\cos\sigma - \frac{g}{V}\cos\gamma + \frac{V}{r}\cos\gamma + C_\gamma + \varGamma_\gamma \\
\dot{\psi} &= -\frac{L}{V\cos\gamma}\sin\sigma - \frac{V}{r}\cos\gamma\cos\psi\tan\phi + C_\psi + \varGamma_\psi
\end{aligned} \tag{2.23}
$$

其中，科氏项 C_γ、C_ψ 和转移项 $\varGamma_V$、$\varGamma_\gamma$、$\varGamma_\psi$ 的表达式分别如下：

$$
\begin{aligned}
C_\gamma &= 2\omega\cos\psi\cos\phi \\
C_\psi &= 2\omega(\tan\gamma\sin\psi\cos\phi - \sin\phi) \\
\varGamma_V &= r\omega^2\cos\phi(\sin\gamma\cos\phi - \cos\gamma\sin\psi\sin\phi) \\
\varGamma_\gamma &= r\omega^2\frac{\cos\phi}{V}(\sin\gamma\sin\psi\sin\phi + \cos\gamma\cos\phi) \\
\varGamma_\psi &= -r\omega^2\frac{\cos\psi\sin\phi\cos\phi}{V\cos\gamma}
\end{aligned} \tag{2.24}
$$

这样，式 (2.19) 和式 (2.23) 就构成了火星进入段的动力学方程。考虑到探测器的火星大气进入段整个过程时间很短暂，同时火星的自转角速度也相对较小，一般在理论研究中忽略风力影响的情况，因而火星大气进入段动力学方程可简化为

$$\dot{\theta} = \frac{V}{r}\frac{\cos\gamma\cos\psi}{\cos\phi} \tag{2.25}$$

$$\dot{\phi} = \frac{V}{r}\cos\gamma\sin\psi \tag{2.26}$$

$$\dot{r} = V\sin\gamma \tag{2.27}$$

$$\dot{V} = -D - g\sin\gamma \tag{2.28}$$

$$\dot{\gamma} = \frac{1}{V}\left[L\cos\sigma - \left(g - \frac{V^2}{r}\right)\cos\gamma\right] \tag{2.29}$$

$$\dot{\psi} = -\frac{1}{V\cos\gamma}\left(L\sin\sigma + \frac{V^2}{r}\cos^2\gamma\cos\psi\tan\phi\right) \tag{2.30}$$

其中，气动升力 L 和气动阻力 D 的方程如下：

$$L = \frac{1}{2}\rho V^2\frac{S}{m}C_{\mathrm{L}} \tag{2.31}$$

$$D = \frac{1}{2}\rho V^2\frac{S}{m}C_{\mathrm{D}} \tag{2.32}$$

其中，C_{L}、C_{D} 分别为探测器的升力系数和阻力系数；ρ 为火星大气密度；S 则为探测器的气动参考面积；m 为探测器质量。

2.4.2 进入段六自由度动力学模型

在三自由度动力学模型中不包括探测器的姿态信息，主要用于运动分析和设计制导律以及飞行轨迹设计，无法完整模拟探测器运动，因此必须建立包含位置和姿态的六自由度模型。探测器在惯性系下的运动方程可以表示为 [17]

$$\begin{aligned}\dot{\boldsymbol{r}} &= \boldsymbol{v}\\ \dot{\boldsymbol{v}} &= \boldsymbol{T}_{IC}(\boldsymbol{Q})\boldsymbol{a}^c + \boldsymbol{g}(\boldsymbol{r})\\ \dot{\boldsymbol{Q}} &= \frac{1}{2}\boldsymbol{B}(\boldsymbol{\omega})\boldsymbol{Q}\end{aligned} \tag{2.33}$$

其中，$\boldsymbol{r} = [r_x, r_y, r_z]^{\mathrm{T}}$ ，$\boldsymbol{v} = [v_x, v_y, v_z]^{\mathrm{T}}$。$\boldsymbol{g} = -\frac{\mu}{r^3}\boldsymbol{r}$ 表示重力，$\boldsymbol{\omega} = [\omega_x, \omega_y, \omega_z]^{\mathrm{T}}$ 表示在惯性系下 IMU 的相对角速度；$\boldsymbol{a}^c$ 是 IMU 测量的非重力加速度。矩阵 $\boldsymbol{B}(\boldsymbol{\omega})$ 定义如下:

$$\boldsymbol{B}(\boldsymbol{\omega}) := \begin{bmatrix} 0 & \omega_z & -\omega_y & \omega_x \\ -\omega_z & 0 & \omega_x & \omega_y \\ \omega_y & -\omega_x & 0 & \omega_z \\ -\omega_x & -\omega_y & -\omega_z & 0 \end{bmatrix} \tag{2.34}$$

向量 $\boldsymbol{Q} \in \mathbf{R}^4$ 表示四元数：

$$\boldsymbol{Q} := \begin{bmatrix} \boldsymbol{q} \\ q_4 \end{bmatrix} \tag{2.35}$$

其中，$\boldsymbol{q} = [q_1, q_2, q_3]^{\mathrm{T}}$ 满足约束条件 $\boldsymbol{q}^{\mathrm{T}}\boldsymbol{q} + q_4^2 = 1$。从 IMU 坐标系到惯性坐标系的转换矩阵 $\boldsymbol{T}_{\mathrm{IC}}$ 表示如下：

$$\boldsymbol{T}_{\mathrm{IC}} = \begin{bmatrix} 1-2(q_2^2+q_3^2) & 2(q_1q_2+q_3q_4) & 2(q_1q_3-q_2q_4) \\ 2(q_1q_2-q_3q_4) & 1-2(q_1^2+q_3^2) & 2(q_2q_3+q_1q_4) \\ 2(q_1q_3+q_2q_4) & 2(q_2q_3-q_1q_4) & 1-2(q_1^2+q_2^2) \end{bmatrix} \tag{2.36}$$

探测器的六自由度模型不包括姿态动力学，其姿态角速度和加速度都是通过惯性器件测量得到的。到目前为止，已成功着陆的火星探测器只有“好奇号”可以通过倾斜角对其进行横向控制，提高了着陆精度。因此本书的仿真以“好奇号”为例进行导航算法验证。

注 2.1 本节根据研究需要分别建立了进入段三自由度动力学模型和六自由度模型，这两种模型各有特点，三自由度模型常用于制导控制系统的分析与设计，通过对模型的建立，可以掌握飞行器当前的运动状态，并且各个状态物理量更具有直观意义，在导航系统中常用于飞行轨迹设计；而六自由度模型更加抽象化，在研究导航滤波时更具有一般意义。因此本章对这两种动力学模型都进行了建模仿真。

2.5 进入段相关参数

1. 纵程、横程和航程

如图 2.10 所示，p_1 为探测器进入点，p_2 为期望开伞点位置，p_3 为实际落点，过 p_1、p_2 点作经过地心的大圆弧 $\widehat{p_1p_2}$，过 p_3 作一条与 $\widehat{p_1p_2}$ 垂直的弧线 $\widehat{p_3p_4}$，其中 $\widehat{p_1p_4}$ 即为纵程，$\widehat{p_3p_4}$ 即为横程，$\widehat{p_1p_3}$ 即为实际航程，纵程可以由如下方程积分得到：

$$S = \int V\cos\gamma \mathrm{d}t \tag{2.37}$$

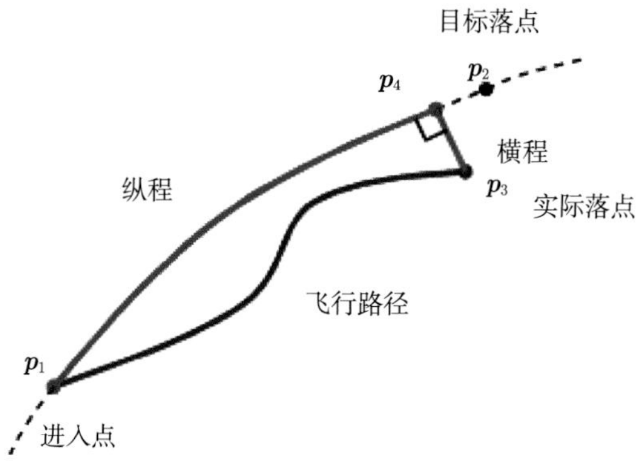

图 2.10 纵程、横程和航程定义

2. 进入段约束条件

(1) 动压 q 是最重要的系统约束条件之一，表达式为 [167]

$$q = 0.5\rho V^2 \leqslant q_{\infty,\max} \tag{2.38}$$

其中，ρ 是大气密度；V 为探测器速度。

动压是飞行器结构上机械载荷的一种度量，主要是表面压力，由于气动力和力矩都与动压成正比，因此这决定了探测器的气动稳定以及操纵装置的性能和效率。

(2) 热载荷是系统约束的另一个重要条件，它要求必须足够低，以便防热系统能够承受，并且其他结构单元的功能和集成不被恶化。一般用热流 q_{gw} 来表示热载荷，关系式为

$$q_{\text{gw}} = C_{\text{gw}}\rho^n V^m \leqslant q_{\text{gw,max}} \tag{2.39}$$

其中，C_{gw} 为常数；$n = 0.5 \sim 1$；$m \geqslant 3$。

(3) 法向载荷因子定义为法向气动力 $N = qC_{\text{N}}S$ 与飞行器重力 $W = mg$ 之比：

$$n_z = \frac{qC_{\text{N}}S}{mg} \leqslant n_{\text{z,max}} \tag{2.40}$$

其中，C_{N} 为压力系数；S 为探测器有效参考面积；g 为火星重力加速度。

3. 轨道控制变量

(1) 攻角 α。攻角是控制飞行器结构热载荷首要的轨道控制变量，一般存在以下关系：α 越大，热载荷越小。攻角还控制阻力，从而控制飞行器的减速。α 越大，飞行器的总阻力就越大。飞行任务通常根据事先确定的函数 $\alpha(v_\infty)$ 飞行。如果攻角为 0° (弹道再入)，则前面防护罩上的总热载荷最小，同时阻力也最大。然而，在 $L/D = 0$ 的情况下，没有改变姿态的能力，不能调节横向距离，会导致探测器着陆误差较大。对火星探测器来说，在进入段产生一个配平攻角，对探测器进行横向调节。

(2) 倾斜角 σ。在大部分的轨道上 (进入段)，通常不通过改变攻角来调节升力，因为为了使热载荷最小，攻角 α 必须很大。而且，为了获得足够的阻力，减速探测器也必须是大攻角 α 设计。在进入段过程中，倾斜角是控制探测器横向距离的主要手段，它使部分升力指向侧向 $(L\sin\sigma)$，该分力引起横向运动。探测器使用的倾斜角可以高达 $\sigma = \pm 80°$[167]。

倾斜角的定义是探测器速度矢量 $\boldsymbol{v}_\infty$(也称为风矢量) 的倾斜角，而不是绕飞行器纵轴的倾斜角，否则不能有效调节升力或指向侧向，初始倾斜角为 0°，使探测器处于水平位置。

(3) 飞行器的侧滑角 β 是一个潜在的轨道控制变量，但是因为该角会引起不希望的热载荷增量，因此在探测器高速飞行时保持 $\beta = 0°$。

2.6 进入段导航测量模型

在火星探测器进入段，着陆器处于高超声速运动状态。因此，为防止大气热环境的灼烧，着陆器由前面的热防护罩来保护，在这种情况下一些常用的测量设备，如激光雷达、高度计、光学导航相机等导航设备无法正常使用，只有着陆器自身携带的 IMU 可以使用。但是，基于 IMU 测量的航迹递推导航方案已经被证明不能保证着陆器导航估计误差收敛 [35, 48]。目前基于 IMU/火星轨道器/火星表面信标的组合导航方案已经被广泛研究，如图 2.11 所示。目前只有三颗火星轨道器在轨运行，包括 NASA 在 2001 年发射的火星“奥迪塞号”(Mars Odyssey) 和 2005 年发射的火星勘测轨道器 (Mars Reconnaissance Orbiter, MRO)[168]，以及

欧洲空间向在 2003 年发射的火星快车轨道器 (Mars Express, MEX)[169]。通过着陆器与火星轨道器或者火星表面信标之间的高频无线电通信 (UHF)，以及着陆器自身携带的 IMU，火星着陆器可以实现自主导航。下面将给出火星着陆器的具体测量模型。

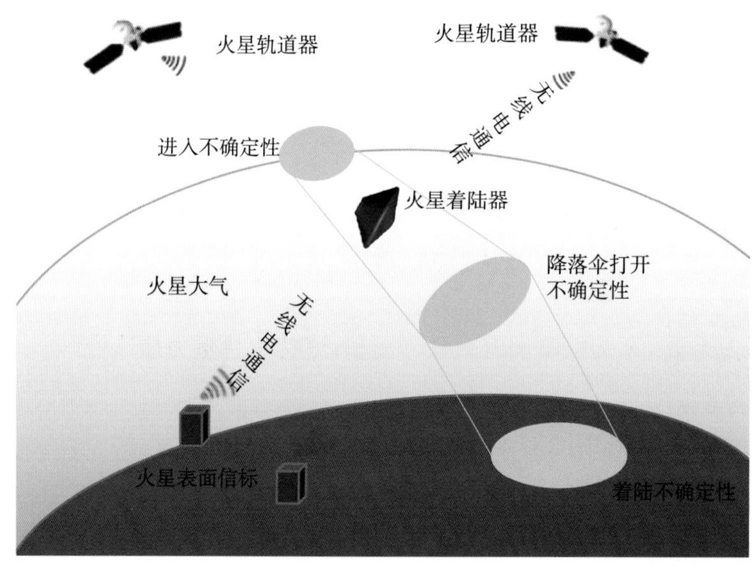

图 2.11　火星着陆器进入段导航方案示意图

2.6.1　IMU 测量模型

IMU 测量在六自由度模型中一般用于航迹递推，而在三自由度模型中，为了提高系统的可观测性，需要利用 IMU 测量重新构建观测模型 [170]。根据式 (2.2)~式 (2.4)，可以得到如下关系式：

$$\boldsymbol{C}_{\mathrm{b}}^{\mathrm{g}}=\boldsymbol{C}_{\mathrm{v}}^{\mathrm{g}}\boldsymbol{C}_{\mathrm{b}}^{\mathrm{v}} \tag{2.41}$$

即

$$\begin{aligned}\boldsymbol{C}_{\mathrm{b}}^{\mathrm{g}}&=\begin{bmatrix}\cos\psi\cos\gamma & -\sin\psi & \cos\psi\sin\gamma\\ \sin\psi\cos\gamma & \cos\psi & \sin\psi\sin\gamma\\ -\sin\gamma & 0 & \cos\gamma\end{bmatrix}\begin{bmatrix}\cos\alpha & 0 & \sin\alpha\\ \sin\sigma\sin\alpha & \cos\sigma & -\sin\sigma\cos\alpha\\ -\cos\sigma\sin\alpha & \sin\sigma & \cos\sigma\cos\alpha\end{bmatrix}\\ &=\begin{bmatrix}T_{11} & T_{12} & T_{13}\\ T_{21} & T_{22} & T_{23}\\ T_{31} & T_{32} & T_{33}\end{bmatrix}\end{aligned} \tag{2.42}$$

所以陀螺仪测量得到的探测器的三轴姿态角可以表示为

$$\begin{cases}\vartheta=-\arcsin T_{31}\\ \varphi=\arctan\dfrac{T_{21}}{T_{11}}\\ \lambda=\arctan\dfrac{T_{32}}{T_{33}}\end{cases} \tag{2.43}$$

其中，欧拉角 ϑ、φ、λ 分别是探测器的俯仰角、偏航角、倾斜角，这里

$$
\begin{aligned}
T_{11} &= \cos\alpha\cos\psi\sin\gamma - \sin\psi\sin\sigma\sin\alpha - \cos\psi\cos\sigma\sin\gamma\sin\alpha \\
T_{21} &= \cos\alpha\sin\psi\cos\gamma + \cos\psi\sin\sigma\sin\alpha - \sin\psi\cos\sigma\sin\gamma\sin\alpha \\
T_{31} &= -\cos\alpha\sin\gamma - \cos\sigma\sin\alpha\cos\gamma \\
T_{32} &= \cos\gamma\sin\sigma \\
T_{33} &= -\sin\alpha\sin\gamma + \cos\sigma\cos\alpha\cos\gamma
\end{aligned}
$$

注 2.2 实际上，探测器的俯仰角和倾斜角的范围是 $-90^\circ \sim 90^\circ$，而偏航角从“好奇号”探测器的初始状态和末端状态可以判断出在 $0^\circ \sim 90^\circ$ 的范围内。此外，除了陀螺仪，惯性测量单元还包括加速度计，其阻力加速度模型已由式 (2.32) 给出，所以式 (2.32) 和式 (2.43) 共同构成了 IMU 测量模型。

2.6.2 火星轨道器观测模型

在火星进入段，只有火星轨道器能够提供无线电测量，为了提高着陆精度，有必要建立火星轨道器的观测模型。根据牛顿第二定律，如果忽略火星的扁圆率以及密度分布差异，则它对轨道器的吸引可等效于一个质点，这样火星和轨道器就构成了一个二体系统，可在火星惯性坐标系下考虑轨道器相对地心的运动，根据万有引力定律和牛顿第二定律，相应的运动方程为 [171]

$$
\ddot{\boldsymbol{r}}_{\rm ob} = -\frac{G(M+m)}{r_{\rm ob}^2}\frac{\boldsymbol{r}_{\rm ob}}{r_{\rm ob}} \tag{2.44}
$$

其中，$\boldsymbol{r}_{\rm ob}$ 是轨道器的位置向量；M 和 m 分别为火星和轨道器的质量；由于 M 远大于 m，$G(M+m)$ 被简化为 $\mu = GM$；μ 为火星的万有引力常数。

为了方便求解轨道器的运动方程，这里首先引入辅助天球，如图 2.12 所示。图中大圆 AA' 和 BB' 分别表示赤道平面和轨道器轨道平面，$\boldsymbol{R}$ 为轨道面的法向量，i 表示轨道倾角，$\varOmega$ 表示轨道升交点 N(或称为节点) 的经度，这决定了轨道平面的空间定向。

由于卫星是平面运动，而相应的平面由 ($r_{\rm ob}$，$\varOmega$) 确定，因此可以在轨道平面内用极坐标 ($r_{\rm ob}$，θ) 来表示其运动方程，当 $\theta = 0$ 时表示升交点的位置。运动方程 (2.44) 中径向和横向的两个分量分别为

$$
\ddot{r}_{\rm ob} - r_{\rm ob}\dot{\theta}^2 = -\frac{\mu}{r_{\rm ob}^2} \tag{2.45}
$$

$$
r_{\rm ob}\ddot{\theta} + 2\dot{r}_{\rm ob}\dot{\theta} = \frac{1}{r_{\rm ob}}\frac{\mathrm{d}}{\mathrm{d}t}(r_{\rm ob}^2\dot{\theta}) = 0 \tag{2.46}
$$

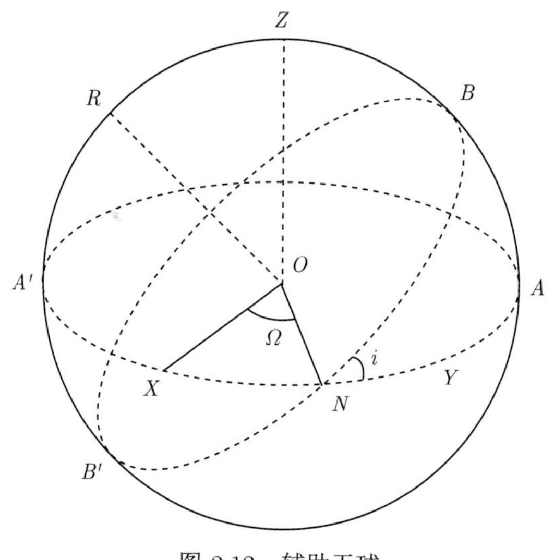

图 2.12 辅助天球

所以，式 (2.45) 可以写为

$$r_{\text{ob}}^2\dot{\theta} = h \tag{2.47}$$

其中，h 是一个积分常数，等于 $\sqrt{\mu a(1-e^2)}$；a 和 e 分别为半长径和偏心率。对微分方程 (2.46) 进行求解，可得

$$r_{\text{ob}} = \frac{a(1-e^2)}{1+e\cos(\theta-\varpi)} \tag{2.48}$$

其中，ϖ 表示近地点幅角，即升交点和近地点的地心夹角。

这里假定卫星轨道根数已知，包括 a、e、Ω、i、ϖ、t_0，t_0 表示卫星经过近地点的时间。为了解决极坐标系和直角坐标系之间的转换关系，这里需要引入球面三角形理论。

在图 2.13 中，点 M 对应于火星轨道器在火星上的投影，并且和 L 处在同一经度上，

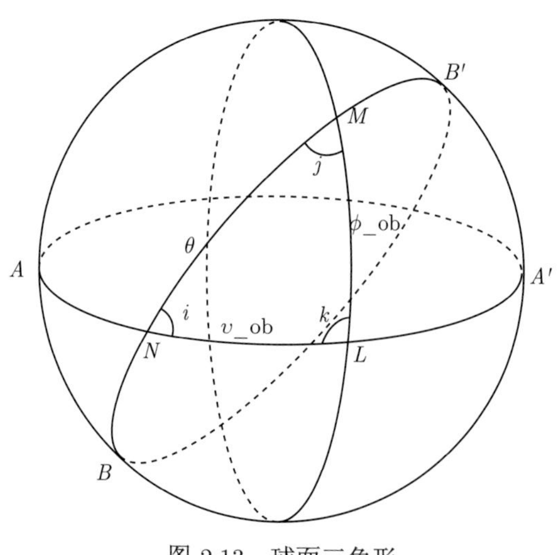

图 2.13 球面三角形

N 和 L 的经纬度坐标为 $(\Omega,0)$ 和 $(\Omega_{\rm ob},0)$，两点之间的距离大小为 $\nu\_{\rm ob}$。升交点 N 和 M 之间的距离为极角 θ，这可以根据卫星运动方程求得，在 N 和 L 的顶角分别为轨道倾角 i 和 k(经度和纬度的夹角 $k=\dfrac{\pi}{2}$)。根据球面三角形余弦和正弦定理可得 [171]

$$\frac{\sin\phi_{\rm ob}}{\sin i}=\frac{\sin\theta}{\sin k} \tag{2.49}$$

$$\cos\theta=\cos\phi_{\rm ob}\cos(\Omega_{\rm ob}-\Omega) \tag{2.50}$$

其中，$\phi_{\rm ob}$ 是轨道器的纬度，范围为 $-90^\circ\sim 90^\circ$；$\Omega_{\rm ob}$ 是轨道器的经度，范围为 $-180^\circ\sim 180^\circ$。所以 $\phi_{\rm ob}$ 可表示为

$$\phi_{\rm ob}=\arcsin\left(\frac{\sin\theta\sin i}{\sin k}\right) \tag{2.51}$$

$\Omega_{\rm ob}$ 可以表示为

$$\Omega_{\rm ob}=\begin{cases}-\arccos\left(\dfrac{\cos\theta}{\cos\phi_{\rm ob}}\right)+\Omega & \phi_{\rm ob}\leqslant 0\\[2ex] \arccos\left(\dfrac{\cos\theta}{\cos\phi_{\rm ob}}\right)+\Omega & \phi_{\rm ob}>0\end{cases} \tag{2.52}$$

在固连坐标系里，轨道器的经度和纬度可以由惯性坐标系通过旋转沿 OZ 轴旋转 $\Omega_0+w_{\rm M}t$ 角度得到，这里 $w_{\rm M}$ 为火星自转角速度，因此无线电测量得到的轨道器与探测器之间的距离为 [170]

$$R=\sqrt{(\boldsymbol{r}-\boldsymbol{r}_{\rm ob})^{\rm T}(\boldsymbol{r}-\boldsymbol{r}_{\rm ob})} \tag{2.53}$$

其中

$$\boldsymbol{r}=r\begin{bmatrix}\cos\phi\cos\upsilon\\ \cos\phi\sin\upsilon\\ \sin\phi\end{bmatrix},\quad \boldsymbol{r}_{\rm ob}=r_{\rm ob}\begin{bmatrix}\cos\phi_{\rm ob}\cos(\Omega_{\rm ob}-\Omega_0-w_{{\rm M}t})\\ \cos\phi_{\rm ob}\sin(\Omega_{\rm ob}-\Omega_0-w_{{\rm M}t})\\ \sin\phi_{\rm ob}\end{bmatrix}$$

注 2.3 传统的导航观测模型是基于 IMU 的加速度模型和基于信标的距离测量模型，而改进的模型是基于 IMU 的姿态角及加速度模型和基于轨道器的距离模型，由于火星地面信标并不存在，因此传统的观测模型只是一个假设。

2.6.3 火星表面信标测量模型

火星表面信标可以假定通过轨道器预先布置在火星表面。但是由于火星表面信标数量有限，因此，火星表面信标必须通过最优化配置来获得最高的可观性。本书采用文献 [53] 提出的火星表面信标配置方案。火星表面信标测量原理与火星轨道器测量原理相类似，信标与探测器之间的相对距离可以表示为

$$\begin{aligned}&\widetilde{R}_i=R_i+\varepsilon_R^i\\ &R_i=\sqrt{(x_{\rm B}^i-r_{\rm x})^2+(y_{\rm B}^i-r_{\rm y})^2+(z_{\rm B}^i-r_{\rm z})^2}\\ &i=1,\cdots,N\end{aligned} \tag{2.54}$$

其中，R_i 表示着陆器到第 i 个信标的真实距离；$\tilde{R}_i$ 表示测量的距离；$\varepsilon_{\mathrm{R}}^i$ 代表距离测量噪声；x_{B}^i、y_{B}^i 和 z_{B}^i 分别表示火星表面信标在火星中心惯性坐标系下的位置坐标；r_{x}、r_{y}、r_{z} 分别表示着陆器的位置坐标，在三自由度模型中可以表示为

$$
\begin{aligned}
r_{\mathrm{x}} &= r\cos\lambda\cos\theta \\
r_{\mathrm{y}} &= r\cos\lambda\sin\theta \\
r_{\mathrm{z}} &= r\sin\lambda
\end{aligned}
\tag{2.55}
$$

考虑到火星的自转，经过时间 t 后信标的位置变为

$$
\begin{bmatrix} x_{\mathrm{B}}^i \\ y_{\mathrm{B}}^i \\ z_{\mathrm{B}}^i \end{bmatrix} = \boldsymbol{C}_i^m \begin{bmatrix} x_{\mathrm{B}}^i(t_0) \\ y_{\mathrm{B}}^i(t_0) \\ z_{\mathrm{B}}^i(t_0) \end{bmatrix}
\tag{2.56}
$$

其中，$x_{\mathrm{B}}^i(t_0)$、$y_{\mathrm{B}}^i(t_0)$、$z_{\mathrm{B}}^i(t_0)$ 分别为表面信标的初始位置。

着陆器与信标之间的相对速率测量可以由多普勒频移信号获得，本书假定相对速率是相对距离关于时间的导数，因此，相对速度的测量模型可以表示为

$$
\begin{aligned}
\widetilde{V}_i &= V_i + \varepsilon_V^i \\
V_i &= \mathrm{d}R_i/\mathrm{d}t \\
i &= 1,\cdots,N
\end{aligned}
\tag{2.57}
$$

其中，$\widetilde{V}_i$ 表示实际的相对速率测量值；V_i 为真实的相对速率测量；ε_V^i 是速率测量噪声。由于相对速率和相对距离由不同的测量设备所测得，因此本书假定 ε_R^i 和 ε_V^i 是不相关的零均值高斯白噪声，噪声协方差为 $\sigma_{R_i}^2$ 和 $\sigma_{V_i}^2$。考虑到测量设备的测量能力，本书将测量噪声协方差分别设为 100 和 1，表示距离测量误差是 10m，速率测量误差是 1m/s。

2.7 伞降段开伞条件的确定

降落伞的开伞作为火星探测器着陆系统工作中的重要一步，选择一个合适的开伞时机是关系到探测任务成败的一个关键环节。一般如果开伞点选取过高，则有可能造成开伞时刻的动压过大，降落伞开伞后，伞衣可能被冲破或者伞衣无法完全打开，导致着陆任务的失败；若开伞点太低，则有可能造成系统后期的动力下降和着陆飞行工作程序还没完全完成，着陆器就已着陆，这些都是实际中不允许发生的问题。因此，降落伞开伞点的设计需要综合考虑多种因素的影响。

一般来说，开伞时机的选择主要是根据任务的需求来确定的。对于火星探测器着陆系统，选择合适的开伞时机实际上是设计合适的开伞高度、开伞速度、开伞马赫数、开伞动压等参数 (表 2.4)，以确保降落伞能够顺利完成减速任务。

表 2.4　着陆火星表面的探测器伞降段主要技术参数

技术参数指标	海盗号	探路者号	勇气号	机遇号	凤凰号	好奇号
进入质量/kg	992	584	827	832	600	2800
外形直径/m	3.5	2.65	2.65	2.65	2.65	4.6
升阻比	0.18	0	0	0	0.06	0.22
降落伞直径/m	16.0	12.5	14.0	14.0	11.5	19.7
开伞点高度/km	5.79	6.4	7.4	7.4	9.0	7.5
开伞点马赫数/Ma	1.1	1.57	1.77	1.77	1.6	2
开伞点动压/Pa	350	585	725	750	420	700

根据 NASA 的抛投试验和仿真分析可知，探测器在离火星表面 10km 高度以上，其速度、动压、马赫数、过载均随高度的变化出现较大波动，而在 10km 高度以下，各参数的变化才变得较平缓。因此，为了避免因开伞部件的机械误差而引起降落伞开伞条件出现较大的波动，降落伞的开伞点最好选择在 10km 以下，才有利于降落伞可靠地充气、完全打开。同时为了保证后续动力下降段和着陆段能够顺利进行，开伞高度 h 应该满足如下条件：

$$7500\text{m} < h < 8500\text{m} \tag{2.58}$$

如果开伞点的马赫数过大，就会导致降落伞无法完成减速作用，而且会导致伞降段的末端出现“颤振”现象，影响系统的正常工作。由于本书之后的仿真参数都选取 2011 年成功着陆于火星表面的好奇号所使用的参数 [172]，因此开伞点的马赫数一般选为 2 左右，根据实际仿真数据可得知 [19]，开伞点的马赫数范围应为

$$1.8 \leqslant Ma \leqslant 2.2 \tag{2.59}$$

动压为探测器速度和大气密度的函数，而速度和大气密度分别与马赫数和探测器所处的高度相关，因此开伞时刻动压也需要在合适的范围内，这样才能保证伞降段顺利地进行。开伞点的动压 p 应满足如下条件：

$$480\text{Pa} \leqslant p \leqslant 720\text{Pa} \tag{2.60}$$

此外，由于伞降段的数学模型较为复杂，本书将在后面的章节中进行详细介绍，在此不再赘述。

2.8　动力下降段模型

在火星动力下降段的过程中，由于着陆器飞行高度较低，同时速度较小，所以重力加速度可以视为常值，同时空气升力和阻力可以忽略。因此，在动力下降段中探测器的动力学模型如下：

$$\dot{\boldsymbol{r}} = \boldsymbol{v} \tag{2.61}$$

$$\dot{\boldsymbol{v}} = \boldsymbol{g} + \boldsymbol{a} \tag{2.62}$$

$$\boldsymbol{a} = \frac{\boldsymbol{T}}{m} \tag{2.63}$$

$$\dot{m} = -\frac{|\boldsymbol{T}|}{c} = -\frac{nkT_{\mathrm{m}}\cos\theta}{I_{\mathrm{sp}}g_{\mathrm{e}}} \tag{2.64}$$

其中，$\boldsymbol{r}$ 和 $\boldsymbol{v}$ 是位置和速度向量；$\boldsymbol{a}$ 是推进器提供的加速度；$\boldsymbol{T}$ 是推力向量；m 是探测器质量；$c = I_{\mathrm{sp}}g_{\mathrm{e}}$ 是引擎消耗速度，且 I_{sp} 和 g_{e} 分别表示推进器的冲力和地球的重力加速度。这些向量所在的参考系原点为期望的火星表面着陆点 [150]。固定在火星表面的参考系如图 2.14 所示。推力向量 $\boldsymbol{T}$ 可以分解为

$$\begin{aligned}\boldsymbol{T} &= [T_{\mathrm{x}}\ T_{\mathrm{y}}\ T_{\mathrm{z}}]^{\mathrm{T}} \\ &= \begin{bmatrix} |\boldsymbol{T}|\cos\alpha_1\sin\sigma \\ |\boldsymbol{T}|\cos\alpha_1\cos\sigma \\ |\boldsymbol{T}|\sin\alpha_1 \end{bmatrix} \\ &= \begin{bmatrix} nkT_{\mathrm{m}}\cos\theta\cos\alpha_1\sin\sigma \\ nkT_{\mathrm{m}}\cos\theta\cos\alpha_1\cos\sigma \\ nkT_{\mathrm{m}}\cos\theta\sin\alpha_1 \end{bmatrix}\end{aligned} \tag{2.65}$$

其中，$|\boldsymbol{T}| = nkT_{\mathrm{m}}\cos\theta$ 表示向量 $\boldsymbol{T}$ 的二阶范数，也就是推力的数值；n 是推力喷嘴的数量；k 是每个喷嘴实际推力的比值；T_{m} 是每个喷嘴最大可行的推力值；θ 是单个推力方向与总推力方向的夹角；α_1 是推力角，定义为总推力方向与水平面的夹角；σ 是推力倾斜角，定义为推力 $\boldsymbol{T}$ 在水平面上的投影与纵程之间的夹角；α_1 和 σ 如图 2.14 所示。

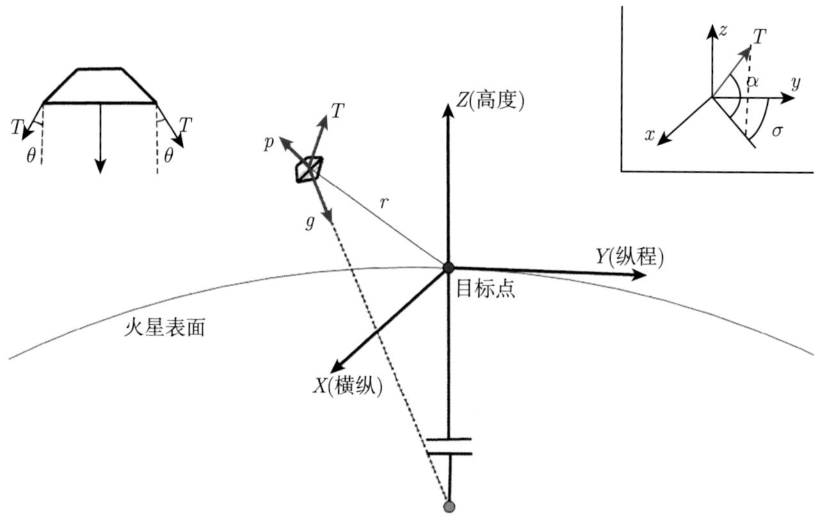

图 2.14　火星表面固连参考系示意图

N 和 L 的经纬度坐标为 $(\varOmega，0)$ 和 $(\varOmega_{\rm ob}，0)$，两点之间的距离大小为 ν_ob。升交点 N 和 M 之间的距离为极角 θ，这可以根据卫星运动方程求得，在 N 和 L 的顶角分别为轨道倾角 i 和 k(经度和纬度的夹角 $k=\dfrac{\pi}{2}$)。根据球面三角形余弦和正弦定理可得 [171]

$$\frac{\sin\phi_{\rm ob}}{\sin i}=\frac{\sin\theta}{\sin k} \tag{2.49}$$

$$\cos\theta=\cos\phi_{\rm ob}\cos(\varOmega_{\rm ob}-\varOmega) \tag{2.50}$$

其中，$\phi_{\rm ob}$ 是轨道器的纬度，范围为 $-90°\sim90°$；$\varOmega_{\rm ob}$ 是轨道器的经度，范围为 $-180°\sim180°$。所以 $\phi_{\rm ob}$ 可表示为

$$\phi_{\rm ob}=\arcsin\left(\frac{\sin\theta\sin i}{\sin k}\right) \tag{2.51}$$

$\varOmega_{\rm ob}$ 可以表示为

$$\varOmega_{\rm ob}=\begin{cases}-\arccos\left(\dfrac{\cos\theta}{\cos\phi_{\rm ob}}\right)+\varOmega & \phi_{\rm ob}\leqslant 0\\[2ex] \arccos\left(\dfrac{\cos\theta}{\cos\phi_{\rm ob}}\right)+\varOmega & \phi_{\rm ob}>0\end{cases} \tag{2.52}$$

在固连坐标系里，轨道器的经度和纬度可以由惯性坐标系通过旋转沿 OZ 轴旋转 $\varOmega_0+w_{\rm M}t$ 角度得到，这里 $w_{\rm M}$ 为火星自转角速度，因此无线电测量得到的轨道器与探测器之间的距离为 [170]

$$R=\sqrt{(\boldsymbol{r}-\boldsymbol{r}_{\rm ob})^{\rm T}(\boldsymbol{r}-\boldsymbol{r}_{\rm ob})} \tag{2.53}$$

其中

$$\boldsymbol{r}=r\begin{bmatrix}\cos\phi\cos\upsilon\\ \cos\phi\sin\upsilon\\ \sin\phi\end{bmatrix},\quad \boldsymbol{r}_{\rm ob}=r_{\rm ob}\begin{bmatrix}\cos\phi_{\rm ob}\cos(\varOmega_{\rm ob}-\varOmega_0-w_{\rm M}t)\\ \cos\phi_{\rm ob}\sin(\varOmega_{\rm ob}-\varOmega_0-w_{\rm M}t)\\ \sin\phi_{\rm ob}\end{bmatrix}$$

注 2.3 传统的导航观测模型是基于 IMU 的加速度模型和基于信标的距离测量模型，而改进的模型是基于 IMU 的姿态角及加速度模型和基于轨道器的距离模型，由于火星地面信标并不存在，因此传统的观测模型只是一个假设。

2.6.3 火星表面信标测量模型

火星表面信标可以假定通过轨道器预先布置在火星表面。但是由于火星表面信标数量有限，因此，火星表面信标必须通过最优化配置来获得最高的可观性。本书采用文献 [53] 提出的火星表面信标配置方案。火星表面信标测量原理与火星轨道器测量原理相类似，信标与探测器之间的相对距离可以表示为

$$\begin{aligned}&\widetilde{R}_i=R_i+\varepsilon_R^i\\ &R_i=\sqrt{(x_{\rm B}^i-r_{\rm x})^2+(y_{\rm B}^i-r_{\rm y})^2+(z_{\rm B}^i-r_{\rm z})^2}\\ &i=1,\cdots,N\end{aligned} \tag{2.54}$$

其中，R_i 表示着陆器到第 i 个信标的真实距离；$\tilde{R}_i$ 表示测量的距离；$\varepsilon_{\mathrm{R}}^i$ 代表距离测量噪声；x_{B}^i、y_{B}^i 和 z_{B}^i 分别表示火星表面信标在火星中心惯性坐标系下的位置坐标；r_{x}、r_{y}、r_{z} 分别表示着陆器的位置坐标，在三自由度模型中可以表示为

$$
\begin{aligned}
r_{\mathrm{x}} &= r\cos\lambda\cos\theta \\
r_{\mathrm{y}} &= r\cos\lambda\sin\theta \\
r_{\mathrm{z}} &= r\sin\lambda
\end{aligned} \tag{2.55}
$$

考虑到火星的自转，经过时间 t 后信标的位置变为

$$
\begin{bmatrix} x_{\mathrm{B}}^i \\ y_{\mathrm{B}}^i \\ z_{\mathrm{B}}^i \end{bmatrix} = \boldsymbol{C}_i^m \begin{bmatrix} x_{\mathrm{B}}^i(t_0) \\ y_{\mathrm{B}}^i(t_0) \\ z_{\mathrm{B}}^i(t_0) \end{bmatrix} \tag{2.56}
$$

其中，$x_{\mathrm{B}}^i(t_0)$、$y_{\mathrm{B}}^i(t_0)$、$z_{\mathrm{B}}^i(t_0)$ 分别为表面信标的初始位置。

着陆器与信标之间的相对速率测量可以由多普勒频移信号获得，本书假定相对速率是相对距离关于时间的导数，因此，相对速度的测量模型可以表示为

$$
\begin{aligned}
\widetilde{V}_i &= V_i + \varepsilon_V^i \\
V_i &= \mathrm{d}R_i/\mathrm{d}t \\
i &= 1,\cdots,N
\end{aligned} \tag{2.57}
$$

其中，$\widetilde{V}_i$ 表示实际的相对速率测量值；V_i 为真实的相对速率测量；ε_V^i 是速率测量噪声。由于相对速率和相对距离由不同的测量设备所测得，因此本书假定 ε_R^i 和 ε_V^i 是不相关的零均值高斯白噪声，噪声协方差为 $\sigma_{R_i}^2$ 和 $\sigma_{V_i}^2$。考虑到测量设备的测量能力，本书将测量噪声协方差分别设为 100 和 1，表示距离测量误差是 10m，速率测量误差是 1m/s。

2.7 伞降段开伞条件的确定

降落伞的开伞作为火星探测器着陆系统工作中的重要一步，选择一个合适的开伞时机是关系到探测任务成败的一个关键环节。一般如果开伞点选取过高，则有可能造成开伞时刻的动压过大，降落伞开伞后，伞衣可能被冲破或者伞衣无法完全打开，导致着陆任务的失败；若开伞点太低，则有可能造成系统后期的动力下降和着陆飞行工作程序还没完全完成，着陆器就已着陆，这些都是实际中不允许发生的问题。因此，降落伞开伞点的设计需要综合考虑多种因素的影响。

一般来说，开伞时机的选择主要是根据任务的需求来确定的。对于火星探测器着陆系统，选择合适的开伞时机实际上是设计合适的开伞高度、开伞速度、开伞马赫数、开伞动压等参数 (表 2.4)，以确保降落伞能够顺利完成减速任务。

表 2.4　着陆火星表面的探测器伞降段主要技术参数

技术参数指标	海盗号	探路者号	勇气号	机遇号	凤凰号	好奇号
进入质量/kg	992	584	827	832	600	2800
外形直径/m	3.5	2.65	2.65	2.65	2.65	4.6
升阻比	0.18	0	0	0	0.06	0.22
降落伞直径/m	16.0	12.5	14.0	14.0	11.5	19.7
开伞点高度/km	5.79	6.4	7.4	7.4	9.0	7.5
开伞点马赫数/Ma	1.1	1.57	1.77	1.77	1.6	2
开伞点动压/Pa	350	585	725	750	420	700

根据 NASA 的抛投试验和仿真分析可知，探测器在离火星表面 10km 高度以上，其速度、动压、马赫数、过载均随高度的变化出现较大波动，而在 10km 高度以下，各参数的变化才变得较平缓。因此，为了避免因开伞部件的机械误差而引起降落伞开伞条件出现较大的波动，降落伞的开伞点最好选择在 10km 以下，才有利于降落伞可靠地充气、完全打开。同时为了保证后续动力下降段和着陆段能够顺利进行，开伞高度 h 应该满足如下条件：

$$7500\text{m} < h < 8500\text{m} \tag{2.58}$$

如果开伞点的马赫数过大，就会导致降落伞无法完成减速作用，而且会导致伞降段的末端出现“颤振”现象，影响系统的正常工作。由于本书之后的仿真参数都选取 2011 年成功着陆于火星表面的好奇号所使用的参数 [172]，因此开伞点的马赫数一般选为 2 左右，根据实际仿真数据可得知 [19]，开伞点的马赫数范围应为

$$1.8 \leqslant Ma \leqslant 2.2 \tag{2.59}$$

动压为探测器速度和大气密度的函数，而速度和大气密度分别与马赫数和探测器所处的高度相关，因此开伞时刻动压也需要在合适的范围内，这样才能保证伞降段顺利地进行。开伞点的动压 p 应满足如下条件：

$$480\text{Pa} \leqslant p \leqslant 720\text{Pa} \tag{2.60}$$

此外，由于伞降段的数学模型较为复杂，本书将在后面的章节中进行详细介绍，在此不再赘述。

2.8　动力下降段模型

在火星动力下降段的过程中，由于着陆器飞行高度较低，同时速度较小，所以重力加速度可以视为常值，同时空气升力和阻力可以忽略。因此，在动力下降段中探测器的动力学模型如下：

$$\dot{\boldsymbol{r}} = \boldsymbol{v} \tag{2.61}$$

$$\dot{\boldsymbol{v}} = \boldsymbol{g} + \boldsymbol{a} \tag{2.62}$$

$$\boldsymbol{a} = \frac{\boldsymbol{T}}{m} \tag{2.63}$$

$$\dot{m} = -\frac{|\boldsymbol{T}|}{c} = -\frac{nkT_{\rm m}\cos\theta}{I_{\rm sp}g_{\rm e}} \tag{2.64}$$

其中，$\boldsymbol{r}$ 和 $\boldsymbol{v}$ 是位置和速度向量；$\boldsymbol{a}$ 是推进器提供的加速度；$\boldsymbol{T}$ 是推力向量；m 是探测器质量；$c = I_{\rm sp}g_{\rm e}$ 是引擎消耗速度，且 $I_{\rm sp}$ 和 $g_{\rm e}$ 分别表示推进器的冲力和地球的重力加速度。这些向量所在的参考系原点为期望的火星表面着陆点 [150]。固定在火星表面的参考系如图 2.14 所示。推力向量 $\boldsymbol{T}$ 可以分解为

$$\begin{aligned}\boldsymbol{T} &= [T_{\rm x}\ T_{\rm y}\ T_{\rm z}]^{\rm T} \\ &= \begin{bmatrix} |\boldsymbol{T}|\cos\alpha_1\sin\sigma \\ |\boldsymbol{T}|\cos\alpha_1\cos\sigma \\ |\boldsymbol{T}|\sin\alpha_1 \end{bmatrix} \\ &= \begin{bmatrix} nkT_{\rm m}\cos\theta\cos\alpha_1\sin\sigma \\ nkT_{\rm m}\cos\theta\cos\alpha_1\cos\sigma \\ nkT_{\rm m}\cos\theta\sin\alpha_1 \end{bmatrix}\end{aligned} \tag{2.65}$$

其中，$|\boldsymbol{T}| = nkT_{\rm m}\cos\theta$ 表示向量 $\boldsymbol{T}$ 的二阶范数，也就是推力的数值；n 是推力喷嘴的数量；k 是每个喷嘴实际推力的比值；$T_{\rm m}$ 是每个喷嘴最大可行的推力值；θ 是单个推力方向与总推力方向的夹角；α_1 是推力角，定义为总推力方向与水平面的夹角；σ 是推力倾斜角，定义为推力 $\boldsymbol{T}$ 在水平面上的投影与纵程之间的夹角；α_1 和 σ 如图 2.14 所示。

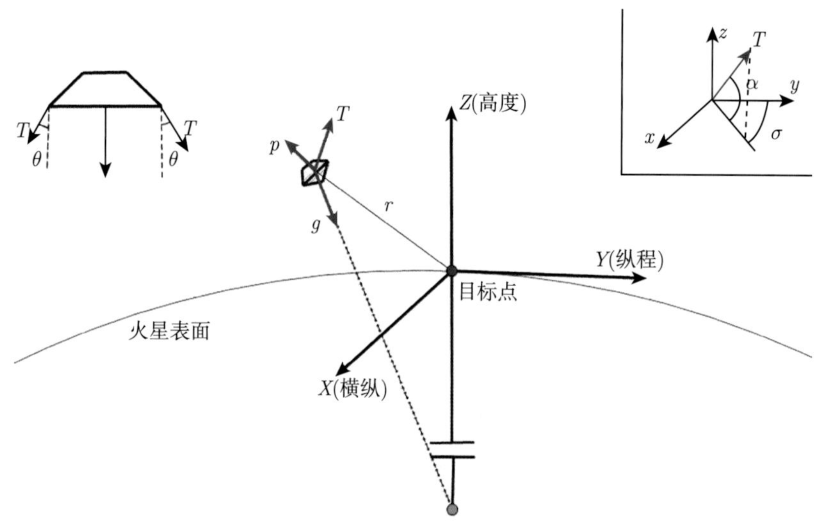

图 2.14　火星表面固连参考系示意图

2.9 着陆段模型

由于探测器着陆段的主要任务是保证探测器实现精确软着陆，因此着陆段需要对探测器的姿态和速度进行微调整以适应探测任务。探测器着陆段的动力学模型和动力下降段的模型十分相似，不再赘述。

2.10 本 章 总 结

本章作为全书研究的理论基础，主要做了以下三方面的研究工作：首先介绍了火星 EDL 过程中涉及的坐标系以及其相互转化关系；然后对 EDL 过程的相关参数进行了详细介绍；最后基于牛顿第二定律推导了火星进入段动力学模型并适当简化，同时对伞降段降落伞的选取与动力下降段的动力学模型进行了分析与研究。

第 3 章　火星探测器进入段通信黑障问题研究

探测器进入火星大气层时，尤其在进入段，将经历最恶劣的气动环境，如高温高压、热流峰值、过载峰值等，无线电信号在空间传播时会呈现一定程度的起伏变化，严重时会造成探测器与测控通信设备之间无线电信号的中断，即出现所谓的通信“黑障”现象 [37]。探测器进入火星大气层时，大气层对无线电波传播的影响是十分复杂的，有些问题尚处于研究阶段，所以本书只能为某些典型情况提供一些参考数据和简化的估算公式，以便在导航滤波中提供必要的依据。

3.1　通信黑障问题研究

3.1.1　黑障形成过程

当火星探测器以十几马赫数甚至几十马赫数的速度进入火星大气时，探测器与周围的大气层发生激烈摩擦，并对大气层进行压缩从而在探测器前端形成很强的激波。由于激波的压缩和大气的黏附作用，探测器的动能大量转化为热能，从而使探测器周围的温度激增，致使稠密的大气发生离解和电离。另外，探测器本身的防热材料在高温下烧蚀，使探测器周围的电子密度大幅度增加，从而在探测器的周围形成等离子鞘套。等离子鞘套会严重吸收和散射电磁波，从而导致电磁波严重衰减，甚至会导致探测器与轨道器或者地面信标的通信联系完全中断，造成“黑障”现象 [38, 39, 173]。

探测器在黑障区的导航信息影响探测器的着陆精度，因此，针对行星大气进入段无线电测量的环境敏感性及传播特性，分析其对导航估计性能的影响，提出通信中断下的鲁棒导航估计方法是火星探测进入段的重要研究内容。

下面给出与无线电波传播密切相关的一些等离子体鞘套的电特性参数 [173]。

(1) 等离子体的电子密度 n_e。它与大气层原有的密度以及等离子体鞘套的温度有关。

(2) 等离子体角频率 w_p。由于离子质量远大于电子，电子对这种高振荡频率几乎没有影响，因此把这种振荡频率称为等离子体角频率。等离子体角频率 w_p 为

$$w_\mathrm{p} = \sqrt{n_\mathrm{e} q^2 / \varepsilon_0 m_\mathrm{e}} \tag{3.1}$$

其中，ε_0 是真空中的介电常数；q 为电子电量；m_e 为电子的质量。

(3) 电子碰撞频率 f_v。电子碰撞频率用来度量电子在等离子体鞘套内与重型粒子 (中性分子、正离子) 的有效碰撞速率。

等离子鞘套的形成与探测器的形状、速度、飞行攻角、防热材料和大气密度有关。等离子鞘套会吸收电磁波能量，导致信号衰减，通信质量下降。此外，探测器周围等离子体环境不仅在大气进入过程中不断变化，而且在探测器不同部分存在很大的差异。图 3.1 以“好奇

号”为例描述了火星探测器大气进入段高超声速飞行时的流场分布情况。为了与地球或者火星轨道器进行通信，通信天线通常被放置在探测器的背部 [39]。

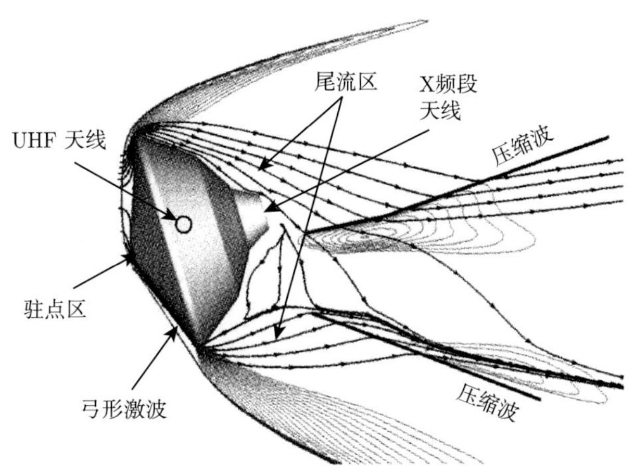

图 3.1 “好奇号”高超声速飞行流场分布

3.1.2 黑障成因分析

探测器周围的等离子体鞘套会吸收电磁波能量，而鞘套的自由电子是造成电磁波衰减的主要因素，无线通信的质量取决于无线电通信频率、电子碰撞频率以及等离子体频率，虽然碰撞频率在气体的热力学状态中具有重要作用，但是碰撞频率通常比临界等离子体频率低得多，因此在电磁波传播中将忽略碰撞频率对通信的影响，这里只考虑等离子体频率对通信的影响。

传播常数通常用复数表示，那么衰减系数可以表示为 [39]

$$k' = \sqrt{\frac{f_{\mathrm{p}}^2 - f_{\mathrm{link}}^2}{f_{\mathrm{link}}^2}} \tag{3.2}$$

其中，f_{p} 表示等离子体频率；f_{link} 表示通信频率。

当探测器尾流区等离子体的频率高于通信频率时，通信将会减弱或者中断；反之，则能正常通信。对于给定的自由电子密度，等离子体频率可以表示为

$$f_{\mathrm{p}} = \frac{1}{2\pi}\sqrt{\frac{n_{\mathrm{e}}q^2}{\varepsilon_0 m_{\mathrm{e}}}} \tag{3.3}$$

其中，q为电子电量，$1.6\times10^{-19}\mathrm{C}$；$n_{\mathrm{e}}$为每立方米自由电子的数目；$m_{\mathrm{e}}$为电子质量，$9.1\times10^{-31}\mathrm{kg}$；$\varepsilon_0$为介电常数，$8.85\times10^{-12}\mathrm{F/m^2}$。

当 $f_{\mathrm{link}} > f_{\mathrm{p}}$ 时，可以正常通信，信号衰减通常被忽略。因此

$$f_{\mathrm{link}} > f_{\mathrm{p}} = \frac{1}{2\pi}\sqrt{\frac{n_{\mathrm{e}}q^2}{\varepsilon_0 m_{\mathrm{e}}}} \tag{3.4}$$

对式 (3.4) 做适当的变形，可得到临界电子密度和通信频率之间的关系为

$$n_{\mathrm{e,crit}} = \frac{f_{\mathrm{link}}^2}{80.64\times10^6} \tag{3.5}$$

其中，$n_{e,crit}$ 表示通信频率 f_{link} 下的临界电子密度。表 3.1 列出了常用通信频段相对应的临界电子密度值。

表 3.1 临界电子密度值

频率/GHz	频段	临界电子密度/cm^{-3}
0.401	UHF	1.99×10^{9}
2.3	S-band	6.56×10^{10}
8.4	X-band	8.75×10^{11}
32.0	Ka-band	1.27×10^{13}

由表 3.1 可以看出，通信频率越高，其对应的临界电子密度值越大 [38]。当通信频率确定时，电子密度的大小决定了信号是否衰减及衰减量的大小。假定通信天线位于探测器的尾流区，当实际电子密度达到或者超过临界电子密度时，信号剧烈衰减，通信质量严重下降甚至中断，可能发生黑障现象。

为此，本章根据“经验法则”来判断黑障发生条件 [39]：①当计算得到的电子密度比临界电子密度小一个数量级时，则认为通信黑障不会发生；②当计算的自由电子密度比临界值大一个数量级时，则认为黑障发生；③当自由电子密度和临界值在一个数量级之内时，则不能确定是否发生黑障。本节根据“好奇号”的气动环境以及结构参数对探测器周围的自由电子密度进行预测，估计黑障发生区间以便用于导航滤波。

3.1.3 黑障区间估计

在火星的进入段，探测器在热流峰值和动压峰值时可能会经历一次潜在的通信中断，在通信中断期间，基于信标和轨道器的无线电导航将失去作用，因此有必要对通信黑障区间进行量化估计以调整导航策略，提高着陆精度。为了估计通信黑障区间，本节采用气动热力学工具来分析火星大气环境，通过火星大气压强、温度、密度以及其他参数信息对驻点区和尾流区的电子密度进行估计。

为了解决具体的计算问题，这里采用 JPL Horton 程序来估算自由电子密度的大小和分布情况 [38, 174]。为了简化程序，这里作出以下假设：

(1) 火星大气成分简化为 CO_2 96.5%，N_2 3.5%。

(2) 在 JPL Horton 程序中等离子体共有 32 种 ($n=32$) 不同的成分，包括 CN、NO^+、CO、NO、C^+、O_2^-、e^- 等，共包含 4 种 (m=4) 不同的元素 (C、O、N、e^-)。

(3) 探测器采用 UHF 频段与信标或者轨道器进行通信，通信天线位于探测器的尾流区。

(4) 混合等离子体处于化学平衡状态且每种组分都可以用理想气体状态方程来描述。

基于以上假设的化学系统在温度 T 和压强 P 时处于热平衡状态，满足系统的吉布斯自由能最小原理。系统的吉布斯自由能可以表示为

$$G=\sum_{i=1}^{n}\mu_i N_i \tag{3.6}$$

其中，μ_i 表示第 i 种组分的偏摩尔自由能；N_i 表示第 i 种组分的摩尔数。偏摩尔自由能 μ_i 可以表示为

$$\mu_i=\mu_i^0+RT\ln P_i+RT\ln\frac{N_i}{N}$$

其中，μ_i^0 表示在温度 298K 和一个大气压下的摩尔生成热；R 表示理想气体常量；T 表示温度；P_i 表示第 i 种组分的压强；N 表示所有组分的总摩尔数。

与此同时，该化学平衡系统必须要满足两个守恒条件：元素的质量守恒定律和热力学第二定律。因此约束方程可以表示为

$$\sum_{i=1}^{n} A_{ki}N_i = B_k \quad k = 1, 2, \cdots, m \tag{3.7}$$

其中，A_{ki} 表示第 i 种组分第 k 种元素的原子数；B_k 表示第 k 种元素摩尔数，主要由初始条件给定。

函数 G 的极值曲线可以采用梯度投影的方法求解，但是在此之前需要通过激波方程获得系统的温度和压强。

当气流通过探测器时，如果气流的速度超过本地声速，会在探测器前端形成压缩波。气流经过压缩波时压强、温度和密度都会发生剧烈的变化。这种压缩波就是激波，激波可以分为两类——正激波和斜激波。在本节中为了方便研究，这里只考虑正激波问题，探测器前端的激波如图 3.2 所示。

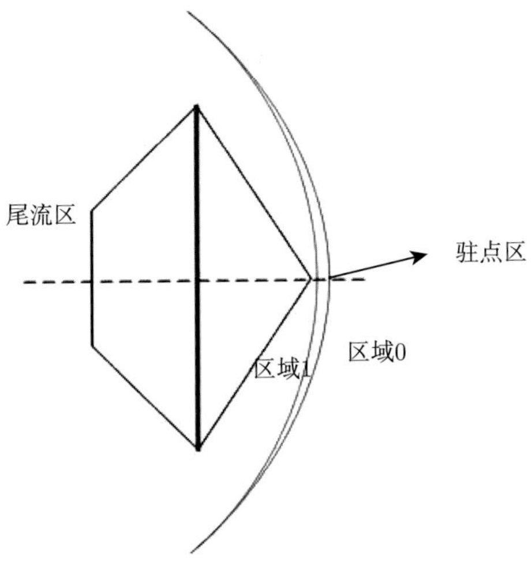

图 3.2　探测器前端形成的正激波

当高超声速气流绕过图 3.2 所示的钝头物体时，头部将出现弓形脱体激波，端部前方的激波面接近正激波，驻点处压强和温度是表征高超声速流压强分布和热传导的有用参考量。对于等熵膨胀系数为常数的完全气体，穿过正激波前后的参数之比可表示为等熵膨胀系数和马赫数的函数，即

$$\begin{aligned}
\frac{T_1}{T_0} &= \frac{[2\varsigma Ma^2 - (\varsigma - 1)][(\varsigma - 1)Ma^2 + 2]}{(\varsigma + 1)^2 \times Ma^2} \\
\frac{P_1}{P_0} &= \frac{2\varsigma Ma^2 - (\varsigma - 1)}{\varsigma + 1} \\
\frac{\rho_1}{\rho_0} &= \frac{(\varsigma + 1)Ma^2}{(\varsigma - 1)Ma^2 + 2}
\end{aligned} \tag{3.8}$$

其中，下标 0 和 1 分别表示激波层前和激波层后的气体状态；Ma 表示高超声速气流的马赫数；ς 表示等熵膨胀系数。

由于与轨道器通信的天线位于探测器的背部，因此有必要对尾流区的自由电子密度进行估计，尾流区和驻点区的自由电子密度之比可以表示为 [174]

$$\frac{n_{\mathrm{e,w}}}{n_{\mathrm{e,s}}} = \left(\frac{\kappa P_0}{P_1}\right)^{1/\varsigma} \tag{3.9}$$

其中，κ 是修正因子，正常情况下为 1；$n_{\mathrm{e,w}}$ 和 $n_{\mathrm{e,s}}$ 分别为尾流区和驻点区的自由电子密度。除此之外，在本节中等熵膨胀系数 ς 取值为 1.33。

3.1.4 通信黑障仿真

由于在通信黑障时，无线电失去了导航作用，此时探测器的导航策略需要调整，只能利用机载 IMU 进行航迹递推，因此有必要对探测器进入段过程中可能遭遇的通信黑障时间进行估计，以便及时调整导航方案。

本章以“好奇号”探测器为例，对其进入段的通信黑障区间进行估计，表 2.2 为“好奇号”的结构参数，表 3.2 为“好奇号”进入段的初始状态，根据表 3.2 中的数据对“好奇号”火星进入段过程进行仿真再现。

表 3.2 探测器初始进入状态

初始状态变量	数值	误差
υ_0	$-90.072°$	0.02°
ϕ_0	$-43.898°$	0.02°
r_0	3520.76 km	1 km
V_0	5505 m/s	10 m/s
γ_0	$-14.15°$	1°
ψ_0	85.01°	1°

进入段制导的目的是让探测器精确跟踪飞行轨迹直至到达开伞点，同时为了满足最终的开伞点要求，降落伞打开的条件是高度为 $7.8\sim12$km，速度为 $400\sim500$m/s。本节的仿真时间为 250s，倾斜角控制量取 $\sigma=\dfrac{\pi}{4}$，经仿真验证，末端的探测器状态符合开伞条件，图 3.3 显示了探测器进入段飞行轨迹，它主要包括探测器相对速度与时间曲线以及高度与时间曲线。为了估计出黑障区间，分别在高度和速度飞行轨迹上取 30 个点进行 30 次 JPL Horton 程序仿真，其中 JPL Horton 程序所需的系统温度和压强可以利用激波方程求解。最后得到驻点区 30 组等离子体各个组分的含量，其中包括驻点区的自由电子密度。由于通信天线在尾流区，因此尾流区的自由电子密度可以通过驻点区的自由电子密度以及压强比进行估计，在式 (3.9) 中膨胀系数取 $\varsigma=1.33$，修正系数取 $\kappa=3.5$。驻点区和尾流区的自由电子密度曲线以及 UHF 临界电子密度曲线如图 3.4 所示。

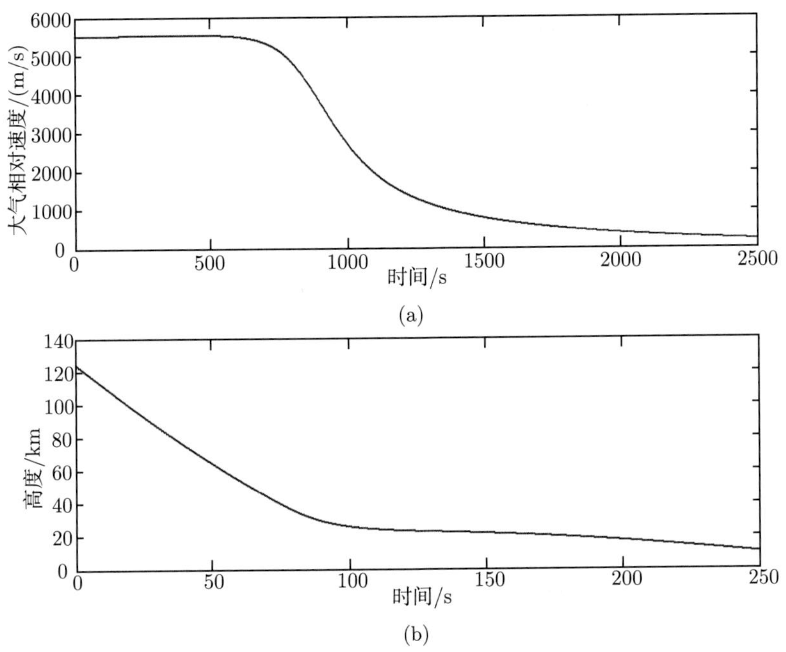

(a)

(b)

图 3.3 “好奇号”速度和高度轨迹

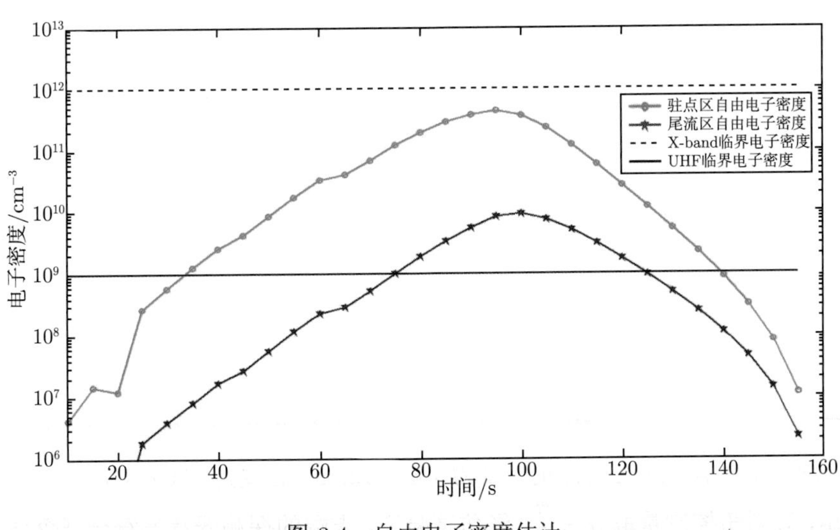

图 3.4 自由电子密度估计

根据图 3.4，在 70 ∼ 120s，尾流区的自由电子密度高于特高频天线电波 (UHF) 频段临界自由电子密度，低于 X 波段 (X-band) 的临界自由电子密度。虽然“好奇号”在着陆过程中可以直接通过 X 波段与地球的深空网联系，也可以使用 UHF 天线通过火星“奥德赛号”和火星勘测轨道飞行器与地球联络，但是与地球通信延迟大，无法对探测器提供无线电导航。所以在进入段过程中采用 UHF 频段与轨道器进行通信，由轨道器提供无线电导航。因此探测器通信黑障时间大约为 50s，由于 JPL Horton 程序是在热平衡条件下计算自由电子密度的，因此仿真结果可能存在一定的误差。图 3.5 为探测器进入段所受到的动压和热流，在 80 ~ 90s 探测器达到动压峰值和热流峰值，这意味着通信黑障发生在动压和热流峰值期间。在已成功着陆的探测器中，火星“探路者号”着陆过程中，大约有 30s 左右与地球通信中断 [175]，此外，在“好奇号”进入段的动压峰值和热流峰值期间，“好奇号”与火星勘测轨道器和火星快车号轨道器的 UHF 无线电通信大约有 70s 的削弱或者中断，通信衰弱和中断区间是在进入火星大气之后 30 ~ 95s[176]。由于估计的“好奇号”飞行轨迹是通过常值倾斜角计算得到的，这不同于实际的飞行数据，因此通信黑障时间的估计会存在一定的偏差。

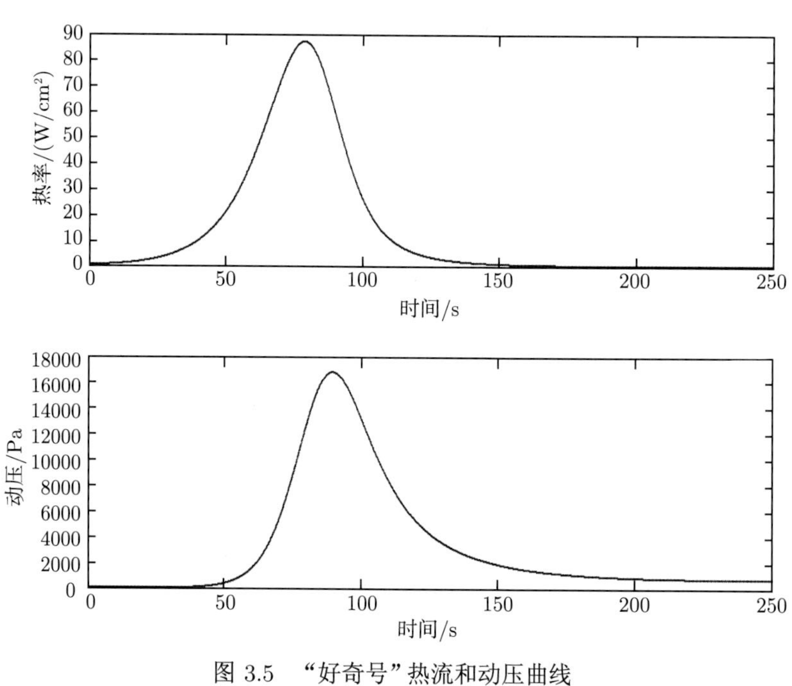

图 3.5 “好奇号”热流和动压曲线

3.2 无线衰落信道下探测器导航滤波算法

在 3.1 节中主要对火星进入段存在通信黑障情况进行了研究，为了研究观测模型的有效性，本节对通信黑障做了简化，将进入段过程简单的分为通信黑障和通信正常，而实际上进入段空间无线通信信道要复杂得多。首先电磁波在无线信道中传播要与火星地面、山脉等障碍物反射和散射，使得信号发生多路径效应；其次探测器与火星大气发生激烈摩擦，前端形成等离子鞘套，包裹于探测器表面，导致通信电磁波功率衰减，使得探测器进入火星大气过程中通信性能下降，甚至导致通信黑障。为此，本节从进入段通信信道的特点进行分析，研究其对探测器进入段导航的影响。

3.2.1 进入段无线衰落信道统计特性

在探测器火星进入段过程中，通信电磁波从地面信标或者轨道器发出，必须先经过火星复杂的空间环境，再穿过包围探测器的等离子体，之后才能到达探测器的天线。因此，火星进入段通信信道可建模为无线空间通信信道加上等离子体鞘套信道的综合信道模型 [177]，如图 3.6 所示。

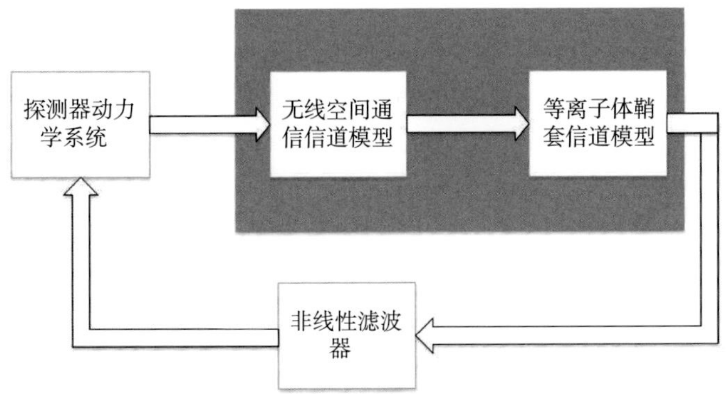

图 3.6　进入段通信信道模型

3.2.2　无线空间通信信道建模

对于无线空间通信信道模型主要考虑的是探测器与轨道器的通信模型，通信信道包括直射路径和散射路径。本节假设由路径产生的延迟远小于符号宽度，此时信道衰落被称为平坦衰落。假设发送信号为 $x(t)$，用等效低通形式表示为

$$x(t) = Re[x_l(t)\mathrm{e}^{\mathrm{j}2\pi f_\mathrm{c} t}] \tag{3.10}$$

其中，f_c 为载波频率。则发送信号经过信道传输到达天线后，其接收信号为

$$y(t) = Re\left\{\left[\sum_{n=1}^{N}\phi_n(t)x_l(t)\mathrm{e}^{\mathrm{j}2\pi f_{n\mathrm{d}} t}\right]\mathrm{e}^{\mathrm{j}2\pi f_\mathrm{c} t}\right\} \tag{3.11}$$

其中，$\phi_n(t)$ 是第 n 条路径上接收信号的衰减因子；$f_{n\mathrm{d}}$ 是第 n 条路径的多普勒频移，因此得到的等效低通信号为

$$y_l(t) = \sum_{n=1}^{N}\phi_n(t)x_l(t)\mathrm{e}^{\mathrm{j}2\pi f_{n\mathrm{d}} t} \tag{3.12}$$

等效时变冲激响应为

$$c(t) = \sum_{n=1}^{N}\phi_n(t)\delta(t)\mathrm{e}^{\mathrm{j}2\pi f_{n\mathrm{d}} t} \tag{3.13}$$

其中，衰减因子具有随机性，因此 $c(t)$ 的每条路径都可看作一个复随机过程，由中心极限定理可知，当路径数量 N 足够大且每条路径都是均值为零的随机过程时，$c(t)$ 的实部和虚部分别服从以 t 为变量的零均值随机过程：

$$c(t) = c_1(t) + \mathrm{j}c_2(t) \tag{3.14}$$

其中，$c_1(t)$ 和 $c_2(t)$ 为不相关的高斯随机过程，因此信号经过平坦衰落信道后的幅度衰落因子为 [177]

$$\hat{\zeta}_\mathrm{w}(t) = |c(t)| = \sqrt{c_1^2(t) + c_2^2(t)} \tag{3.15}$$

因此一个信号 $x(t)$ 经过衰落信道后，输出 $y(t)$ 可以表示为

$$y(t) = \hat{\zeta}_{\mathrm{w}}(t)x(t) \tag{3.16}$$

由概率论可知，当 $c_1(t)$ 和 $c_2(t)$ 服从均值为零的高斯过程时，包络 $\hat{\zeta}_{\mathrm{w}}(t)$ 服从瑞利分布，其概率密度函数为

$$p_{\hat{\zeta}_{\mathrm{w}}}(r) = \frac{r}{\sigma^2}\exp\left(-\frac{r^2}{2\sigma^2}\right) \tag{3.17}$$

其中，σ 表示包络 $\hat{\zeta}_{\mathrm{w}}$ 的方差。由于探测器与信标或者轨道器之间存在一条直射路径，因此包络的概率密度函数服从 Rice 分布：

$$p_{\zeta_{\mathrm{w}}}(r) = \frac{r}{\sigma^2}\exp\left(-\frac{r^2+A^2}{2\sigma^2}\right)I_0\left(\frac{rA}{\sigma^2}\right) \tag{3.18}$$

其中，I_0 是零阶第一类修正贝塞尔函数；A 为直射波幅度。幅度衰落因子可表示为 [178]

$$\zeta_{\mathrm{w}}(t) = \sqrt{c_1^2(t) + [A + c_2(t)]^2} \tag{3.19}$$

由于在探测器与轨道器的通信过程中，存在一条视距分量，因此本书将火星进入段无线空间通信信道建模为 Rice 衰落信道。Rice 分布常用衰落因子 K 来描述，衰落信道的功率由以下归一化条件表示：

$$2\sigma^2 + A^2 = 1 \tag{3.20}$$

其中，A 和 σ 的值由 Rice 衰落因子 K 确定：

$$A = \sqrt{K/(K+1)} \tag{3.21}$$

$$\sigma = 1/\sqrt{2(K+1)} \tag{3.22}$$

3.2.3 等离子体信道建模

3.2.2 节已经提到，电磁波在等离子体鞘套传输时，电磁波能量会由于等离子体的吸收而衰减，从通信信道建模的角度考虑，需要知道信号经过等离子体后的透射功率系数 [179]。

当电磁波入射角度不同时，电磁波入射分为垂直入射和斜入射两种情况，本节此处做如下假设：一是只考虑电磁波垂直入射的情况；二是假定等离子体是均匀分布的。设功率为 P_i 的电磁波垂直入射到等离子体鞘套中，则一部分电磁波能量被界面反射，形成反射波；而另一部分则透射到等离子体形成透射波。

反射波的功率与入射波的功率关系可以表示为

$$\frac{P_{\mathrm{r}}}{P_i} = \left|\frac{1-\sqrt{\varepsilon_{\mathrm{r}}}}{1+\sqrt{\varepsilon_{\mathrm{r}}}}\right|^2 \tag{3.23}$$

其中，P_{r} 为反射功率；ε_{r} 为等离子体的相对介电常数 [180]：

$$\varepsilon_{\mathrm{r}} = 1 - \frac{w_{\mathrm{p}}^2}{w_{\mathrm{link}}^2 + f_{\mathrm{v}}^2} - \mathrm{j}\frac{f_{\mathrm{v}}w_{\mathrm{p}}^2}{w_{\mathrm{link}}(w_{\mathrm{link}}^2 + f_{\mathrm{v}}^2)} \tag{3.24}$$

其中，w_p 为等离子体角频率，计算公式为式 (3.1)；w_link 为通信电磁波角频率；f_v 为等离子体碰撞频率。因此进入等离子体的电磁波功率为

$$P_\mathrm{o}=P_i-P_\mathrm{r}=\left(1-\left|\frac{1-\sqrt{\varepsilon_\mathrm{r}}}{1+\sqrt{\varepsilon_\mathrm{r}}}\right|^2\right)P_i \tag{3.25}$$

由于电磁波经过等离子体时能量发生衰减，因此当等离子体厚度为 d 时，透射波通过等离子体的功率为

$$P_\mathrm{t}=P_\mathrm{o}\exp(-2\alpha_\mathrm{c}d)=\left(1-\left|\frac{1-\sqrt{\varepsilon_\mathrm{r}}}{1+\sqrt{\varepsilon_\mathrm{r}}}\right|^2\right)\exp(-2\alpha_\mathrm{c}d)P_i \tag{3.26}$$

其中，α_c 为衰减常数，其估算公式为 [181]

$$\alpha_\mathrm{c}=\frac{w_\mathrm{link}}{\sqrt{2}c}\left[\frac{w_\mathrm{p}^2}{w_\mathrm{link}^2+f_\mathrm{v}^2}-1+\sqrt{\left(1-\frac{w_\mathrm{p}^2}{w_\mathrm{link}^2+f_\mathrm{v}^2}\right)^2+\left(\frac{w_\mathrm{p}^2}{w_\mathrm{link}^2+f_\mathrm{v}^2}\frac{f_\mathrm{v}}{w_\mathrm{link}}\right)^2}\right]^{0.5} \tag{3.27}$$

其中，c 表示光速。

因此等离子体对电磁波的透射系数为

$$\zeta_\mathrm{p}(t)=\left(1-\left|\frac{1-\sqrt{\varepsilon_\mathrm{r}}}{1+\sqrt{\varepsilon_\mathrm{r}}}\right|^2\right)\exp(-2\alpha_\mathrm{c}d) \tag{3.28}$$

综上所述，一个信号 $x(t)$ 经过无线空间通信信道和等离子体信道后，输出 $y(t)$ 可以表示为

$$y(t)=\zeta_\mathrm{w}(t)\zeta_\mathrm{p}(t)x(t) \tag{3.29}$$

3.2.4 通信间歇观测

在无线电导航过程中，干扰噪声的存在会导致无线电信号失真，甚至传输失败，为此本书采用信噪比和误码率来衡量数据传输成功率。信噪比 (SNR) 是信号的平均功率与信号带宽内噪声的平均功率的比值，它是衡量一个通信系统质量优劣的重要参数，本书假定在探测器进入段过程中噪声的统计特性已知且为高斯白噪声。由于信号经过无线空间通信信道后会产生衰落变化，因此在进入段过程中，无线电信号的信噪比会一直变化。

信噪比用计量单位 dB 表示时，其计算公式为

$$\mathrm{SNR}=10\lg\left(\frac{P_\mathrm{s}}{P_\mathrm{n}}\right) \tag{3.30}$$

其中，P_s 和 P_n 分别代表信号和噪声的有效功率。也可以换算成幅值的比率关系：

$$\mathrm{SNR}=20\lg\left(\frac{V_\mathrm{s}}{V_\mathrm{n}}\right) \tag{3.31}$$

其中，V_s 和 V_n 分别为信号和噪声的幅值。

误码率 (BER) 是衡量数据在规定时间内数据传输精确性指标。在通信系统中，影响系统误码率的因素有很多，包括载噪比 (CNR)、解调电路，以及基带、A/D、D/A、压缩编码、纠

错译码等每一信号处理环节。但是在噪声比较大的情况下，误码率主要由 CNR 决定。MFSK 调制方式的误码率公式为 [182]

$$\text{BER}=\frac{M-1}{2}r\exp\left(-\frac{r}{2}\right)\geqslant 1 \tag{3.32}$$

其中，M 为调制多相制数；r =CNR 为载噪比，除去解调器引入的噪声以及基带处理对噪声的抑制，信噪比与载噪比两者相等，即 SNR=CNR。

根据误码率的定义，可以用误码率表示数据传输的失败概率，用 $\xi(t)=0$ 或 1 表示数据是否达到 (1 表示数据包经过无线传输成功传输到估计器；0 表示传输失败，估计器未能瞬时收到观测值)，其概率分布如下：

$$\mathbb{P}\{\xi(t)=0\}=\text{BER},\quad \mathbb{P}\{\xi(t)=1\}=1-\text{BER},\quad 0\leqslant\text{BER}\leqslant 1$$

因此，一个信号 $x(t)$ 经过无线空间传输，输出 $y(t)$ 可以表示为

$$y(t)=\xi(t)\zeta_{\text{w}}(t)\zeta_{\text{p}}(t)x(t) \tag{3.33}$$

3.3 信号衰落下进入段导航算法

根据前面的分析，在火星进入段无线通信信道中，信号衰落和信号传输失败并存，所以有必要同时考虑这两种情况。本节采用六自由度进入段动力学模型进行导航估计，估计器端收到的是带有观测噪声的尺度化测量值。其中六自由度动力学状态方程如下：

$$\begin{aligned}\dot{\boldsymbol{r}}&=\boldsymbol{v}\\ \dot{\boldsymbol{v}}&=\boldsymbol{T}_{\text{IC}}(\boldsymbol{Q})\boldsymbol{a}^c+\boldsymbol{g}(\boldsymbol{r})\\ \dot{\boldsymbol{Q}}&=\frac{1}{2}\boldsymbol{B}(\boldsymbol{\omega})\boldsymbol{Q}\end{aligned} \tag{3.34}$$

其中，IMU 由加速度计和速率陀螺组成。加速度计和陀螺的测量误差包含两部分：随机误差和常值偏差。IMU 的测量值为本体坐标系下的飞行器非重力加速度和姿态角速度。其测量模型可以简化为

$$\begin{aligned}\tilde{\boldsymbol{a}}&=\boldsymbol{a}^{\text{c}}+\boldsymbol{b}_{\text{a}}+\boldsymbol{\epsilon}_{\text{a}}\\ \tilde{\boldsymbol{\omega}}&=\boldsymbol{\omega}+\boldsymbol{b}_{\omega}+\boldsymbol{\epsilon}_{\omega}\end{aligned} \tag{3.35}$$

其中，$\boldsymbol{a}^{\text{c}}=C_{\boldsymbol{v}}^b[\ -D\quad 0\quad -L\ ]^{\text{T}}$；$\boldsymbol{\omega}=[\ \dot{\sigma}\quad \dot{\gamma}\quad \dot{\psi}\ ]^{\text{T}}$。

观测模型采用两个轨道器和两个火星表面固定信标进行距离和多普勒速度量测 [135]，距离观测方程如下：

$$\begin{aligned}&\widetilde{R}_i=R_i+\varepsilon_{\text{R}}^i\\ &R_i=\sqrt{(\boldsymbol{r}-\boldsymbol{r}_i)^{\text{T}}(\boldsymbol{r}-\boldsymbol{r}_i)}\\ &i=1,\cdots,N\end{aligned} \tag{3.36}$$

其中，$N=4$；i 表示轨道器或者地面信标；ε_R^i 表示距离测量噪声为零均值高斯白噪声。

多普勒速度观测方程如下：

$$\begin{aligned}\widetilde{V}_i &= V_i + \varepsilon_V^i \\ V_i &= \mathrm{d}R_i/\mathrm{d}t \\ i &= 1,\cdots,M\end{aligned} \tag{3.37}$$

其中，$M=2$；i 表示地面信标；ε_V^i 表示速度测量噪声为零均值高斯白噪声。

定义状态变量 $\boldsymbol{x}=[\boldsymbol{r}^{\mathrm{T}},\boldsymbol{v}^{\mathrm{T}}]^{\mathrm{T}}$，则上面的系统离散化后可以表示为

$$\begin{aligned}\boldsymbol{x}_{k+1} &= \boldsymbol{f}(\boldsymbol{x}_k,\boldsymbol{u}_k)+\boldsymbol{w}_k \\ \boldsymbol{z}_k &= \boldsymbol{h}(\boldsymbol{x}_k)+\boldsymbol{v}_k\end{aligned} \tag{3.38}$$

其中，$k\in\mathbf{N}$ 是离散时间；$\mathbf{N}=\{0,1,...\}$。$\boldsymbol{x}_k\in\mathbf{R}^n$ 是状态向量；$\boldsymbol{u}_k\in\mathbf{R}^m$ 是输入向量；$\boldsymbol{z}_k\in\mathbf{R}^q$ 是可测输出；$\boldsymbol{w}_k\in\mathbf{R}^w$ 和 $\boldsymbol{v}_k\in\mathbf{R}^v$ 分别为过程噪声和观测噪声。

经过无线通信信道后，估计器收到的信号可以表示为

$$\boldsymbol{y}_k=\eta_k\boldsymbol{z}_k+\boldsymbol{n}_k$$

其中，$\boldsymbol{n}_k$ 表示通信噪声，其均值为零，协方差为 $\sigma^2\boldsymbol{I}$；η_k 的表达式为

$$\eta_k=\xi(k)\zeta_{\mathrm{w}}(k)\zeta_{\mathrm{p}}(k) \tag{3.39}$$

其中，各变量的表达式如式 (3.19)、式 (3.28)、式 (3.32) 所示，本章离散系统满足如下假设 [183]。

假设 3.1 非线性函数 f 和 h 连续可微。

假设 3.2 对两个常数 k 和 l，两个不相关的零均值白噪声 $\boldsymbol{w}_k$ 和 $\boldsymbol{v}_k$ 具有两个协方差矩阵 $\boldsymbol{Q}_k$ 和 $\boldsymbol{R}_k$，且满足

$$\begin{aligned}E[\boldsymbol{w}_l\boldsymbol{w}_k^{\mathrm{T}}] &= Q_k\delta_{kl} \\ E[\boldsymbol{v}_l\boldsymbol{v}_k^{\mathrm{T}}] &= R_k\delta_{kl} \\ E[\boldsymbol{w}_l\boldsymbol{v}_k^{\mathrm{T}}] &= 0\end{aligned}$$

其中，δ_{kl} 为 Kronecker Delta 函数。

假设 3.3 $\boldsymbol{x}_0$ 满足是高斯分布，与 $\boldsymbol{w}_k$ 和 $\boldsymbol{v}_k$ 互不相关。

$$\begin{aligned}\hat{\boldsymbol{x}}_0 &= E[\boldsymbol{x}_0] \\ P_0 &= E[(\boldsymbol{x}_0-\hat{\boldsymbol{x}}_0)(\boldsymbol{x}_0-\hat{\boldsymbol{x}}_0)^{\mathrm{T}}]\end{aligned}$$

采用加性噪声条件下的无迹卡尔曼滤波更新算法，具体步骤如下 [184]。

步骤 1: 初始化。

$$\begin{aligned}\boldsymbol{\chi}_{0,k} &= \hat{\boldsymbol{x}}_k \\ \boldsymbol{\chi}_{i,k} &= \hat{\boldsymbol{x}}_k+(a\sqrt{n\hat{P}_k})_i,\quad i=1,\cdots,n \\ \boldsymbol{\chi}_{i,k} &= \hat{\boldsymbol{x}}_k-(a\sqrt{n\hat{P}_k})_i,\quad i=n+1,\cdots,2n\end{aligned}$$

步骤 2：时间更新。

$$\begin{aligned}
\boldsymbol{\chi}_{i,k+1|k} &= \boldsymbol{f}(\boldsymbol{\chi}_{i,k}), \quad i=0,1,\cdots,2n \\
\hat{\boldsymbol{x}}_{k+1|k} &= \sum_{i=0}^{2n} \varpi_i \boldsymbol{\chi}_{i,k+1|k} \\
\hat{P}_{k+1|k} &= \sum_{i=0}^{2n} \varpi_i (\boldsymbol{\chi}_{i,k+1|k} - \hat{\boldsymbol{x}}_{k+1|k})(\boldsymbol{\chi}_{i,k+1|k} - \hat{\boldsymbol{x}}_{k+1|k})^{\mathrm{T}} + Q_k
\end{aligned}$$

其中

$$\begin{aligned}
\varpi_i &= 1 - \frac{1}{a^2}, \quad i=0 \\
\varpi_i &= \frac{1}{2na^2}, \quad i=1,\cdots,2n
\end{aligned}$$

是一组权值，且 $\sum_{i=0}^{2n} \varpi_i = 1$

$$\begin{aligned}
\boldsymbol{y}_{i,k+1|k} &= \eta_{k+1} \boldsymbol{h}(\boldsymbol{\chi}_{i,k+1|k}), \quad i=0,1,\cdots,2n \\
\hat{\boldsymbol{y}}_{k+1|k} &= \sum_{i=0}^{2n} \varpi_i \boldsymbol{y}_{i,k+1|k} \\
\hat{P}_{yy,k+1} &= \sum_{i=0}^{2n} \varpi_i (\boldsymbol{y}_{i,k+1|k} - \hat{\boldsymbol{y}}_{k+1|k})(\boldsymbol{y}_{i,k+1|k} - \hat{\boldsymbol{y}}_{k+1|k})^{\mathrm{T}} + \widetilde{R}_{k+1} \\
\hat{P}_{xy,k+1} &= \sum_{i=0}^{2n} \varpi_i (\boldsymbol{\chi}_{i,k+1|k} - \hat{\boldsymbol{x}}_{k+1|k})(\boldsymbol{y}_{i,k+1|k} - \hat{\boldsymbol{y}}_{k+1|k})^{\mathrm{T}}
\end{aligned}$$

其中，$\widetilde{R}_{k+1} = \eta_{k+1} R_{k+1} \eta_{k+1}^{T} + \sigma^2 \boldsymbol{I}$

步骤 3：测量更新。

$$\begin{aligned}
K_{k+1} &= \hat{P}_{xy,k+1} \left[\sum_{i=0}^{2n} \varpi_i (\boldsymbol{y}_{i,k+1|k} - \hat{\boldsymbol{y}}_{k+1|k})(\boldsymbol{y}_{i,k+1|k} - \hat{\boldsymbol{y}}_{k+1|k})^{\mathrm{T}} + \widetilde{R}_{k+1} \right]^{-1} \\
\hat{\boldsymbol{x}}_{k+1} &= \hat{\boldsymbol{x}}_{k+1|k} + K_{k+1}(\boldsymbol{y}_{k+1} - \hat{\boldsymbol{y}}_{k+1|k}) \\
\hat{P}_{k+1} &= \hat{P}_{k+1|k} - K_{k+1} \hat{P}_{xy,k+1}^{\mathrm{T}}
\end{aligned}$$

步骤 4：重复步骤 1~3。

3.4 无线衰落条件下导航滤波仿真

3.4.1 仿真初始条件

高可靠、高精度地定位信息对探测器进入段导航来说是必需的，由于进入段过程探测器要经历高压和热流等影响，导致无线电信号衰减甚至传输失败，同时火星与地球相比，缺少必要的导航信息。为了提高导航精度，本章采用 IMU 和轨道器以及信标组合导航方法来提高探测器的定位精度，假设在进入时刻有两个轨道器和两个信标可以与探测器进行导航通信，其中 MRO 和 MEX 的轨道参数以及运动模型在 3.3 节已给出，表 3.3 给出了火星表面信标的初始位置信息，表 3.4 给出了探测器进入时刻的初始状态。

表 3.3 信标初始位置信息

x_B^1=875.35km, y_B^1=−2914.43km, z_B^1=−1509.77km
x_B^2=410.25km, y_B^2=−2955.32km, z_B^2=−1624.04km

表 3.4 探测器初始状态

r_{x_0}=−3.92km, r_{y_0}=−3099.09km, r_{z_0}=−1663.11km
v_{x_0}=463.25m/s, v_{y_0}=−1528.75m/s, v_{z_0}=5268.14m/s
$q_1 = q_2 = q_3 = 0,\ q_4 = 1$

加速度计的常值偏差取 $\boldsymbol{b}_a = [10^{-4}, 10^{-4}, 10^{-4}]^T$，噪声 $\boldsymbol{\epsilon}_a$ 的协方差为 $10^{-6}\boldsymbol{I}_{3\times3}$。角速度的常值偏差取 $\boldsymbol{b}_w = [10^{-4}, 10^{-4}, 10^{-4}]^T$，噪声 $\boldsymbol{\epsilon}_w$ 的协方差为 $10^{-6}\boldsymbol{I}_{3\times3}$。系统的初始状态误差协方差以及噪声误差协方差分别为

$$\boldsymbol{P}_0 = \begin{bmatrix} 10\boldsymbol{I}_{3\times3} & \\ & \boldsymbol{I}_{3\times3} \end{bmatrix}, \boldsymbol{Q}_k = \begin{bmatrix} 10^{-1}\boldsymbol{I}_{3\times3} & \\ & 10^{-3}\boldsymbol{I}_{3\times3} \end{bmatrix}, \boldsymbol{R}_k = \begin{bmatrix} 10^2\boldsymbol{I}_{4\times4} & \\ & 10\boldsymbol{I}_{2\times2} \end{bmatrix}$$

仿真时间为 250s，本节已将火星进入段通信信道建模为无线空间通信信道加上等离子体鞘套信道的综合信道模型，为此对其无线空间通信信道衰落进行仿真，如图 3.7 所示。根据图 3.4 提供的自由电子密度数据，图 3.8 给出了等离子体鞘套信道衰减系数变化曲线，从图中可以看出，在通信黑障期间，等离子体套鞘信道的衰减系数几乎为零。因此火星进入段综合信道衰落系数如图 3.9 所示。

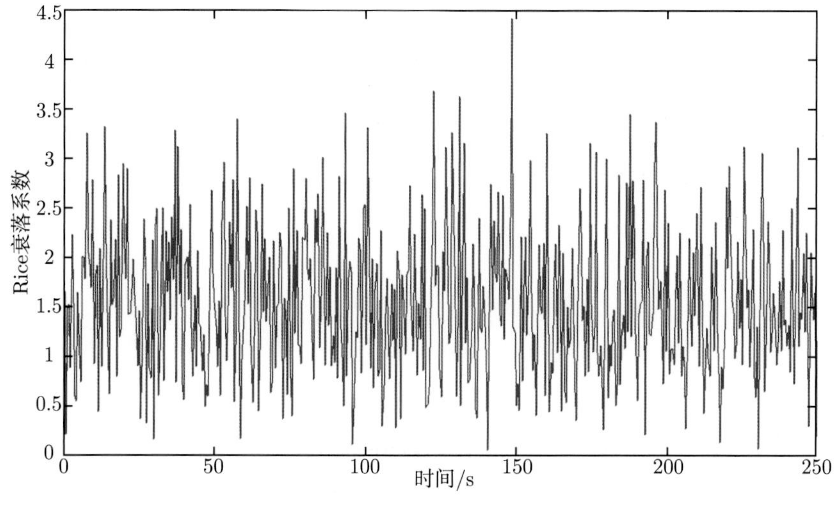

图 3.7 无线空间通信信道衰落系数

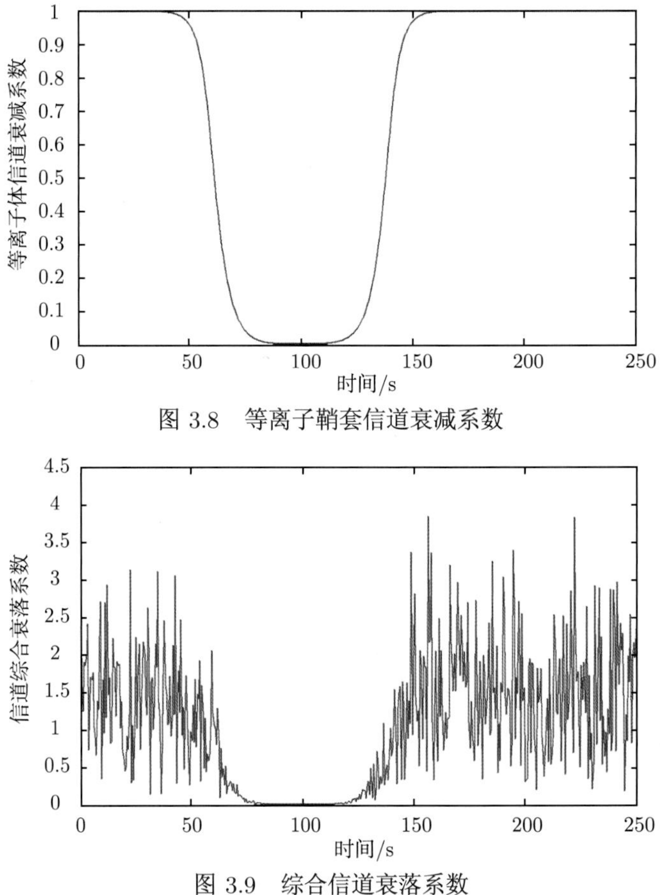

图 3.8　等离子鞘套信道衰减系数

图 3.9　综合信道衰落系数

在本节仿真中，采用 MFSK 调制方式且 $M=4$，根据误码率和信噪比的公式 (3.32) 绘制图形，如图 3.10 所示，从图中可以很直观地得到 BER 和 SNR 的对应值。当信噪比 SNR=40dB 时，误码率已经非常小，对此假定正常通信时的信噪比为 40dB。根据图 3.9 首先计算经过衰落信道后的有效信号与噪声的比值 (信噪比)，然后根据式 (3.32) 计算通信误码率，即数据传输失败率，得到图 3.11 所示的误码率曲线。

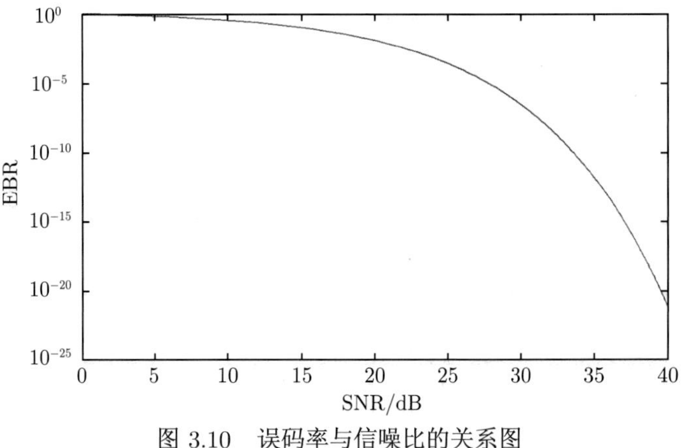

图 3.10　误码率与信噪比的关系图

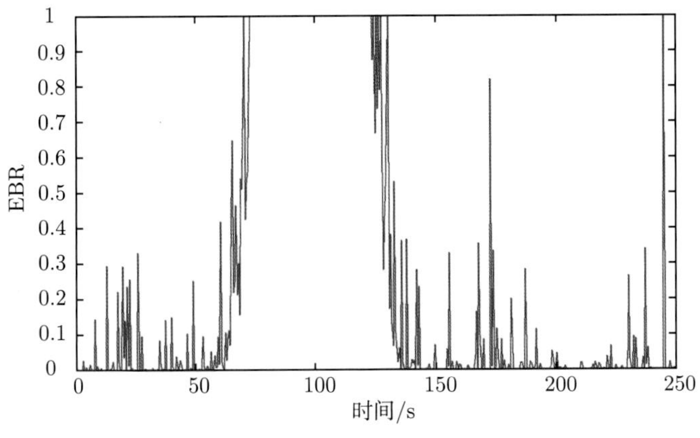

图 3.11 误码率曲线

3.4.2 IMU 和无线电组合导航

通过 10 次蒙特卡罗试验仿真来验证本节所提出的导航算法有效性。为了对比本节所提出的基于 IMU 和无线电测量的组合导航方案与传统火星进入段所采用的惯性航迹递推的导航方案的精度，仿真分为两部分。一部分仿真为惯性航迹递推导航，图 3.12 为惯性航迹递推的导航误差曲线。从图 3.12 中可以看出，航迹递推的误差随时间积累，这是由于惯性测量单元存在常值偏差和噪声，且系统不可观，因此随着时间的累积，系统逐渐不稳定。

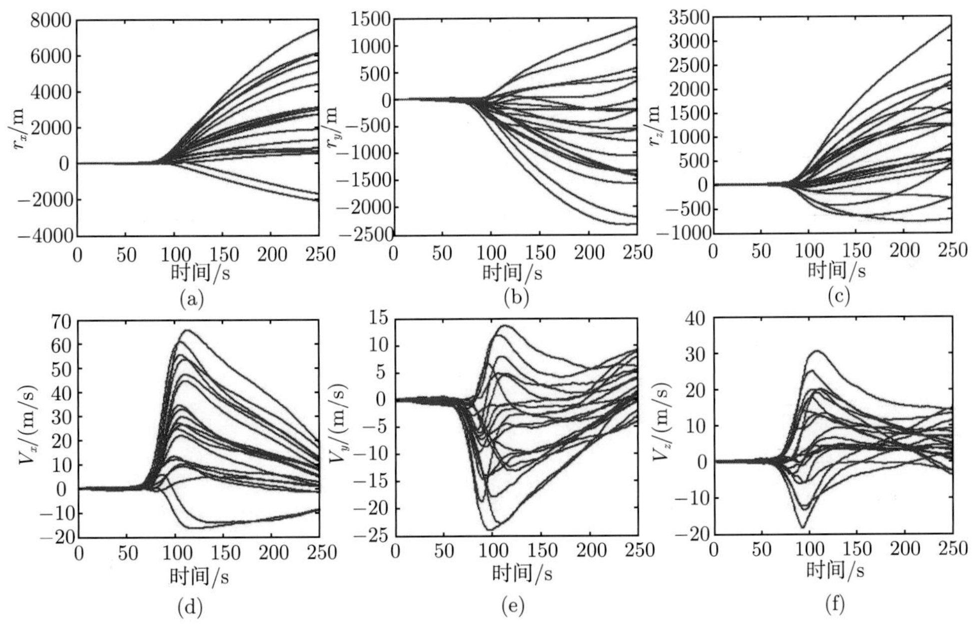

图 3.12 惯性航迹递推的导航误差曲线

另一部分为 IMU 和无线电组合导航。图 3.13 为 IMU 和两个轨道器组合导航误差曲线，从图中可以看出，末端位置导航误差在 40m 内，速度误差在 1m/s 内，由于在 80~120s 时，由图 3.8 可知探测器处于通信黑障区间，因此其导航精度变差，当数据传输正常时，其导航误差逐渐收敛。虽然相比于航迹递推导航提高了系统的可观测性，但是由于观测数据较少，因此其导航误差较大。

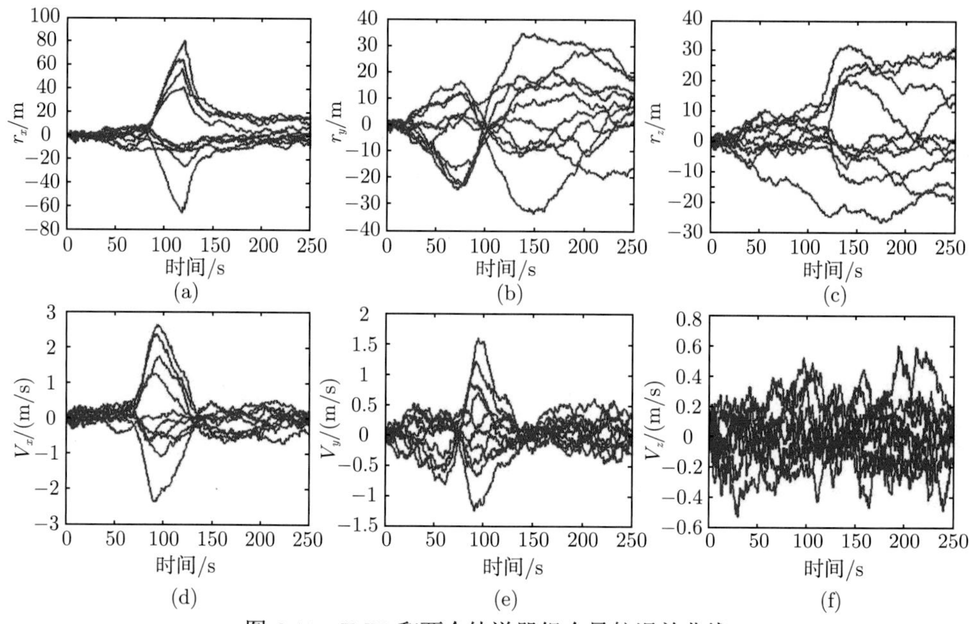

图 3.13　IMU 和两个轨道器组合导航误差曲线

图 3.14 为 IMU 和两个轨道器及两个信标导航误差曲线。从图中可以看出，末端位置误差在 30m 内，速度误差在 1m/s 内，其导航精度得到提高。由于在导航方案中加入了多普勒速度测量，因此导航误差在通信黑障结束后收敛速度更快。

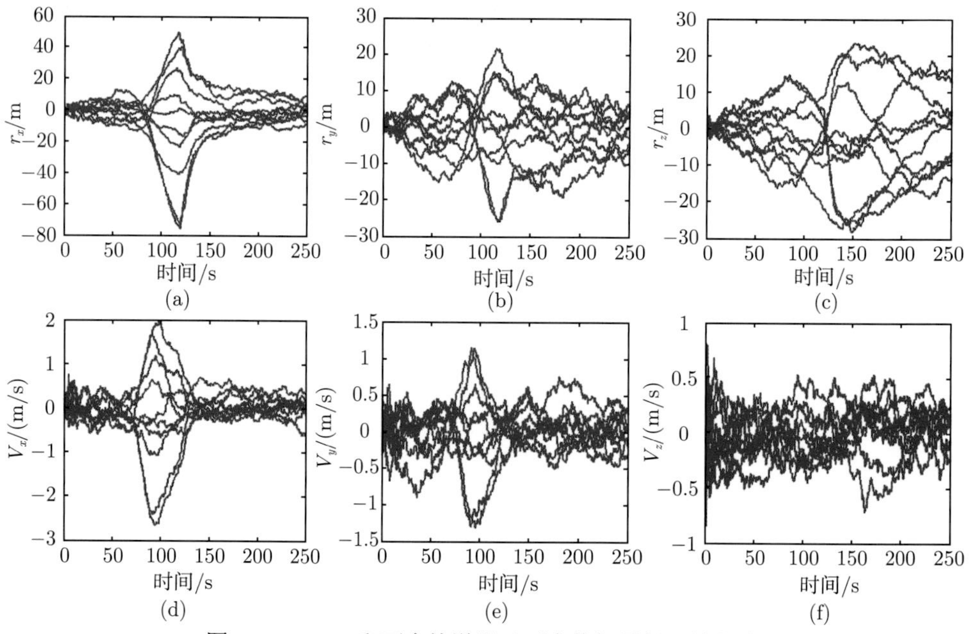

图 3.14　IMU 和两个轨道器及两个信标导航误差曲线

3.5 本章总结

本章首先着重介绍了黑障的形成过程，并对黑障的成因进行分析，得到黑障形成时的临界自由电子密度，根据“经验法则”判断黑障是否发生。在求解自由电子密度时，本章采用 JPL Horton 程序的方法进行估计，并分析了激波的形成，给出了气体参数变化公式。并以“好奇号”为例进行了仿真验证，这为后面的探测器导航做了铺垫。其次，本章进一步对火星进入段导航算法进行研究，从通信信道的角度更加详细地描述了火星进入段通信模型的三个部分：无线空间信道模型、等离子体信道模型和信号的间歇观测，提出了相应的 UKF 导航滤波算法。最后通过仿真验证了基于 IMU 和轨道器及信标的组合导航方法，提高了导航精度，满足了未来的火星着陆要求。

第 4 章　火星探测器进入段导航策略问题研究

第 3 章主要通过热力学工具对探测器的黑障时间进行预测估计，仿真验证表明“好奇号”探测器在进入段过程中存在通信黑障，为此需要相应的调整导航策略，以保障当无线电导航信息中断时探测器依旧能够稳定飞行。本章主要对探测器进入段导航策略进行研究。

4.1　观 测 模 型

对于火星探测任务，由于进入段缺乏导航观测信息，导航系统的可观测性较差，如何调整进入段导航策略及增加导航信息源以确保火星进入段的导航精度，是火星进入段自主导航必须解决的关键问题。现阶段火星进入段采用惯性航迹递推导航方式，由于探测器初始状态误差及外界环境等扰动因素，导航估计状态逐渐发散，因此本章提出了采用 IMU 和火星轨道器无线电测量的组合导航方案。

4.2　进入段导航策略仿真

考虑到通信黑障对无线电的影响，因此在火星进入段，当通信正常时，采用 IMU 和轨道器无线电的组合导航；当通信中断时，只采用 IMU 惯性递推导航。在“好奇号”探测器进入段过程中,“好奇号”上的无线电接收机能够接收到来自“火星勘测轨道器”(MRO) 和“火星快车轨道器”(MEX) 的无线电信号，因此本节首先对 MRO 和 MEX 的飞行轨道进行仿真。

MEX 是欧洲空间局在 2003 年 6 月发射的首个火星探测器，于 2003 年 12 月成功抵达火星轨道。MEX 的轨道使得轨道器上的测量仪器能够从不同高度覆盖火星表面，轨道周期为 6.7 小时。MEX 的近地点在赤道附近，向火星南极运动 [168]。MRO 是 NASA 在 2005 年发射的新一代火星科学轨道器，由于受到科学仪器的使用限制，MRO 轨道最终调整为极地太阳同步轨道 [169]。根据表 4.1 所示的 MEX 和 MRO 轨道参数，MEX 和 MRO 轨道器的轨道几何结构经仿真如图 4.1 所示。

表 4.1　MEX 和 MRO 轨道参数对比

轨道器	MRO	MEX
半长轴 a	3663.7km	8572.2km
偏心率 e	0.0089	0.5770
近地点幅角 $\bar{\omega}$	4.7124rad	2.7911rad
轨道倾角 i	1.6154rad	1.5055rad

为了验证导航模型的有效性，以“好奇号”为例进行仿真，仿真结果如图 4.2 ~ 图 4.9 所示。图 4.2 和图 4.3 是采用传统 IMU 测量导航方式得到的仿真结果图，从图中可以看出探

测器的状态和估计误差效果差，导航精度低，这是由于只有加速度计测量信息，系统的观测度低，从而导航滤波发散。图 4.4 和图 4.5 是采用改进的 IMU 测量导航方式得到的仿真图，由于在改进的 IMU 测量模型中除了加速度测量，还包括陀螺仪测量的姿态角信息，这提高了系统的观测度。因此除了经度和纬度导航估计效果较差，其他系统状态的估计精度得到大大提高，这表明改进的 IMU 测量模型提高了导航精度。然而由于经纬度估计效果差，还是无法保证未来火星进入段导航精度要求，为此在火星进入段需要采用 IMU 和无线电组合导航方式来提高着陆精度。

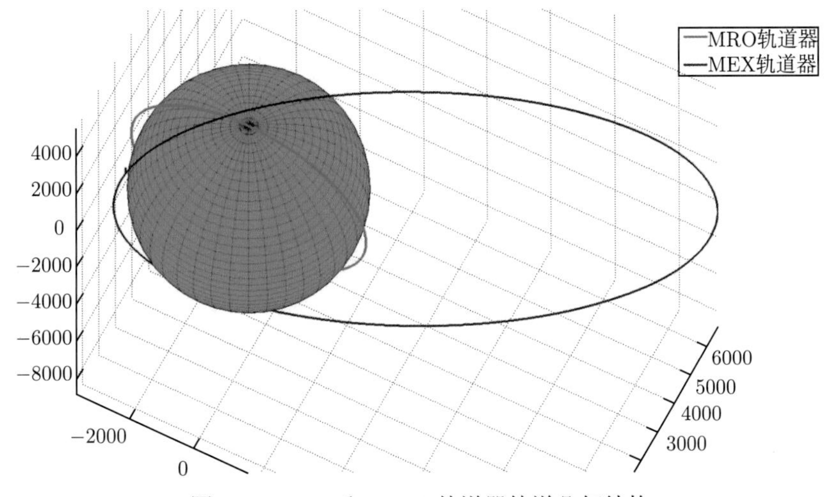

图 4.1　MEX 和 MRO 轨道器轨道几何结构

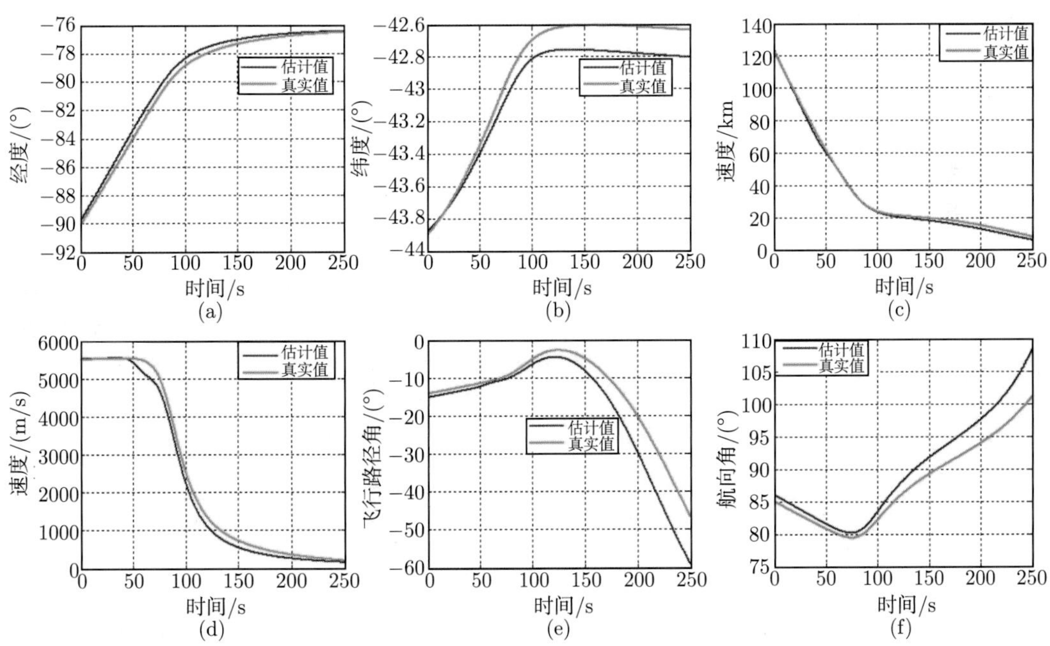

图 4.2　传统 IMU 测量导航

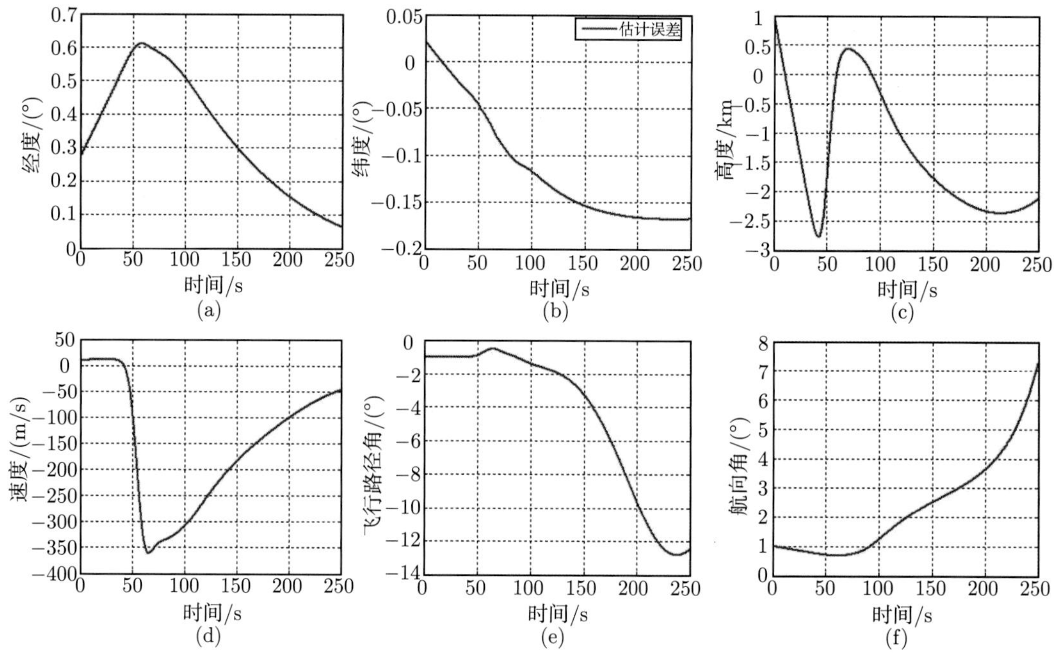

图 4.3　传统 IMU 测量导航误差

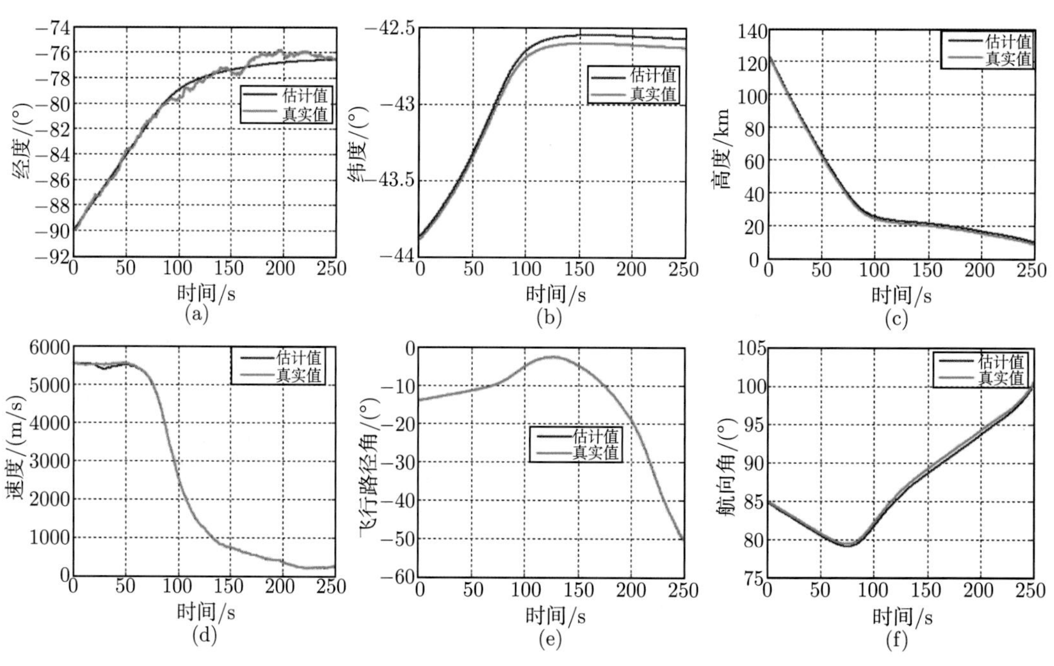

图 4.4　改进的 IMU 测量导航

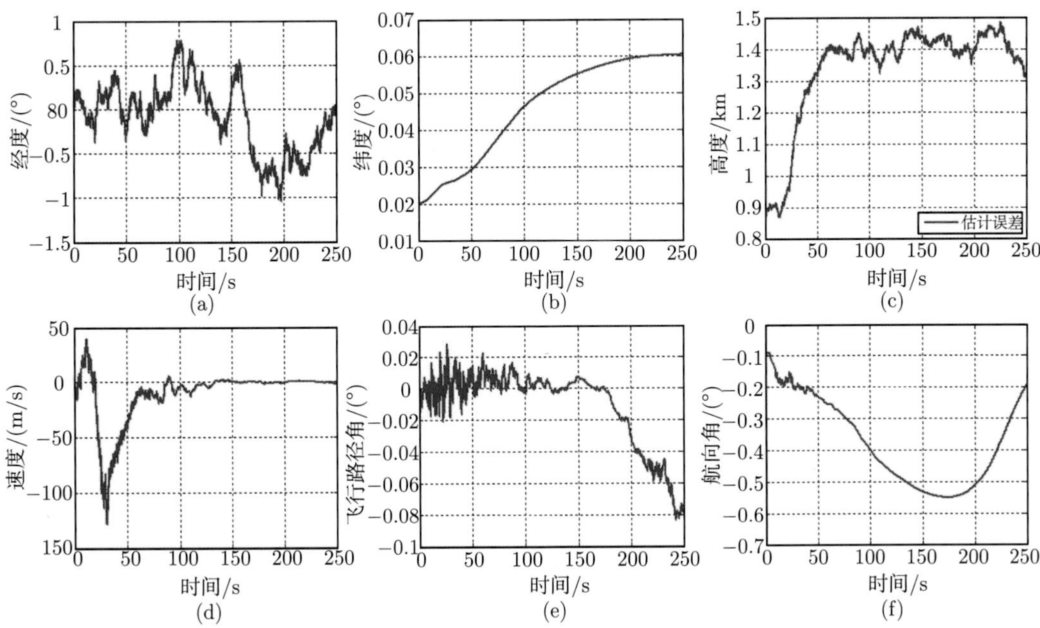

图 4.5 改进的 IMU 测量导航误差

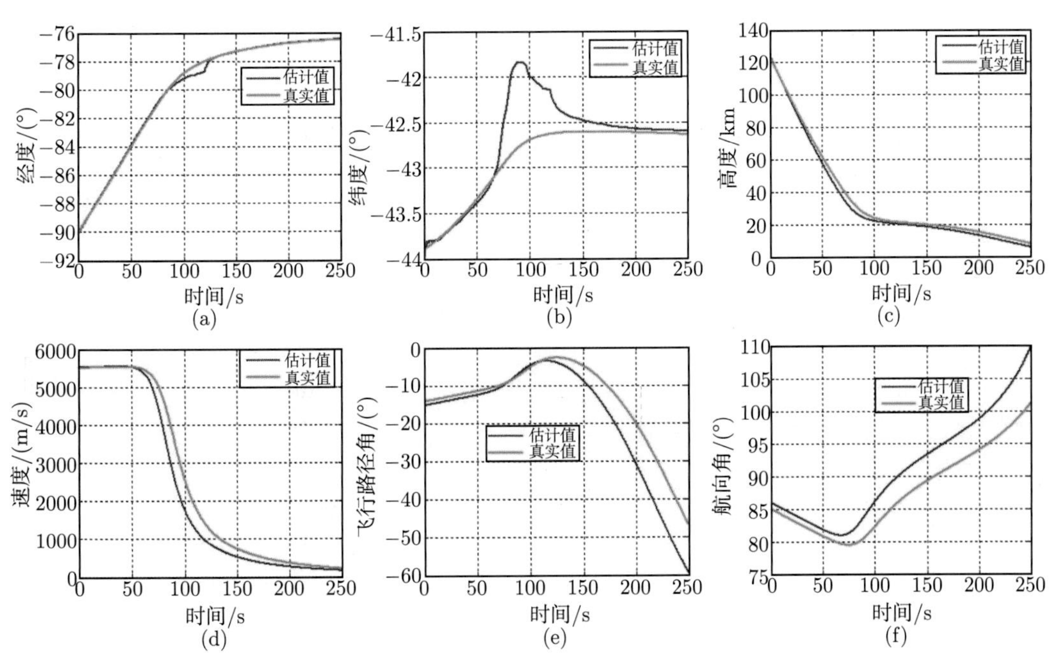

图 4.6 传统 IMU 和两个信标组合导航

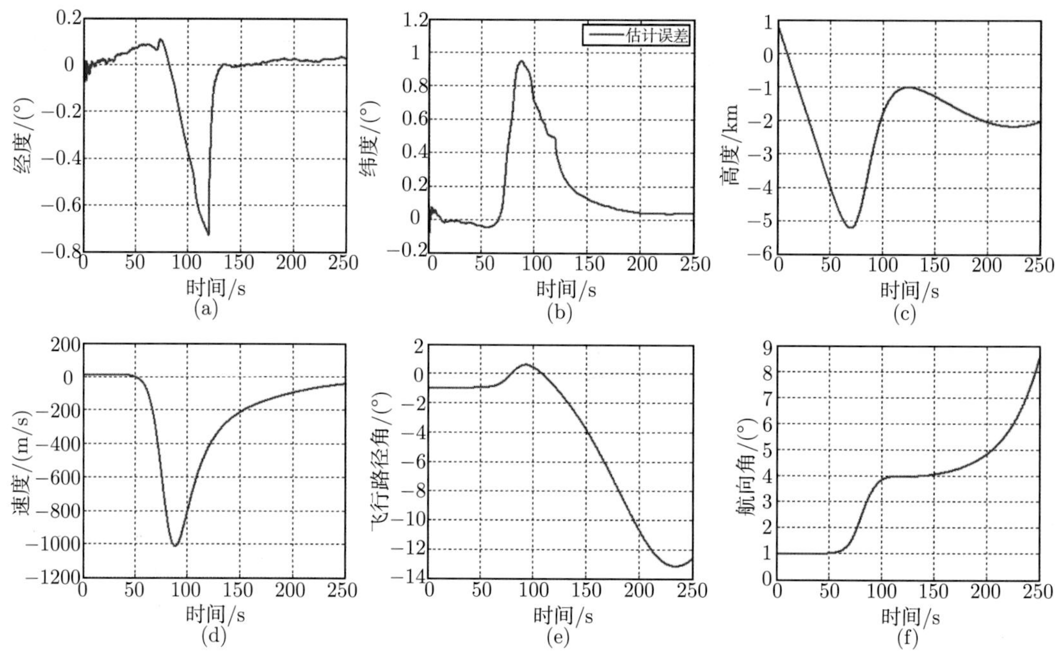

图 4.7 传统 IMU 和两个信标组合导航误差

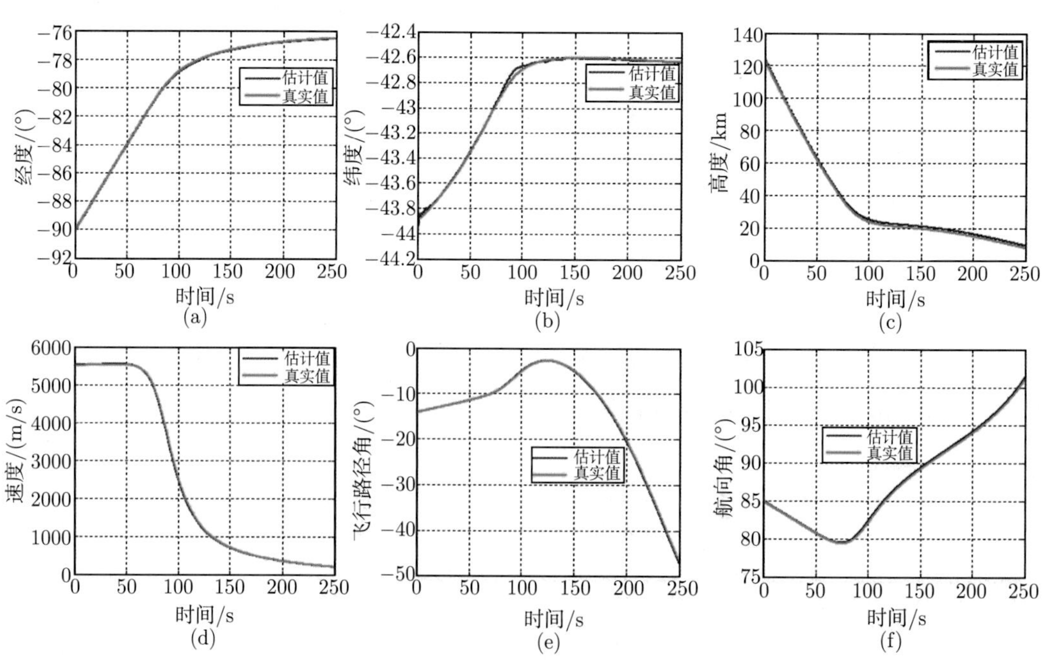

图 4.8 改进的 IMU 和轨道器导航

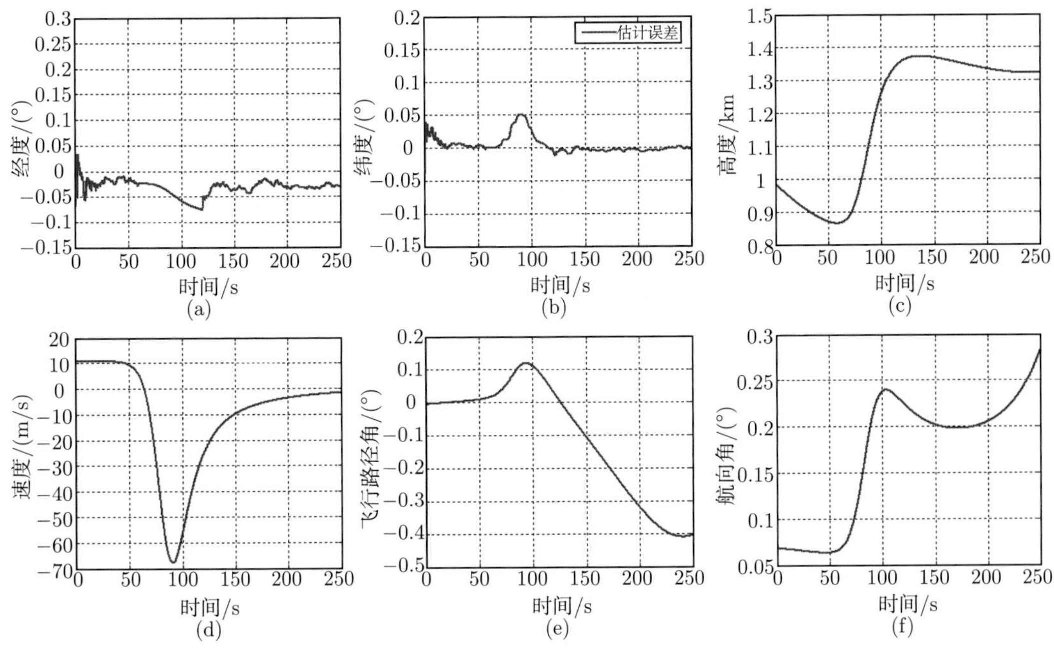

图 4.9 改进的 IMU 和轨道器导航误差

图 4.6 和图 4.7 是传统 IMU 和信标测量组合导航方式得到的仿真图，虽然信标的加入使得探测器的经纬度估计精度得到提高，但是系统其他状态的滤波估计效果还是较差。图 4.8 和图 4.9 是改进的 IMU 和轨道器组合导航方式得到的仿真图，从图中可以看出，系统的导航估计精度较高，满足了未来火星着陆的要求。在仿真中，探测器在 70~120s 时处于通信黑障，只采用 IMU 惯性导航方式，会导致探测器的经度和纬度估计效果发散，当通信黑障结束时，探测器的经纬度估计误差收敛，最终探测器的导航经度误差为 0.02°，纬度误差为 0.01°，高度误差为 1.32km，速度误差为 2m/s，飞行路径角误差为 0.4°，航向角误差为 0.3°。

4.3 进入段组合导航方案的可观性分析

到目前为止，NASA 已经在火星表面成功着陆了七颗着陆器，着陆精度从最开始“探路者号”的 150km 到火星探险“漫游者号”的 35km，再从“凤凰号”的 10km 到“好奇号”的 2.2km[185]。着陆精度的改善得益于先进的导航和制导技术。目前所有成功的着陆器都采用基于航迹递推的导航方案。对于“好奇号”，在最终接近段采用基于火星网和地面深空网的自主导航方案 [50]，其中火星网包括火星勘测轨道器和火星快车轨道器 [176]。进入段采用基于升力的制导方式，通过调节倾斜角来控制着陆器的运动轨迹。动力下降段采用新型的空中吊车策略，最终使得火星探测器软着陆 [186]。

尽管“好奇号”已经取得了非常高的着陆精度，但是仍不能满足未来需要，即着陆精度达到 1000m。火星大气进入段是整个火星探测器 EDL 过程中最艰难、最具挑战的一部分，其中的一个原因是火星进入段导航能力有限，可采用的导航设备少。由于火星与地球的距离遥远，地面站与探测器之间的通信会经过几分钟时间，然而整个火星 EDL 过程仅仅持续大约 7min，因此，基于传统地面站的深空探测方式不可靠。所以，火星探测器只能依靠自主导航 [187]。近些年，基于 X 射线脉冲星的自主导航方案已经被广泛应用 [188-191]。在最终接近段，文献 [188] 采用基于 X 射线脉冲星和火星网的自主导航方式。文献 [190] 给出了 X 射线脉冲星自主导航的建模结果。但是火星大气造成脉冲星信号衰减和通信时间延迟，基于 X 射线脉冲星的导航方式不适用于火星进入导航。在大气进入段，由于火星探测器由前面的热防护罩来保护，常规的测量设备无法正常使用，因此火星探测器只能采用基于 IMU 的航迹递推导航方案。但是，由于未来火星着陆精度需要达到百米量级，而仅基于 IMU 的航迹递推导航方案相对来说具有较大的导航误差 [34]，因此，有必要采用新的自主导航方案来提高火星探测器导航度。

本章详细研究了火星探测器进入段 IMU/火星轨道器的组合导航方案和 IMU/火星轨道器/火星表面信标的组合导航方案。以导航精度和导航系统可观测度为性能指标来评估导航方案的可行性，并在导航系统完全可观时给出了探测器状态的可估计性。

4.3.1 基于观测矩阵条件数的可观性分析

对于广义的非线性模型：

$$\begin{aligned} \boldsymbol{x}_k &= \boldsymbol{f}(\boldsymbol{x}_{k-1}, \boldsymbol{u}_{k-1}, t_{k-1}) + \boldsymbol{v}_{k-1} \\ \boldsymbol{y}_k &= h(\boldsymbol{x}_k, \boldsymbol{u}_k, t_k) + \boldsymbol{w}_k \end{aligned} \tag{4.1}$$

其中，$\boldsymbol{x} \in \mathbf{R}^n$ 是状态矢量；$\boldsymbol{y} \in \mathbf{R}^m$ 是测量矢量；$\boldsymbol{u}$ 是确定的控制输入；$\boldsymbol{v}$ 和 $\boldsymbol{w}$ 是不相关的零均值高斯白噪声，其协方差分别为 $\boldsymbol{Q}$ 和 $\boldsymbol{R}$。系统的可观性矩阵为

$$\mathbf{OM} = \begin{bmatrix} \boldsymbol{H} \\ \boldsymbol{HF} \\ \boldsymbol{HF}^2 \\ \vdots \\ \boldsymbol{HF}^{n-1} \end{bmatrix} \tag{4.2}$$

其中，$\boldsymbol{F}$ 和 $\boldsymbol{H}$ 是状态方程和量测方程的雅可比矩阵。通常，如果系统的可观性矩阵的秩 $\mathrm{rank}(\mathbf{OM}) = n$，则系统是完全可观的。但是，对于一些系统，尽管可观性矩阵是满秩的，但是可观性矩阵中的元素量级之间存在很大差异，那么可以说这个系统是弱可观的，不适用于系统可观性分析。因此，本章提出采用可观性矩阵的条件数作为性能指标来评估导航系统的可观性。可观性矩阵的条件数定义为如下形式 [192]：

$$\mathrm{cond}(\mathbf{OM}) = \frac{\sigma_{\max}(\mathbf{OM})}{\sigma_{\min}(\mathbf{OM})} \tag{4.3}$$

其中，$\sigma_{\max}(\mathbf{OM})$ 和 $\sigma_{\min}(\mathbf{OM})$ 表示可观性矩阵的最大奇异值和最小奇异值。条件数的大小反映了可观性矩阵的奇异程度，条件数越大，则表示可观性矩阵中元素大小差异越大，意味着可观性矩阵越趋向于奇异。为了更清楚地对比条件数的量级差异，采用对数函数来缩放条件数，定义如下：

$$\kappa(\mathbf{OM}) = \lg \frac{\sigma_{\max}(\mathbf{OM})}{\sigma_{\min}(\mathbf{OM})} \tag{4.4}$$

对于 32 字节的计算机，如果 $\kappa(\mathbf{OM}) > 6$，则意味着可观性矩阵是病态的，也就表示可观性矩阵是趋于奇异的 [193]。本节仿真将采用这个准则来评估导航系统的可观性。

4.3.2 状态可估计性分析

系统的可观性概念具有两个特性，它不仅能判断系统是否可观，而且也能判定状态变量的可观测程度，定义为状态的可估计性。其中评估状态可估计性的一种方法是通过可观性矩阵的奇异值分解，但是这种方法需要额外分解可观性矩阵 [194]。本节通过分析归一化的后验估计误差协方差矩阵的特征值和特征矢量来评估状态变量的可估计性。归一化方法具有两个优势：首先，能够给特征值设置一个界；其次，能够使估计误差矢量无量纲化。这种方法的执行步骤如下。

(1) 通过一致性转换来归一化后验估计误差协方差矩阵：

$$\boldsymbol{P}'^{+}(k) = [\sqrt{\boldsymbol{P}(0)}]^{-1}\boldsymbol{P}^{+}(k)[\sqrt{\boldsymbol{P}(0)}]^{-1} \tag{4.5}$$

其中，$\boldsymbol{P}^{+}(k)$ 是第 k 步的后验估计误差协方差矩阵；$\boldsymbol{P}(0)$ 是初始的估计误差协方差矩阵。

(2) 为 $\boldsymbol{P}'^{+}(k)$ 的特征值设置边界，使其特征值大小在 $[0,n]$ 范围内：

$$\boldsymbol{P}''^{+}(k) = \frac{n}{\mathrm{tr}[\boldsymbol{P}'^{+}(k)]}\boldsymbol{P}'^{+}(k) \tag{4.6}$$

其中，$\mathrm{tr}(\cdot)$ 表示矩阵的迹。

基于以上引出过程，可以得出以下结论：$\boldsymbol{P}''^{+}(k)$ 的较大特征值代表较差的可观性，其对应的特征矢量中较大的元素代表较差的状态可估计性；相反，$\boldsymbol{P}''^{+}(k)$ 的较小特征值代表比较好的可观性，其对应的特征矢量中，较大的元素代表好的状态可估计性。以上结论将应用于本章的状态可估计性分析。

4.3.3 导航方案的数值仿真和分析

本节采用第 2 章中火星进入段六自由度模型 [式 (2.33)]，采用“好奇号”的仿真参数，如探测器横截面积为 $s = 15.9\mathrm{m}^2$，质量为 $m = 2804\mathrm{kg}$ [78]，探测器进入状态初始值如表 4.2 所示 [183]。仿真时间是 250s。由于火星探测器进入段姿态信息对着陆精度影响较小，因此仿真图中没有给出姿态信息。考虑到惯性测量单元的测量噪声、火星轨道器和火星表面信标的测量噪声以及动力学模型噪声等随机不确定项的影响，本节采用 300 次蒙特卡罗仿真来验证导航方案的可行性。

表 4.2 六自由度模型中探测器进入状态初始值

r_{x_0}=−3.92km, r_{y_0}=−3099.09km, r_{z_0}=−1663.11km
v_{x_0}=463.25m/s, v_{y_0}=−1528.75m/s, v_{z_0}=5268.14m/s

1. 方案一：基于 IMU/火星轨道器的组合导航方案

本节采用一阶插值滤波算法 (first-order divided difference filter, DDF1) 作为状态估计器来验证组合导航方案，它基于斯特林插值公式来获得非线性转换的多项式近似 [195]，在其迭代中不需要像扩展卡尔曼滤波 (EKF) 一样计算雅可比矩阵，执行起来比较简单。本节采用

第 3 章中火星勘测轨道器和火星快车轨道器的相对距离测量作为滤波器的观测模型。通过 300 次蒙特卡罗仿真，基于 IMU/ 火星轨道器组合导航方案的探测器状态估计误差如图 4.10 所示。从图中可以看出，基于 IMU/火星轨道器组合导航方案的导航精度，其中位置矢量估计误差在 50m 内，速度矢量估计误差在 2m/s 内。但是，通过研究导航系统的可观性，如图 4.11 所示，可以看出，在很大一部分时间内导航系统可观性矩阵条件数大于 6，表示可观性矩阵最大奇异值和最小奇异值数量级相差 10^6，根据本章给出的基于可观性矩阵条件数判别准则可以得出导航系统是弱可观的。因此，需要采用新的导航方案来保证导航系统的完全可观性。

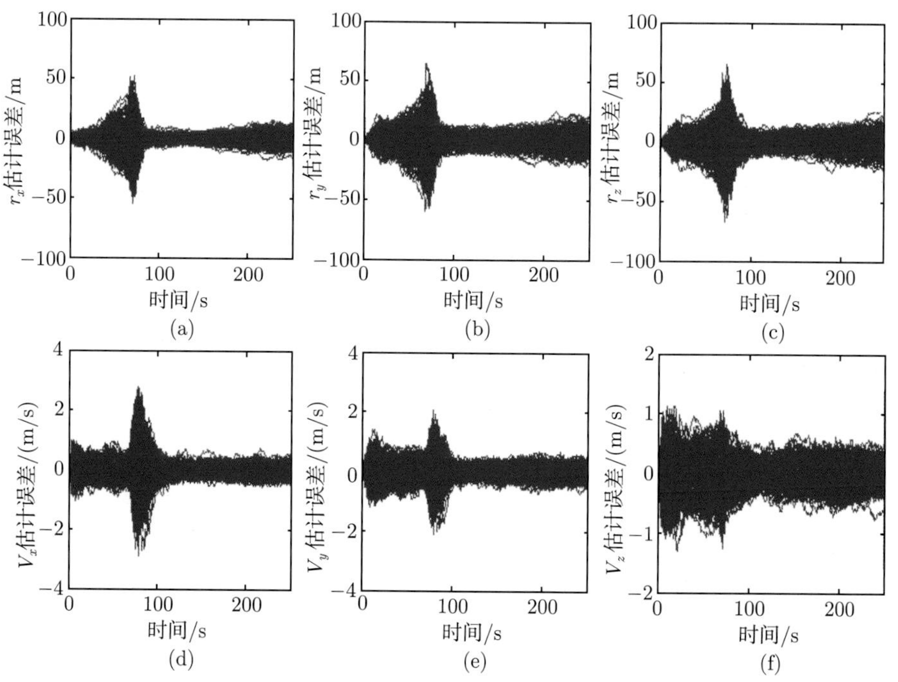

图 4.10　基于 300 次蒙特卡罗仿真的 IMU/火星轨道器组合导航方案状态估计误差

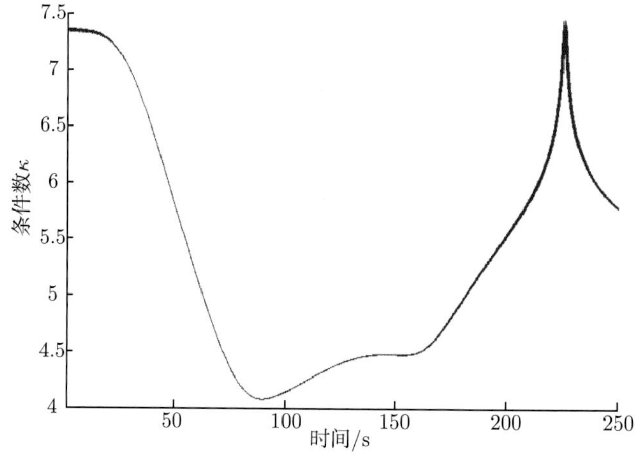

图 4.11　基于 300 次蒙特卡罗仿真的 IMU/火星轨道器组合导航方案条件数 κ

2. 方案二：基于 IMU/火星轨道器/火星表面信标的组合导航方案

本节研究采用基于 IMU/火星轨道器/火星表面信标的组合导航方案。关于火星表面信标的观测，本节采用第 2 章中火星表面信标的相对距离测量模型 [式 (2.53)] 和相对速度测量模型 [式 (2.57)] 作为观测。根据文献 [56]、[196]，本节首先使用 2 个火星表面信标来验证导航系统的可观性。此时导航系统包括 6 个外部测量、2 个火星轨道器相对距离测量、2 个火星表面信标相对距离测量、2 个火星表面信标相对速度测量。为了获得较高的可观测度，采用文献 [183] 中的信标最优配置方法，此时火星表面信标的初始位置如表 4.3 所示。

表 4.3 火星表面信标初始位置

x_B^1=875.35km, y_B^1=−2914.43km, z_B^1=−1509.77km
x_B^2=410.25km, y_B^2=−2955.32km, z_B^2=−1624.04km
x_B^3=395.58km, y_B^3=−3004.67km, z_B^3=−1534.83km

通过 300 次蒙特卡罗仿真，基于 IMU/火星轨道器/两个火星表面信标的组合导航方案的探测器状态估计误差如图 4.12 所示。从图中可以看出，相比于基于 IMU/火星轨道器的组合导航方案，基于 IMU/火星轨道器/两个火星表面信标的组合导航方案的导航精度有了进一步的提高，位置矢量估计误差在 10m 内，速度矢量估计误差在 1m/s 内。导航系统的可观性如图 4.13 所示，可以看出在整个仿真过程中可观性矩阵的条件数都小于 1.5，导航系统完全可观。

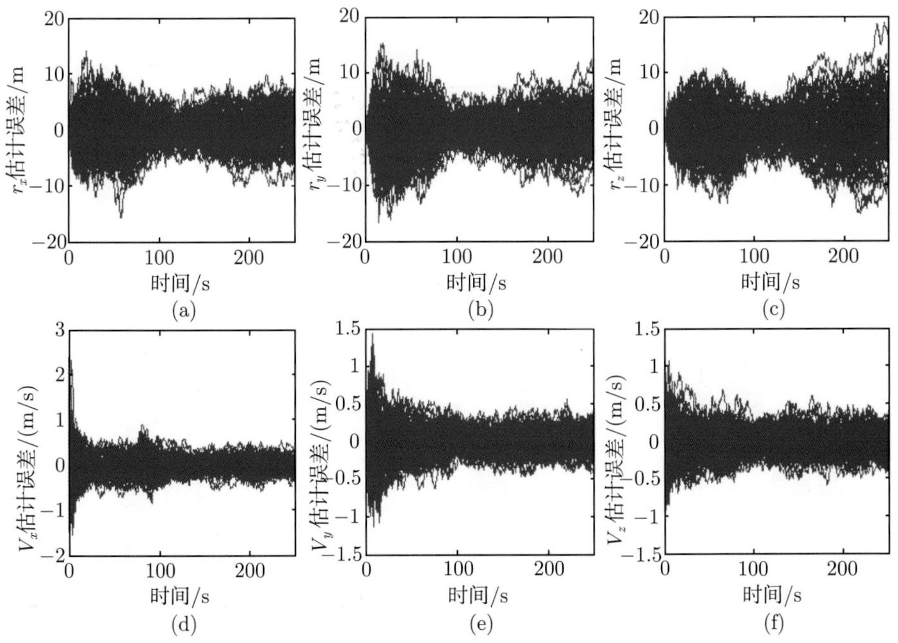

图 4.12 基于 300 次蒙特卡罗仿真的 IMU/火星轨道器/两个火星表面信标的组合导航方案状态估计误差

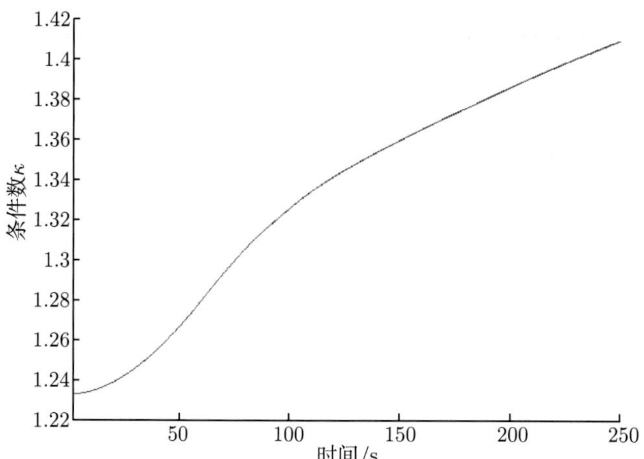

图 4.13 基于 300 次蒙特卡罗仿真的 IMU/火星轨道器/两个火星表面信标的组合导航方案条件数 κ

在导航系统完全可观的情况下，进一步研究探测器状态的可估计性。按从小到大的顺序排列，最终时间的归一化估计误差协方差矩阵的特征值为：0.0022、0.0029、0.0033、0.3613、0.7910、4.8393。对应每个特征值的特征矢量以柱状图的形式表示出来，如图 4.14 所示。根据本章中状态可估计性的结论可以得出，速度状态变量或状态变量的线性组合要比位置状态变量或其线性组合的可估计性好。

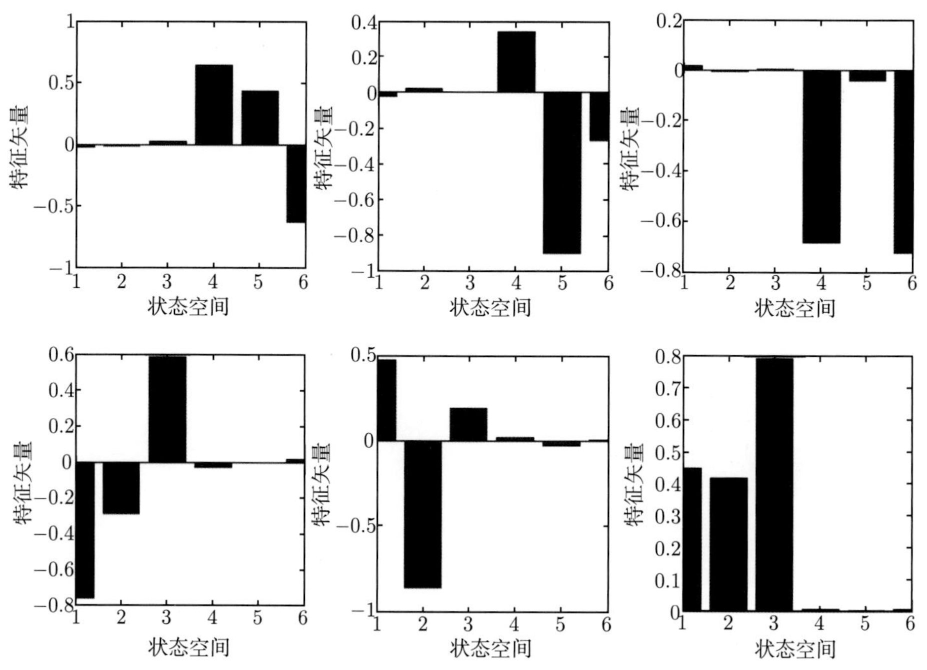

图 4.14 IMU/火星轨道器/两个火星表面信标的组合导航方案状态可估计性

为了研究更多的火星表面信标能否进一步提高导航精度和导航系统的可观性，在两个信标的基础上再增加一个表面信标，此时导航系统包括 8 个外部测量：2 个火星轨道器相对距离测量、3 个火星表面信标相对距离测量、3 个火星表面信标相对速度测量。通过 300 次蒙特卡罗仿真，探测器状态估计误差结果如图 4.15 所示，导航系统可观性如图 4.16 所示。从图 4.16 中可以看出，导航精度和系统可观测度几乎没有提高。状态可估计性的结果如图 4.17 所示，从图中可以看出，速度变量或者其线性组合要比位置变量或其线性组合状态可估计性好，与之前的结论相同。

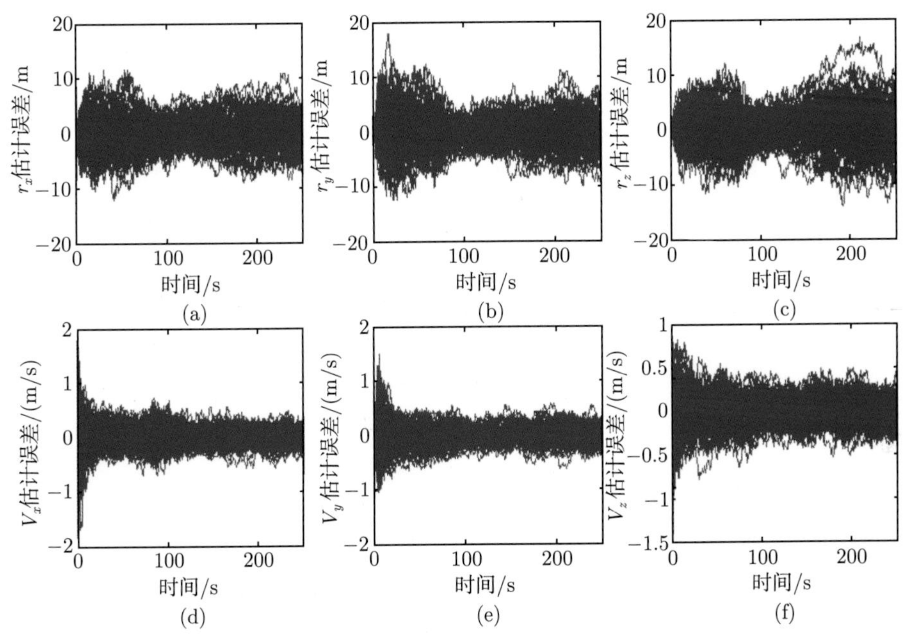

图 4.15 基于 300 次蒙特卡罗仿真的 IMU/火星轨道器/三个火星表面信标的组合导航方案状态估计误差

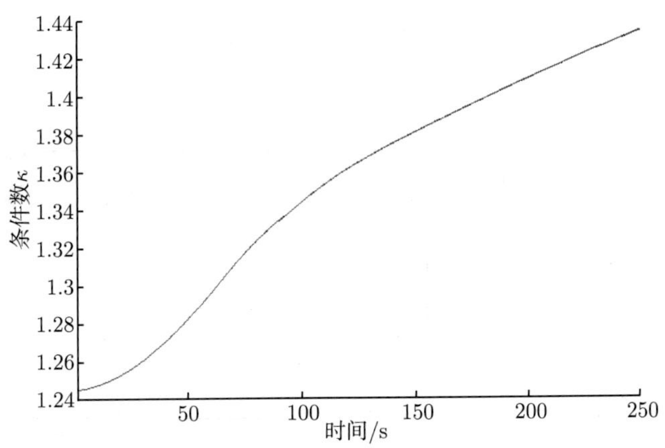

图 4.16 基于 300 次蒙特卡罗仿真的 IMU/火星轨道器/三个火星表面信标的组合导航方案条件数 κ

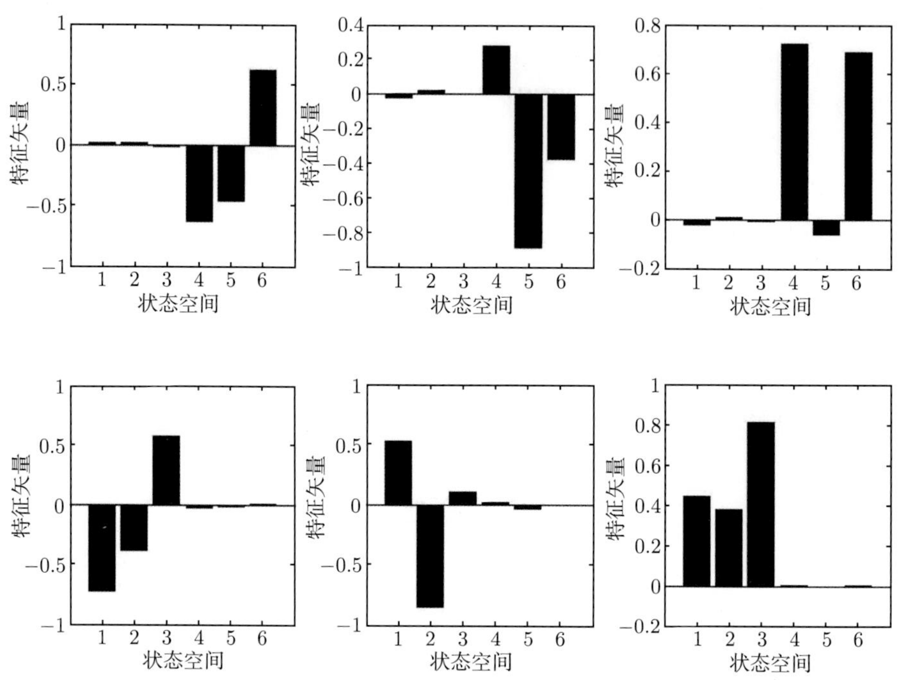

图 4.17　IMU/火星轨道器/三个火星表面信标的组合导航方案状态可估计性

4.4　进入段不确定参数下的弱敏感导航滤波算法

火星探测器大气进入段是整个火星 EDL 过程中最艰难、最具挑战的过程的另一个主要原因是其存在许多不确定性，包括初始进入条件不确定性、大气密度不确定性和气动参数不确定性 (如升阻比和弹道系数) 等。

关于火星进入段存在的不确定性，许多文献提出了相应的方法来分析这些不确定参数，并提出相应的滤波算法来估计不确定参数下的探测器状态。文献 [103] 通过多分辨率马尔可夫算子分析了初始条件不确定性。文献 [197] 使用广义的多项式混沌方法分析了不确定参数的概率不确定性。在这个方法中，纵向随机动力学方程被转化为等价的高维确定性常微分方程，然后分析了由初始条件不确定、大气密度不确定性、升阻比不确定性和弹道系数不确定性引起的探测器状态变化情况。在精度上，多分辨率马尔可夫算子和广义的多项式混沌方法与蒙特卡罗方法相类似。但是广义多项式混沌方法的一个缺点是，如果想使状态均值和协方差的估计值无限靠近解析值，则需要更高阶的多项式展开项，这样会增加计算时间。基于广义多项式混沌方法，文献 [198] 提出了一种贝叶斯框架下的非线性估计方法，这种方法的状态估计性能要优于扩展卡尔曼滤波和无迹卡尔曼滤波。在初始条件不确定下，文献 [199] 结合 Frobenius - Perron 算子理论和贝叶斯理论提出了一种高超声速条件下的状态估计方法。这种算法与粒子滤波具有相似的估计精度，但是在计算时间上要优于粒子滤波，但是它仍然不能满足火星进入段时间要求。

本节在火星进入段存在的初始条件不确定、大气密度不确定、升阻比不确定和弹道系数不确定条件下，使用弱敏感扩展卡尔曼滤波 (desensitized extended Kalman filter, DEKF) 算法对着陆器状态进行估计。弱敏感扩展卡尔曼滤波算法的思想源于文献 [200] 中的弱敏感最优控制。弱敏感最优控制的思想已经扩展到文献 [201]、[202] 中。本节中弱敏感扩展卡尔曼滤波与标准扩展卡尔曼滤波 (EKF) 的区别在于增益矩阵的获得。在 EKF 中，增益矩阵通过最小化后验状态估计误差协方差的迹获得。而在 DEKF 中，增益矩阵通过最小化后验状态估计误差协方差的迹和由后验状态估计误差敏感度加权构成的代价函数来获得。

为了验证弱敏感扩展卡尔曼滤波算法在不确定参数下的有效性，本节通过逐渐增加不确定参数来研究弱敏感滤波算法状态估计误差和标准扩展卡尔曼滤波算法状态估计误差的收敛性。最后通过一致性测试进一步验证弱敏感扩展卡尔曼滤波算法的有效性。

4.4.1 弱敏感滤波算法设计

对于广义不确定参数下的非线性模型：

$$\begin{aligned}\boldsymbol{x}_k &= \boldsymbol{f}(\boldsymbol{x}_{k-1}, \boldsymbol{u}_{k-1}, t_{k-1}, \alpha) + \boldsymbol{v}_{k-1} \\ \boldsymbol{y}_k &= \boldsymbol{h}(\boldsymbol{x}_k, \boldsymbol{u}_k, t_k, \alpha) + \boldsymbol{w}_k\end{aligned} \tag{4.7}$$

其中，$\boldsymbol{x} \in \mathbf{R}^n$ 是状态矢量；$\boldsymbol{y} \in \mathbf{R}^m$ 是测量矢量；$\boldsymbol{u}$ 是控制输入；α 是不确定参数矢量；$\boldsymbol{v}$ 和 $\boldsymbol{w}$ 是不相关的零均值高斯白噪声，协方差分别为 $\boldsymbol{Q}$ 和 $\boldsymbol{R}$。

基于以上模型，标准扩展卡尔曼滤波算法 (EKF) 如下：

$$\bar{\boldsymbol{x}}_k = \boldsymbol{f}(\hat{\boldsymbol{x}}_{k-1}, \boldsymbol{u}_{k-1}, t_{k-1}, \bar{\alpha}) \tag{4.8}$$

$$\bar{\boldsymbol{P}}_k = \boldsymbol{F}_{k-1}\hat{\boldsymbol{P}}_{k-1}\boldsymbol{F}_{k-1}^{\mathrm{T}} + \boldsymbol{Q}_{k-1} \tag{4.9}$$

$$\bar{\boldsymbol{y}}_k = \boldsymbol{h}(\bar{\boldsymbol{x}}_k, \boldsymbol{u}_k, t_k, \bar{\alpha}) \tag{4.10}$$

$$\boldsymbol{K}_k = \bar{\boldsymbol{P}}_k\boldsymbol{H}_k^{\mathrm{T}}\boldsymbol{S}_k^{-1} \tag{4.11}$$

$$\hat{\boldsymbol{x}}_k = \bar{\boldsymbol{x}}_k + \boldsymbol{K}_k[\boldsymbol{y}_k - \bar{\boldsymbol{y}}_k] \tag{4.12}$$

$$\hat{\boldsymbol{P}}_k = [\boldsymbol{I} - \boldsymbol{K}_k\boldsymbol{H}_k]\bar{\boldsymbol{P}}_k[\boldsymbol{I} - \boldsymbol{K}_k\boldsymbol{H}_k]^{\mathrm{T}} + \boldsymbol{K}_k\boldsymbol{R}_k\boldsymbol{K}_k^{\mathrm{T}} \tag{4.13}$$

其中，$\bar{\alpha}$ 是不确定参数的给定值；$\boldsymbol{S}_k = (\boldsymbol{H}_k\bar{\boldsymbol{P}}_k\bar{\boldsymbol{H}}_k^{\mathrm{T}} + \boldsymbol{R}_k)$ 是新息协方差矩阵。当模型中不存在偏差或者不确定性时，模型是精确的，增益矩阵 $\boldsymbol{K}$ 可以通过最小化以下代价函数获得 [210]：

$$J = \mathrm{tr}(\hat{\boldsymbol{P}}) \tag{4.14}$$

其中，$\mathrm{tr}(\cdot)$ 表示矩阵的迹。但是，在大多数情况下模型是不精确的，模型中通常会存在不确定参数或未知偏差，如果再使用以上标准扩展卡尔曼滤波算法会导致不精确的状态估计结果。然而，使用弱敏感扩展卡尔曼滤波能有效地缓解不确定参数或者未知偏差对状态估计精度的影响。以下详细介绍弱敏感滤波算法的推导过程。

分别定义先验状态估计误差敏感度 $\bar{\sigma}_{i_k}$ 和后验状态估计误差敏感度 $\hat{\sigma}_{i_k}$：

$$\bar{\sigma}_{i_k} = \frac{\partial \bar{\boldsymbol{e}}_k}{\partial \alpha_i} \tag{4.15}$$

$$\hat{\sigma}_{i_k} = \frac{\partial \hat{\boldsymbol{e}}_k}{\partial \alpha_i} \tag{4.16}$$

其中，$\bar{\boldsymbol{e}}_k=\bar{\boldsymbol{x}}_k-\boldsymbol{x}_k$；$\hat{\boldsymbol{e}}_k=\hat{\boldsymbol{x}}_k-\boldsymbol{x}_k$；$\alpha_i$ 是参数矢量 α 的第 i 个元素。把式 (4.10)、式 (4.12) 代入式 (4.15)、式 (4.16)，可得

$$\begin{aligned}\bar{\sigma}_{i_k}=\frac{\partial\bar{\boldsymbol{x}}_k}{\partial\alpha_i}&=\left(\frac{\partial\boldsymbol{f}}{\partial\hat{\boldsymbol{x}}}\right)_{k-1}\frac{\partial\hat{\boldsymbol{x}}}{\partial\alpha_i}+\left(\frac{\partial\boldsymbol{f}}{\partial\alpha_i}\right)_{k-1}\\&=\boldsymbol{F}_{k-1}\hat{\sigma}_{i_{k-1}}+\left(\frac{\partial\boldsymbol{f}}{\partial\alpha_i}\right)_{k-1}\end{aligned}\tag{4.17}$$

$$\hat{\sigma}_{i_k}=\frac{\partial\hat{\boldsymbol{x}}_k}{\partial\alpha_i}=\bar{\sigma}_{i_k}+\frac{\partial\boldsymbol{K}_k}{\partial\alpha_i}(\boldsymbol{y}_k-\bar{\boldsymbol{y}}_k)-\boldsymbol{K}_k\zeta_{i_k}\tag{4.18}$$

其中

$$\begin{aligned}\zeta_{i_k}=\frac{\partial\bar{\boldsymbol{y}}_k}{\partial\alpha_i}&=\left(\frac{\partial\boldsymbol{h}}{\partial\bar{\boldsymbol{x}}}\right)_k\frac{\partial\bar{\boldsymbol{x}}_k}{\partial\alpha_i}+\left(\frac{\partial\boldsymbol{h}}{\partial\alpha_i}\right)_k\\&=\boldsymbol{H}_k\bar{\sigma}_{i_k}+\left(\frac{\partial\boldsymbol{h}}{\partial\alpha_i}\right)_k\end{aligned}\tag{4.19}$$

由于真实的状态和测量不会随着 α 变化，因此本书假定 $(\partial\boldsymbol{x}_k/\partial\alpha_i)=0$ 和 $(\partial\boldsymbol{y}_k/\partial\alpha_i)=0$。

为了获得增益矩阵 $\boldsymbol{K}_k$，需要最小化以下代价函数：

$$J=\mathrm{tr}(\hat{\boldsymbol{P}}_k)+\sum_{i=1}^{\ell}(\hat{\sigma}_{i_k}^{\mathrm{T}}\boldsymbol{W}_i\hat{\sigma}_{i_k})\tag{4.20}$$

其中，ℓ 是不确定参数的数量；$\boldsymbol{W}_i$ 是第 i 个敏感度加权矩阵，是对称正半定的。在以上公式中增加后验状态估计误差敏感度的加权矩阵是合理的，因为在一个具有偏差和不确定的系统中，后验状态估计误差协方差矩阵的迹比其理想系统中的要大。式 (4.20) 关于 $\boldsymbol{K}_k$ 求偏导得

$$\begin{aligned}\frac{\partial J}{\partial\boldsymbol{K}_k}&=\frac{\partial\mathrm{tr}(\hat{\boldsymbol{P}}_k)}{\partial\boldsymbol{K}_k}+\sum_{i=1}^{\ell}\frac{\partial(\hat{\sigma}_{i_k}^{\mathrm{T}}\boldsymbol{W}_i\hat{\sigma}_{i_k})}{\partial\boldsymbol{K}_k}\\&=2\boldsymbol{S}_k\boldsymbol{K}_k^{\mathrm{T}}-2\boldsymbol{H}_k\bar{\boldsymbol{P}}_k+2\sum_{i=1}^{\ell}\left\{\zeta_{i_k}\zeta_{i_k}^{\mathrm{T}}\boldsymbol{K}_k^{\mathrm{T}}\boldsymbol{W}_i\right.\\&\quad\left.-\gamma_{i_k}\left[\bar{\sigma}_{i_k}+\frac{\partial\boldsymbol{K}_k}{\partial\alpha_i}(\boldsymbol{y}_k-\bar{\boldsymbol{y}}_k)\right]^{\mathrm{T}}\boldsymbol{W}_i\right\}\end{aligned}\tag{4.21}$$

为了使 J 最小化，令 $\dfrac{\partial J}{\partial\boldsymbol{K}_k}=0$，得到增益矩阵的方程为

$$\boldsymbol{K}_k\boldsymbol{S}_k+\sum_{i=1}^{\ell}\boldsymbol{W}_i\boldsymbol{K}_k\gamma_{i_k}\gamma_{i_k}^{\mathrm{T}}=\bar{\boldsymbol{P}}_k\boldsymbol{H}_k^{\mathrm{T}}+\sum_{i=1}^{\ell}\boldsymbol{W}_i\bar{\sigma}_{i_k}\gamma_{i_k}^{\mathrm{T}}\tag{4.22}$$

在式 (4.22) 的推导中 $\partial\boldsymbol{K}_k/\partial\alpha_i=0$。注意，当 $\boldsymbol{W}_i=0$ 时，可以恢复标准扩展卡尔曼滤波中的增益矩阵 $\boldsymbol{K}$。通过以上新的增益矩阵 $\boldsymbol{K}$ 的推导过程，可以得出弱敏感滤波算法的状态估计精度要比标准扩展卡尔曼滤波算法状态估计精度高，这是因为在滤波中状态估计的精度要依靠两部分，一部分是预测状态估计 $\bar{\boldsymbol{x}}$，另一部分与增益矩阵 $\boldsymbol{K}$ 及新息的乘积相关，由式 (4.12) 可以看出，当模型具有误差或者不确定性时，预测状态估计 $\bar{\boldsymbol{x}}$ 是有误差的，因此可以通过扩大增益矩阵 $\boldsymbol{K}$ 来相对增大新息在状态估计中的比例。

4.4.2 数值仿真和分析

本节的仿真采用第 2 章中的三自由度动力学模型 [式 (2.25) ~ 式 (2.30)]，采用基于 IMU/火星轨道器/火星表面信标的组合导航方案，其中火星表面信标位置基于可观测度方法最优配置 [56]。本节考虑的不确定参数真实值为：参考大气密度 $\rho_0 = 2\times10^{-4}$ kg/m^3，升阻比 $L/D = 0.155$，弹道系数 $BC = 0.016$ m^2/kg。由于真实的参数值是未知的，因此仿真中假定的参数值位于真实值的 10% 误差范围内，且符合均匀分布。根据不确定参数的先验知识，加权矩阵 $\boldsymbol{W}$ 设为 $10^{-5}\boldsymbol{I}$。仿真时间是 400s，本节采用 1500 次蒙特卡罗仿真。火星探测器进入初始条件如表 4.4 所示 [48]。基于真实初始条件和真实参数值的火星探测器轨迹如图 4.18 所示。

表 4.4 三自由度动力学模型中探测器进入状态初始值

初始参数	真实值
初始高度 h_0	125 km
初始速度 v_0	6900 m/s
初始飞行路径角 γ_0	−12°
初始经度 θ_0	0.00°
初始纬度 λ_0	1.00°
初始航向角 ψ_0	89°

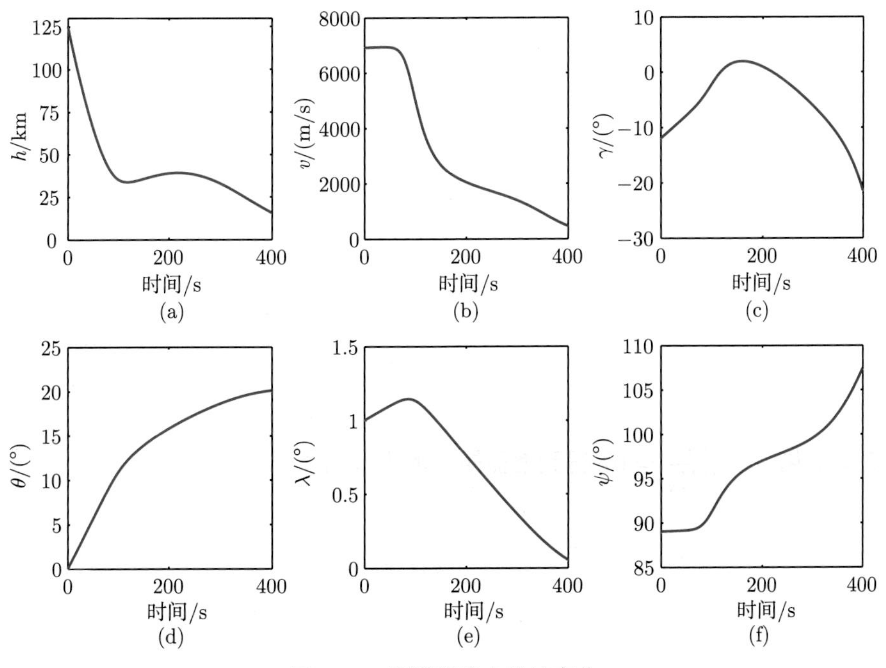

图 4.18 探测器状态轨迹变化

为了验证弱敏感滤波算法的优越性，本节采用完美的扩展卡尔曼滤波 (perfect extended kalman filter, PEKF) 和不完美的扩展卡尔曼滤波 (imperfect extended kalman filter, IEKF) 进行对比。其中，完美的扩展卡尔曼滤波指滤波中采用与真实模型中相同的参数值，不完美的扩展卡尔曼滤波指标准的扩展卡尔曼滤波，未采用真实模型中的参数值，弱敏感扩展卡尔曼滤波也未采用真实模型中的参数值。为了验证不确定参数对状态估计精度的影响，仿真中首先考虑一个不确定参数 (参考大气密度 ρ_0)，然后考虑两个不确定参数 (ρ_0 和升阻比 L/D)，最后考虑三个不确定参数 (ρ_0、L/D 和弹道系数 BC)。

1. 大气密度不确定下的仿真分析和对比

本节首先考虑在参考大气密度 ρ_0 不确定下的滤波器性能对比情况。图 4.19 给出了 PEKF、IEKF 和 DEKF 的状态估计误差均方根误差变化。为了更清楚地显示对比情况，对 Y 轴进行 log 缩放。从图中可以看出，DEKF 和 PEKF 具有相同数量级的估计精度，然而 IEKF 产生了非常大的状态估计误差，尤其对于高度和速度，均方根误差分别为 600m 和 10m/s。图 4.20 给出了 DEKF 和 IEKF 关于参考大气密度 ρ_0 的后验状态估计误差敏感度，可以看出 IEKF 关于 ρ_0 的敏感度非常大，而 DEKF 的敏感度相对来说非常小。

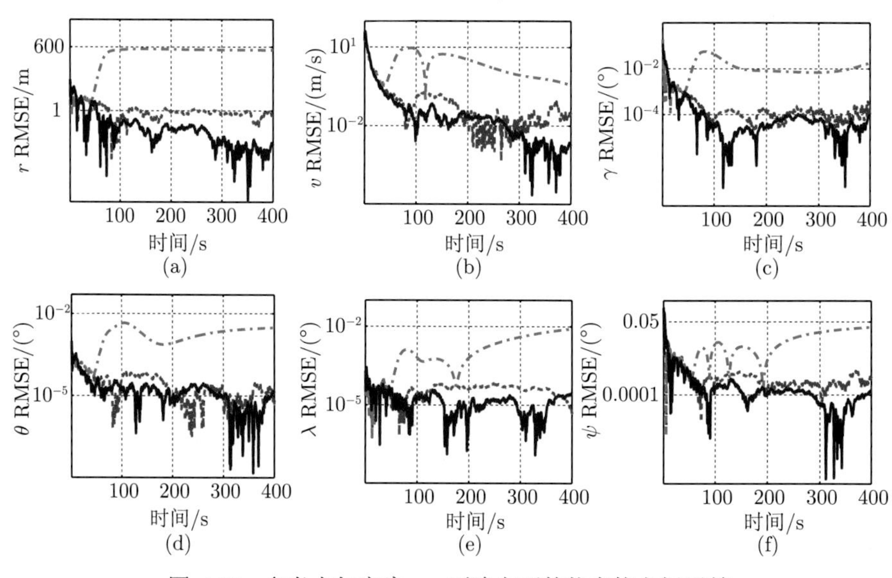

图 4.19 参考大气密度 ρ_0 不确定下的状态均方根误差

2. 大气密度和升阻比不确定下的仿真分析和对比

本节考虑参考大气密度 ρ_0 和升阻比 L/D 不确定下的滤波器性能对比情况。图 4.21 给出了这两个不确定参数下 PEKF、IEKF 和 DEKF 的状态估计误差均方根误差变化情况。通过与上面情况进行对比，可以看出增加一个不确定参数后，三种滤波器状态估计误差都有所增大，但是 DEKF 和 PEKF 的估计误差都增加得相对较小，然而 IEKF 的估计误差大幅度增加，如高度和速度均方根误差分别为 1000m 和 50m/s。DEKF 和 PEKF 仍然具有相似的估计精度。图 4.22 和图 4.23 分别给出了两个不确定参数情况下关于大气密度和升阻比的后验状态估计误差敏感度，可以看出 DEKF 关于不确定参数的敏感度完全小于 IEKF 关于不确定参数的敏感度。更进一步，从 Y 轴的数量级可以看出，大气密度 ρ_0 比升阻比 L/D 敏感得多。

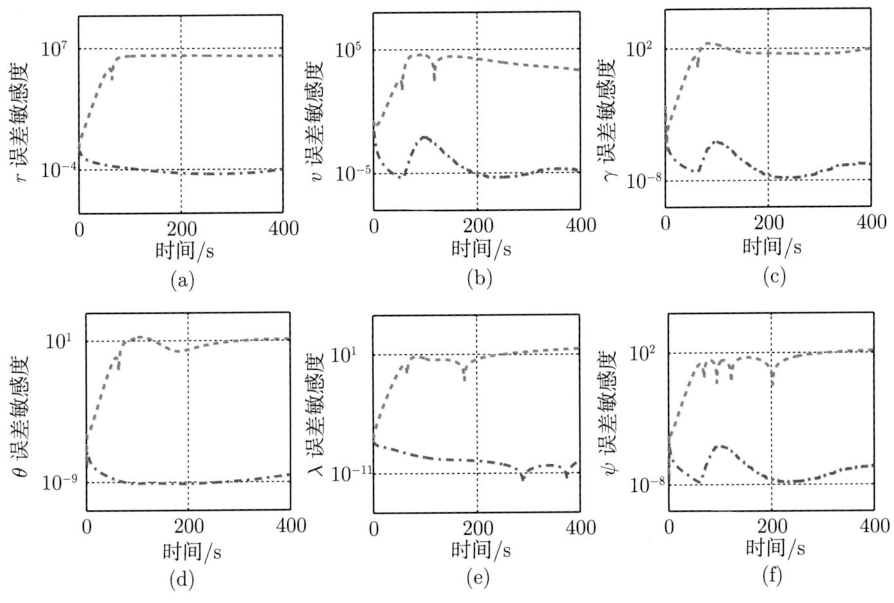

图 4.20 关于参考大气密度 ρ_0 的后验状态估计误差敏感度

DEKF IEKF

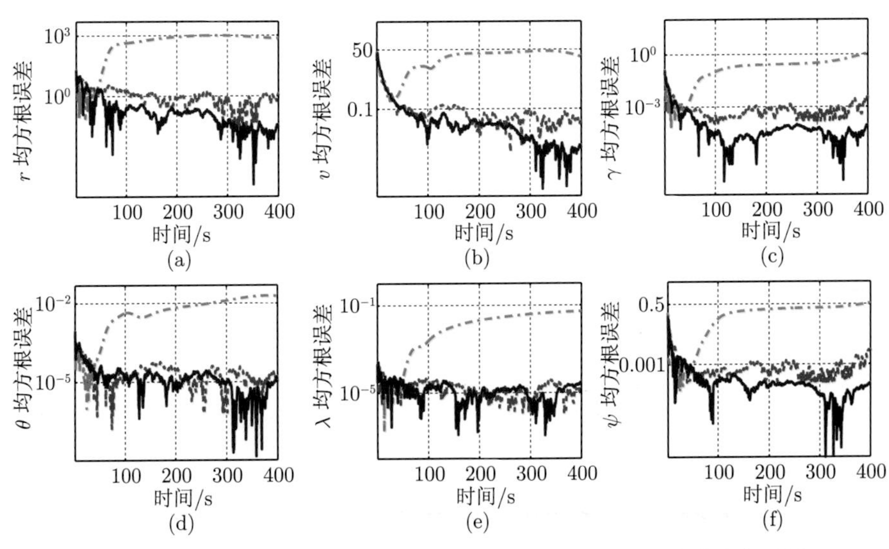

图 4.21 参考大气密度 ρ_0 和升阻比 L/D 不确定下的状态均方根误差

DEKF IEKF PEKF

3. 大气密度、升阻比和弹道系数同时不确定下的仿真分析和对比

最后考虑参考大气密度 ρ_0、升阻比 L/D 和弹道系数 BC 同时不确定下的滤波器性能对比情况。图 4.24 给出了这三个不确定参数下 PEKF、IEKF 和 DEKF 的状态估计误差均方根误差变化情况，可以看出 IEKF 的状态均方根误差仍然比 PEKF 和 DEKF 大很多。而

且 PEKF 仍然具有最高的估计精度，这是因为 PEKF 中采用的参数值与真实值完全相等，而 DEKF 和 IEKF 未采用真实参数值。与两个不确定参数值情况对比没有明显的变化。图 4.25 ~ 图 4.27 给出了关于三个不确定参数的后验状态估计误差敏感度，可以看出 DEKF 对不确定参数的敏感度仍然大幅度地小于 IEKF。从 Y 轴的数量级可以看出，参考大气密度 ρ_0 仍然是最敏感的参数。此外，可以看出图 4.25 和图 4.27 是相似的，这是因为 ρ_0 和 BC 都是阻力加速度方程中的变量，这两个参数对阻力加速度求偏导可以获得相似的结果。

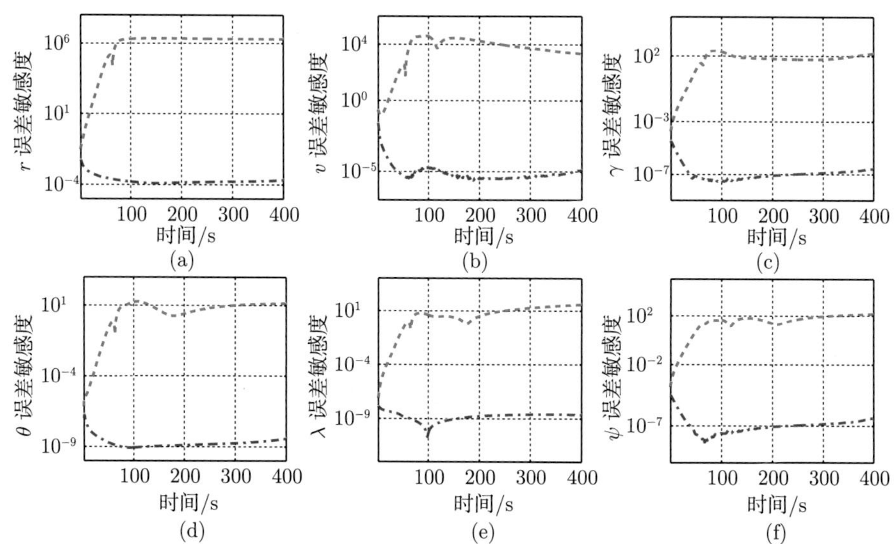

图 4.22 两参数不确定下关于参考大气密度 ρ_0 的后验状态估计误差敏感度

-·-·-·-·- DEKF - - - - - - - - IEKF

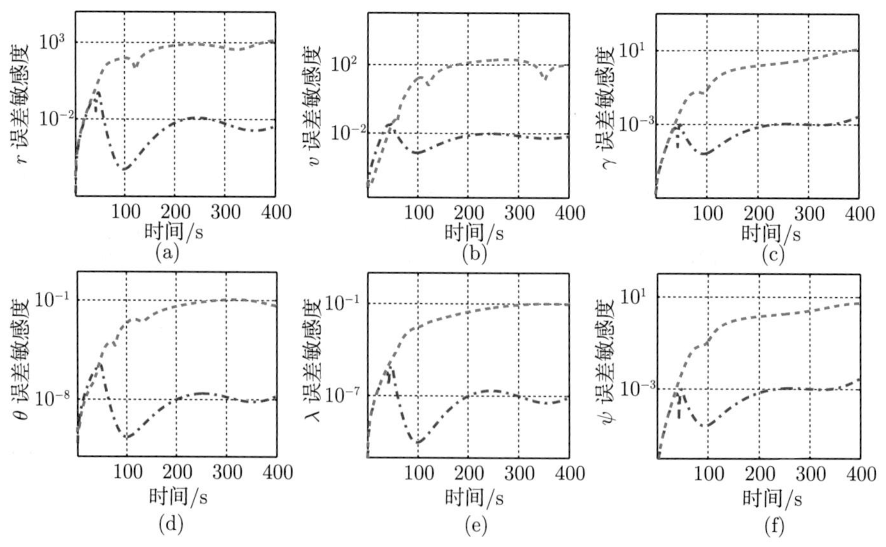

图 4.23 两参数不确定下关于升阻比 L/D 的后验状态估计误差敏感度

-·-·-·-·- DEKF - - - - - - - - IEKF

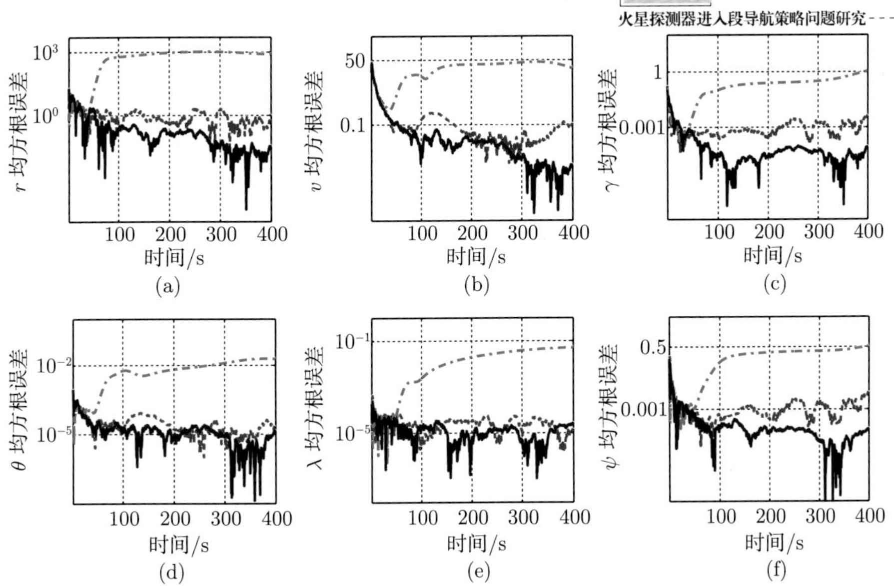

图 4.24 参考大气密度 ρ_0、升阻比 L/D 和弹道系数 BC 不确定下的状态均方根误差

DEKF IEKF PEKF

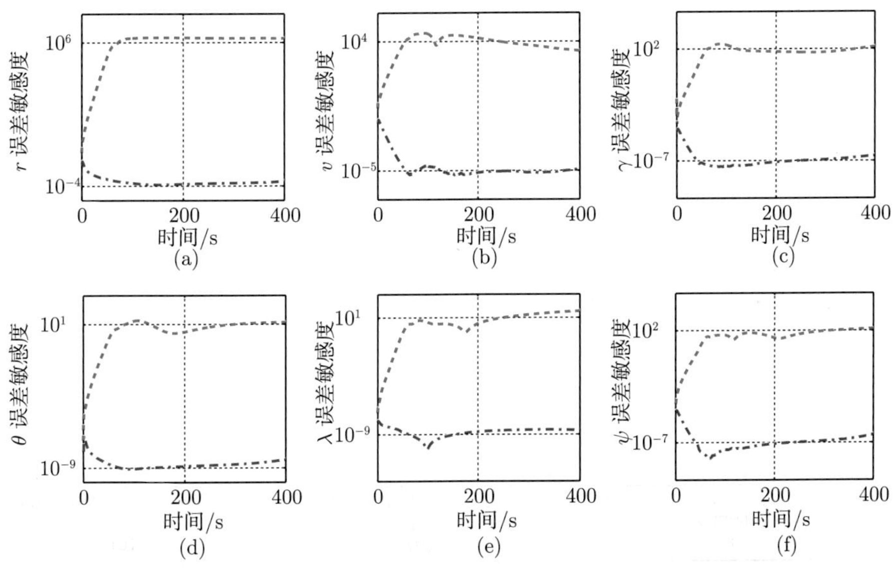

图 4.25 三参数不确定下关于参考大气密度 ρ_0 的后验状态估计误差敏感度

DEKF IEKF

为了进一步验证在不确定参数下 DEKF 相比于 IEKF 的有效性，本节对仿真中采用的三种非线性滤波进行一致性测试。滤波器的一致性，也称为滤波器的可置信度，是评估滤波器估计能力的一个重要性能指标。它是指滤波器的状态估计值收敛到真实值的能力，等同于滤波器估计的最优性 [203, 204]，也意味着滤波器的估计误差协方差能精确地预测状态估计误差。一致性测试中通常采用的一个工具是基于平均归一化估计误差平方 (NEES)，定义如

下：

$$\varepsilon_k = \frac{1}{n_s}(\boldsymbol{x}_k - \hat{\boldsymbol{x}}_k)^{\mathrm{T}}\hat{\boldsymbol{P}}_k^{-1}(\boldsymbol{x}_k - \hat{\boldsymbol{x}}_k) \tag{4.23}$$

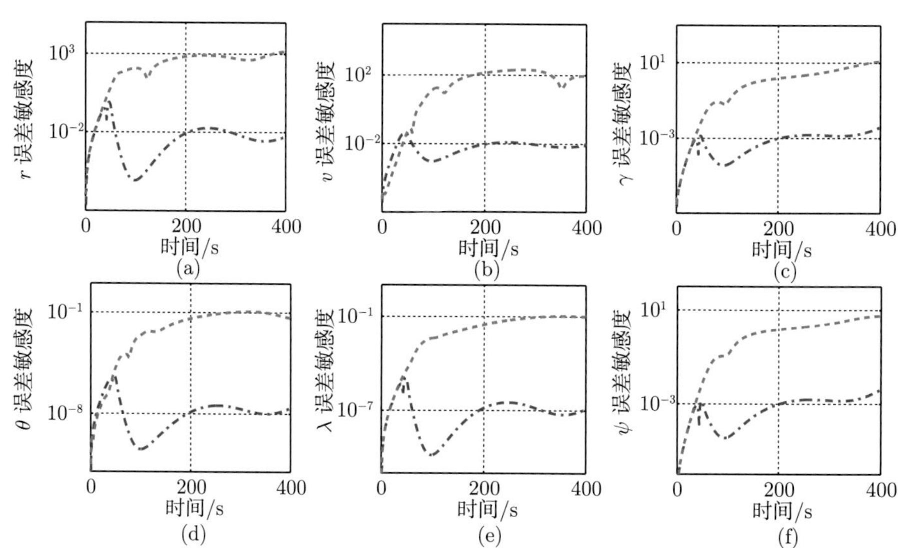

图 4.26　三参数不确定下关于升阻比 L/D 的后验状态估计误差敏感度

-·-·-·- DEKF　　- - - - - IEKF

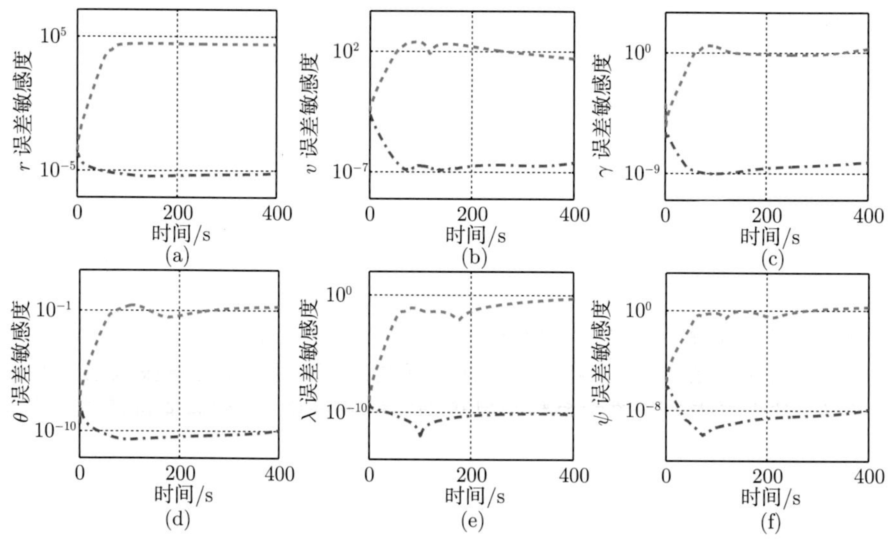

图 4.27　三参数不确定下关于弹道系数 BC 的后验状态估计误差敏感度

-·-·-·- DEKF　　- - - - - IEKF

其中，n_s 是状态方程的维数；$\hat{\boldsymbol{x}}_k$ 和 $\hat{\boldsymbol{P}}_k$ 是所有蒙特卡罗仿真中的平均值，在估计误差为零均值高斯白噪声假设条件下，$n_s\varepsilon_k$ 符合具有 n_s 个自由度的卡方分布，滤波器将满足以下条件：

$$P\{\varepsilon_k \in [r_1, r_2]\} = 1 - \alpha \tag{4.24}$$

其中，$[r_1, r_2]$ 是置信区间，在 $\alpha = 0.05$ 的置信水平下，r_1 和 r_2 分别等于 1.2373 和 14.4494。

一致性测试的结果如图 4.28 所示。从图中可以看出，DEKF 和 PEKF 具有相似的一致性，其平均 NEES 几乎都在置信区间内，而 IEKF 的平均 NEES 从仿真开始就远大于置信区间，其平均 NEES 的值达到 10^9 的量级。这说明相比于 IEKF，DEKF 的协方差估计能够精确地预测状态估计误差的变化，在不确定参数情况下，DEKF 比 IEKF 具有更可置信的估计性能。

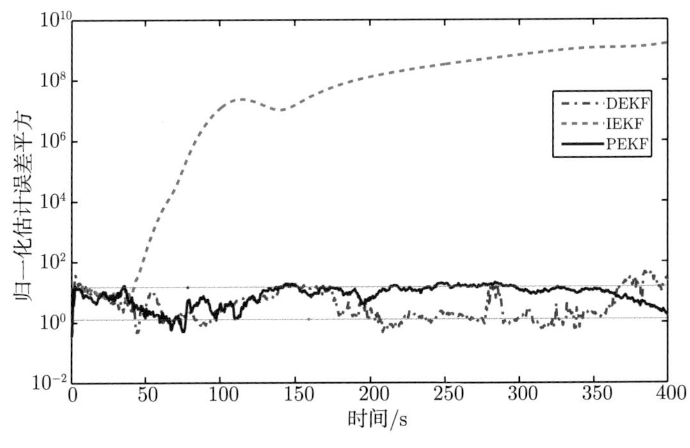

图 4.28　三参数不确定下的归一化估计误差平方

4.5　进入段不确定参数和未知扰动下的新型自适应插值滤波算法

传统的卡尔曼滤波作为最优状态估计器已经被广泛使用。它的最优性需要建立在精确的模型和精确的随机信息统计特性基础上。但是，在实际应用中系统往往具有未知偏差或者不确定性，导致滤波器性能下降。为了解决这个问题，研究人员已经提出了许多方法。其中，最广泛使用的方法是把偏差项或者不确定参数扩维到状态方程中，与状态一起被估计出来，但是在这种方法中状态维数的增加导致计算量较大。施密特卡尔曼滤波被用于不确定参数下的状态估计，其中考虑的不确定参数为过程噪声或测量噪声，然后通过调节状态估计误差协方差来解释不确定参数 [205]。文献 [206] 中提出了一种自适应衰减卡尔曼滤波器，其通过使用测量输出最小化一个定义的标准函数来选择最优遗忘因子。这种方法在模型具有误差时能保证状态收敛并趋于最优。文献 [207] 中提出了一种强跟踪卡尔曼滤波算法，这种算法被应用于非线性动态系统中来识别状态和参数。文献 [208]、[209] 中提出了另一种自适应衰减卡尔曼滤波算法，这种算法与文献 [206] 中的算法不同之处在于通过放大新息理论协方差与其估计值相匹配来自适应选择遗忘因子。以上滤波算法中存在的一个共同问题是基于标准卡尔曼滤波或者扩展卡尔曼滤波的框架，当模型具有强非线性或者耦合性时，算法的执行需要对模型进行线性化，这样会增加计算复杂性，而且可能会带来较大的状态估计误差。

本节提出一种计算相对简便的插值滤波算法，并通过仿真验证该算法对于火星进入导航的有效性。但是当模型具有不确定参数或未知扰动时，这种常规的插值滤波算法也会带来不精确的状态估计。关于不确定参数或未知偏差情况下的插值滤波算法的文献相对较少。对于火星进入段导航，本节提出了一种新型的自适应插值滤波算法，该滤波算法对于探测器动力学模型中存在的不确定参数和未知扰动具有鲁棒性。对于非精确模型，可以通过对理论估计误差协方差乘以一个标量遗忘因子来补偿不确定性和由偏差带来的影响，遗忘因子通过匹配放大的新息协方差来自适应确定。此外，为了以不同的通道和速率来估计状态，本节把标量的遗忘因子扩展为多个遗忘因子。对于火星进入导航系统中存在的大气密度、升阻比和弹道系数不确定性，以及探测器进入过程中动力学模型存在的未知扰动和偏差，本节验证了所提出的自适应插值滤波算法的状态估计性能。并通过一个典型的具有偏差的强耦合强非线性动态系统验证了基于多遗忘因子插值滤波算法的有效性。

4.5.1 普通的插值滤波算法

通常情况下，离散非线性系统模型可以表示为如下形式：

$$\boldsymbol{x}_k = \boldsymbol{f}(\boldsymbol{x}_{k-1}, \boldsymbol{u}_{k-1}, t_{k-1}, \boldsymbol{\alpha}, \boldsymbol{v}_{k-1}) \tag{4.25}$$

$$\boldsymbol{y}_k = \boldsymbol{h}(\boldsymbol{x}_k, \boldsymbol{u}_k, \boldsymbol{t}_k, \boldsymbol{\alpha}, \boldsymbol{w}_k) \tag{4.26}$$

其中，$\boldsymbol{x} \in \mathbf{R}^n$ 是 n 维状态矢量；$\boldsymbol{y} \in \mathbf{R}^m$ 是 m 维测量矢量；$\boldsymbol{u}$ 是控制输入；$\boldsymbol{\alpha}$ 是不确定参数矢量或未知偏差；$\boldsymbol{v}$ 和 $\boldsymbol{w}$ 是不相关的零均值高斯白噪声，协方差分别为 $\boldsymbol{Q}$ 和 $\boldsymbol{R}$。

1. 一阶插值滤波算法

基于以上非线性模型，本节给出普通的插值滤波算法迭代过程。首先给出一些必要矩阵的定义，预测状态误差协方差、更新状态误差协方差、过程噪声协方差以及量测噪声协方差分别定义为

$$\begin{aligned} \bar{\boldsymbol{P}}_k &= \bar{\boldsymbol{S}}_{x_k} \bar{\boldsymbol{S}}_{x_k}^{\mathrm{T}} \\ \hat{\boldsymbol{P}}_k &= \hat{\boldsymbol{S}}_{x_k} \hat{\boldsymbol{S}}_{x_k}^{\mathrm{T}} \\ \boldsymbol{Q}_k &= \boldsymbol{S}_{v_k} \boldsymbol{S}_{v_k}^{\mathrm{T}} \\ \boldsymbol{R}_k &= \boldsymbol{S}_{w_k} \boldsymbol{S}_{w_k}^{\mathrm{T}} \end{aligned} \tag{4.27}$$

$\bar{\boldsymbol{S}}_{x_k}$ 的第 j 列表示为 $\bar{\boldsymbol{S}}_{x_{k_j}}$，同理可推导其他的矩阵。

一阶插值滤波算法的迭代过程如下。

(1) 计算预测状态和预测测量值：

$$\begin{aligned} \bar{\boldsymbol{x}}_k &= \boldsymbol{f}(\hat{\boldsymbol{x}}_{k-1}, \boldsymbol{u}_k, t_{k-1}, \bar{\boldsymbol{\alpha}}, \bar{\boldsymbol{v}}_k) \\ \bar{\boldsymbol{y}}_k &= \boldsymbol{h}(\bar{\boldsymbol{x}}_k, \boldsymbol{u}_k, t_{k-1}, \bar{\boldsymbol{\alpha}}, \bar{\boldsymbol{w}}_k) \end{aligned} \tag{4.28}$$

(2) 计算预测状态估计误差协方差：

$$\bar{P}_k = \boldsymbol{S}_{xx_{k-1}}^{(1)} [\boldsymbol{S}_{xx_{k-1}}^{(1)}]^{\mathrm{T}} + \boldsymbol{S}_{xv_{k-1}}^{(1)} [\boldsymbol{S}_{xv_{k-1}}^{(1)}]^{\mathrm{T}} = \bar{\boldsymbol{S}}_{x_k} \bar{\boldsymbol{S}}_{x_k}^{\mathrm{T}} \tag{4.29}$$

其中，$\boldsymbol{S}_{xx}$ 和 $\boldsymbol{S}_{xv}$ 代表差分：

$$\begin{aligned}
[\boldsymbol{S}_{xx_k}^{(1)}]_j &= \frac{1}{2c}[\boldsymbol{f}(\hat{\boldsymbol{x}}_k + c\hat{\boldsymbol{S}}_{x_{k_j}}, \boldsymbol{u}_k, \bar{\boldsymbol{v}}_k, t_k, \bar{\boldsymbol{\alpha}}) - \boldsymbol{f}(\hat{\boldsymbol{x}}_k - c\hat{\boldsymbol{S}}_{x_{k_j}}, \boldsymbol{u}_k, \bar{\boldsymbol{v}}_k, t_k, \bar{\boldsymbol{\alpha}})] \\
[\boldsymbol{S}_{xv_k}^{(1)}]_j &= \frac{1}{2c}[\boldsymbol{f}(\hat{\boldsymbol{x}}_k, \boldsymbol{u}_k, \bar{\boldsymbol{v}}_k + c\boldsymbol{S}_{v_{k_j}}, t_k, \bar{\boldsymbol{\alpha}}) - \boldsymbol{f}(\hat{\boldsymbol{x}}_k, \boldsymbol{u}_k, \bar{\boldsymbol{v}}_k - c\boldsymbol{S}_{v_{k_j}}, t_k, \bar{\boldsymbol{\alpha}})]
\end{aligned} \tag{4.30}$$

其中，对于高斯分布，$c = \sqrt{3}$ 是最优的。

(3) 计算新息和新息协方差：新息 $\boldsymbol{\eta}_k = \boldsymbol{y}_k - \bar{\boldsymbol{y}}_k$，新息协方差表达式为

$$\boldsymbol{\Lambda}_k = \boldsymbol{S}_{yx_k}^{(1)}[\boldsymbol{S}_{yx_k}^{(1)}]^{\mathrm{T}} + \boldsymbol{S}_{yw_k}^{(1)}[\boldsymbol{S}_{yw_k}^{(1)}]^{\mathrm{T}} = \boldsymbol{S}_{y_k}\boldsymbol{S}_{y_k}^{\mathrm{T}} \tag{4.31}$$

其中，$\boldsymbol{S}_{y_k} = \mathrm{HT}\{[\boldsymbol{S}_{yx_k}^{(1)} \quad \boldsymbol{S}_{yw_k}^{(1)}]\}$。$\mathrm{HT}(\boldsymbol{S})$ 表示 Householder 变换，定义为 $\mathrm{HT}(\boldsymbol{S})\mathrm{HT}(\boldsymbol{S})^{\mathrm{T}} = \boldsymbol{S}\boldsymbol{S}^{\mathrm{T}}$。$\boldsymbol{S}_{yx_k}^{(1)}$ 和 $\boldsymbol{S}_{yw_k}^{(1)}$ 表示为

$$\begin{aligned}
[\boldsymbol{S}_{yx_k}^{(1)}]_j &= \frac{1}{2c}[\boldsymbol{h}(\bar{\boldsymbol{x}}_k + c\bar{\boldsymbol{S}}_{x_{k_j}}, \boldsymbol{u}_k, \bar{\boldsymbol{w}}_k, t_k, \bar{\boldsymbol{\alpha}}) - \boldsymbol{h}(\bar{\boldsymbol{x}}_k - c\bar{\boldsymbol{S}}_{x_{k_j}}, \boldsymbol{u}_k, \bar{\boldsymbol{w}}_k, t_k, \bar{\boldsymbol{\alpha}})] \\
[\boldsymbol{S}_{yw_k}^{(1)}]_j &= \frac{1}{2c}[\boldsymbol{h}(\bar{\boldsymbol{x}}_k, \boldsymbol{u}_k, \bar{\boldsymbol{w}}_k + c\boldsymbol{S}_{w_{k_j}}, t_k, \bar{\boldsymbol{\alpha}}) - \boldsymbol{h}(\bar{\boldsymbol{x}}_k, \boldsymbol{u}_k, \bar{\boldsymbol{w}}_k - c\boldsymbol{S}_{w_{k_j}}, t_k, \bar{\boldsymbol{\alpha}})]
\end{aligned} \tag{4.32}$$

(4) 计算增益矩阵：

$$\boldsymbol{K}_k = \bar{\boldsymbol{S}}_{x_k}[\boldsymbol{S}_{yx_k}^{(1)}]^{\mathrm{T}}[\boldsymbol{S}_{y_k}\boldsymbol{S}_{y_k}^{\mathrm{T}}]^{-1} \tag{4.33}$$

(5) 计算状态和估计误差协方差更新值：

$$\begin{aligned}
\hat{\boldsymbol{x}}_k &= \bar{\boldsymbol{x}}_k + \boldsymbol{K}_k\boldsymbol{\eta}_k \\
\hat{\boldsymbol{P}}_k &= \bar{\boldsymbol{P}}_k - \boldsymbol{K}_k\boldsymbol{\Lambda}_k\boldsymbol{K}_k^{\mathrm{T}} = \hat{\boldsymbol{S}}_{x_k}\hat{\boldsymbol{S}}_{x_k}^{\mathrm{T}}
\end{aligned} \tag{4.34}$$

其中，$\hat{\boldsymbol{S}}_{x_k} = \mathrm{HT}\{[\bar{\boldsymbol{S}}_{x_k} - \boldsymbol{K}_k\boldsymbol{S}_{yx_k}^{(1)} \quad \boldsymbol{K}_k\boldsymbol{S}_{yw_k}^{(1)}]\}$。

2. 二阶插值滤波算法

二阶插值滤波算法的迭代过程如下。

(1) 计算预测状态和预测测量值：

$$\begin{aligned}
\bar{\boldsymbol{x}}_k = &\left(\frac{c^2 - n_x - n_v}{c^2}\right)\boldsymbol{f}(\hat{\boldsymbol{x}}_{k-1}, \boldsymbol{u}_k, t_{k-1}, \bar{\boldsymbol{\alpha}}, \bar{\boldsymbol{v}}_k) \\
&+ \frac{1}{2c^2}\sum_{j=1}^{n_x}[\boldsymbol{f}(\hat{\boldsymbol{x}}_{k-1} + c\hat{\boldsymbol{S}}_{x_{k-1_j}}, \boldsymbol{u}_k, t_{k-1}, \bar{\boldsymbol{\alpha}}, \bar{\boldsymbol{v}}_k) + \boldsymbol{f}(\hat{\boldsymbol{x}}_{k-1} - c\hat{\boldsymbol{S}}_{x_{k-1_j}}, \boldsymbol{u}_k, t_{k-1}, \bar{\boldsymbol{\alpha}}, \bar{\boldsymbol{v}}_k)] \\
&+ \frac{1}{2c^2}\sum_{j=1}^{n_v}[\boldsymbol{f}(\hat{\boldsymbol{x}}_{k-1}, \boldsymbol{u}_k, t_{k-1}, \bar{\boldsymbol{\alpha}}, \bar{\boldsymbol{v}}_k + c\hat{\boldsymbol{S}}_{v_{k-1_j}}) + \boldsymbol{f}(\hat{\boldsymbol{x}}_{k-1}, \boldsymbol{u}_k, t_{k-1}, \bar{\boldsymbol{\alpha}}, \bar{\boldsymbol{v}}_k - c\hat{\boldsymbol{S}}_{v_{k-1_j}})]
\end{aligned} \tag{4.35}$$

$$\begin{aligned}\bar{\boldsymbol{y}}_k &= \left(\frac{c^2-n_x-n_w}{c^2}\right)\boldsymbol{h}(\bar{\boldsymbol{x}}_k,\boldsymbol{u}_k,t_k,\bar{\boldsymbol{\alpha}},\bar{\boldsymbol{w}}_k)\\ &+\frac{1}{2c^2}\sum_{j=1}^{n_x}[\boldsymbol{h}(\bar{\boldsymbol{x}}_k+c\bar{\boldsymbol{S}}_{x_{k_j}},\boldsymbol{u}_k,t_k,\bar{\boldsymbol{\alpha}},\bar{\boldsymbol{w}}_k)+\boldsymbol{h}(\bar{\boldsymbol{x}}_k-c\bar{\boldsymbol{S}}_{x_{k_j}},\boldsymbol{u}_k,t_k,\bar{\boldsymbol{\alpha}},\bar{\boldsymbol{w}}_k)]\\ &+\frac{1}{2c^2}\sum_{j=1}^{n_w}[\boldsymbol{h}(\bar{\boldsymbol{x}}_k,\boldsymbol{u}_k,t_k,\bar{\boldsymbol{\alpha}},\bar{\boldsymbol{w}}_k+c\hat{\boldsymbol{S}}_{w_{k_j}})+\boldsymbol{h}(\bar{\boldsymbol{x}}_k,\boldsymbol{u}_k,t_k,\bar{\boldsymbol{\alpha}},\bar{\boldsymbol{w}}_k-c\hat{\boldsymbol{S}}_{w_{k_j}})]\end{aligned} \tag{4.36}$$

(2) 计算预测状态估计误差协方差:

$$\bar{\boldsymbol{P}}_k=\bar{\boldsymbol{S}}_{x_k}\bar{\boldsymbol{S}}_{x_k}^{\mathrm{T}} \tag{4.37}$$

其中，$\bar{\boldsymbol{S}}_{x_k}=\mathrm{HT}\{[\boldsymbol{S}_{xx_{k-1}}^{(1)}\boldsymbol{S}_{xv_{k-1}}^{(1)}\boldsymbol{S}_{xx_{k-1}}^{(2)}\boldsymbol{S}_{xv_{k-1}}^{(2)}]\}$，

二阶差分表达式为

$$\begin{aligned}[\boldsymbol{S}_{xx_k}^{(2)}]_j &= \frac{\sqrt{c^2-1}}{2c^2}[\boldsymbol{f}(\hat{\boldsymbol{x}}_k+c\hat{\boldsymbol{S}}_{x_{k_j}},\boldsymbol{u}_k,\bar{\boldsymbol{v}}_k,t_k,\bar{\boldsymbol{\alpha}})\\ &\quad+\boldsymbol{f}(\hat{\boldsymbol{x}}_k-c\hat{\boldsymbol{S}}_{x_{k_j}},\boldsymbol{u}_k,\bar{\boldsymbol{v}}_k,t_k,\bar{\boldsymbol{\alpha}})-2\boldsymbol{f}(\hat{\boldsymbol{x}}_k,\boldsymbol{u}_k,\bar{\boldsymbol{v}}_k,t_k,\bar{\boldsymbol{\alpha}})]\\ [\boldsymbol{S}_{xv_k}^{(2)}]_j &= \frac{\sqrt{c^2-1}}{2c^2}[\boldsymbol{f}(\hat{\boldsymbol{x}}_k,\boldsymbol{u}_k,\bar{\boldsymbol{v}}_k+c\hat{\boldsymbol{S}}_{x_{v_j}},t_k,\bar{\boldsymbol{\alpha}})\\ &\quad+\boldsymbol{f}(\hat{\boldsymbol{x}}_k,\boldsymbol{u}_k,\bar{\boldsymbol{v}}_k-c\hat{\boldsymbol{S}}_{v_{k_j}},t_k,\bar{\boldsymbol{\alpha}})-2\boldsymbol{f}(\hat{\boldsymbol{x}}_k,\boldsymbol{u}_k,\bar{\boldsymbol{v}}_k,t_k,\bar{\boldsymbol{\alpha}})]\end{aligned} \tag{4.38}$$

(3) 计算新息和新息协方差:

新息 $\boldsymbol{\eta}_k=\boldsymbol{y}_k-\bar{\boldsymbol{y}}_k$，新息协方差表达式为

$$\boldsymbol{\Lambda}_k=\boldsymbol{S}_{yx_k}^{(1)}[\boldsymbol{S}_{yx_k}^{(1)}]^{\mathrm{T}}+\boldsymbol{S}_{yw_k}^{(1)}[\boldsymbol{S}_{yw_k}^{(1)}]^{\mathrm{T}}+\boldsymbol{S}_{yx_k}^{(2)}[\boldsymbol{S}_{yx_k}^{(2)}]^{\mathrm{T}}+\boldsymbol{S}_{yw_k}^{(2)}[\boldsymbol{S}_{yw_k}^{(2)}]^{\mathrm{T}}=\boldsymbol{S}_{y_k}\boldsymbol{S}_{y_k}^{\mathrm{T}} \tag{4.39}$$

其中，$\boldsymbol{S}_{y_k}=\mathrm{HT}\{[\boldsymbol{S}_{yx_k}^{(1)}\quad\boldsymbol{S}_{yw_k}^{(1)}\quad\boldsymbol{S}_{yx_k}^{(2)}\quad\boldsymbol{S}_{yw_k}^{(2)}]\}$。二阶差分矩阵 $\boldsymbol{S}_{yx_k}^{(2)}$ 和 $\boldsymbol{S}_{yw_k}^{(2)}$ 分别为

$$\begin{aligned}[\boldsymbol{S}_{yx_k}^{(2)}]_j &= \frac{\sqrt{c^2-1}}{2c^2}[\boldsymbol{h}(\bar{\boldsymbol{x}}_k+c\bar{\boldsymbol{S}}_{x_{k_j}},\boldsymbol{u}_k,\bar{\boldsymbol{w}}_k,t_k,\bar{\boldsymbol{\alpha}})\\ &\quad+\boldsymbol{h}(\bar{\boldsymbol{x}}_k-c\bar{\boldsymbol{S}}_{x_{k_j}},\boldsymbol{u}_k,\bar{\boldsymbol{w}}_k,t_k,\bar{\boldsymbol{\alpha}})-2\boldsymbol{h}(\bar{\boldsymbol{x}}_k,\boldsymbol{u}_k,\bar{\boldsymbol{w}}_k,t_k,\bar{\boldsymbol{\alpha}})]\\ [\boldsymbol{S}_{yw_k}^{(2)}]_j &= \frac{\sqrt{c^2-1}}{2c^2}[\boldsymbol{h}(\bar{\boldsymbol{x}}_k,\boldsymbol{u}_k,\bar{\boldsymbol{w}}_k+c\bar{\boldsymbol{S}}_{x_{w_j}},t_k,\bar{\boldsymbol{\alpha}})\\ &\quad+\boldsymbol{h}(\bar{\boldsymbol{x}}_k,\boldsymbol{u}_k,\bar{\boldsymbol{w}}_k-c\bar{\boldsymbol{S}}_{w_{k_j}},t_k,\bar{\boldsymbol{\alpha}})-2\boldsymbol{h}(\bar{\boldsymbol{x}}_k,\boldsymbol{u}_k,\bar{\boldsymbol{w}}_k,t_k,\bar{\boldsymbol{\alpha}})]\end{aligned} \tag{4.40}$$

(4) 计算增益矩阵:

$$\boldsymbol{K}_k=\bar{\boldsymbol{S}}_{x_k}[\boldsymbol{S}_{yx_k}^{(1)}]^{\mathrm{T}}[\boldsymbol{S}_{y_k}\boldsymbol{S}_{y_k}^{\mathrm{T}}]^{-1} \tag{4.41}$$

(5) 计算状态和估计误差协方差更新值:

$$\begin{aligned}\hat{\boldsymbol{x}}_k &= \bar{\boldsymbol{x}}_k+\boldsymbol{K}_k\boldsymbol{\eta}_k\\ \hat{\boldsymbol{P}}_k &= \bar{\boldsymbol{P}}_k-\boldsymbol{K}_k\boldsymbol{\Lambda}_k\boldsymbol{K}_k^{\mathrm{T}}=\hat{\boldsymbol{S}}_{x_k}\hat{\boldsymbol{S}}_{x_k}^{\mathrm{T}}\end{aligned} \tag{4.42}$$

其中，$\hat{\boldsymbol{S}}_{x_k}=\mathrm{HT}\{[\bar{\boldsymbol{S}}_{x_k}-\boldsymbol{K}_k\boldsymbol{S}_{yx_k}^{(1)}\quad\boldsymbol{K}_k\boldsymbol{S}_{yw_k}^{(1)}\quad\boldsymbol{K}_k\boldsymbol{S}_{yx_k}^{(2)}\quad\boldsymbol{K}_k\boldsymbol{S}_{yw_k}^{(2)}]\}$。

4.5.2 新型的自适应插值滤波算法

在大多数情况下，模型是不精确的，如模型中包括不确定参数或未知偏差，这样再使用普通的插值滤波算法会产生较大的状态估计误差。例如，当精确的动力学模型已知时，新息协方差等于 $\boldsymbol{\Lambda}_k$。但是当模型不确定或具有偏差时，新息协方差将增大。增大的新息协方差可以表示为

$$\boldsymbol{\Lambda}_{k+1}^{'}=\begin{cases}\boldsymbol{\eta}_1\boldsymbol{\eta}_1^{\mathrm{T}}, & k=0\\ \dfrac{\varrho\boldsymbol{\Lambda}_k^{'}+\boldsymbol{\eta}_{k+1}\boldsymbol{\eta}_{k+1}^{\mathrm{T}}}{1+\varrho}, & k\geqslant 1\end{cases} \tag{4.43}$$

其中，$0\leqslant\varrho\leqslant 1$ 是加权因子，决定先验测量数据和当前测量数据的权值；$\boldsymbol{\Lambda}_k^{'}$ 为估计的新息协方差。$\boldsymbol{\Lambda}_k^{'}$ 和 $\boldsymbol{\Lambda}_k$ 的关系可以表示为 $\boldsymbol{\Lambda}_k^{'}=\tau_k\boldsymbol{\Lambda}_k$，其中 τ_k 是一个标量，可以表示为

$$\tau_k=\max\left[1,\frac{1}{m}\mathrm{tr}(\boldsymbol{\Lambda}_k^{'}\boldsymbol{\Lambda}_k^{-1})\right] \tag{4.44}$$

或

$$\tau_k=\max\left[1,\frac{\mathrm{tr}(\boldsymbol{\Lambda}_k^{'})}{\mathrm{tr}(\boldsymbol{\Lambda}_k^{-1})}\right] \tag{4.45}$$

当动力学模型具有不确定性或偏差时，滤波器中预测的估计误差协方差 $\bar{\boldsymbol{P}}_k$ 也会变大。因此，本节使用一个较大的估计误差协方差 $\bar{\boldsymbol{P}}_k^{'}$ 来补偿偏差的动力学模型带来的影响，$\bar{\boldsymbol{P}}_k^{'}$ 表示为

$$\bar{\boldsymbol{P}}_k=\lambda_k\bar{\boldsymbol{P}}_k \tag{4.46}$$

其中，$\lambda_k\geqslant 1$ 称为遗忘因子 [206, 208, 209]。

扩展卡尔曼滤波中将 $\boldsymbol{\Lambda}_k^{'}$ 和 $\bar{\boldsymbol{P}}_k^{'}$ 的关系扩展到插值滤波算法，表示为

$$\boldsymbol{\Lambda}_k^{'}=\boldsymbol{H}_k\bar{\boldsymbol{P}}_k^{'}\boldsymbol{H}_k^{\mathrm{T}}+\boldsymbol{R}_k \tag{4.47}$$

在扩展卡尔曼滤波中 $\boldsymbol{H}_k$ 为测量方程的雅可比矩阵。在一阶插值滤波算法中 $\boldsymbol{H}_k$ 可以近似为 $\boldsymbol{H}_k=\boldsymbol{S}_{yx_k}^{(1)}\bar{\boldsymbol{S}}_{x_k}^{-1}\in\mathbf{R}^{m\times n}$。以下详细推导本节提出的自适应插值滤波算法。

基于式 (4.46) 以及 $\boldsymbol{H}_k=\boldsymbol{S}_{yx_k}^{(1)}\bar{\boldsymbol{S}}_{x_k}^{-1}$，式 (4.47) 展开为

$$[\boldsymbol{S}_{yx_k}^{(1)}\bar{\boldsymbol{S}}_{x_k}^{-1}](\lambda_k\{\boldsymbol{S}_{xx_{k-1}}^{(1)}[\boldsymbol{S}_{xx_{k-1}}^{(1)}]^{\mathrm{T}}+\boldsymbol{S}_{xv_{k-1}}^{(1)}[\boldsymbol{S}_{xv_{k-1}}^{(1)}]^{\mathrm{T}}\})[\boldsymbol{S}_{yx_k}^{(1)}\bar{\boldsymbol{S}}_{x_k}^{-1}]^{\mathrm{T}}+\boldsymbol{R}_k=\boldsymbol{\Lambda}_k^{'} \tag{4.48}$$

当 λ_k 为标量时，可以解得

$$\begin{aligned}\lambda_k&=\max\left[1,\frac{\mathrm{tr}(\boldsymbol{\Lambda}_k^{'}-\boldsymbol{R}_k)}{\mathrm{tr}(\boldsymbol{H}_k\bar{\boldsymbol{P}}_k\boldsymbol{H}_k^{\mathrm{T}})}\right]\\&=\max\left[1,\frac{\mathrm{tr}\{\tau_k\boldsymbol{S}_{yx_k}^{(1)}[\boldsymbol{S}_{yx_k}^{(1)}]^{\mathrm{T}}+(\tau_k-1)\boldsymbol{S}_{yw_k}^{(1)}[\boldsymbol{S}_{yw_k}^{(1)}]^{\mathrm{T}}\}}{\mathrm{tr}([\boldsymbol{S}_{yx_k}^{(1)}\bar{\boldsymbol{S}}_{x_k}^{-1}]\{\boldsymbol{S}_{xx_{k-1}}^{(1)}[\boldsymbol{S}_{xx_{k-1}}^{(1)}]^{\mathrm{T}}+\boldsymbol{S}_{xv_{k-1}}[\boldsymbol{S}_{xv_{k-1}}^{(1)}]^{\mathrm{T}}\}[\boldsymbol{S}_{yx_k}^{(1)}\bar{\boldsymbol{S}}_{x_k}^{-1}]^{\mathrm{T}})}\right]\end{aligned} \tag{4.49}$$

对于复杂多变量系统，单一的遗忘因子不能确保滤波器的最优估计性能。为了解决这个问题，一个自然的想法是把单一的标量遗忘因子 λ_k 扩展为多个遗忘因子，这样可以通过多速率多通道进行状态估计，获得改善的状态估计性能。以下是对多遗忘因子的推导，将多遗忘因子表示为对角矩阵的形式 $\boldsymbol{\lambda}_k = \mathrm{diag}\{[\lambda_{1_k};\lambda_{2_k};\cdots;\lambda_{n_k}]\}$。

定理 4.1 *若 $\boldsymbol{\lambda}_k$ 的先验知识已知：$\lambda_{1_k}:\lambda_{2_k}:\cdots:\lambda_{n_k}=\beta_1:\beta_2:\cdots:\beta_n$，则 λ_{i_k} 可以近似表示为以下形式：*

$$\lambda_{i_k} = \begin{cases} \lambda'_{i_k}, & \lambda'_{i_k} > 1 \\ 1, & \lambda'_{i_k} \leqslant 1 \end{cases} \tag{4.50}$$

其中，$\lambda'_{i_k}=\beta_i p_k$，$p_k = \mathrm{tr}(\boldsymbol{M}_k)/\sum\limits_{i=1}^{n}\beta_i\bar{\boldsymbol{P}}_{k_{ii}}$，$\bar{\boldsymbol{P}}_{k_{ii}}$ 是矩阵 $\bar{\boldsymbol{P}}_k$ 的第 i 个对角元素，$\boldsymbol{M}_k$ 的表达式为

$$\boldsymbol{M}_k = (\boldsymbol{H}_k^{\mathrm{T}}\boldsymbol{H}_k)^{-1}\boldsymbol{H}_k^{\mathrm{T}}(\boldsymbol{\Lambda}'_k - \boldsymbol{R}_k)\boldsymbol{H}_k(\boldsymbol{H}_k^{\mathrm{T}}\boldsymbol{H}_k)^{-1} \tag{4.51}$$

证明 式 (4.47) 可以表示为如下形式：

$$\boldsymbol{H}_k(\boldsymbol{\lambda}_k\bar{\boldsymbol{P}}_k)\boldsymbol{H}_k^{\mathrm{T}} = \boldsymbol{\Lambda}'_k - \boldsymbol{R}_k \tag{4.52}$$

由于 $\boldsymbol{H}_k=\boldsymbol{S}_{yx_k}^{(1)}\bar{\boldsymbol{S}}_{x_k}^{-1}\in\mathbf{R}^{m\times n}$，因此 $\boldsymbol{H}_k^{\mathrm{T}}\boldsymbol{H}_k=[\boldsymbol{S}_{yx_k}^{(1)}\bar{\boldsymbol{S}}_{x_k}^{-1}]^{\mathrm{T}}[\boldsymbol{S}_{yx_k}^{(1)}\bar{\boldsymbol{S}}_{x_k}^{-1}]=\bar{\boldsymbol{S}}_{x_k}^{-\mathrm{T}}\{[\boldsymbol{S}_{yx_k}^{(1)}]^{\mathrm{T}}\boldsymbol{S}_{yx_k}^{(1)}\}\bar{\boldsymbol{S}}_{x_k}^{-1}$ 是可逆的。在式 (4.52) 两边同时乘以 $\boldsymbol{H}_k^{T}$ 和 $\boldsymbol{H}_k$，并求逆得：

$$(\boldsymbol{H}_k^{\mathrm{T}}\boldsymbol{H}_k)^{-1}\boldsymbol{H}_k^{\mathrm{T}}(\boldsymbol{\Lambda}'_k - \boldsymbol{R}_k)\boldsymbol{H}_k(\boldsymbol{H}_k^{\mathrm{T}}\boldsymbol{H}_k)^{-1} = (\boldsymbol{\lambda}_k\bar{\boldsymbol{P}}_k) \tag{4.53}$$

所以 $\mathrm{tr}(\boldsymbol{M}_k)=\mathrm{tr}(\boldsymbol{\lambda}_k\bar{\boldsymbol{P}}_k)$，其中 $\boldsymbol{M}_k = (\boldsymbol{H}_k^{\mathrm{T}}\boldsymbol{H}_k)^{-1}\boldsymbol{H}_k^{\mathrm{T}}(\boldsymbol{\Lambda}'_k - \boldsymbol{R}_k)\boldsymbol{H}_k(\boldsymbol{H}_k^{\mathrm{T}}\boldsymbol{H}_k)^{-1}$。

根据条件 $\lambda_{1_k}:\lambda_{2_k}:\cdots:\lambda_{n_k}=\beta_1:\beta_2:\cdots:\beta_n$，可以得

$$\mathrm{tr}(\boldsymbol{\lambda}_k\bar{\boldsymbol{P}}_k) = \mathrm{tr}(\mathrm{diag}\{[\lambda_{1_k};\lambda_{2_k};\cdots;\lambda_{n_k}]\}\cdot\bar{\boldsymbol{P}}_k) = \sum_{i=1}^{n}\lambda_{i_k}\bar{\boldsymbol{P}}_{k_{ii}} = p_k\sum_{i=1}^{n}\beta_i\bar{\boldsymbol{P}}_{k_{ii}} \tag{4.54}$$

其中假定 $\lambda_{i_k}=\beta_i p_k$，$p_k$ 是公因子。

从式 (4.53) 和式 (4.54) 可以得

$$p_k = \mathrm{tr}(\boldsymbol{M}_k)/\left(\sum_{i=1}^{n}\beta_i\cdot\bar{\boldsymbol{P}}_{k_{ii}}\right) \tag{4.55}$$

为补偿模型不确定性或偏差的影响，考虑到遗忘因子 λ_{i_k} 应该大于或等于 1，所以得到式 (4.50)。

注 4.1 *当不能获得 $\boldsymbol{\lambda}_k$ 的先验知识时，可以令 $\beta_i=1(i=1,\cdots,n)$，则滤波器的性能会退化，并与 λ_k 为标量时的滤波性能相似，但当模型具有不确定性或偏差时，提出的一阶插值滤波器性能仍然比普通的一阶插值滤波器性能要好。*

基于以上 τ_k 和 λ_k ($\boldsymbol{\lambda}_k$) 的推导过程，本节提出的新型自适应一阶插值滤波算法如下。

(1) 计算预测状态和预测测量值:

$$
\begin{aligned}
\bar{\boldsymbol{x}}_k &= \boldsymbol{f}(\hat{\boldsymbol{x}}_{k-1}, \boldsymbol{u}_k, t_{k-1}, \bar{\boldsymbol{\alpha}}, \bar{\boldsymbol{v}}_k) \\
\bar{\boldsymbol{y}}_k &= \boldsymbol{h}(\bar{\boldsymbol{x}}_k, \boldsymbol{u}_k, t_{k-1}, \bar{\boldsymbol{\alpha}}, \bar{\boldsymbol{w}}_k)
\end{aligned} \tag{4.56}
$$

(2) 计算修改的预测状态估计误差协方差:

$$
\bar{P}_k^{'} = \lambda_k \bar{P}_k = \bar{\boldsymbol{S}}_{x_k}^{'}(\bar{\boldsymbol{S}}_{x_k}^{'})^{\mathrm{T}} \tag{4.57}
$$

其中，λ_k 由式 (4.49) 或式 (4.50) 计算获得。

(3) 计算新息和新息协方差:

新息 $\boldsymbol{\eta}_k = \boldsymbol{y}_k - \bar{\boldsymbol{y}}_k$，新息协方差表达式为

$$
\boldsymbol{\Lambda}_k^{'} = \tau_k \boldsymbol{\Lambda}_k = \boldsymbol{S}_{yx_k}^{'(1)}[\boldsymbol{S}_{yx_k}^{'(1)}]^{\mathrm{T}} + \boldsymbol{S}_{yw_k}^{'(1)}[\boldsymbol{S}_{yw_k}^{'(1)}]^{\mathrm{T}} = \boldsymbol{S}_{y_k}^{'}(\boldsymbol{S}_{y_k}^{'})^{\mathrm{T}} \tag{4.58}
$$

其中，$\boldsymbol{S}_{y_k}^{'} = \mathrm{HT}\{[\boldsymbol{S}_{yx_k}^{'(1)} \quad \boldsymbol{S}_{yw_k}^{'(1)}]\}$；$\boldsymbol{S}_{yx_k}^{'(1)}$ 和 $\boldsymbol{S}_{yw_k}^{'(1)}$ 为

$$
\begin{aligned}
[\boldsymbol{S}_{yx_k}^{'(1)}]_j &= \frac{1}{2c}[\boldsymbol{h}(\bar{\boldsymbol{x}}_k + c\bar{\boldsymbol{S}}_{x_{k_j}}^{'}, \boldsymbol{u}_k, \bar{\boldsymbol{w}}_k, t_k, \bar{\boldsymbol{\alpha}}) - \boldsymbol{h}(\bar{\boldsymbol{x}}_k - c\bar{\boldsymbol{S}}_{x_{k_j}}^{'}, \boldsymbol{u}_k, \bar{\boldsymbol{w}}_k, t_k, \bar{\boldsymbol{\alpha}})] \\
[\boldsymbol{S}_{yw_k}^{'(1)}]_j &= \frac{1}{2c}[\boldsymbol{h}(\bar{\boldsymbol{x}}_k, \boldsymbol{u}_k, \bar{\boldsymbol{w}}_k + c\boldsymbol{S}_{w_{k_j}}, t_k, \bar{\boldsymbol{\alpha}}) - \boldsymbol{h}(\bar{\boldsymbol{x}}_k, \boldsymbol{u}_k, \bar{\boldsymbol{w}}_k - c\boldsymbol{S}_{w_{k_j}}, t_k, \bar{\boldsymbol{\alpha}})]
\end{aligned} \tag{4.59}
$$

(4) 计算增益矩阵:

$$
\boldsymbol{K}_k^{'} = \bar{\boldsymbol{S}}_{x_k}^{'}[\boldsymbol{S}_{yx_k}^{'(1)}]^{\mathrm{T}}[\boldsymbol{S}_{y_k}^{'}(\boldsymbol{S}_{y_k}^{'})^{\mathrm{T}}]^{-1} \tag{4.60}
$$

(5) 计算状态和估计误差协方差更新值:

$$
\begin{aligned}
\hat{\boldsymbol{x}}_k &= \bar{\boldsymbol{x}}_k + \boldsymbol{K}_k^{'}\boldsymbol{\eta}_k \\
\hat{\boldsymbol{P}}_k^{'} &= \bar{\boldsymbol{P}}_k^{'} - \boldsymbol{K}_k^{'}\boldsymbol{\Lambda}_k^{'}(\boldsymbol{K}_k^{'})^{\mathrm{T}}
\end{aligned} \tag{4.61}
$$

注 4.2 本节提出的一阶自适应插值滤波算法与普通的一阶插值滤波算法相比，具有相似的执行过程，唯一的区别在于增加了因子 τ_k 和 λ_k。因此，该新型一阶自适应插值滤波算法可以适用于具有偏差和不确定性的复杂非线性系统，且不会过多增加计算量。

关于二阶自适应插值滤波算法，它的推导思想与一阶自适应插值滤波算法相类似。在二阶自适应插值滤波算法中，式 (4.47) 中的矩阵 $\boldsymbol{H}$ 可以近似为 $\boldsymbol{H}_k = (\boldsymbol{S}_{yx_k}^{(1)} + \boldsymbol{S}_{yx_k}^{(2)})\bar{\boldsymbol{S}}_{x_k}^{-1} \in \mathbf{R}^{m\times n}$，与第一种情况中 $\boldsymbol{H}_k = \boldsymbol{S}_{yx_k}^{(1)}\bar{\boldsymbol{S}}_{x_k}^{-1}$ 的推导方式相类似。基于方程 (4.46) 和式 (4.47)，标量 λ_k 可以很容易获得，表示为

$$
\lambda_k = \max\left[1, \frac{\mathrm{tr}(\boldsymbol{\Lambda}_k^{'} - \boldsymbol{R}_k)}{\mathrm{tr}(\boldsymbol{H}_k\bar{\boldsymbol{P}}_k\boldsymbol{H}_k^{\mathrm{T}})}\right] \tag{4.62}
$$

其中，$\boldsymbol{H}_k = [\boldsymbol{S}_{yx_k}^{(1)} + \boldsymbol{S}_{yx_k}^{(2)}]\bar{\boldsymbol{S}}_{x_k}^{-1}$，$\bar{\boldsymbol{P}}_k$ 如式 (4.37) 中的定义，$\boldsymbol{\Lambda}_k^{'} = \tau_k\boldsymbol{\Lambda}_k$，其中 $\boldsymbol{\Lambda}_k$ 如式 (4.39) 中的定义。

另外，当 $\boldsymbol{\lambda}_k$ 是对角矩阵 $\boldsymbol{\lambda}_k = \mathrm{diag}\{[\lambda_{1_k}; \lambda_{2_k}; \cdots; \lambda_{n_k}]\}$ 时，可以获得与定理 4.1 相似的结论，区别在于式 (4.62) 中矩阵的定义。本书所提出的二阶自适应插值滤波算法执行步骤也与提出的一阶自适应插值滤波算法执行步骤相类似，为了简便，书中不再给出。

4.5.3 火星进入导航系统数值仿真和分析

本节通过火星进入导航系统数值仿真验证提出的新型自适应插值滤波算法的有效性。对于第 2 章中的三自由度动力学模型 [式 (2.25) ~ 式 (2.30)]，采用基于 IMU/火星轨道器/火星表面信标的组合导航方案。仿真中考虑的不确定参数真实值为：参考大气密度 $\rho_0 = 2 \times 10^{-4}$ kg/m^3，升阻比 $L/D = 0.155$，弹道系数 $BC = 0.016$ m^2/kg。因为真实的参数值是未知的，所以仿真中假定的参数值位于真实值的 10% 误差范围内，且符合均匀分布。仿真时间是 400s。探测器进入初始值如表 4.4 所示，采用 300 次蒙特卡罗仿真验证提出新型算法的性能。由于未知火星进入段先验知识$\boldsymbol{\lambda}$，因此本节采用基于标量 λ 的新型插值滤波算法。

1. 不确定参数情况下均方根误差对比

本节首先分析不确定参数下普通的插值滤波算法 (general DDF) 和提出的自适应插值滤波算法 (proposed DDF) 关于均方根误差的对比，如图 4.29 和图 4.30 所示。可以看出，在不确定参数下，本节提出的自适应插值滤波算法与普通的插值滤波算法相比具有非常小的状态估计误差。例如，对于提出的一阶插值滤波算法，高度和速度均方根误差分别为 10m 和 1m/s，而对于普通的一阶插值滤波算法，高度和速度均方根误差分别为 1000m 和 100m/s。此外，提出的二阶插值滤波算法也比普通的二阶插值滤波算法估计精度高。

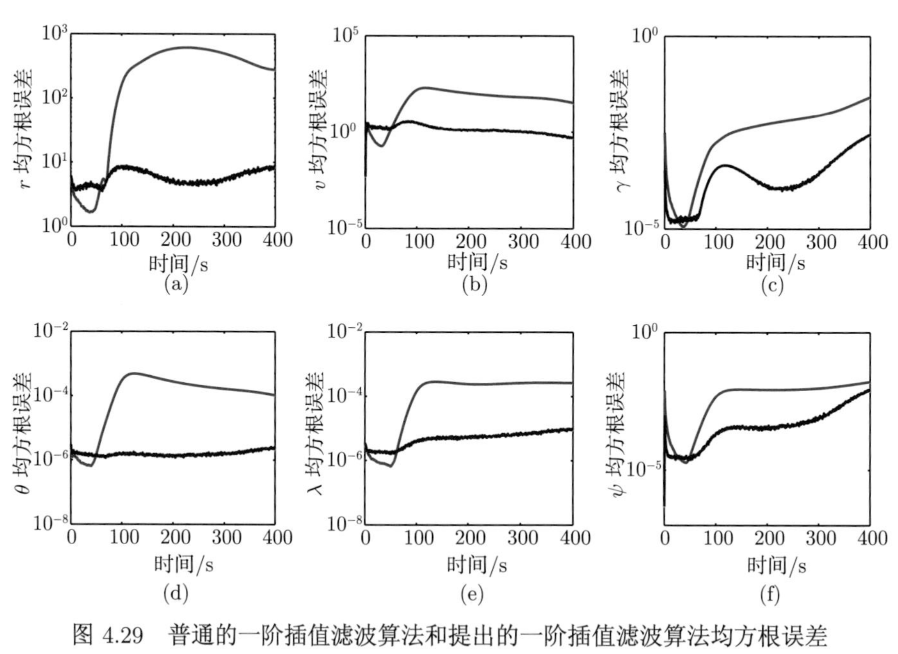

图 4.29 普通的一阶插值滤波算法和提出的一阶插值滤波算法均方根误差

2. 未知偏差或扰动情况下估计误差对比

本节验证未知偏差或扰动情况下普通的插值滤波算法和提出的自适应插值滤波算法的估计性能对比。未知偏差或扰动可以表示为 $\boldsymbol{b}_k = [\boldsymbol{r}_b, \boldsymbol{v}_b, \boldsymbol{\gamma}_b, \boldsymbol{\theta}_b, \boldsymbol{\lambda}_b, \boldsymbol{\psi}_b]^{\mathrm{T}} = [30, 4, 10^{-4}, 10^{-5}, 10^{-5}, 10^{-4}]^{\mathrm{T}} \cdot \delta_k$，其中 δ_k 的取值如图 4.31 所示。在单次蒙特卡罗仿真下，普通的插值滤波

算法和提出的插值滤波算法估计误差如图 4.32 和图 4.33 所示。从图中可以看出，在未知扰动或偏差下，普通的插值滤波算法具有非常大的状态估计误差，位置误差达到 10^4 量级，速度误差达到 10^3 量级，而提出的插值滤波算法具有非常小的估计误差。

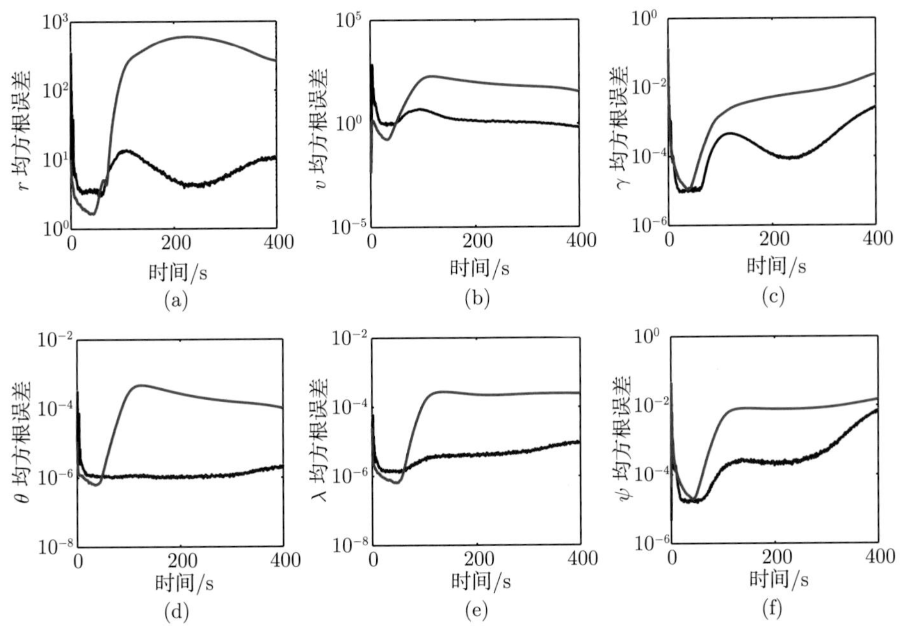

图 4.30 普通的二阶插值滤波算法和提出的二阶插值滤波算法均方根误差

general DDF2 proposed DDF2

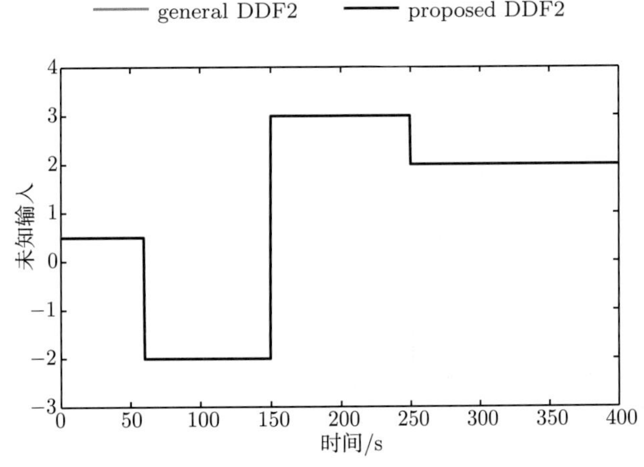

图 4.31 未知扰动或偏差

图 4.34 给出了提出的一阶插值滤波算法和提出的二阶插值滤波算法标量遗忘因子变化情况。可以看出随着偏差的变化，遗忘因子也发生变化，且遗忘因子的变化大小与偏差变化大小相对应，表明通过遗忘因子的自适应调节，可以削弱模型偏差带来的影响。

3. 一致性测试对比

为了进一步验证在不确定参数下普通插值滤波算法相比于提出插值滤波算法的有效性，

本节通过一致性测试进行性能对比。所采用的平均 NEES 为如下形式：

$$\varepsilon_k = (\boldsymbol{x}_k - \hat{\boldsymbol{x}}_k)^{\mathrm{T}} \hat{\boldsymbol{P}}_k^{-1} (\boldsymbol{x}_k - \hat{\boldsymbol{x}}_k) \tag{4.63}$$

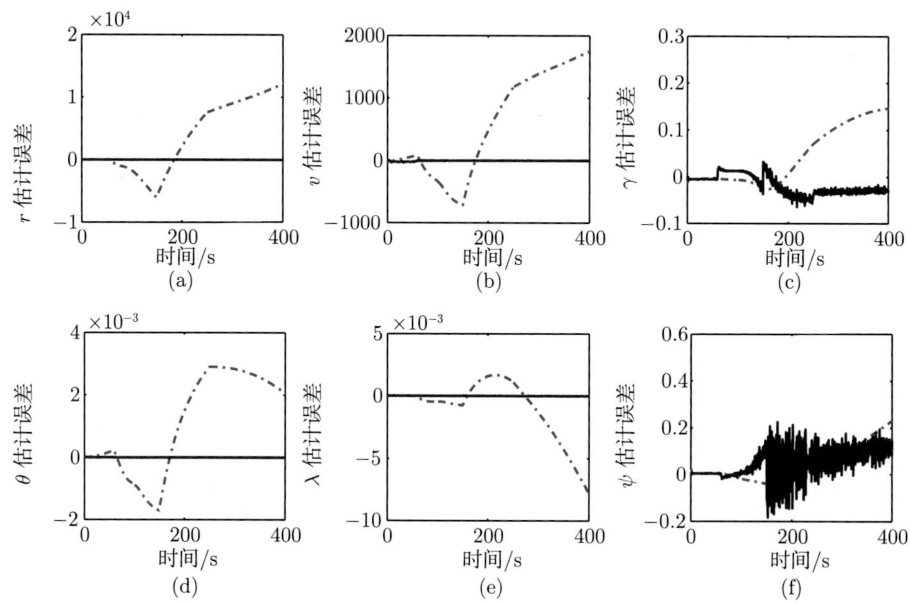

图 4.32 普通的一阶插值滤波算法和提出的一阶插值滤波算法单次仿真估计误差

general DDF1　proposed DDF1

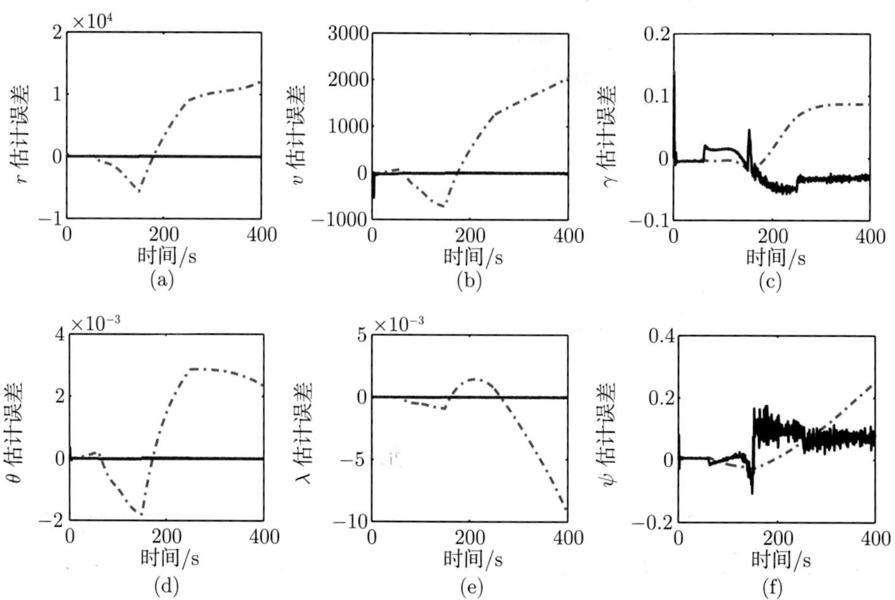

图 4.33 普通的二阶插值滤波算法和提出的二阶插值滤波算法单次仿真估计误差

general DDF2　proposed DDF2

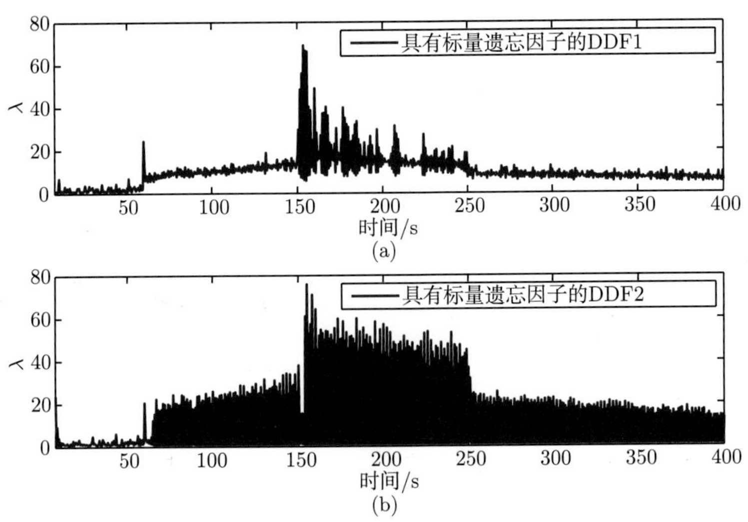

图 4.34 提出的一阶插值滤波算法和提出的二阶插值滤波算法标量遗忘因子变化情况

其中，$\hat{\boldsymbol{x}}_k$ 和 $\hat{\boldsymbol{P}}_k$ 是所有蒙特卡罗仿真中的平均值，在估计误差是零均值高斯分布的假设条件下，ε_k 将满足具有 n 个自由度的卡方分布，滤波器具有一致性的条件是

$$\varepsilon_k \leqslant \chi^2_{n,1-p} \tag{4.64}$$

其中，$1-p$ 是需求的置信水平。例如，当状态方程维数等于 6 时，在 95% 的置信水平下 $\chi^2_{n,1-p}=12.5916$。

一致性测试结果如图 4.35 和图 4.36 所示。可以看出普通插值滤波算法的归一化估计误差平方完全处于 95% 置信边界之外，达到 10^6 的量级，而提出的插值滤波算法归一化估计误差平方完全在置信界之内，这表明提出的插值滤波算法估计误差协方差可以精确地预测状态估计误差的变化。

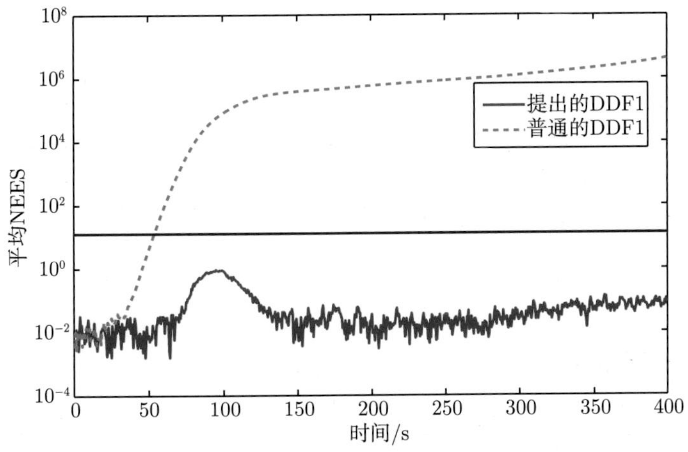

图 4.35 普通的一阶插值滤波算法和提出的一阶插值滤波算法归一化估计误差平方

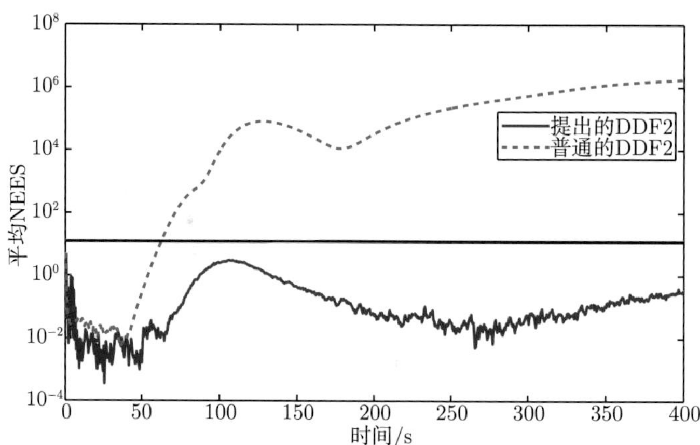

图 4.36　普通的二阶插值滤波算法和提出的二阶插值滤波算法归一化估计误差平方

4.5.4　紧耦合非线性随机系统数值仿真和分析

本节为了验证提出的具有多遗忘因子 $\boldsymbol{\lambda}$ 插值滤波算法的有效性，采用如下典型的紧耦合非线性随机系统进行数值仿真和分析 [211]:

$$\begin{aligned}
x_1(k+1) &= 0.001[d(k)z(k) - w(k)b(k)]/[c(k) + x_1(k) + v_1(k)] \\
x_2(k+1) &= 0.001[-w(k)z(k) + a_3 b(k)]/[c(k) + x_2(k) + v_2(k)] \\
x_3(k+1) &= 0.001x_1(k) + x_3(k) + v_3(k) \\
x_4(k+1) &= 0.001x_2(k) + x_4(k) + v_4(k) \\
y_1(k+1) &= x_1(k+1)x_3(k+1) + e_1(k+1) \\
y_2(k+1) &= x_2(k+1) + e_2(k+1) \\
y_3(k+1) &= x_3(k+1) + 0.5x_4(k+1) + e_3(k+1)
\end{aligned} \tag{4.65}$$

其中

$$\begin{aligned}
d(k) &= a_1 + a_2\cos[x_4(k)] \\
w(k) &= a_3 + \frac{a_2}{2}\cos[x_4(k)] \\
z(k) &= a_2\sin[x_4(k)][x_1(k)x_2(k) + x_2^2(k)/2] - a_4\cos[x_3(k)] \\
&\quad\ -a_5\cos[x_3(k) + x_4(k)] + u_1(k) \\
b(k) &= -\{a_2\sin[x_4(k)]\}x_1^2(k)/2 - a_5\cos[x_3(k) + x_4(k)] + u_2(k) \\
c(k) &= d(k)a_3 - w^2(k)
\end{aligned} \tag{4.66}$$

$a_1 = 3.82, a_2 = 2.12, a_3 = 0.71, a_4 = 81.82, a_5 = 24.6$，过程噪声是零均值高斯白噪声，其协方差为 $\boldsymbol{Q} = \mathrm{diag}\{[0; 1\mathrm{e}^{-7}; 1\mathrm{e}^{-7}; 1\mathrm{e}^{-7}]\}$。初始误差协方差矩阵为 $\boldsymbol{P}_0 = 0.1\boldsymbol{I}_4$，初始状态为 $\hat{\boldsymbol{x}}(0) = \boldsymbol{x}(0) = 0$，系统输入为

$$\begin{aligned}
u_1(k) &= 125 - 5[1 - \exp(-0.2k)] \\
u_2(k) &= 125 - 10[1 - \exp(-0.2k)]
\end{aligned} \tag{4.67}$$

在时间点 $k = 70$ 和 $k = 140$ 时，状态 x_1 有突然扰动，其值分别为 $+2$ 和 -3。

图 4.37 给出了该非线性系统真实状态值，可以看出在时间点 $k = 70$ 和 $k = 140$ 时，状态 x_1 有明显的变动。图 4.38 给出了普通的一阶插值滤波算法和提出的具有标量遗忘因子 λ 与具有多遗忘因子 $\boldsymbol{\lambda}$ $(\lambda_1{:}\lambda_2{:}\lambda_3{:}\lambda_4 = 5{:}1{:}1{:}1)$ 的一阶插值滤波算法关于状态 x_1 的状态估计误差对比情况。图 4.39 给出了普通的二阶插值滤波算法和提出的具有标量遗忘因子 λ 与具有多遗忘因子 $\boldsymbol{\lambda}$ $(\lambda_1{:}\lambda_2{:}\lambda_3{:}\lambda_4 = 5{:}1{:}1{:}1)$ 的二阶插值滤波算法关于状态 x_1 的状态估计误差对比情况。可以看出在发生突然变化以后，普通的插值滤波算法不能跟踪真实的状态值，状态估计误差为某一个常数，而本节所提出的插值滤波算法在突然变化以后仍能精确地跟踪真实的状态，估计误差收敛为 0，且具有多遗忘因子的插值滤波算法与具有单遗忘因子的插值滤波算法相比，具有更快的收敛速度和估计精度。

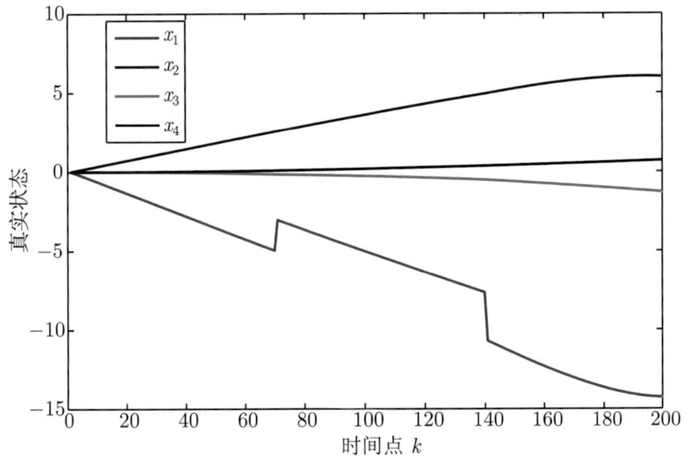

图 4.37　紧耦合非线性随机系统真实状态

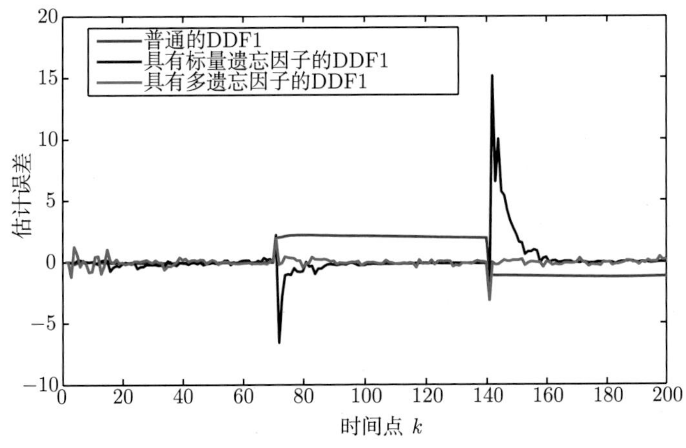

图 4.38　三种一阶插值滤波算法的 x_1 的状态估计误差

图 4.40 给出了标量遗忘因子 λ 和多遗忘因子 $\boldsymbol{\lambda}$ 中 λ_1 的变化规律，可以看出在第 70s 和第 140s，遗忘因子瞬间变大，这是因为在第 70s 和第 140s 时模型发生偏差，遗忘因子通过自适应变大来补偿模型偏差带来的影响。此外，从 Y 轴数量级可以看出提出的第一阶插值滤波算法的遗忘因子大于第二阶插值滤波算法的遗忘因子，这是因为一阶插值滤波算法遗

忘因子推导公式的分母要小于二阶插值滤波算法遗忘因子推导公式的分母，从式 (4.49) 和式 (4.62) 可以明显得出。

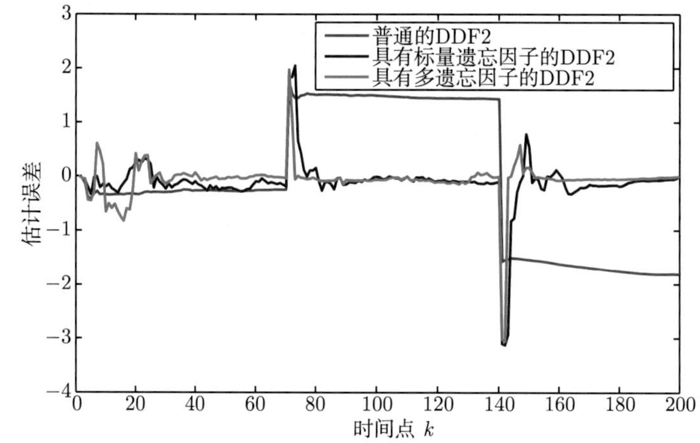

图 4.39　三种二阶插值滤波算法的 x_1 的状态估计误差

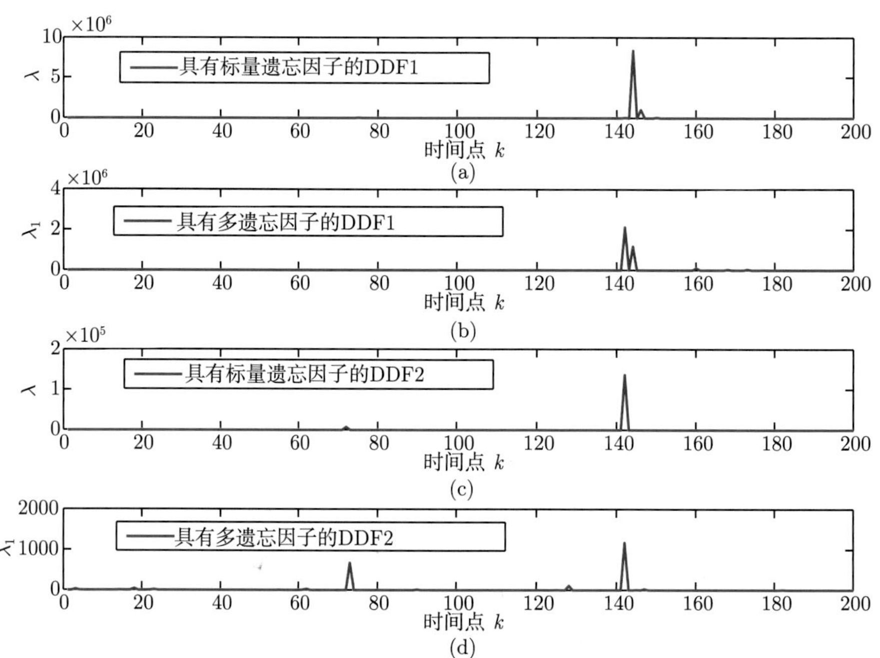

图 4.40　鲁棒自适应插值滤波算法遗忘因子变化情况

4.6　进入段状态模型偏差和测量异常值下的自适应胡贝尔插值滤波算法

火星表面具有复杂的大气环境和多变的气候，并且常常伴有突风的干扰，对火星探测器进入段精确建模带来困难，如出现未知扰动、异常值等。此外，受空间环境和剧烈运动的影响，探测器所接收到的测量信号也会有所偏差，如出现测量异常值、测量噪声被污染等。对于这些模型误差，基于标准卡尔曼滤波的 ℓ_2 范数状态估计器，如扩展卡尔曼滤波、无迹卡尔曼滤波、插值滤波等会出现大的状态估计误差 [212]。为了克服这些问题，基于胡贝尔 (Huber) 函数的滤波算法被广泛应用 [213-221]。胡贝尔函数由胡贝尔在 1964 年提出 [222]，是 ℓ_1 范数函数和 ℓ_2 范数函数的组合 [214]。当状态模型具有偏差或异常值，测量模型具有异常值或污染的测量噪声时，基于胡贝尔函数的滤波算法估计精度要高于基于 ℓ_2 范数的滤波算法。文献 [216] 利用胡贝尔函数对线性状态模型噪声和观测模型噪声分别具有重尾分布的情况进行了分析。文献 [219] 针对激光雷达相对轨道导航中的模型误差和测量噪声不确定问题，采用了基于胡贝尔函数的自适应滤波方法。这些方法主要针对测量模型异常值或测量噪声重尾分布问题，而较少针对状态模型偏差问题。文献 [220] 同时考虑了状态模型和测量模型异常值，但是只是针对某一时刻的异常值。然而，对于火星探测器进入段的复杂环境，由于受到突风的干扰，具有持续性。因此，本书在文献 [220] 的基础上，进一步对预测状态估计误差协方差引入了自适应调节的遗忘因子来增强对状态模型偏差和测量模型偏差的鲁棒性。

基于广义最大似然估计的思想，本节首先给出了标准卡尔曼滤波的代价函数，然后通过引入胡贝尔函数分别修改状态和测量代价函数，获得了新的预测状态估计误差协方差和测量噪声协方差，并把获得的预测状态估计误差协方差和测量噪声协方差嵌入插值滤波算法中，获得了胡贝尔插值滤波算法。然后为了进一步增强滤波算法对状态模型误差和测量模型误差的鲁棒性，本节引入了 4.5 节中基于新息协方差匹配的自适应调节因子，并推导出了新的代价函数，获得了更新的预测状态估计误差协方差，并应用到插值滤波算法框架中，推导出了自适应的胡贝尔插值滤波算法。最后把提出的两种胡贝尔插值滤波算法应用到火星探测器进入段导航系统中，并对其性能进行比较。

4.6.1 胡贝尔插值滤波算法和自适应胡贝尔插值滤波算法的引出过程

在给出自适应胡贝尔插值滤波算法之前，先给出一般的线性随机状态空间模型：

$$
\begin{aligned}
\boldsymbol{x}_k &= \boldsymbol{F}_{k-1}\boldsymbol{x}_{k-1} + \boldsymbol{v}_{k-1} \\
\boldsymbol{y}_k &= \boldsymbol{H}_k\boldsymbol{x}_k + \boldsymbol{w}_k
\end{aligned} \tag{4.68}
$$

其中，$\boldsymbol{x} \in \mathbf{R}^n$ 是状态矢量；$\boldsymbol{y} \in \mathbf{R}^m$ 是测量矢量；$\boldsymbol{F}$ 是状态矩阵；$\boldsymbol{H}$ 是测量矩阵；$\boldsymbol{v}$ 和 $\boldsymbol{w}$ 是不相关的零均值高斯白噪声，其协方差分别为 $\boldsymbol{Q}$ 和 $\boldsymbol{R}$。

当式 (4.68) 精确时，可以通过线性最小方差估计，即标准卡尔曼滤波获得其估计值 $\hat{\boldsymbol{x}}$。从最大似然估计观点来说，其解也可以通过最小化以下代价函数获得 [219]：

$$
\hat{\boldsymbol{x}}_k = \arg\ \min(\| \boldsymbol{x}_k - \hat{\boldsymbol{x}}_{k/k-1} \|^2_{\boldsymbol{P}^{-1}_{k/k-1}} + \| \boldsymbol{H}_k\boldsymbol{x}_k - \boldsymbol{y}_k \|^2_{\boldsymbol{R}^{-1}_k}) \tag{4.69}
$$

其中，$\| \boldsymbol{x} \|^2_{\boldsymbol{A}} = \boldsymbol{x}^{\mathrm{T}}\boldsymbol{A}\boldsymbol{x}$；$\hat{\boldsymbol{x}}_k$ 和 $\hat{\boldsymbol{x}}_{k/k-1}$ 分别是状态预测值和状态更新值；$\boldsymbol{P}_{k/k-1}$ 是 $\hat{\boldsymbol{x}}_{k/k-1}$ 的估计误差协方差矩阵。

令 $\boldsymbol{e}_{x,k} = \boldsymbol{P}^{-\frac{1}{2}}_{k/k-1}(\boldsymbol{x}_k - \hat{\boldsymbol{x}}_{k/k-1})$ 和 $\boldsymbol{e}_{y,k} = \boldsymbol{R}^{-\frac{1}{2}}_k(\boldsymbol{H}_k\boldsymbol{x}_k - \boldsymbol{y}_k)$，则式 (4.69) 可以写为如下形式：

$$
\hat{\boldsymbol{x}}_k = \arg\ \min\left(\sum_{i=1}^{n} \boldsymbol{e}^2_{x,k,i} + \sum_{j=1}^{m} \boldsymbol{e}^2_{y,k,j}\right) \tag{4.70}
$$

其中，$\boldsymbol{e}_{x,k,i}$ 是向量 $\boldsymbol{e}_{x,k}$ 的第 i 个分量；$\boldsymbol{e}_{y,k,j}$ 是向量 $\boldsymbol{e}_{y,k}$ 的第 j 个分量。在以上方程中获得的解对模型误差或者测量误差具有敏感性。因此，为了克服模型误差和测量误差的影响，这里引入鲁棒胡贝尔函数来修改以上代价函数中相应的状态和测量部分。其中胡贝尔函数的形式如下 [214]：

$$\rho(\tau)=\begin{cases}0.5\tau^2, & |\,\tau\,|\leqslant\gamma\\ \gamma\,|\,\tau\,|-0.5\gamma^2, & |\,\tau\,|>\gamma\end{cases}\tag{4.71}$$

其中，γ 是调节参数，当模型是高斯分布时，$\gamma=1.345$ 是最优的。可以看出胡贝尔函数是 ℓ_1 范数和 ℓ_2 范数的组合。当 $\gamma\to 0$ 时，$\rho(\tau)$ 趋于 ℓ_1 范数，当 $\gamma\to\infty$ 时，$\rho(\tau)$ 趋于 ℓ_2 范数。ℓ_1 范数、ℓ_2 范数和胡贝尔函数如图 4.41 所示，可以看出在相同的误差下，胡贝尔函数所对应的值要小于 ℓ_1 范数和 ℓ_2 范数的值。因此，在相同的误差下，基于胡贝尔函数的状态估计器具有更强的鲁棒性。

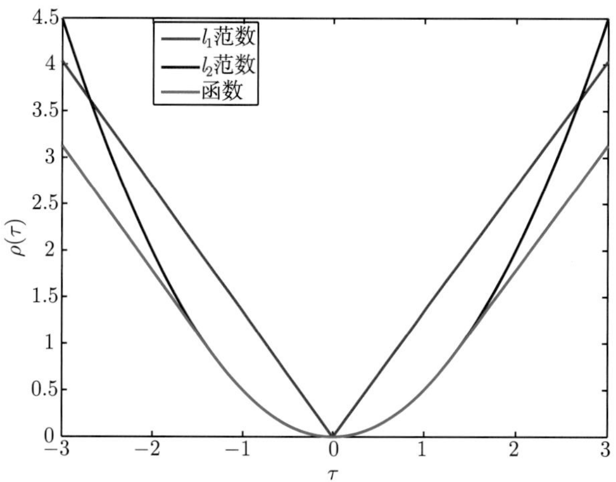

图 4.41 ℓ_1 范数、ℓ_2 范数和胡贝尔函数

采用胡贝尔函数修改后的代价函数如下：

$$\hat{\boldsymbol{x}}_k=\arg\ \min\left[\sum_{i=1}^{n}\rho(\boldsymbol{e}_{x,k,i})+\sum_{i=j}^{m}\rho(\boldsymbol{e}_{y,k,j})\right]\tag{4.72}$$

上述代价函数最小化的解可以通过求导获得，表示为

$$\sum_{i=1}^{n}\phi(\boldsymbol{e}_{x,k,i})\frac{\partial\boldsymbol{e}_{x,k,i}}{\partial\boldsymbol{x}_k}+\sum_{i=1}^{n}\phi(\boldsymbol{e}_{y,k,i})\frac{\partial\boldsymbol{e}_{y,k,i}}{\partial\boldsymbol{x}_k}=0\tag{4.73}$$

其中，$\phi=\rho^{'}$。通过定义矩阵：

$$\begin{aligned}\boldsymbol{\Psi}_x&=\mathrm{diag}[\phi(\boldsymbol{e}_{x,k,i})/\boldsymbol{e}_{x,k,i}]\\ \boldsymbol{\Psi}_y&=\mathrm{diag}[\phi(\boldsymbol{e}_{y,k,i})/\boldsymbol{e}_{y,k,i}]\end{aligned}\tag{4.74}$$

其中，diag(·) 代表对角矩阵。式 (4.73) 可以改写为如下矩阵形式：

$$\boldsymbol{P}_{k/k-1}^{-\frac{T}{2}}\boldsymbol{\Psi}_x\boldsymbol{e}_{x,k}+\boldsymbol{H}_k^{\mathrm{T}}\boldsymbol{R}_k^{-\frac{T}{2}}\boldsymbol{\Psi}_y\boldsymbol{e}_{y,k}=0\tag{4.75}$$

将 $\boldsymbol{e}_{x,k}$ 和 $\boldsymbol{e}_{y,k}$ 的表达式代入式 (4.75) 可得

$$\boldsymbol{P}_{k/k-1}^{-\frac{T}{2}}\boldsymbol{\Psi}_x\boldsymbol{P}_{k/k-1}^{-\frac{1}{2}}(\boldsymbol{x}_k-\hat{\boldsymbol{x}}_{k/k-1})+\boldsymbol{H}_k^{\mathrm{T}}\boldsymbol{R}_k^{-\frac{T}{2}}\boldsymbol{\Psi}_y\boldsymbol{R}_k^{-\frac{1}{2}}(\boldsymbol{H}_k\boldsymbol{x}_k-\boldsymbol{y}_k)=0 \tag{4.76}$$

令

$$\begin{aligned}\check{\boldsymbol{P}}_{k/k-1}&=\boldsymbol{P}_{k/k-1}^{\frac{1}{2}}\boldsymbol{\Psi}_x^{-1}\boldsymbol{P}_{k/k-1}^{\frac{T}{2}}\\ \check{\boldsymbol{R}}_k&=\boldsymbol{R}_k^{\frac{1}{2}}\boldsymbol{\Psi}_y^{-1}\boldsymbol{R}_k^{\frac{T}{2}}\end{aligned} \tag{4.77}$$

则式 (4.77) 可以改写为

$$\check{\boldsymbol{P}}_{k/k-1}^{-1}(\boldsymbol{x}_k-\hat{\boldsymbol{x}}_{k/k-1})+\boldsymbol{H}_k^{\mathrm{T}}\check{\boldsymbol{R}}_k^{-1}(\boldsymbol{H}_k\boldsymbol{x}_k-\boldsymbol{y}_k)=0 \tag{4.78}$$

可以看出式 (4.78) 是以下最小化问题的解：

$$\hat{\boldsymbol{x}}_k=\arg\ \min(\|\ \boldsymbol{x}_k-\hat{\boldsymbol{x}}_{k/k-1}\ \|^2_{\check{\boldsymbol{P}}_{k/k-1}^{-1}}+\|\ \boldsymbol{H}_k\boldsymbol{x}_k-\boldsymbol{y}_k\ \|^2_{\check{\boldsymbol{R}}_k^{-1}}) \tag{4.79}$$

式 (4.79) 与式 (4.69) 相类似，唯一的区别在于重新形成的预测状态误差协方差矩阵和测量噪声协方差矩阵。因此，式 (4.79) 的显式解可以写为 [220]

$$\hat{\boldsymbol{x}}_k=\hat{\boldsymbol{x}}_{k/k-1}+\boldsymbol{K}_k(\boldsymbol{y}_k-\boldsymbol{H}_k\hat{\boldsymbol{x}}_{k/k-1}) \tag{4.80}$$

$$\boldsymbol{K}_k=\check{\boldsymbol{P}}_{k/k-1}\boldsymbol{H}_k^{\mathrm{T}}(\boldsymbol{H}_k\check{\boldsymbol{P}}_{k/k-1}\boldsymbol{H}_k^{\mathrm{T}}+\check{\boldsymbol{R}}_k)^{-1} \tag{4.81}$$

$$\hat{\boldsymbol{P}}_k=(\boldsymbol{I}_n-\boldsymbol{K}_k\boldsymbol{H}_k)\check{\boldsymbol{P}}_{k/k-1} \tag{4.82}$$

其中，$\boldsymbol{I}_n$ 表示 n 维单位矩阵。可以看出，引入胡贝尔函数只是改变了标准卡尔曼滤波解中的预测状态估计误差协方差和测量噪声协方差，当 $\boldsymbol{\Psi}_x$ 和 $\boldsymbol{\Psi}_y$ 变为单位矩阵时，式 (4.80) 中的解与标准卡尔曼滤波解完全相同。因此，可以把获得的预测状态估计误差协方差 $\check{\boldsymbol{P}}_{k/k-1}$ 和测量噪声协方差 $\check{\boldsymbol{R}}_k$ 嵌入非线性滤波框架中，如插值滤波算法，来增强对模型误差和测量误差的鲁棒性。以上预测状态估计误差协方差和测量噪声协方差的引出是基于胡贝尔函数获得的，因此，将引出的插值滤波算法称为胡贝尔插值滤波算法 (Huber DDF)。

为了进一步提高滤波算法对模型误差的鲁棒性，在式 (4.79) 中修改的预测状态估计误差协方差矩阵 $\check{\boldsymbol{P}}_{k/k-1}$ 中引入遗忘因子 λ_k，得到新的代价函数如下：

$$\hat{\boldsymbol{x}}_k=\arg\ \min(\|\ \boldsymbol{x}_k-\hat{\boldsymbol{x}}_{k/k-1}\ \|^2_{\lambda_k\check{\boldsymbol{P}}_{k/k-1}^{-1}}+\|\ \boldsymbol{H}_k\boldsymbol{x}_k-\boldsymbol{y}_k\ \|^2_{\check{\boldsymbol{R}}_k^{-1}}) \tag{4.83}$$

令 $\check{\boldsymbol{e}}_{x,k}=\check{\boldsymbol{P}}_{k/k-1}^{-\frac{1}{2}}(\boldsymbol{x}_k-\hat{\boldsymbol{x}}_{k/k-1})$ 和 $\check{\boldsymbol{e}}_{y,k}=\check{\boldsymbol{R}}_k^{-\frac{1}{2}}(\boldsymbol{H}_k\boldsymbol{x}_k-\boldsymbol{y}_k)$，则式 (4.83) 变为

$$\hat{\boldsymbol{x}}_k=\arg\ \min\left(\frac{1}{\lambda_k}\sum_{i=1}^{n}\check{e}_{x,k,i}^2+\sum_{j=1}^{m}\check{e}_{y,k,j}^2\right) \tag{4.84}$$

对式 (4.84) 求导得

$$\frac{2}{\lambda_k}\sum_{i=1}^{n}\check{e}_{x,k,i}\frac{\partial\check{\boldsymbol{e}}_{x,k,i}}{\partial\boldsymbol{x}_k}+2\sum_{i=1}^{n}\check{e}_{y,k,i}\frac{\partial\boldsymbol{e}_{\check{y},k,i}}{\partial\boldsymbol{x}_k}=0 \tag{4.85}$$

将式 (4.85) 写为矩阵的形式为

$$\frac{1}{\lambda_k}\check{\boldsymbol{P}}_{k/k-1}^{-\frac{T}{2}}\check{\boldsymbol{e}}_{x,k}+(\check{\boldsymbol{R}}_k^{-\frac{1}{2}}\boldsymbol{H}_k)^{\mathrm{T}}\check{\boldsymbol{e}}_{y,k}=0 \tag{4.86}$$

将 $\check{\boldsymbol{e}}_{x,k}$ 和 $\check{\boldsymbol{e}}_{y,k}$ 的表达式代入式 (4.86) 得

$$\frac{1}{\lambda_k}\check{\boldsymbol{P}}_{k/k-1}^{-1}(\boldsymbol{x}_k-\hat{\boldsymbol{x}}_{k/k-1})+\boldsymbol{H}_k^{\mathrm{T}}\check{\boldsymbol{R}}_k^{-1}(\boldsymbol{H}_k\boldsymbol{x}_k-\boldsymbol{y}_k)=0 \tag{4.87}$$

再令

$$\begin{aligned}\bar{\boldsymbol{P}}_{k/k-1}&=\lambda_k\check{\boldsymbol{P}}_{k/k-1}\\ \bar{\boldsymbol{R}}_k&=\check{\boldsymbol{R}}_k\end{aligned} \tag{4.88}$$

则式 (4.88) 变为

$$\bar{\boldsymbol{P}}_{k/k-1}^{-1}(\boldsymbol{x}_k-\hat{\boldsymbol{x}}_{k/k-1})+\boldsymbol{H}_k^{\mathrm{T}}\bar{\boldsymbol{R}}_k^{-1}(\boldsymbol{H}_k\boldsymbol{x}_k-\boldsymbol{y}_k)=0 \tag{4.89}$$

式 (4.89) 的解是以下最小化问题的解：

$$\hat{\boldsymbol{x}}_k=\arg\ \min(\|\ \boldsymbol{x}_k-\hat{\boldsymbol{x}}_{k/k-1}\ \|_{\bar{\boldsymbol{P}}_{k/k-1}^{-1}}^2+\|\ \boldsymbol{H}_k\boldsymbol{x}_k-\boldsymbol{y}_k\ \|_{\bar{\boldsymbol{R}}_k^{-1}}^2) \tag{4.90}$$

可以看出式 (4.90) 与式 (4.79) 相类似，只是预测状态估计误差协方差不同，当遗忘因子 $\lambda_k=1$ 时，两式相同。因此，也可以把最新获得的预测状态估计误差协方差 $\bar{\boldsymbol{P}}_{k/k-1}$ 和测量噪声协方差 $\bar{\boldsymbol{R}}_k$ 嵌入插值滤波算法框架中来增强滤波器对模型误差和测量误差的鲁棒性。以上 $\bar{\boldsymbol{P}}_{k/k-1}$ 和 $\bar{\boldsymbol{R}}_k$ 的引出是基于胡贝尔函数和自适应调节的遗忘因子获得的，因此，将引出的新型插值滤波算法称为自适应胡贝尔插值滤波算法 (adaptive Huber DDF)。

在式 (4.83) 中引入遗忘因子 λ_k 是为了进一步增强滤波器对于状态模型误差的鲁棒性。在胡贝尔插值滤波的基础上，如果状态模型误差的影响仍然存在，则 λ_k 的值将自适应调节为大于 1 的值，进一步补偿模型误差的影响，使得胡贝尔插值滤波的预测状态估计误差协方差 $\check{\boldsymbol{P}}_{k/k-1}$ 放大为 $\bar{\boldsymbol{P}}_{k/k-1}=\lambda_k\check{\boldsymbol{P}}_{k/k-1}$。这样，就使得式 (4.80) 中预测状态估计 $\hat{\boldsymbol{x}}_{k/k-1}$ 的作用减小，从而状态模型误差的影响将减缓。

关于遗忘因子的形成，这里采用 4.5 节中基于新息协方差匹配获得的自适应调节因子，即式 (4.49)，模型 (4.1) 的表达式为

$$\lambda_k=\max\left[1,\frac{\mathrm{tr}(\boldsymbol{\Lambda}_k^{'}-\boldsymbol{R}_k)}{\mathrm{tr}(\boldsymbol{H}_k\boldsymbol{P}_{k/k-1}\boldsymbol{H}_k^{\mathrm{T}})}\right] \tag{4.91}$$

4.6.2 胡贝尔插值滤波算法和自适应胡贝尔插值滤波算法的执行过程

本节在前面章节普通的一阶插值滤波算法执行过程的基础上，给出一阶胡贝尔插值滤波算法 (Huber DDF1) 和一阶自适应胡贝尔插值滤波算法 (adaptive Huber DDF1) 的执行过程，二阶胡贝尔插值滤波算法和二阶自适应胡贝尔插值滤波算法的推导过程与一阶形式相类似，为了简便，书中不再给出。

1. 一阶胡贝尔插值滤波算法的执行过程

(1) 计算预测状态估计和预测测量值:

$$\bar{\boldsymbol{x}}_k = \boldsymbol{f}(\hat{\boldsymbol{x}}_{k-1}, \boldsymbol{u}_k, \boldsymbol{v}_{k-1}, t_{k-1}) \tag{4.92}$$

$$\bar{\boldsymbol{y}}_k = \boldsymbol{h}(\bar{\boldsymbol{x}}_k, \boldsymbol{u}_k, \boldsymbol{w}_k, t_k) \tag{4.93}$$

(2) 计算修改的预测状态估计误差协方差和测量噪声协方差:

$$\begin{aligned} \check{\boldsymbol{P}}_{k/k-1} &= \boldsymbol{P}_{k/k-1}^{\frac{1}{2}} \boldsymbol{\Psi}_x^{-1} \boldsymbol{P}_{k/k-1}^{\frac{T}{2}} \\ \check{\boldsymbol{R}}_k &= \boldsymbol{R}_k^{\frac{1}{2}} \boldsymbol{\Psi}_y^{-1} \boldsymbol{R}_k^{\frac{T}{2}} \end{aligned} \tag{4.94}$$

其中

$$\begin{aligned} \boldsymbol{\Psi}_x &= \mathrm{diag}[\phi(\boldsymbol{e}_{x,k,i})/\boldsymbol{e}_{x,k,i}] \\ \boldsymbol{\Psi}_y &= \mathrm{diag}[\phi(\boldsymbol{e}_{y,k,i})/\boldsymbol{e}_{y,k,i}] \end{aligned} \tag{4.95}$$

$$\begin{aligned} \boldsymbol{e}_{x,k} &= \boldsymbol{P}_{k/k-1}^{-\frac{1}{2}} (\boldsymbol{x}_k - \bar{\boldsymbol{x}}_k) \\ \boldsymbol{e}_{y,k} &= \boldsymbol{R}_k^{-\frac{1}{2}} (\bar{\boldsymbol{y}}_k - \boldsymbol{y}_k) \end{aligned} \tag{4.96}$$

(3) 计算增益矩阵 $\boldsymbol{K}_k$:

$$\boldsymbol{K}_k = \check{\boldsymbol{S}}_{x_k} \boldsymbol{S}_{yx}^{\mathrm{T}} (\boldsymbol{S}_{y_k} \boldsymbol{S}_{y_k}^{\mathrm{T}})^{-1} \tag{4.97}$$

$$\check{\boldsymbol{S}}_{x_k} = \check{\boldsymbol{P}}_{k/k-1}^{\frac{1}{2}} \tag{4.98}$$

$$\check{\boldsymbol{S}}_{w_k} = \check{\boldsymbol{R}}_k^{\frac{1}{2}} \tag{4.99}$$

$$\check{\boldsymbol{S}}_{y_k} = (\check{\boldsymbol{S}}_{yx_k} \check{\boldsymbol{S}}_{yx_k}^{\mathrm{T}} + \check{\boldsymbol{S}}_{yw_k} \check{\boldsymbol{S}}_{yw_k}^{\mathrm{T}})^{\frac{1}{2}} \tag{4.100}$$

$$(\check{\boldsymbol{S}}_{yx_k})_j = \frac{1}{2c}[\boldsymbol{h}(\bar{\boldsymbol{x}}_k + c\check{\boldsymbol{S}}_{x_{k_j}}, \boldsymbol{u}_k, \bar{\boldsymbol{w}}_k, t_k) - \boldsymbol{h}(\bar{\boldsymbol{x}}_k - c\check{\boldsymbol{S}}_{x_{k_j}}, \boldsymbol{u}_k, \bar{\boldsymbol{w}}_k, t_k)] \tag{4.101}$$

$$(\check{\boldsymbol{S}}_{yw_k})_j = \frac{1}{2c}[\boldsymbol{h}(\bar{\boldsymbol{x}}_k, \boldsymbol{u}_k, \bar{\boldsymbol{w}}_k + c\check{\boldsymbol{S}}_{w_{k_j}}, t_k) - \boldsymbol{h}(\bar{\boldsymbol{x}}_k, \boldsymbol{u}_k, \bar{\boldsymbol{w}}_k - c\check{\boldsymbol{S}}_{w_{k_j}}, t_k)] \tag{4.102}$$

(4) 更新状态估计和后验状态估计误差协方差:

$$\hat{\boldsymbol{x}}_k = \bar{\boldsymbol{x}}_k + \boldsymbol{K}_k(\boldsymbol{y}_k - \bar{\boldsymbol{y}}_k) \tag{4.103}$$

$$\hat{\boldsymbol{S}}_{x_k} = [(\check{\boldsymbol{S}}_{x_k} - \boldsymbol{K}_k \boldsymbol{S}_{yx_k})(\check{\boldsymbol{S}}_{x_k} - \boldsymbol{K}_k \boldsymbol{S}_{yx_k})^{\mathrm{T}} + (\boldsymbol{K}_k \boldsymbol{S}_{yw_k})(\boldsymbol{K}_k \boldsymbol{S}_{yw_k})^{\mathrm{T}}]^{\frac{1}{2}} \tag{4.104}$$

从以上迭代过程中可以看出，胡贝尔插值滤波算法与普通的插值滤波算法具有相似的迭代过程，只是采用修改的预测状态估计误差协方差和测量噪声协方差，当 $\boldsymbol{\Psi}_x$ 和 $\boldsymbol{\Psi}_y$ 为单位矩阵时，胡贝尔插值滤波算法退化为普通的插值滤波算法。

2. 一阶自适应胡贝尔插值滤波算法的执行过程

(1) 计算预测状态估计和预测测量值:

$$\bar{\boldsymbol{x}}_k = \boldsymbol{f}(\hat{\boldsymbol{x}}_{k-1}, \boldsymbol{u}_k, \boldsymbol{v}_{k-1}, t_{k-1}) \tag{4.105}$$

$$\bar{\boldsymbol{y}}_k = \boldsymbol{h}(\bar{\boldsymbol{x}}_k, \boldsymbol{u}_k, \boldsymbol{w}_k, t_k) \tag{4.106}$$

(2) 计算遗忘因子 λ:

$$\lambda_k = \max\left[1, \frac{\mathrm{tr}(\boldsymbol{\Lambda}_k^{'} - \check{\boldsymbol{R}}_k)}{\check{\boldsymbol{S}}_{yx_k}\check{\boldsymbol{S}}_{yx_k}^{\mathrm{T}}}\right] \tag{4.107}$$

其中，$\boldsymbol{\Lambda}_k^{'}$ 为放大的新息协方差，其表达式为

$$\boldsymbol{\Lambda}_{k+1}^{'} = \begin{cases} \boldsymbol{\eta}_1\boldsymbol{\eta}_1^{\mathrm{T}}, & k=0 \\ \dfrac{\varrho\boldsymbol{\Lambda}_k^{'} + \boldsymbol{\eta}_{k+1}\boldsymbol{\eta}_{k+1}^{\mathrm{T}}}{1+\varrho}, & k \geqslant 1 \end{cases} \tag{4.108}$$

(3) 计算修改的预测状态估计误差协方差和测量噪声协方差:

$$\begin{aligned} \bar{\boldsymbol{P}}_{k/k-1} &= \lambda_k \check{\boldsymbol{P}}_{k/k-1} = \lambda_k \boldsymbol{P}_{k/k-1}^{\frac{1}{2}} \boldsymbol{\Psi}_x^{-1} \boldsymbol{P}_{k/k-1}^{\frac{T}{2}} \\ \bar{\boldsymbol{R}}_k &= \check{\boldsymbol{R}}_k = \boldsymbol{R}_k^{\frac{1}{2}} \boldsymbol{\Psi}_y^{-1} \boldsymbol{R}_k^{\frac{T}{2}} \end{aligned} \tag{4.109}$$

(4) 计算增益矩阵 $\boldsymbol{K}_k$:

$$\boldsymbol{K}_k = \bar{\boldsymbol{S}}_{x_k}\boldsymbol{S}_{yx}^{\mathrm{T}}(\boldsymbol{S}_{y_k}\boldsymbol{S}_{y_k}^{\mathrm{T}})^{-1} \tag{4.110}$$

$$\bar{\boldsymbol{S}}_{x_k} = \bar{\boldsymbol{P}}_{k/k-1}^{\frac{1}{2}} \tag{4.111}$$

$$\bar{\boldsymbol{S}}_{w_k} = \bar{\boldsymbol{R}}_k^{\frac{1}{2}} \tag{4.112}$$

$$\boldsymbol{S}_{y_k} = (\boldsymbol{S}_{yx_k}\boldsymbol{S}_{yx_k}^{\mathrm{T}} + \boldsymbol{S}_{yw_k}\boldsymbol{S}_{yw_k}^{\mathrm{T}})^{\frac{1}{2}} \tag{4.113}$$

$$(\boldsymbol{S}_{yx_k})_j = \frac{1}{2c}[\boldsymbol{h}(\bar{\boldsymbol{x}}_k + c\bar{\boldsymbol{S}}_{x_{k_j}}, \boldsymbol{u}_k, \bar{\boldsymbol{w}}_k, t_k) - \boldsymbol{h}(\bar{\boldsymbol{x}}_k - c\bar{\boldsymbol{S}}_{x_{k_j}}, \boldsymbol{u}_k, \bar{\boldsymbol{w}}_k, t_k)] \tag{4.114}$$

$$(\boldsymbol{S}_{yw_k})_j = \frac{1}{2c}[\boldsymbol{h}(\bar{\boldsymbol{x}}_k, \boldsymbol{u}_k, \bar{\boldsymbol{w}}_k + c\bar{\boldsymbol{S}}_{w_{k_j}}, t_k) - \boldsymbol{h}(\bar{\boldsymbol{x}}_k, \boldsymbol{u}_k, \bar{\boldsymbol{w}}_k - c\bar{\boldsymbol{S}}_{w_{k_j}}, t_k)] \tag{4.115}$$

(5) 更新状态估计和后验状态估计误差协方差:

$$\hat{\boldsymbol{x}}_k = \bar{\boldsymbol{x}}_k + \boldsymbol{K}_k(\boldsymbol{y}_k - \bar{\boldsymbol{y}}_k) \tag{4.116}$$

$$\hat{\boldsymbol{S}}_{x_k} = [(\bar{\boldsymbol{S}}_{x_k} - \boldsymbol{K}_k\boldsymbol{S}_{yx_k})(\bar{\boldsymbol{S}}_{x_k} - \boldsymbol{K}_k\boldsymbol{S}_{yx_k})^{\mathrm{T}} + (\boldsymbol{K}_k\boldsymbol{S}_{yw_k})(\boldsymbol{K}_k\boldsymbol{S}_{yw_k})^{\mathrm{T}}]^{\frac{1}{2}} \tag{4.117}$$

从以上迭代过程中可以看出，自适应胡贝尔插值滤波算法与胡贝尔插值滤波算法仍然具有相似的迭代过程，只是引入了遗忘因子 λ，从而进一步改变了预测状态估计误差协方差，当 $\lambda=1$ 时，自适应胡贝尔插值滤波算法退化为胡贝尔插值滤波算法。

4.6.3 数值仿真和分析

本节仿真中采用简化的六自由度模型，即在式 (2.33) 中未考虑姿态运动方程，采用火星轨道器/火星表面信标的组合导航方案 (滤波器观测模型包括两个火星轨道器测距，两个火星表面信标测距和测速)。本节中仿真时间为 300s。仿真中采用“好奇号”的参数，如探测器横截面积为 $s = 15.9\text{m}^2$，质量为 $m = 2804\text{kg}$，探测器进入初始状态值如表 4.2 所示，火星表面信标初始位置如表 4.3 所示。为了验证所提出的算法对于模型误差的鲁棒性，在仿真中对两种情况做对比：① 仅考虑状态模型存在误差，即状态模型受风的干扰存在常值偏差；② 状态模型和测量模型同时存在误差，其中状态模型误差与第一种情况相同，在此基础上又考虑了测量模型存在异常值。

1. *状态模型存在常值偏差*

本节验证在状态模型具有常值偏差下所提出的算法的性能。状态模型偏差 $\boldsymbol{b}_k = [r_x^b, r_y^b, r_z^b, v_x^b, v_y^b, v_z^b]^{\mathrm{T}} = [10, 10, 10, 4, 4, 4]^{\mathrm{T}}\delta_k$，其中 δ_k 的取值如图 4.42 所示。在状态模型偏差 $\boldsymbol{b}_k$ 下，普通的插值滤波、胡贝尔插值滤波和自适应胡贝尔插值滤波的位置和速度估计误差如图 4.43 和图 4.44 所示。其中，探测器位置和速度的估计误差计算公式如下：

$$\text{Error}_{\text{P}} = \sqrt{(r_x - \hat{r}_x)^2 + (r_y - \hat{r}_y)^2 + (r_z - \hat{r}_z)^2} \tag{4.118}$$

$$\text{Error}_{\text{V}} = \sqrt{(v_x - \hat{v}_x)^2 + (v_y - \hat{v}_y)^2 + (v_z - \hat{v}_z)^2} \tag{4.119}$$

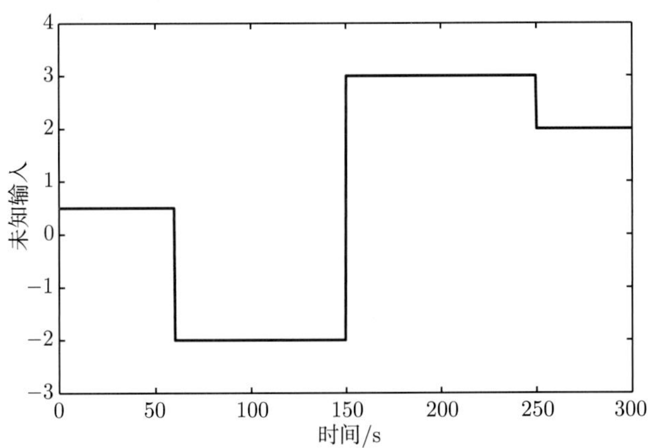

图 4.42 状态模型未知偏差的变化

从图 4.43 和图 4.44 中可以看出，在状态模型偏差下，普通的插值滤波算法估计误差趋于发散，其中位置误差大于 100m，速度误差大于 10m/s，且估计误差的变化与状态模型偏差具有相似的趋势，随着状态模型偏差的增大而增大，并在第 60s、第 150s 和第 250s 出现大的波动。而胡贝尔插值滤波和自适应胡贝尔插值滤波的估计误差一直处于收敛状态，没有大的变化趋势，不受状态模型偏差的影响，具有鲁棒性。此外，从图 4.43 和图 4.44 中也可以看出，提出的自适应胡贝尔插值滤波估计精度略高于胡贝尔插值滤波。这是由于在胡贝尔滤波算法的基础上，自适应胡贝尔滤波进一步引入了遗忘因子来进行自适应调节，进一步弥补了模型偏差的影响。

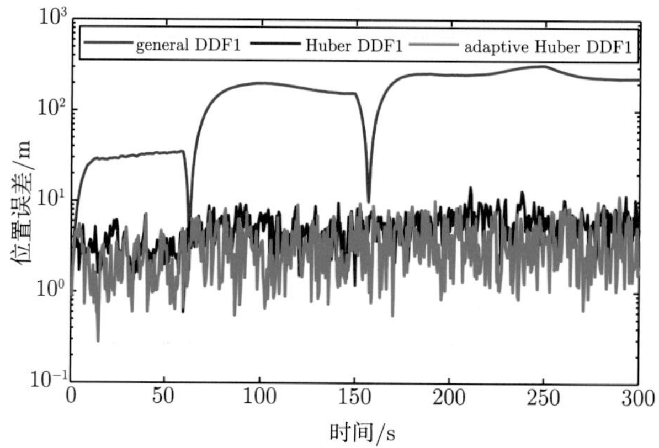

图 4.43　状态模型偏差下的探测器位置估计误差

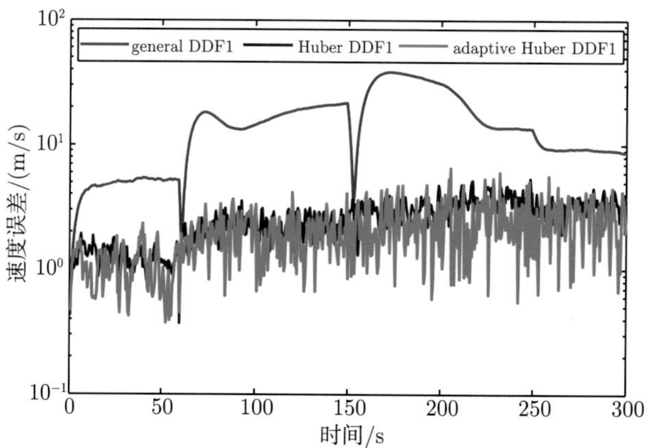

图 4.44　状态模型偏差下的探测器速度估计误差

与 4.5 节提出的一阶自适应插值滤波 (没有考虑胡贝尔函数的自适应插值滤波) 相比，本节所提出的自适应胡贝尔插值滤波的遗忘因子变化情况和自适应插值滤波 (即 4.5 节提出的一阶自适应插值滤波) 的遗忘因子变化情况如图 4.45 所示。可以看出，本节提出的自适应胡贝

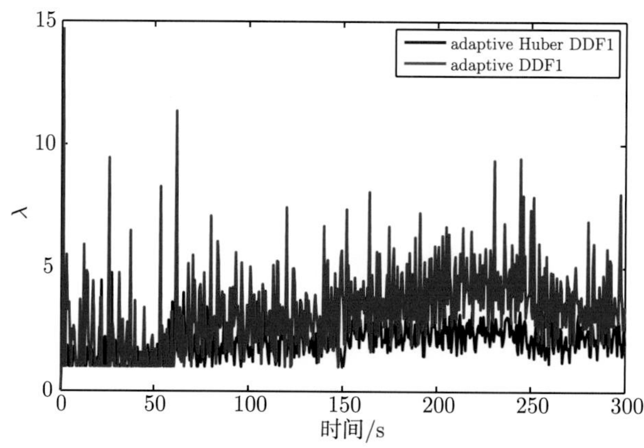

图 4.45　状态模型偏差下自适应胡贝尔插值滤波和自适应插值滤波的遗忘因子变化情况

尔插值滤波遗忘因子要小于 4.5 节提出的自适应插值滤波遗忘因子。这是因为本节提出的自适应胡贝尔插值滤波是建立在胡贝尔函数的基础上，经过胡贝尔函数已经降低了模型误差的影响，因此其遗忘因子的调节作用要比 4.5 节的自适应插值滤波 (建立在普通插值滤波的基础上，没有经过胡贝尔函数的影响) 的遗忘因子调节作用小。

2. 状态模型和测量模型同时存在偏差

本节研究状态模型和测量模型同时存在偏差的情况，其中状态模型偏差与上面情况相同，测量模型偏差是以测量异常值的情况出现，在第 60s、第 150s 和第 250s 出现测量异常值，其值大小分别为：$\tilde{\boldsymbol{y}}_{60}=\boldsymbol{y}_{60}+[800,800,800,800,30,30]^{\mathrm{T}}$，$\tilde{\boldsymbol{y}}_{150}=\boldsymbol{y}_{150}-[800,800,800,800,30,30]^{\mathrm{T}}$，$\tilde{\boldsymbol{y}}_{250}=\boldsymbol{y}_{250}+2[800,800,800,800,30,30]^{\mathrm{T}}$，其中 800 代表火星轨道器和火星表面信标与探测器的相对距离测量误差为 800m，30 代表火星表面信标与探测器的相对速度测量误差为 30m/s。在这种情况下，普通的插值滤波、胡贝尔插值滤波和自适应胡贝尔插值滤波的位置与速度估计误差如图 4.46 和图 4.47 所示。从图中可以看出，普通的插值滤波算法估计误差与状态模型误差具有相同的变化趋势，处于发散状态，而胡贝尔插值滤波和自适应胡贝尔插值滤波的估计误差仍然趋于收敛，但是在测量异常值出现时，自适应胡贝尔插值滤波的估计误差瞬间增

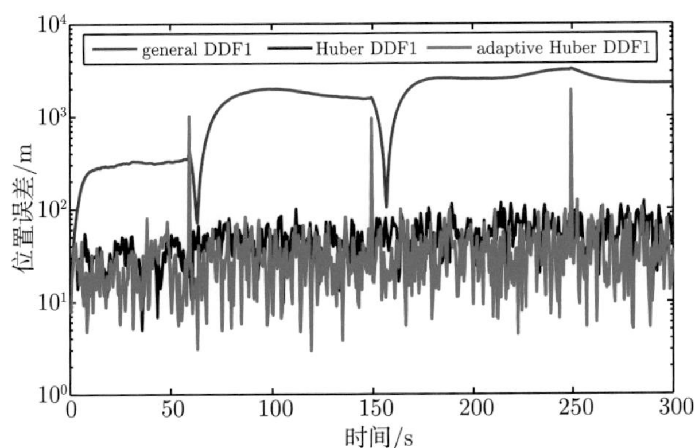

图 4.46　状态模型和测量模型同时存在偏差下的探测器位置估计误差

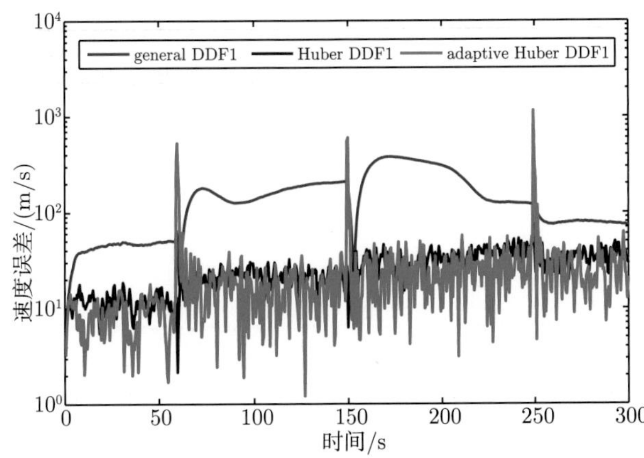

图 4.47　状态模型和测量模型同时存在偏差下的探测器速度估计误差

大，对测量异常值具有很强的敏感性，这是因为自适应胡贝尔插值滤波算法的自适应性根本思想是基于新息协方差匹配，是建立在测量模型精确的基础上的。当测量异常值消失时，自适应胡贝尔插值滤波的估计误差很快收敛，且其估计误差小于胡贝尔插值滤波。

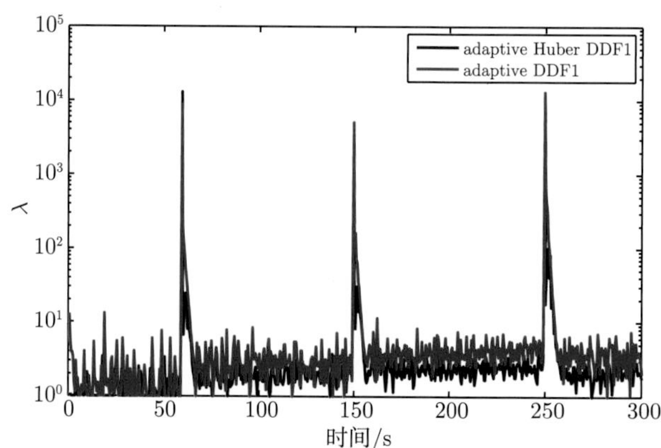

图 4.48 状态模型和测量模型同时存在偏差下的自适应胡贝尔插值滤波和自适应插值滤波的遗忘因子变化情况

当状态模型和测量模型同时存在偏差时，自适应胡贝尔插值滤波和自适应插值滤波的遗忘因子变化情况如图 4.48 所示。从图中可以看出，自适应胡贝尔插值滤波的遗忘因子要相对小于自适应插值滤波的遗忘因子，原因与前面仅存在状态模型偏差时相同。

4.7 本章总结

为了设计进入段导航策略，4.2 节首先推导了 IMU 姿态观测方程，提高了系统的可观测度。与此同时，又推导了轨道器运动方程，给出了轨道器的无线电观测方程，进一步提高了系统的可观测度。最后，以“好奇号”为例对观测模型进行了仿真验证，表明在通信黑障情况下，基于改进的 IMU 和轨道器组合导航方式提高了着陆精度，满足了未来火星高精度着陆要求。

4.3 节讨论了火星探测器进入段组合导航方案的可行性问题。可以得出基于 IMU/火星轨道器的组合导航方案，其导航系统是弱可观的。然后该节采用基于 IMU/两个火星轨道器/两个火星表面信标的组合导航方案，可以验证此导航方案能保证导航系统完全可观，并且状态估计精度得到进一步提高。此外，在导航系统完全可观时，通过状态可估计性准则得出，速度变量要比位置变量可估计性好。4.3 节所得出的基于 IMU/火星轨道器/火星表面信标的组合导航方案被之后各节所采用。

4.4 节研究了对火星进入段不确定参数下的弱敏感导航滤波算法，提出的弱敏感导航滤波算法与标准扩展卡尔曼滤波相比具有相似的迭代步骤，区别在于增益矩阵的获得方式，因此所提出的弱敏感滤波算法计算复杂度要稍微高于标准的扩展卡尔曼滤波算法。4.4 节所提出的弱敏感滤波算法对不确定参数具有弱敏感性，状态估计精度要高于标准的扩展卡尔曼滤波算法，在不确定参数情况下具有更高的一致性。但是 4.4 节所采用的弱敏感滤波算法中关于后验状态估计误差敏感度的加权值需要根据具体不确定参数的变化而事先调节，具有一定的局限性。

针对 4.4 节中算法存在的局限性，4.5 节研究了火星进入导航系统中存在不确定参数和未知扰动或偏差下的自适应插值滤波算法，提出的自适应插值滤波算法思想建立在理论新息协方差与实际新息协方差匹配的基础上，通过在理论预测估计误差协方差中引入遗忘因子来补偿不确定参数和未知扰动带来的影响，其中遗忘因子是自适应调节的，4.5 节又把标量遗忘因子扩展为多遗忘因子的形式，进一步提高了状态估计精度和收敛速度。4.5 节所推导出的标量遗忘因子为 4.6 节中遗忘因子的引入做准备。

针对火星探测器进入段状态模型存在常值偏差和测量模型存在异常值，4.6 节在胡贝尔函数的基础上推导出了胡贝尔插值滤波算法，并在胡贝尔插值滤波算法的基础上引入了 4.5 节所得出的自适应遗忘因子，进一步推导出了自适应胡贝尔插值滤波算法。可以验证在状态模型存在误差和测量模型存在异常值时，4.6 节的自适应胡贝尔插值滤波算法估计精度要高于胡贝尔插值滤波算法，并远高于普通的插值滤波算法。最后给出了自适应遗忘因子的变化情况，可以得出 4.6 节所提出的自适应胡贝尔插值滤波算法的遗忘因子要低于 4.5 节的自适应插值滤波算法的遗忘因子。

由以上各节的总结可以看出，本章针对火星大气进入段导航过程中存在的各种不确定性、外界干扰和模型偏差及模型存在异常值等情况，分析了不同的导航策略，并对其特点进行了深入比较。这对未来开展火星探测计划具有重要的指导意义。

第 5 章　火星探测器大气进入段制导与控制问题研究

火星探测器大气进入段制导的目的是控制探测器精确到达开伞点附近，并使探测器满足过载和热环境等要求。目前，大气进入段制导主要分成两种方式：① 标称轨迹制导法；② 预测校正制导法[88, 89, 123, 224]。火星探测器大气进入段制导控制方法研究目前已经取得了很多研究成果 [225-230]。对于标称轨迹制导法，根据规定准则产生的最优参考轨迹，由机体的计算产生并储存在机载计算机里。机载在线制导系统负责消除任何偏差。这些与标称轨迹的偏差，可能是由火星大气进入点误差、标称的火星大气密度误差等因素产生的。对于预测校正制导法，则没有预先产生参考轨迹，而是真实的轨迹和倾斜角策略，由实时的预测方法去计算。由于机载计算机的计算能力有限，预测校正制导算法会加大机载计算机的计算负担。

关于进入段制导的问题，已经有了许多相关的研究。Harpold 和 Graves [167] 根据阻力—速度曲线给出了一种飞船进入段制导算法。Xue 和 Lu 给出了一种在升力式进入飞行时的准平衡滑翔制导算法 [95]。Saraf 等 [231] 提出了一种 EAGLE 的进入段制导算法，该算法具有减少设计任务工作的优势。

火星进入段制导的主要挑战是火星相对较薄的大气层。火星的大气大约比地球的大气稀薄 100 倍，所以在较高的高度不足以提供足够的减加速度。在这种情况下飞船的控制能力就会很弱。火星进入段制导算法必须要在解决控制能力低的基础上，保证满意的制导精度。Carman 等 [224] 和 Mendeck 等 [89] 提出了将“阿波罗”第二次进入段的制导算法改进到火星进入问题的一种标称轨迹制导方法。Kluever [94] 提出了一种比较性能分析方法来分析预先规划的标称轨迹和预测轨迹规划进入段制导方法，并将其应用到承担火星科学实验室任务的探测器上。Wag 等 [27] 分析评估了数值预测校正算法在火星探测器进入段任务的性能。Xia 和 Fu [232] 提出了一种将自抗扰控制算法 (ADRC) 和滑模控制算法 (SMC) 相结合的复合控制方法，可将该方法作为反馈控制律应用到火星进入段制导问题，通过仿真显示了该方法具有比 PID 算法更好的性能。Zhao 等 [233] 针对进入段大气密度不确定等问题，采用 super-twisting 滑模控制算法分别进行阻力跟踪，得到了较好的跟踪效果。

5.1 节 ~ 5.4 节主要介绍轨迹跟踪制导策略；5.5 节提出了一种新的预测校正制导策略，并通过仿真分析了各个制导策略的优缺点。

5.1　基于自抗扰的阻力跟踪制导控制

目前，探测器大气进入段的制导算法大体分为两类：预测校正制导法和标称轨迹制导法。本节采用标称轨迹制导法实现火星探测器进入段的跟踪控制。通过在线设计一条满足过程约束和终端约束的进入段飞行轨迹，利用自抗扰控制技术 (active disturbance rejection control, ADRC) 主动抗扰的特点，设计跟踪控制律。虽然标称轨迹制导法对模型的依赖较小，也不需要很高的在线计算能力，对机载计算机的要求较小，但是其对初始条件具有很高的敏感性，当初始条件的误差达到一定程度时，将不能实现对标称轨迹的跟踪，产生很大的落点误差。因此，为了验证设计的控制律的可靠性，采用蒙特卡罗技术，考虑存在火星大气模型误差、进入段初始状态误差以及探测器的气动力参数 C_{L}、C_{D} 误差的情况下，采用自抗扰技术设计的跟踪控制律算法能达到的理论精度以及是否能满足精确着陆的需求。

5.1.1 自抗扰控制技术

1. 自抗扰控制技术的提出

控制的任务是给被控对象施加一定的控制力，使得被控对象即使在各种扰动情况下仍能按照给定的目标轨迹或者目标值运行。控制理论的发展历史大致分为两个阶段：经典控制理论与现代控制理论。

经典控制理论主要通过反馈系统中控制器的分析与设计来实现消除误差和外扰的目的。以经典比例–积分–微分控制器 (PID 控制器) 为代表的实用工业控制器都是基于该反馈控制系统实现的，采用“基于误差来消除误差”的控制策略，其控制机理完全独立于被控对象的数学模型，具有较强的实用性，因而 PID 控制器在工业控制中得到了广泛的应用 [234]。现代控制理论以状态变量概念为基础，利用现代数学方法和计算机来分析、综合复杂控制系统的新理论，其许多结构性质，如可控性、可观性、抗干扰性、解耦性以及稳定性，都与系统的数学模型密切相关，采用“基于内部机理描述的控制策略” [235, 236]。

众所周知，PID 垄断工业界已逾百年，其“基于误差来消除误差”的控制策略使其具有结构简单、适用面广以及不依赖于模型等优点。但是，由于 PID 技术成型并投入工程应用的时期，受到当时科技水平的限制，其对误差的提取方法以及对微分信号的提取方法都相对简单。随着科学技术的发展，现今工业界对控制的精度以及速度要求越来越高，经典 PID 方法已渐渐不能满足需求。虽然，在实际的工程应用中，被控对象的“内部机理的描述”很难获取，基于数学模型的现代控制理论在应用工程中很难得到有效应用，但是其阐明了控制理论的许多基本特性，提供了新的信号处理方法 [234]。

自抗扰控制技术是中国科学院的韩京清教授提出的一种新型实用控制技术。自抗扰控制技术继承和发扬了经典控制理论的思想精髓，同时又吸收了现代控制理论的成果，基于现代微处理器的数字技术，实现了更高效率的信号提取以及处理，从根本上提高了“基于误差来消除误差”的效率，克服了 PID 技术的局限性。自抗扰控制器的研制是从 PID 控制器的改进开始的。PID 的基本结构如图 5.1 所示。

结合 PID 结构框图，通过分析可知经典 PID 控制技术具有以下四个方面的缺点 [234, 236]。

(1)“基于误差来消除误差”是 PID 控制技术的精髓，但是直接以 $e=v-y$ 来获取原始误差不是完全合理的。众所周知，v 通常为常值，是可以跳变的，但是输出 y 的变化是有惯性的，只能从零状态开始缓慢变化，不可能跳变，这就常常导致初始控制力过大，从而系统出现超调行为。同时，如果为了加快过渡过程而采取较大的增益 k，将给系统很大的初始冲击，很容易产生超调。这是 PID 控制的闭环系统产生“快速性”与“超调”之间矛盾的主要原因 [234]。

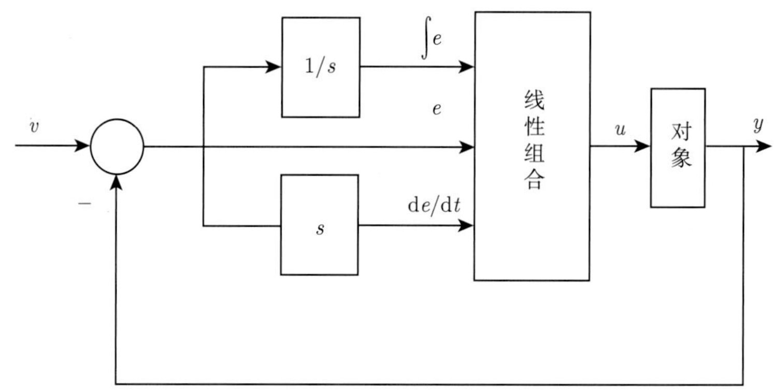

图 5.1　PID 结构框图

(2) PID 是以误差的比例、积分和微分的加权和的形式来形成反馈控制量。然而，实际工业应用中，除少数场合可以直接测量实际行为的变化速度外，获取误差信号 e 的微分信号 $\dfrac{\mathrm{d}e}{\mathrm{d}t}$ 没有太好的办法。经典微分器对给定信号的微分信号的传递函数为

$$y=\frac{s}{Ts+1}v=\frac{1}{T}\left(1-\frac{1}{Ts+1}\right)v \tag{5.1}$$

其中，T 为较小的时间常量。将第二项的输出设为 $\bar{v}$，式 (5.1) 满足

$$y(t)=\frac{1}{T}[v(t)-\bar{v}(t)] \tag{5.2}$$

考虑时间常量 T 较小，并假设输入信号 $v(t)$ 的变化相对缓慢，有

$$\begin{aligned}&\bar{v}\approx v(t-T)\\&y(t)\approx\frac{1}{T}[v(t)-v(t-T)]\approx\dot{v}(t)\end{aligned} \tag{5.3}$$

可以看出，时间常量 T 越小，输出 $y(t)$ 就越接近微分 $\dot{v}(t)$。但是当输入信号被噪声 $n(t)$ 污染时，输出 $y(t)$ 中的近似微分信号就被放大的噪声分量 $\dfrac{n(t)}{T}$ 所掩盖，T 越小，噪声放大越严重，这就是经典微分环节的噪声放大效应。因而实际工程中常常只用 PI 反馈控制律，这又限制了 PID 的实际控制能力。

(3) PID 中的误差积分反馈项 $\int e(t)\mathrm{d}t$ 的引入对抑制常值扰动确实具有成效。然而对随时变化的扰动来说，积分反馈的抑制效果又不明显，同时在无扰动情况下，误差积分反馈项的引入容易产生振荡和控制量饱和等副作用，使得闭环系统的动态特性变差。

(4) PID 控制器给出的控制量 u 是误差的现在 $e(t)$、误差的过去 $\int e(t)\mathrm{d}t$ 以及误差的将来 $\dfrac{\mathrm{d}e(t)}{\mathrm{d}t}$ 三者的加权和，即三者的线性组合。大量的工程实践表明，三者的线性组合并不一定是最好的组合方式，在非线性领域有很多具有更高效率、更好的组合方式。

针对 PID 控制器上述四个方面的缺陷，韩京清教授从以下四个方面分别来进行改进。

(1) 针对 PID 控制的闭环系统“快速性”与“超调”之间矛盾问题，根据系统所能承受的能力、被控量变化的可能性以及系统提供控制力的能力，结合设定值 v，采用跟踪微分器 (tracking differentiator，TD) 或者适当的函数发生器来安排合适的过渡过程。

(2) 针对经典 PID“微分器物理不可实现”问题，从对时间最优综合函数的研究出发，得出一种能够提取微分信号的非线性动态环节 —— 跟踪微分器及其理论，采用离散方法处理 TD，避免了高频颤振。

(3) 经典 PID 控制器的设计中对扰动量 $\mathrm{d}(t)$ 没有进行任何的预测和估计，积分环节实际上起到补偿 $\mathrm{d}(t)$ 的作用，但是很难做到有的放矢，并产生一系列副作用。针对该问题，韩京清教授对观测器的跟踪微分器进行改造而获得了对一类不确定对象的扩张状态观测器 (extended state observer，ESO)，采用 ESO 对作用于系统的扰动进行实时估计并在控制器中对该作用量实时补偿，取代了误差积分项，采用该扰动补偿法能够抑制消除几乎任意形式的扰动作用。

(4) 在非线性领域寻找更合适的组合形式来形成误差反馈律 —— 非线性状态误差反馈控制律 (NLSEF)[237]。

通过采取上述改进措施，韩京清教授从 20 世纪 80 年代末开始，先后开发出非线性跟踪微分器、扩张状态观测器等对信号处理及控制具有独特功能和效率的新型非线性动态结构，也提出了一系列非线性误差反馈机制，同时开发出非线性 PID、最优非线性 PID、自抗扰控制器等一系列新型非线性实用控制器。其中，自抗扰控制器最具代表性，统称为“自抗扰控制技术”[234]。

2. 自抗扰控制技术的组成

考虑如下形式的被控对象：

$$\begin{cases} x^{(n)} = f[x, \dot{x}, \cdots, x^{(n-1)}, w(t), t] + b\mu \\ y = x(t) \end{cases} \tag{5.4}$$

其中，$w(t)$ 表示外扰作用，自抗扰控制技术的核心是采用合适的方法，用系统的实际输出 $y(t)$ 与期望得到的输出信号的差 (即误差信号)，通过控制输入量 $\mu(t)$ 来实时估计系统的作用量 $a(t) = f[x, \dot{x}, \cdots, x^{(n-1)}, w(t), t]$，并实时进行补偿，达到控制的目的。

下面通过式 (5.4) 所示的二阶系统，来介绍自抗扰控制器的组成以及完整的算法，二阶自抗扰控制器结构如图 5.2 所示。

由图 5.2 可以看出，自抗扰主要由以下四个方面组合而成。

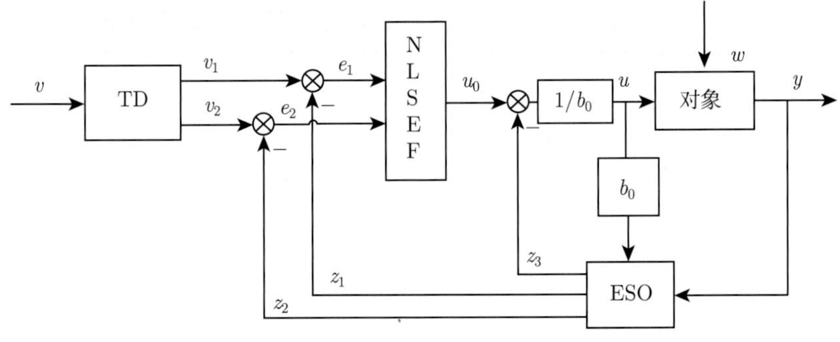

图 5.2　二阶 ADRC 控制器结构框图

1) 安排过渡过程

在实际控制系统中，希望系统的输出 $y(t)$ 尽可能快而且无超调地跟踪输入信号 $v(t)$，前面提过，经典 PID 控制的闭环系统的“快速性”与“超调”之间存在矛盾，因而在系统能力所能承受的范围内，通过事先安排过渡过程，来实现快速且无超调的跟踪，同时获取其微分信号，具体的算法如下。

以设定值 v_0 为输入，采用跟踪微分器 (TD) 来安排过渡过程，离散化形式为

$$\begin{cases} v_1(k+1) = v_1(k) + hv_2(k) \\ v_2(k+1) = v_2(k) + hfh \\ fh = fhan[v_1(k) - v_0, v_2(k), r, h_0] \end{cases} \tag{5.5}$$

其中，h 为采样步长；$fhan(\cdot)$ 为最速控制综合函数，其算法公式如下：

$$\begin{cases} d = rh_0 \\ d_0 = h_0 d \\ y = v_1 - v + h_0 v_2 \\ a_0 = \sqrt{d^2 + 8r|y|} \\ a = \begin{cases} v_2 + \dfrac{a_0 - d}{2}\mathrm{sign}(y), & |y| > d_0 \\ v_2 + \dfrac{y}{h_0}, & |y| \leqslant d_0 \end{cases} \\ fhan = -\begin{cases} r\mathrm{sign}(a), & |a| > d \\ r\dfrac{a}{d}, & |a| \leqslant d \end{cases} \end{cases} \tag{5.6}$$

其中，v_0 为输入信号；v_1 为 v_0 的跟踪信号；v_2 收敛于 v_1 的导数；r 为速度因子，r 越大，跟踪速度越快；h_0 为滤波因子，h_0 越大，滤波效果越好，但会带来一定的相位延迟。

事先安排过渡过程具有如下三方面的好处：

(1) 解决超调与快速性矛盾的一种很有效的方法。

(2) 扩大了误差反馈增益与误差微分反馈增益的选取范围，使其更容易整定。

(3) 扩大了给定的反馈增益所能适应的对象参数范围，使得系统更具鲁棒性。

2) 扩张状态观测器

设计扩张状态观测器的目的是通过系统的输入和输出来获取式 (5.4) 的状态变量 v_1、v_2 的估计 z_1、z_2，同时估计出作用于系统的所有内扰和外扰的综合，具体形式如下：

$$\begin{cases} e = z_1 - y, \quad fe = fal(e, 0.5, \delta), \quad fe_1 = fal(e, 0.25, \delta) \\ z_1 = z_1 + h(z_2 - \beta_{01} e) \\ z_2 = z_2 + h(z_3 - \beta_{02} fe + b_0 \mu) \\ z_3 = z_3 + h(-\beta_{03} fe_1) \end{cases} \tag{5.7}$$

其中，b_0 为 b 的近似估计值；β_{01}、β_{02}、β_{03} 为可调参数；$fal(e, \alpha, \delta)$ 具体形式如下：

$$fal(e, \alpha, \delta) = \begin{cases} \dfrac{e}{\delta^{\alpha-1}}, & |e| \leqslant \delta \\ |e|^{\alpha}\mathrm{sign}(e), & |x| > \delta \end{cases} \tag{5.8}$$

非线性特性 $fal(\cdot)$ 很重要的一个特点是具有“非光滑”性，无论从闭环系统的稳态误差来看，还是从误差衰减的动态过程来看，非光滑反馈的效率远比光滑反馈好，在抑制扰动方面，在非线性反馈中，非光滑反馈效率远高于光滑反馈 [237, 238]。

3) 状态误差反馈律

状态误差反馈律 μ_0 具体形式如下：

$$\begin{cases} e_1 = v_1 - z_1, \quad e_2 = v_2 - z_2 \\ \mu_0 = k(e_1, e_2, p) \end{cases} \tag{5.9}$$

其中，p 为一组参数；$\mu_0 = k(\cdot)$ 为不同的误差量的非线性组合。

4) 扰动补偿

$$\mu = \frac{\mu_0 - z_3}{b_0} \tag{5.10}$$

将原来的积分反馈项换成了能被消除的总扰动项 z_3。

3. 自抗扰控制技术的应用

自抗扰控制技术诞生以来，其理论以及工程应用研究都有了不少进展。针对非线性参数整定问题，韩京清教授提出了描述对象变化快慢的特征量 —— 系统的时间尺度，并将其和控制器的采样时间以及参数整定建立了联系 [239]。高志强教授提出将扩张状态观测器的非线性形式和控制量的非线性反馈部分用线性替代非线性，这样就解决了扩张状态观测器的收敛性和自抗扰控制器的稳定性，同时参数整定也变成了只对扩张状态观测器和控制器两个带宽的确定 [240]。

对 ADRC 的闭环稳定性也进行了大量的研究。文献 [241] 用绝对稳定分析法证明了一阶自抗扰控制器的闭环稳定性。韩京清教授使用分段光滑的 Lyapunov 技术来分析和证明了二阶 ESO 的稳态误差和稳定性 [242]。文献 [243] 采用自稳定域法将 ESO 的稳定性与收敛性的分析推广到了三阶。

自抗扰控制器，作为一种新型实用的数字控制器，具有结构简单、独立于被控对象数学模型、参数整定容易、无需量测外扰和内扰并能消除其影响等特点。其完全适应了数字控制时代的需求，同时弥补了经典 PID 控制器的不足，自抗扰控制器的控制效果和控制精度相比于 PID 有了根本的提高，尤其越是在恶劣环境中要求高速度高精度控制的场合，自抗扰控制器的优越性就越加明显。

目前，自抗扰控制器在很多方面已经得到了实际应用并取得了显著成果。在实物实验中，自抗扰控制器成功地进行了炉温控制 [244]、四液压缸协调控制 [245]、陀螺仪力平衡控制 [246]、异步电机控制 [247]、聚丙烯反应釜升温段的自动控制、坦克火控系统等。2002 年，NASA 采用自抗扰控制技术，成功解决了航天太阳发电装置中的稳压控制问题；2004 年，日本 Ampere 公司利用自抗扰控制器成功实现了微型机械 micro–slide 的纳米级的位移控制。

5.1.2 标称轨迹和控制律的设计

1. 标称轨迹

本节主要设计一条满足未来火星着陆任务需求 (高海拔着陆、低升阻比构型) 的标称轨迹，并用自抗扰控制算法设计跟踪控制律，实现着陆器的精确着陆。相比高升阻比的航天器

(航天飞机等),“好奇号”进入段构型的火星探测器的飞行包线相对狭小。探测器的一些约束(如最大热功率、热负荷、动压、总加速度等) 受探测器进入段状态的影响，主要为进入段飞行路径角。在火星着陆任务设计中，选取的进入段状态都会保证探测器的条件约束得到满足，因而，在设计制导算法中，路径约束不做考虑。

阻力加速度具有如下三个优点：① 飞行航程能够直接采用精确运动学，通过阻力加速度积分得到；② 利用机载设备能够很精确测得阻力加速度；③ 模型更具独立性。因此，本节主要通过设计一条阻力轨迹并跟踪阻力轨迹，进而达到跟踪飞行轨迹的目的，实现探测器的高海拔着陆。在进入段初始阶段，根据探测器的当前进入点状态，通过规划算法，在线设计一条标称轨迹。机载计算机必须能够快速在线设计参考轨迹来确保探测器沿着设计好的标称轨迹飞行。设计好的阻力剖面储存在机载计算机中作为跟踪反馈阶段的输入信号，同时作为特殊的能量公式来保证具有特殊值的能量点实现着陆器的翻滚。探测器进入点状态以及期望开伞点时刻状态如表 5.1 和 5.2 所示。

表 5.1 进入点状态

状态变量	$\theta_0/(°)$	$\phi_0/(°)$	r_0/km	$\psi_0/(°)$	V_0/(m/s)	$\gamma_0/(°)$
值	−90.07	−43.8	3520.76	4.99	5505	−14.15

表 5.2 开伞点时刻状态

状态变量	$\theta_f/(°)$	$\phi_f/(°)$	h_f/km
值	−73.26	−41.45	7.8

为了叙述方便，本章采用第 2 章中的大气进入段运动学模型 [式 (2.25) ~ 式 (2.30)]。由表 5.2 以及飞行纵程、横程、航程定义可知，设计的标称轨迹必须满足纵程、横程、开伞点时刻速度以及开伞点高度约束。考虑到“好奇号”在进入段初始时刻产生一个配平攻角，即常值攻角。因此，由动力学模型可知，仅能使用倾斜角 σ 来控制整个飞行轨迹。因而，进入段的标称轨迹的设计就是倾斜角轨迹的最优设计。对探测器进入段来说，可以设计无数条满足飞行约束的飞行轨迹，图 5.3 ~ 图 5.6 为不同倾斜角设计的不同状态的轨迹图。

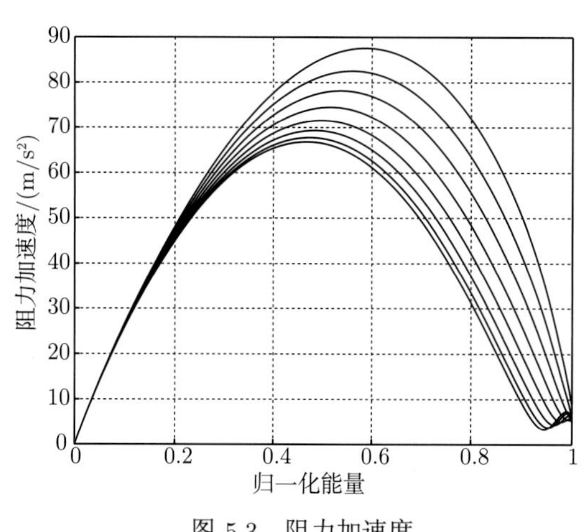

图 5.3 阻力加速度

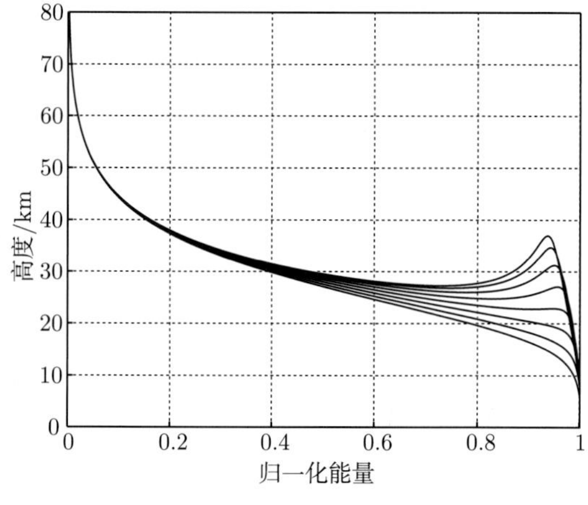

图 5.4 飞行高度

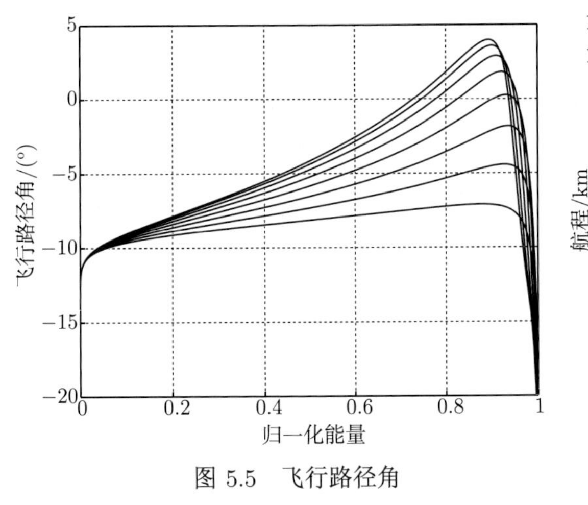

图 5.5 飞行路径角

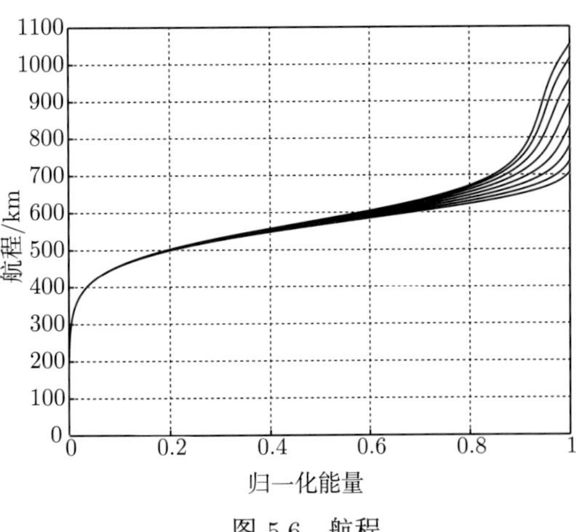

图 5.6 航程

由第 2 章中的探测器气动外形 (图 2.8) 可知，在垂直面上的升力分量为 $L\cos\sigma$，上述仿真终止于探测器达到 7.8km 的开伞点高度。由仿真结果以及垂直面的升力分量可知，选取的倾斜角 σ 越小，探测器受到的垂直向上的升力越大，意味着探测器受到的阻力加速度相对较小，如图 5.3 所示，这也就意味着探测器的飞行时间 ($\sigma=10°$ 的仿真飞行时间为 450s，$\sigma=80°$ 的仿真飞行时间为 205s) 以及飞行航程越大 (如图 5.6 所示，$\sigma=10°$ 的飞行航程大约为 1050km，$\sigma=80°$ 的飞行航程大约为 700km)，图 5.4 显示的是不同倾斜角的飞行高度轨迹，并最终都终止于 7.8km 的开伞点高度，同时倾斜角越小，飞行路径角相对平缓，即较长的飞行航程；相反，倾斜角越大，飞行路径角相对较大，飞行航程也越短 (图 5.6)。

本书的标称轨迹借鉴了文献 [78] 的研究，同时为了留有一定的控制余量，倾斜角的取值范围在 $|10°|\sim|80°|$。标称轨迹的设计阶段主要分为以下三个部分：① 在进入段初始阶段，考虑到大气密度接近为 0，产生的气动力可以忽略不计，同时为了保证整个飞行航程，因而在这个阶段选取的倾斜角为 $-10°$；② 在进入段中间阶段，即飞行器飞行在 25km 左右的高度时，考虑到在这个阶段产生的气动阻力最大，对探测器的减速效果最明显，同时为了保证飞行航程不至于过大，即飞行时间不至于过长 (火星大气环境复杂，飞行时间越长意味着越

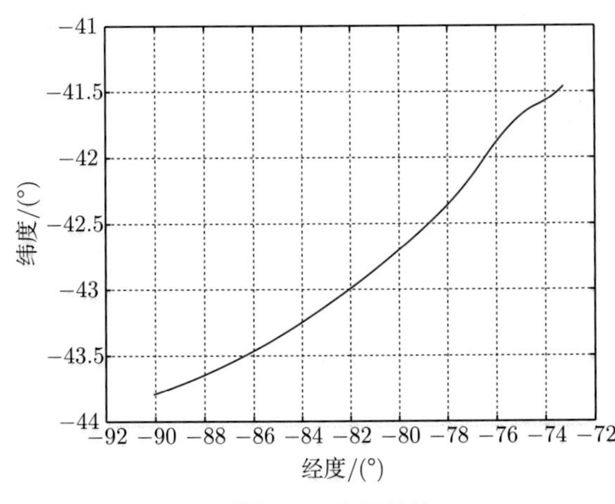

图 5.7 飞行轨迹

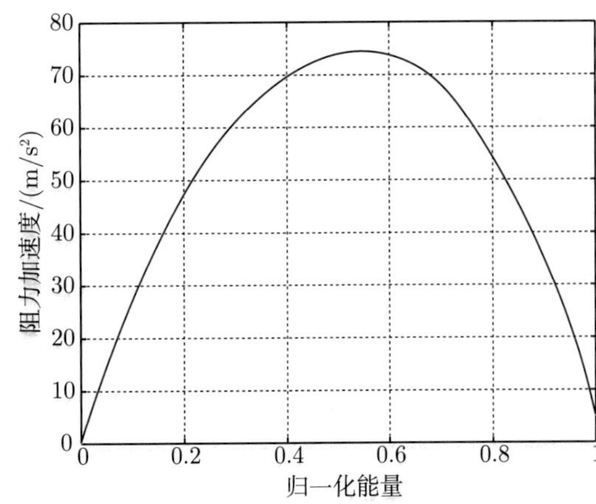

图 5.8 阻力加速度

大的风险)，以及保证最终的开伞点高度，因而在这个阶段选取的倾斜角为 $|80°|$，同时考虑到横向航程偏差，在探测器能量 $E = 0.62$ 时做一个倾斜角翻转；③ 在进入段最终阶段，取倾斜角为 $-24°$，保证探测器最终的开伞点高度。最终，获取的标称轨迹图如图 5.7 ~ 图 5.10 所示。

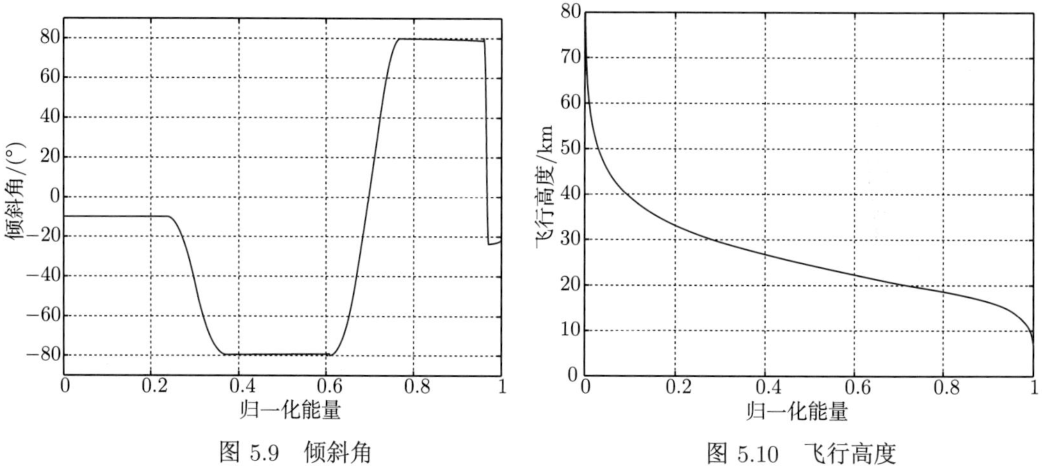

图 5.9　倾斜角　　　图 5.10　飞行高度

5.1.3　自抗扰跟踪控制律设计

联立式 (2.25) ~ 式 (2.30), 可以得到二阶阻力加速度模型:

$$\ddot{D} = a + b\mu \tag{5.11}$$

其中，

$$\mu = \cos\sigma \tag{5.12}$$

$$\begin{aligned} a = &-\frac{1}{h_s}\dot{D}V\sin\gamma + \frac{1}{h_s}D(D + g\sin\gamma)\sin\gamma + \frac{1}{h_s}D\cos^2\gamma\left(g - \frac{V^2}{r}\right) + 2\frac{\dot{D}}{V^2}(D + g\sin\gamma) \\ &-2\frac{D}{V^2}(D + g\sin\gamma)^2 - 2\frac{D\dot{D}}{V} + 4\frac{Dg}{r}\sin^2\gamma + 2\frac{D}{V^2}g\cos^2\gamma\left(g - \frac{V^2}{r}\right) \end{aligned} \tag{5.13}$$

$$b = -DL\cos\gamma\left(\frac{2g}{V^2} + \frac{1}{h_s}\right) \tag{5.14}$$

$$\dot{D} = -\frac{1}{h_s}DV\sin\gamma - \frac{2D}{V}(D + g\sin\gamma) \tag{5.15}$$

根据自抗扰控制算法，定义状态 $x_1 = D$，$x_2 = \dot{D}$，$x_3 = a$，其中 x_3 为扩张状态。将式 (5.11) 转化为如下状态空间方程:

$$\begin{aligned} \dot{x}_1 &= x_2 \\ \dot{x}_2 &= x_3 + bu \\ \dot{x}_3 &= h \\ y &= x_1 \end{aligned} \tag{5.16}$$

其中，h 为 a 的导数。由自抗扰控制算法的组成可知，首先安排一个过渡过程，具体形式如下：

$$\begin{cases} \dot{x}_1 = x_2 \\ \dot{x}_2 = fhan(x_1 - D, x_2, r, h_0) \end{cases}$$

其中，D 为标称阻力加速度，作为系统的参考输入，$fhan(\cdot)$ 的具体形式见式 (5.6)。从而可以获取如下三阶扩张状态观测器模型：

$$\begin{aligned} e &= z_1 - y \\ \dot{z}_1 &= z_2 - \beta_1 e \\ \dot{z}_2 &= z_3 - \beta_2 fal(e, d, \delta) + bu \\ \dot{z}_3 &= -\beta_3 fal(e, d_1, \delta) \end{aligned} \tag{5.17}$$

其中，e 为状态观测器的估计误差；z_1、z_2 和 z_3 分别为状态观测器的输出；β_1、β_2 和 β_3 为可调参数；$fal(\cdot)$ 的具体形式如下：

$$fal(e, d, \delta) = \begin{cases} |e|^d \text{sgn}(e), & |e| > \delta \\ |e|/\delta^{1-d}, & \text{其他} \end{cases} \tag{5.18}$$

其中，$0 < d < 1$, $\delta > 0$。

通过调节参数 d、d_1、δ、β_1、β_2、β_3, 观测器的输出将分别跟踪 D、$\dot{D}$、a。利用自抗扰控制算法，可以得到如下跟踪控制律：

$$u = (u_0 - z_3)/b_0 \tag{5.19}$$

其中，b_0 为 b 的近似值；u_0 为状态误差反馈律，具体形式如下：

$$u_0 = \beta_{01} fal(e_1, \alpha_1, \delta) + \beta_{02} fal(e_2, \alpha_2, \delta) \tag{5.20}$$

其中，$0 < \alpha_1 < 1 < \alpha_2$；$e_1 = D - z_1$；$e_2 = \dot{D} - z_2$。

5.1.4 仿真结果和分析

1. 不考虑误差情况下的仿真结果

仿真中的进入点初始时刻状态以及开伞点状态如表 5.1 和表 5.2 所示。进入段的目的是让探测器精确地跟踪飞行轨迹达到开伞点，同时为了满足最终着陆段的高海拔要求，要求开伞点高度在 7.8~12km，开伞点速度不大于 400m/s。本节中仿真终止条件是：探测器高度为 7.8km 或者速度为 400m/s，无论哪一个条件先发生，都视为进入段结束，探测器打开降落伞。同时，为了对比自抗扰算法的优越性以及有效性，本节还用经典 PID 进行了仿真实验，并作对比，对比结果如图 5.11 ~ 图 5.15 所示，其中蓝线代表标称轨迹，绿线代表 ADRC 算法跟踪轨迹，红线代表经典 PID 算法跟踪轨迹。

图 5.11 列出了标称阻力轨迹、ADRC 算法跟踪阻力轨迹以及经典 PID 算法的阻力跟踪轨迹。从图中可以明显看出，ADRC 算法相比 PID 算法的跟踪效果好很多。ADRC

算法主动地从被控对象的输入输出信号中把扰动信息提取出来，并在扰动影响系统前通过控制信号消除扰动；PID 算法的抗扰能力有限，它要被动地等到扰动已经造成了后果再对其进行补偿。因而 ADRC 算法基本无误差地跟踪标称阻力轨迹，PID 算法则有一定的滞后性。

图 5.12 列出了三者的飞行高度，ADRC 算法仿真以及 PID 算法仿真都终止于 $h = 7.8\text{km}$ 的高度条件。从图中可以看到，在归一化能量 $\tilde{E} = 0.2$ 左右时，探测器的飞行高度主要集中在 20~30km 的高度，探测器在这一阶段的阻力加速度较大，消耗掉绝大部分的动能。

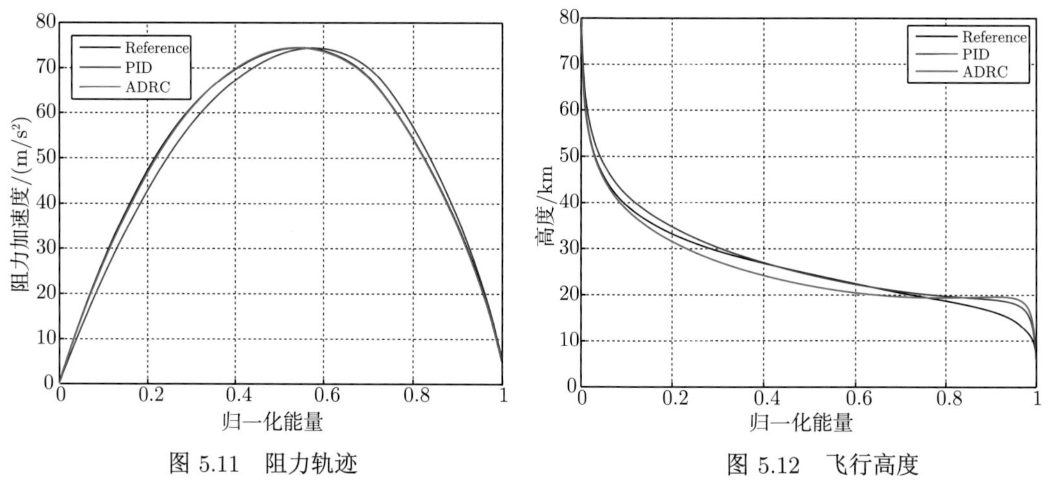

图 5.11　阻力轨迹　　图 5.12　飞行高度

图 5.13 显示了 ADRC 算法以及 PID 算法的飞行轨迹跟踪。从图中可以明显看到，采用 ADRC 算法的仿真结果跟踪标称飞行轨迹的效果比 PID 算法好很多。ADRC 算法的开伞点精度为 333m×844m，PID 算法的精度则为 1.83km×7.73km。

图 5.14 列出了三者的飞行速度。从图中可以看出，采用 ADRC 算法的飞行速度低于 PID 算法的飞行速度，这是因为 ADRC 算法在 20~30km 高度的飞行时间比 PID 的要长。采用 ADRC 与 PID 算法仿真的开伞时刻速度分别为 409m/s 和 453m/s。

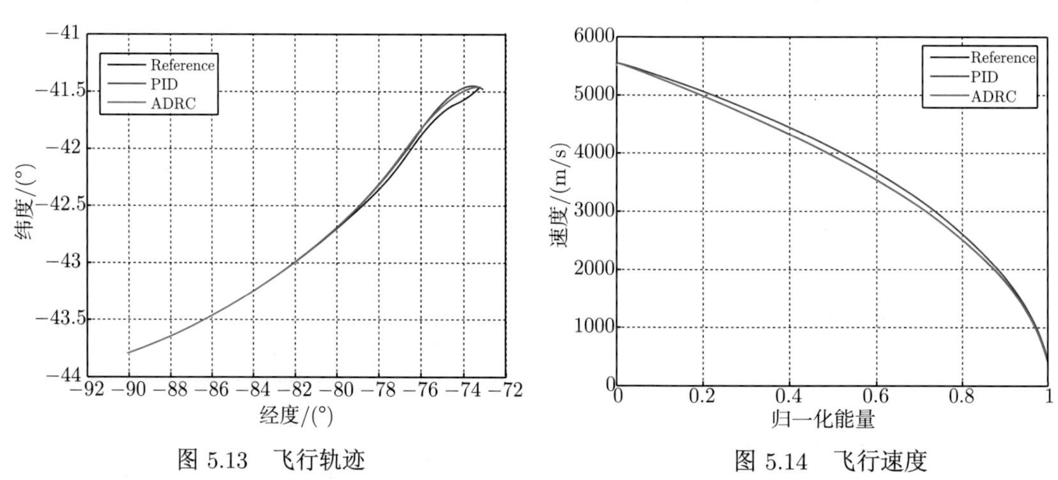

图 5.13　飞行轨迹　　图 5.14　飞行速度

图 5.15 则显示了三者的控制量 —— 倾斜角。从图中可以发现，虽然在归一化能量

$\tilde{E}=0.65$ 左右时，ADRC 控制量有一个大的跳变，在整个仿真过程中，ADRC 算法的控制量变化缓慢，并且留有一定的控制余量。PID 的控制量在飞行过程中的变化范围较大，为 $-90°\sim90°$，且在开始时刻与末端时刻，倾斜角的数值保持在 $|90°|$，若探测器在这个时刻受到扰动，则探测器并没有多余的控制余量来补偿该扰动。

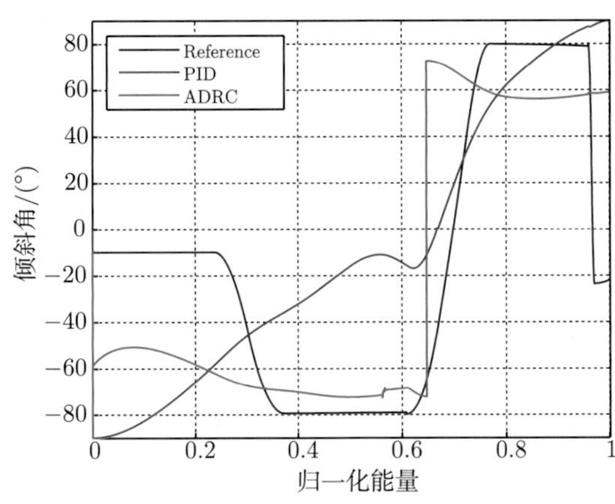

图 5.15　倾斜角

ADRC 算法与 PID 算法的开伞点时刻的状态如表 5.3 所示。

表 5.3　开伞点时刻状态

算法	ADRC	PID
经度 (θ_f)	−73.241°	−73.086°
纬度 (ϕ_f)	−41.456°	−41.483°
高度 (h_f)	7.69km	7.21km
速度 (V_f)	409m/s	453m/s

2. 考虑误差情况下的仿真结果

众所周知，探测器从地球到火星要飞行几个月的时间，经过长时间的飞行后，其气动特性、结构特性等都存在很大的不确定性，特别是气动参数升阻比直接影响控制系统品质；另外，火星大气、重力场以及气候都存在很大的不确定性。因此，本节中考虑存在大气密度误差、气动参数升阻比误差以及探测器进入点状态存在误差的情况，采用蒙特卡罗方法进行实验仿真来验证 ADRC 算法的可行性和优越性。

本节进行了 1000 次蒙特卡罗试验仿真来验证 ADRC 算法的鲁棒性和有效性。其中升阻比的误差以及进入点初始状态为随机高斯分布。其中升阻比误差为 ±30%，进入点初始状态误差见表 5.4。大气密度误差分布为随机乘数因子，大小为 ±40%。

表 5.4　进入点初始状态误差分布

	$\theta_0/(°)$	$\phi_0/(°)$	r_0/km	$\psi_0/(°)$	V_0/(m/s)	$\gamma_0/(°)$
均值	−90.07	−43.8	3520.76	4.99	5505	−14.15
3σ	0.3	0.03	2.306	0.23	2.85	0.15

图 5.16 为探测器进入点的经纬度误差分布。图 5.17 ~ 图 5.19 分别为采用无控制导方式、ADRC 算法以及 PID 算法的开伞点分布。其中，每个小圆点代表一次仿真实验的开伞点经纬度。从图中可以明显看出，采用无控制导方式的开伞点误差比 ADRC 与 PID 的大很多。采用无控方式进入的最大开伞点误差达到了 51.7km，其中 31% 的目标脱靶量在 5km 以内，53% 的目标脱靶量在 10km 以内，整个仿真结果的目标脱靶量的均方根为 15.37km。采用 ADRC 控制算法的最大开伞点误差为 12.88km，其中 88.3% 的目标脱靶量在 5km 以内，99% 的目标脱靶量在 10km 以内，目标脱靶量的均方根为 4.1km。对 PID 控制算法而言，最大开伞点误差为 15.10km，86.7% 的目标脱靶量在 5km 以内，98.7% 的目标脱靶量在 10km 以内，目标脱靶量的均方根为 4.79km。

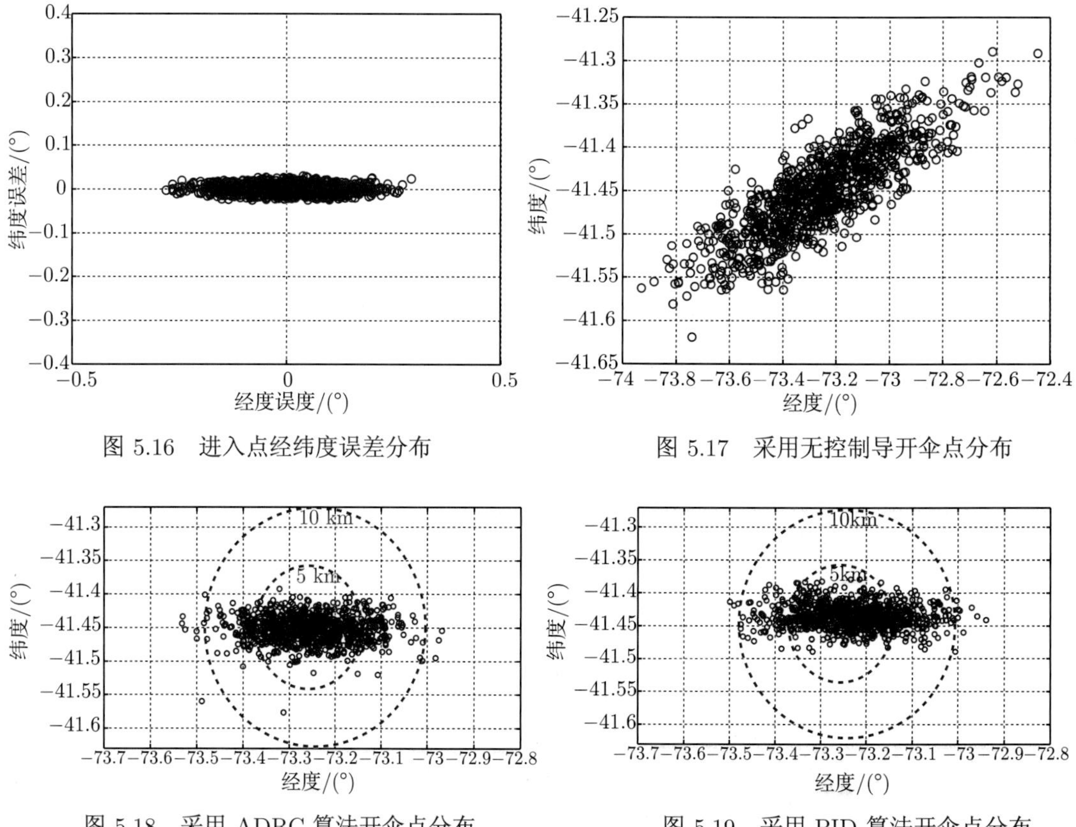

图 5.16　进入点经纬度误差分布

图 5.17　采用无控制导开伞点分布

图 5.18　采用 ADRC 算法开伞点分布

图 5.19　采用 PID 算法开伞点分布

图 5.20 为采用 ADRC 算法的飞行高度与标称飞行高度的误差，其中开伞点的高度集中分布在 7~9.5km。图 5.21 为开伞点时刻的速度以及动压，其中 99.7% 的仿真结果都满足速度在 1.4~2.2 马赫数以及 300~800Pa 动压约束。其中最大与最小的动压分别为 817Pa 和 383Pa，最大与最小开伞时刻马赫数分别为 1.882 和 2.135。

从以上的仿真结果可以看出，采用制导控制算法的火星大气进入段相比采用无控制导进入段，开伞点精度有了很大提高。同时，仿真结果也显示 ADRC 算法相比 PID 算法，开伞点的精度较高，体现了 ADRC 算法的优越性和鲁棒性。

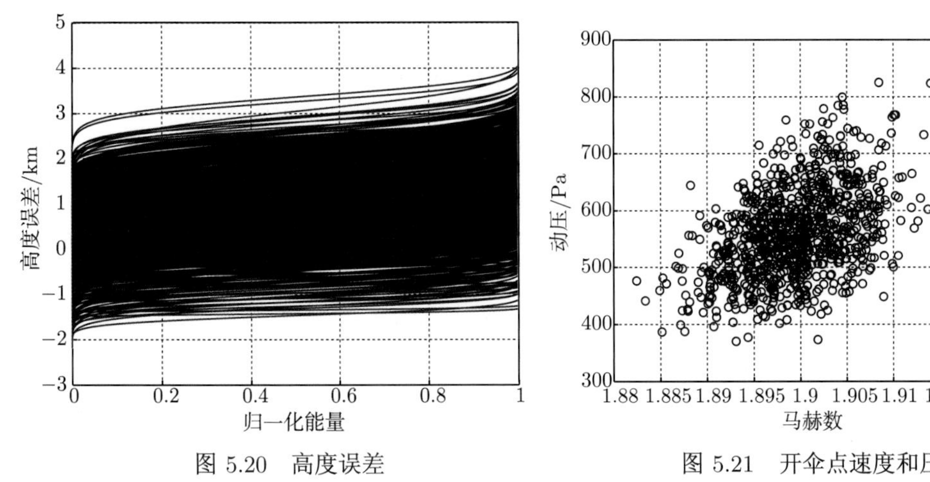

图 5.20　高度误差　　　　图 5.21　开伞点速度和压力

5.2　基于滑模和扩张状态观测器的进入段轨迹跟踪控制

近年来，针对火星探测器大气进入段的精确着陆问题，众多学者提出了各种制导控制方法来实现火星探测器的精确着陆，主要包括 PID 控制方法 [248]、非线性反馈控制方法 [249, 250]、滑模控制方法 [232, 225, 251]、预测控制方法 [250, 88]、鲁棒控制方法 [252, 228] 等。

Khalil 在文献 [253] 中指出：滑模控制的主要特征是其对不确定性的鲁棒性。此外，滑模控制还由于设计方法简单、不依赖于精确的系统模型，受到众多学者的广泛关注 [79,254-256]。通过滑模控制作用，可以使得从空间任意一点出发的状态轨迹，均可以在有限时间到达滑模面，而且在滑模面上产生滑动模态运动，从而最终运动到平衡点。当系统处于滑动模态时，不仅可以得到好的控制效果，而且还能对匹配的不确定 (包括模型不确定、外部干扰以及未建模动态等) 具有鲁棒性，同时控制器设计简单易于实现。

本节讨论存在火星大气密度不确定性的情况下，火星探测器大气进入段快速、高精度轨迹跟踪控制问题。首先分析火星探测器大气进入段过程中的不确定性来源，其次以滑模控制技术为基础，结合自抗扰原理，采用扩张状态观测器进行扰动估计，设计了轨迹跟踪控制方案。该控制方案利用扩张状态观测器对火星探测器总不确定项进行精确估计，然后利用滑模控制技术的快速响应，最终实现了火星探测器高精度的轨迹跟踪控制。滑模控制技术的快速响应和观测器的精确估计能力相结合，有效地解决了观测器的估计能力有限，同时有效抑制了滑模控制的抖振现象。

5.2.1　问题描述

整个火星着陆探测任务的关键是火星大气进入段，即从进入点到开伞点这个阶段。通俗地说，为了完成火星探测器安全、精确地到达预定的探测区域，火星大气进入段就必须要精确地到达预定的开伞点，因此，研究火星大气进入段轨迹跟踪问题是至关重要的。

本章基于火星探测器三自由度动力学模型 [式 (2.25) ~ 式 (2.30)]，考虑火星大气进入段探测器系统在包含大气密度不确定情况下的火星大气进入段轨迹跟踪控制问题。其中，具体的大气密度不确定为以下形式：$\rho = \rho_0 + \Delta\rho$。其中，$\rho_0$ 表示标称的火星大气密度，$\Delta\rho$ 表示未知的火星大气密度不确定。

令 $x_1=(\dot{r}+k_1r)-(\dot{r}_{\rm d}+k_1r_{\rm d})$, $x=(\theta,\phi,r,V,\gamma,\psi)$。从而，可得

$$\dot{x}_1=f(x,t)+g(x,t)u+\tilde{d} \tag{5.21}$$

其中

$$f(x,t)=\frac{\rho_0SC_{\rm D}}{2m}V^2\sin\gamma-g+\frac{V^2}{r}\cos^2\gamma+V\cos\gamma C_\gamma-\ddot{r}_{\rm d} \tag{5.22}$$

$$g(x,t)=\frac{\rho_0SC_{\rm L}}{2m}V^2\cos\gamma \tag{5.23}$$

$$\tilde{d}=-\frac{SV^2\sin\gamma}{2m}\Delta\rho C_{\rm D}+\frac{uSV^2\cos\gamma}{2m}\Delta\rho C_{\rm L} \tag{5.24}$$

$$u=\cos\sigma \tag{5.25}$$

注 5.1 从式 (5.21) 可以看出：若状态 x_1 收敛于零，则跟踪目标完成。因此，参考轨迹的跟踪问题就可以转化为研究非线性系统 [式 (5.21)] 的稳定性问题，其中非线性系统 [式 (5.21)] 包含火星大气密度不确定和升阻比扰动。

5.2.2 主要结果

本节在存在大气密度不确定的情况下，设计了滑模控制技术结合自抗扰技术，完成了火星大气进入段探测器的快速、高精度轨迹跟踪控制，使得探测器能高精度地到达开伞点，从而为探测器最终精确着陆提供支持。

1. 滑模控制设计方案

正如传统的滑模控制技术一样，首先需要选择合适的滑模面。选择滑模面：

$$s=Cx_1 \tag{5.26}$$

考虑如下形式的到达律：

$$\begin{aligned}\dot{s}&=C\dot{x}_1=C[f(x,t)+g(x,t)u+\tilde{d}]\\&=-ks-\varepsilon\mathrm{sgn}(s)\end{aligned} \tag{5.27}$$

其中，$C>0$。

由式 (5.27) 可以得到如下控制律：

$$u(t)=[Cg(x,t)]^{-1}[-ks-\varepsilon\mathrm{sgn}(s)-Cf(x,t)-C\tilde{d}] \tag{5.28}$$

注 5.2 注意到式 (5.28) 中的 $\tilde{d}$ 表示的是由火星大气密度不确定及升阻比扰动引起的总的扰动。事实上，总的扰动是未知的。因此，本节充分发挥扩张状态观测器的精确估计的优点，使用扩张状态观测器来估计式 (5.28) 中的总的扰动项 $\tilde{d}$。

2. 基于滑模和扩张状态观测器的轨迹跟踪控制策略

本节中将采用扩张状态观测器对系统中存在的模型不确定性和外部扰动进行估计。为了便于设计扩张状态观测器，将式 (5.21) 写为

$$\begin{cases} \dot{x}_1 = f(x,t) + g(x,t)u + x_2 \\ \dot{x}_2 = \omega(t) \end{cases} \tag{5.29}$$

其中，函数 $\omega(t)$ 表示扰动 $\tilde{d}$ 的导数，也是未知、不确定的。对式 (5.29) 设计如下的二阶扩张状态观测器：

$$\begin{cases} e_1 = z_1 - x_1 \\ \dot{z}_1 = z_2 + f(x,t) - \beta_{01}e_1 + g(x,t)u \\ \dot{z}_2 = -\beta_{02}fal(e_1,\alpha,\delta) \end{cases} \tag{5.30}$$

其中，e_1 为扩张状态观测器的估计误差；z_1 和 z_2 为扩张状态观测器的输出；β_{01} 和 β_{02} 为观测器的增益。

函数 $fal(\cdot)$ 定义为

$$fal(e_1,\alpha,\delta) = \begin{cases} |e_1|^\alpha \mathrm{sgn}(e_1), & |e_1| > \delta \\ e_1/\delta^{1-\alpha}, & 其他 \end{cases} \tag{5.31}$$

其中，$0 < \alpha < 1$；$\delta > 0$。选取合适的 β_{01}、β_{02}、α、δ 值，使得观测器的输出 z_2 收敛于总扰动项 $\tilde{d}(t)$，同时 z_1 趋近于 x_1。

扰动项 $\tilde{d}(t)$ 由扩张状态观测器来估计，式 (5.28) 可变为

$$u_{\mathrm{ESO}}(t) = [Cg(x,t)]^{-1}[-ks - \varepsilon\mathrm{sgn}(s) - Cf(x,t) - Cz_2] \tag{5.32}$$

注 5.3 注意到对于控制器，式 (5.32) 中的最后一项 z_2 非常重要。由火星大气密度不确定和升阻比扰动引起的总的扰动 $\tilde{d}$ 是由扩张状态观测器式 (5.32) 中的 z_2 来进行估计的。同时，作为反馈 z_2 用来进行扰动补偿。

注 5.4 在控制器 (5.32) 的设计中，不仅状态 x_1 能到达滑模面，而且能在有限时间沿着滑模面收敛于平衡点。

闭环系统 [式 (5.21)] 的稳定性可由定理 5.1 得到，定理 5.1 是由文献 [257] 首次提出的。

定理 5.1 考虑到闭环系统 [式 (5.21)]，控制器 [式 (5.32)] 以及扩张状态观测器 [式 (5.30)]，存在观测器的增益 β_{01}、β_{02}、α、δ，使得观测的状态 z_1、z_2 分别收敛于真实的状态 x_1、$\tilde{d}$，则闭环系统 [式 (5.21)] 的状态能在有限时间到达一个滑模面且收敛于原点的邻域。

证明 为了证明闭环系统 [式 (5.21)] 的稳定性，首先必须验证观测器误差动力学系统的稳定性。

定义观测器的误差为

$$e_1 = z_1 - x_1, e_2 = z_2 - x_2 = z_2 - \tilde{d}$$

观测器的误差动力学方程为

$$\begin{cases} \dot{e}_1 = e_2 - \beta_{01}e_1 \\ \dot{e}_2 = -d(t) - \beta_{02}fal(e_1,\alpha,\delta) \end{cases} \tag{5.33}$$

由式 (5.33) 可以看出扩张状态观测器的稳定性可由适当的选择观测器的参数 β_{01}、β_{02} 得到。若观测器是稳定的，则误差的导数满足 $\dot{e}=[\dot{e}_1,\dot{e}_2]^{\mathrm{T}}=0$，估计误差可以表述为以下形式：

$$\begin{cases} e_1 = -fal^{-1}(d(t)/\beta_{02}) \\ e_2 = -\beta_{01}fal^{-1}(d(t)/\beta_{02}) \end{cases} \tag{5.34}$$

注意到式 (5.34)，若 $|e_1|>\delta$，则估计误差为

$$\begin{cases} |e_1| = |d(t)/\beta_{02}|^{1/\alpha} \\ |e_2| = \beta_{01}|d(t)/\beta_{02}|^{1/\alpha} \end{cases} \tag{5.35}$$

另外，若 $|e_1|\leqslant\delta$，则估计误差为

$$\begin{cases} |e_1| = |d(t)\delta^{1-\alpha}|/\beta_{02} \\ |e_2| = \beta_{01}|d(t)\delta^{1-\alpha}|/\beta_{02} \end{cases} \tag{5.36}$$

上述说明观测器的误差收敛于原点的邻域，也就是说系统的状态能在有限时间到达原点。

从式 (5.35) 和式 (5.36) 可以清楚地看到，估计误差由参数 β_{01}、β_{02}、α、δ 决定。首先，参数需满足 $\beta_{01}>0,\beta_{02}>0,0<\alpha<1,\delta>0$。从而，合适的参数 β_{02} 可以选择充分大，从而使得 $|d(t)/\beta_{02}|$ 充分小，尽管 $d(t)$ 是未知的。当然，β_{01} 可以适当地选择充分小，从而使得估计误差 e_2 尽可能地小。在式 (5.35) 中，α 的取值越小，稳定的估计误差就会越小。因此，合适地调整这些参数，使得观测器的误差 e_1 和 e_2 充分小。选取合适的参数能使观测器的估计值 z_1、z_2 分别收敛到真实的状态 x_1、$\tilde{d}(t)$ 的邻域内。

结合 Lyapunov 函数，对于滑模面 (5.26) 以及观测器 (5.30)，可以得到

$$V_{\mathrm{ESO}} = \frac{1}{2}s^2 \tag{5.37}$$

对式 (5.37) 取导数，同时结合控制律 [式 (5.32)]，可得

$$\begin{aligned} \dot{V}_{\mathrm{ESO}} &= s\dot{s} \\ &= sC[f(x,t)+g(x,t)u_{\mathrm{ESO}}+\tilde{d}] \\ &= s[-ks-\varepsilon\mathrm{sgn}(s)+C\tilde{d}-Cz_2] \\ &= -ks^2-\varepsilon|s|+sC(\tilde{d}-z_2) \\ &= -ks^2-\varepsilon|s|+sCe_2 \end{aligned} \tag{5.38}$$

注意到 $z_2(t)$ 收敛到 $\tilde{d}(t)$，即 e_2 收敛到零点的邻域。当 V_{ESO} 在适当的有界区域外的时候包含平衡点，选择合适的 k、ε，使得 $\dot{V}_{\mathrm{ESO}}<0$。

因此，可以得到在滑模面附近的有界区域内，闭环系统 [式 (5.21)] 的状态可以收敛到零点的邻域，即状态 x_1 一致最终有界。

注 5.5 在本节中，所描述的系统在包含火星大气密度不确定和升阻比扰动的情况下，所提出的控制器如式 (5.32) 中描述的滑模控制律 u_{ESO}，可以比式 (5.28) 具有更加快速、更为精确的跟踪性能，且由扩张状态观测器中观测的 $z_2(t)$ 估计补偿总扰动 $\tilde{d}$，可以提高跟踪控制精度。

注 5.6 闭环系统 [式 (5.21)] 利用滑模控制算法可以收敛。然而，由于存在不确定性和扰动，控制输入会导致抖振，这是在实际中不希望看到的。本节提出的使用扩张状态观测器来估计总的扰动，作为控制输入进行补偿，这样可以减少抖振和控制能耗。

5.2.3 仿真与分析

本节用来做仿真的参数来自于“好奇号”探测器的数据，所提出的制导控制方案将应用于火星探测器上的机载航空电子系统中。火星探测器的导航制导控制策略需要机载导航传感器实时量测。机载导航传感器的实时量测值作为导航滤波器的输入，可以估计当前的状态 (如探测器的位置和速度)。滤波器的输出被用于导航制导算法，从而得到倾斜角命令，使得火星探测器能跟踪期望的参考轨迹。倾斜角命令用来作为高度控制程序的输入，与数字自动驾驶仪相结合，数字自动驾驶仪可以控制在线高度控制推进器和选择合适的点火序列，探测器到期望的高度，旋转探测器，调整探测器到期望的倾斜角。

反过来，产生的空气动力使得探测器产生升力和阻力。探测器预期为在整个飞行过程中保持一个近似常数的升阻比，仅仅将通过改变倾斜角的方式产生的力作用于探测器。它们的产生是由着陆器的动力学驱动的，引起在线导航传感器去量测探测器加速度和速度，从而完成一个标准的导航制导控制环。

将提出的导航策略嵌入在导航框架内，提供需要的倾斜角指令使得探测器自动驾驶仪在规定的时间间隔内，这就是导航框架。提出的导航方案设计为目标和跟踪参考轨迹，是在火星探测任务的整个 EDL 过程开始之前提前计算出来的。在探测器下降的过程中，所提出的导航方案需要作为算法的输入量包括：状态向量的更新 (当前的位置和速度)、期望的参考轨迹、当前的时间 (当前状态的时钟信息)、合适的重力模型以及合适的气动模型，是由当前的升力和阻力计算出来的信息。

确定合适的倾斜角指令，探测器基于到目标区域的范围，去寻找当前期望的位置点和算法上达到的位置点。当参考轨迹确定了，滑模面就确定了，并且算法的第一阶段就确定了。这些工程量都确定了，利用当前的轨迹状态、重力、空气动力学加速度、倾斜角指令就计算出来了。倾斜角指令每隔 0.5s 更新一次，意味着导航环运算频率为 2Hz。所提出的导航算法的性能由现实的条件去验证我们的导航方案。为了验证所提出控制方案的效果，下面给出进行验证的方法和蒙特卡罗仿真结果。

通常，任何合适的制导方案都是预期在理想的环境上的。然而，验证活动必须设计验证所提出的制导方案在现实的环境条件下工作。制导惯例是利用一个更加实际的模型去验证实时执行的性能效果。利用三自由度模型进行仿真，并且平移至探测器的蒙特卡罗仿真中进行分析。模型包括：

(1) 火星非平面的表面的球形重力场。

(2) 一阶倾斜角自动驾驶仪模型动力学为

$$\dot{\sigma} = \frac{\sigma_c - \sigma}{\tau} \tag{5.39}$$

运行一次的时间常数 (τ) 为 1s。

(3) 火星大气模型由文献 [78] 描述，利用计算升力和阻力加速度作为高度和速度的函数。参考的轨迹是由标称的仿真产生的，倾斜角常数为 59.63°，速度方向全程不变。

为了验证所提出的制导方案的鲁棒性，本节进行了 1000 次蒙特卡罗仿真。蒙特卡罗仿真使用的初始条件和导航参数在每次的运行中不发生改变，如表 5.5 所示。

表 5.5　仿真条件和参数

参数	$\theta_i/(°)$	$\phi_i/(°)$	h_i/km	V_i/(m/s)
初始值	−90.072	−43.898	133.56	5505
参数	$\gamma_i/(°)$	$\psi_i/(°)$		
初始值	−14.15	4.99		
参数	$\theta_t/(°)$	$\phi_t/(°)$	h_t/km	V_t/(m/s)
终点目标值	−73.26	−42.43	8.10	450

如上所述，大气进入段制导任务是为了使火星探测器到达期望的开伞点，于是给出大气进入段的仿真条件。根据着陆高度的需求，开伞点的高度保持在 8.1~12km，开伞点的速度不超过 450m/s。本节中仿真结束条件：探测器高度为 $h = 8.1$km，或者探测器的速度为 $V = 450$m/s，当其中一个条件满足时，仿真终止。

为了验证所提出制导方案的鲁棒性，在大气进入段的初始进入点存在偏差和建模误差的情况下，进行了 1000 次蒙特卡罗仿真。升力和阻力系数的偏差作为高斯分布的随机取值，与进入点状态分散类似，它们的分散率为 ±30%。同时，大气密度分散模仿随机乘数因素，大气密度分散率为 ±40%。初始状态变量的真实值与标准差如表 5.6 所示。

表 5.6　蒙特卡罗仿真参数

参数	$\theta_i/(°)$	$\phi_i/(°)$	h_i /km	V_i/(m/s)
取值	−90.072	−43.898	133.56	5505
3σ	0.15	0.03	2.306	2.85
参数	$\gamma_i/(°)$	$\psi_i/(°)$	ρ	L/D
取值	−14.15	4.99	文献 [78] 大气模型	0.24
3σ	0.15	0.23	13.3%	0.03

1. 滑模控制算法的仿真结果

本节在不考虑不确定性的情况下验证了控制算法 [式 (5.28)] 的效果，相应的仿真结果如图 5.22 ~ 图 5.24 所示。各变量的期望值、真实值以及跟踪误差如图 5.22 所示。图 5.23 为各变量的跟踪误差。图 5.24 为火星探测器大气进入段的着陆航程和着陆轨迹。由图 5.22 和图 5.24 可以看出，在不考虑大气密度不确定和升阻比扰动的情况下，滑模控制算法 [式 (5.28)] 保证火星探测器系统轨迹能够快速、精确地跟踪参考轨迹。

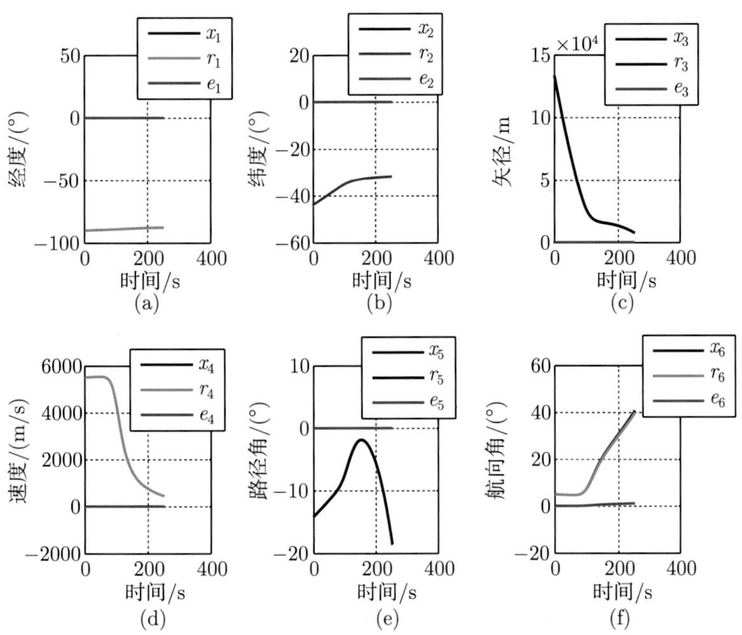

图 5.22 不考虑火星大气密度不确定情况下各变量期望值、真实值以及跟踪误差

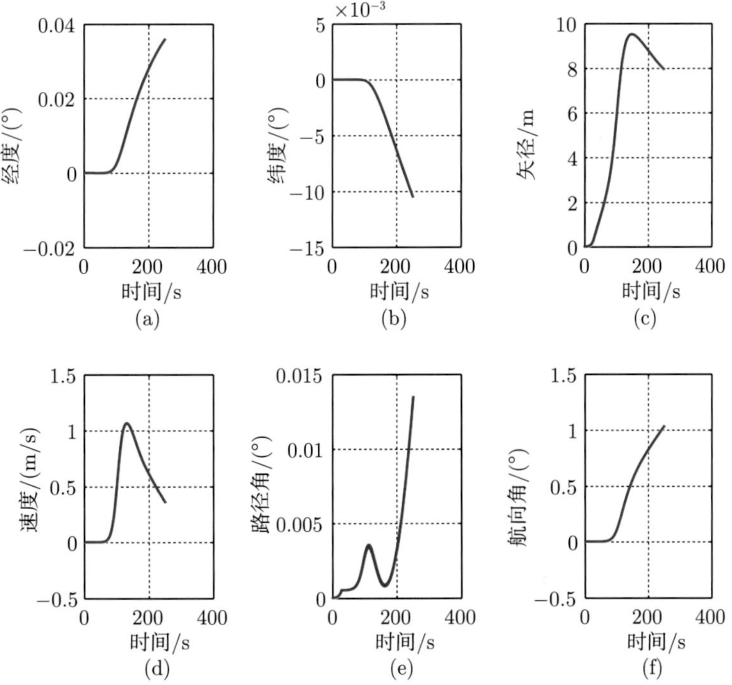

图 5.23 不考虑火星大气密度不确定情况下各变量跟踪误差

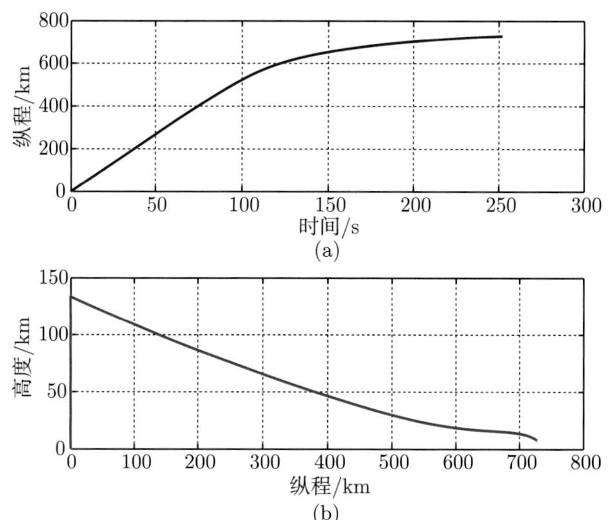

图 5.24 不考虑火星大气密度不确定情况下着陆航程和着陆轨迹

可以看出，在不考虑火星大气密度不确定的情况下，火星探测器大气进入段滑模控制器 [式 (5.28)] 具有良好的轨迹跟踪控制效果。

为了进一步验证控制器 [式 (5.28)] 的鲁棒性，就有必要对考虑火星大气密度不确定和升阻比扰动的情形进行仿真实验。对于滑模控制算法 [式 (5.28)] 在不考虑火星大气密度不确定，考虑大气进入点误差以及建模误差的情况下，进行了 1000 次蒙特卡罗仿真，仿真试验结果如图 5.25 所示。

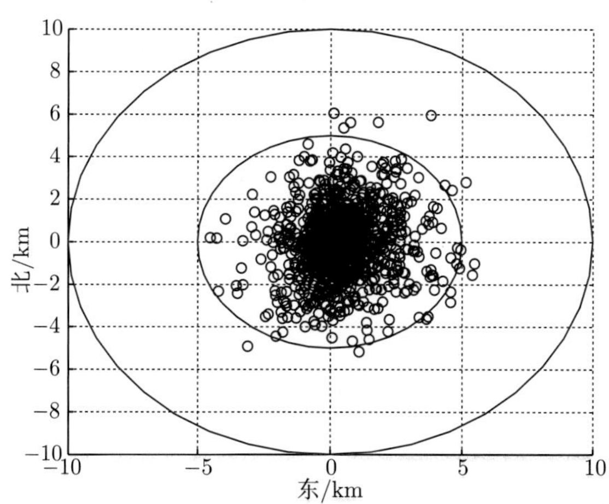

图 5.25 不考虑火星大气密度不确定情况下探测器 1000 次蒙特卡罗仿真的开伞点分散结果

2. 不同控制器的仿真结果比较

本节针对存在火星大气密度不确定以及升阻比扰动的情况下，进行了结合扩张状态观测器的滑模控制器 [式 (5.32)] 以及传统的滑模控制器 [式 (5.28)] 的仿真效果对比，如图 5.26 ~ 图 5.31 所示。

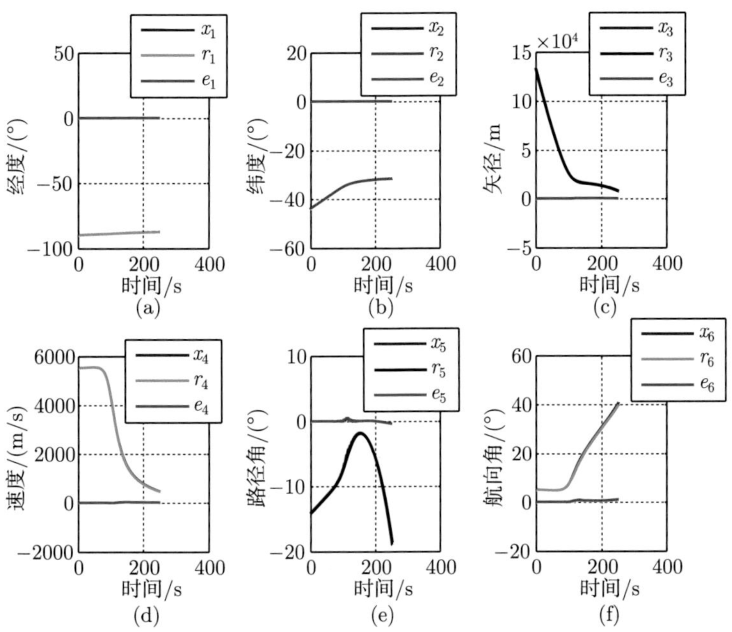

图 5.26 火星大气密度存在不确定情况下各变量的期望值、真实值以及跟踪误差

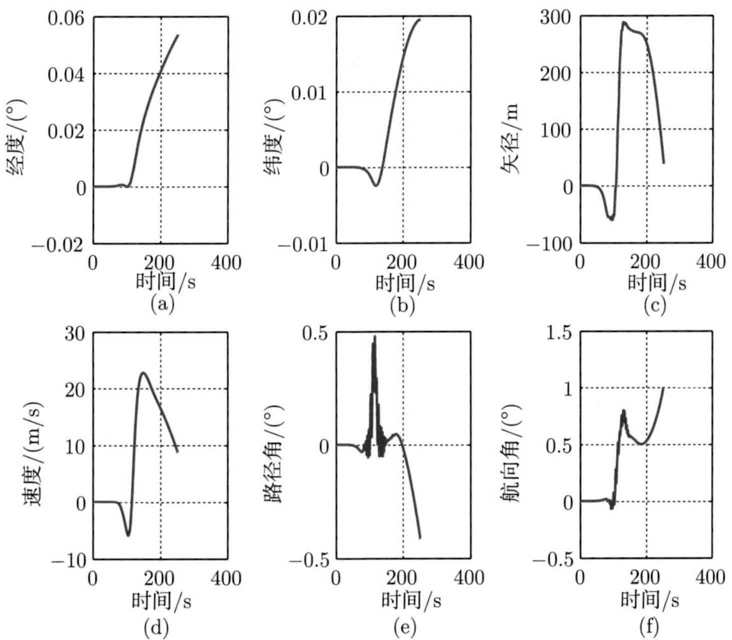

图 5.27 火星大气密度存在不确定情况下各变量的跟踪误差

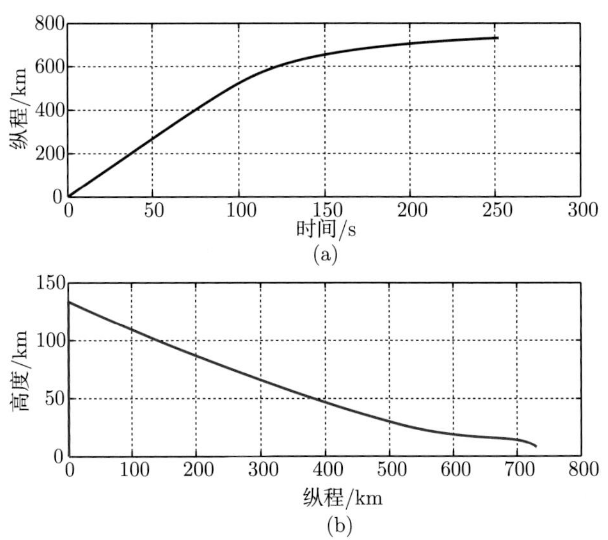

图 5.28　火星大气密度存在不确定情况下真实的着陆航程和着陆轨迹

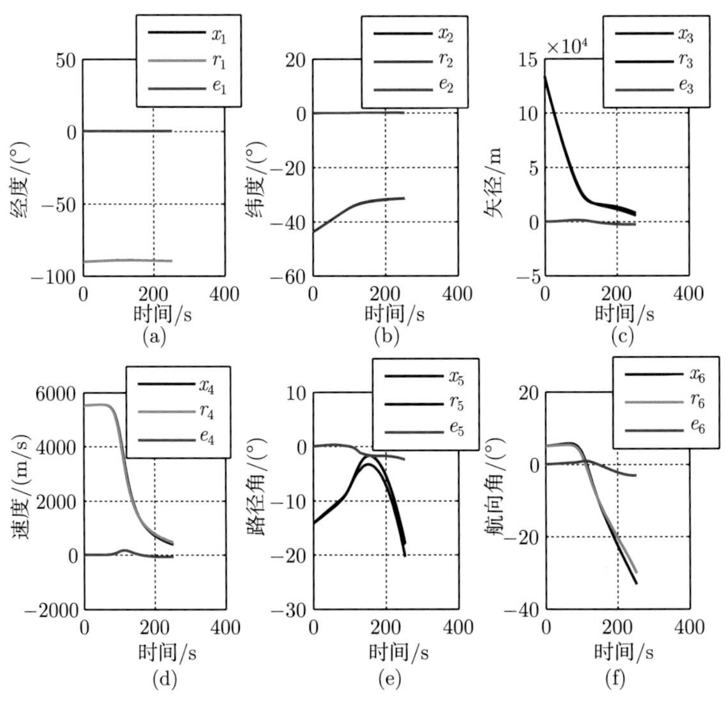

图 5.29　火星大气密度存在不确定情况下各变量的期望值、真实值以及跟踪误差

图 5.26 ~ 图 5.28 为火星探测器大气进入段动力学系统中，存在火星大气密度不确定和升阻比扰动的情况下，结合扩张状态观测器的滑模控制器 [式 (5.32)] 的仿真结果。图 5.29 ~ 图 5.31 为传统的滑模控制器 [式 (5.28)] 的仿真结果。其中，图 5.26 和图 5.29 为火星探测器轨迹跟踪动力学系统中各变量的期望值、真实值以及跟踪误差。图 5.27 和图 5.30 为火星探测器轨迹跟踪动力学系统中各变量的跟踪误差。图 5.28 和图 5.31 为火星探测器大气进入段

着陆航程和着陆轨迹。

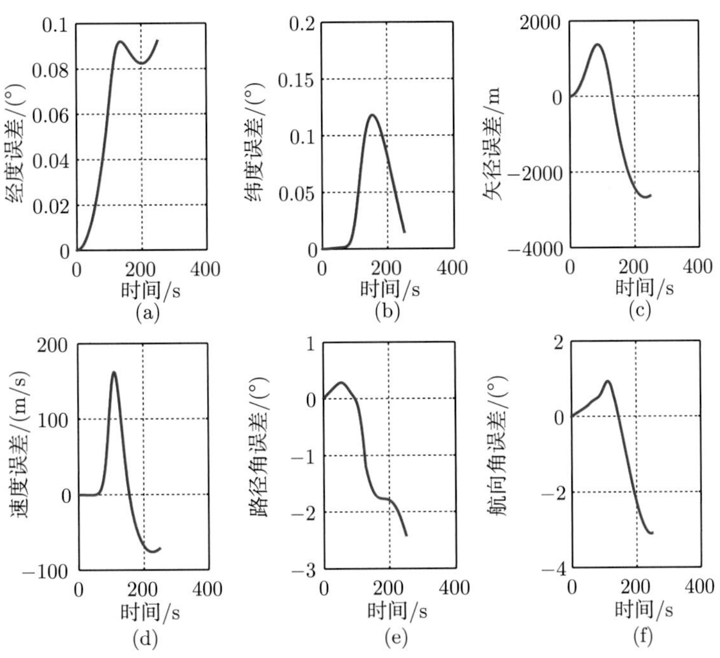

图 5.30 火星大气密度存在不确定情况下各变量跟踪误差

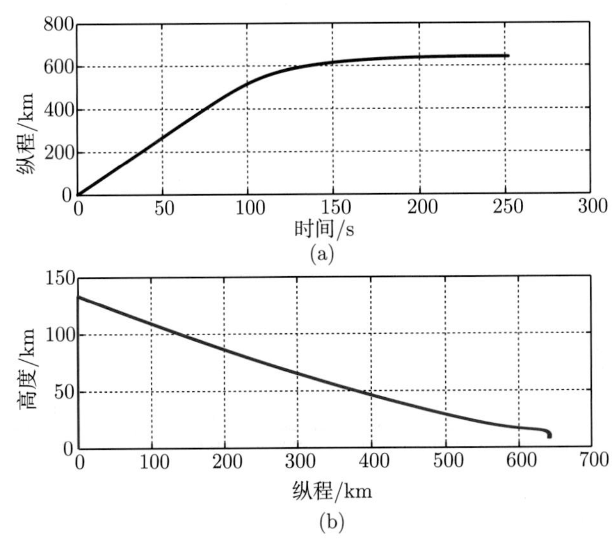

图 5.31 火星大气密度存在不确定情况下真实的着陆航程和着陆轨迹

在考虑火星大气密度不确定，同时考虑大气进入点误差以及建模误差的情况下，对比了式 (5.28) 对应的控制器与式 (5.32) 对应的控制器的轨迹跟踪控制效果，进行了 1000 次蒙特卡罗仿真，仿真试验结果分别如图 5.32 和图 5.33 所示。

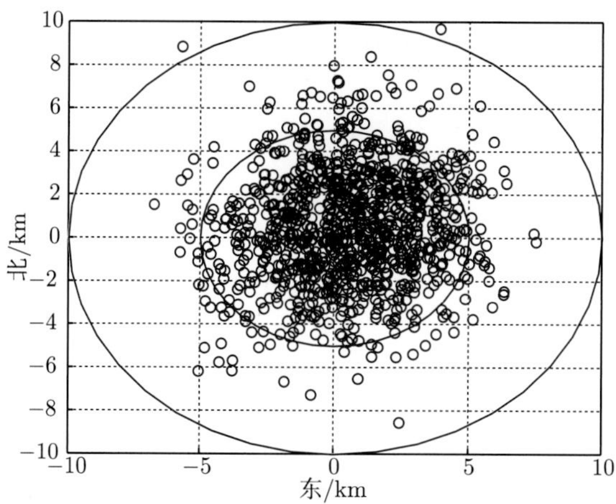

图 5.32　考虑火星大气密度不确定情况下探测器 1000 次蒙特卡罗仿真的开伞点分散结果式 (5.32) 对应的控制器

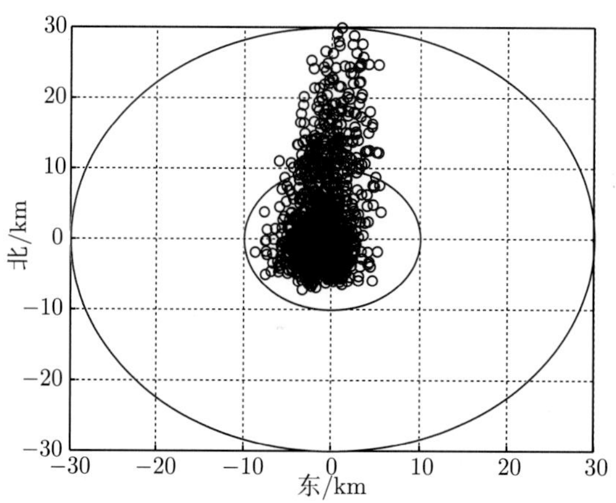

图 5.33　考虑火星大气密度不确定情况下探测器 1000 次蒙特卡罗仿真的开伞点分散结果式 (5.28) 对应的控制器

为了说明所提出的算法 [式 (5.32)] 的有效性，本节用 z_2 替代了控制算法 [式 (5.28)] 中的总扰动项 $\tilde{d}$，除此之外，其他参数没有做任何变动。仿真结果显示：滑模控制技术结合自抗扰技术，使用扩张状态观测器来替代总扰动项，在抗干扰能力方面明显优于不加扩张状态观测器的控制算法 [式 (5.28)]。

从图 5.32 可以看出，同时考虑火星大气密度不确定、大气进入点误差和建模误差的情况下，式 (5.32) 对应的控制器可以使得火星探测器在预期开伞点 10km 范围内，而式 (5.28) 对应的控制器仅可以保证 50km 的范围 (图 5.32 和图 5.33)。基于图 5.26 ~ 图 5.28 可以得到，滑模控制算法 [式 (5.32)] 结合扩张状态观测器算法能达到更高的跟踪精度。

注 5.7　从上述仿真比较可以得到，在存在火星大气密度不确定、大气进入点误差以及建模误差的情况下，滑模控制方案 [式 (5.32)] 可以实现快速、精确地跟踪预定的参考轨迹。式 (5.32) 对应的滑模控制器与式 (5.28) 对应的滑模控制器 (5.28) 相比，u_{ESO} 的跟踪效果更

优 (图 5.32 和图 5.33)。所提出的控制方案 u_{ESO}，利用扩张状态观测器对总的扰动 $\tilde{d}$ 进行实时、快速、精确估计，然后结合滑模控制技术完成了高精度的轨迹跟踪控制，实现了火星探测器高精度地到达预定开伞点，为整个火星着陆任务的完成提供有效的支撑。

通过本节提出的滑模面，结合扩张状态观测器，得到倾斜角的控制律，使得火星探测器跟踪期望的参考轨迹。仿真结果验证了提出控制方案的有效性，并且 1000 次蒙特卡罗仿真试验更加验证了在初始值发生变化的情况下，本节提出的控制方案仍然具有好的着陆精度，验证了其优越性，更适合实时实现。

5.3 基于高阶滑模和扩张状态观测器的进入段轨迹跟踪控制

5.2 节研究了基于传统滑模和扩张状态观测器的火星探测器大气进入段轨迹跟踪控制的问题，但所提出算法没有考虑探测器气动参数不确定的情况。由于复杂的火星大气环境，需要控制系统能对参数不确定和外部扰动具有强鲁棒性。在火星大气密度不确定和气动参数不确定的情况下，火星探测器大气进入段轨迹跟踪控制方案设计往往更具挑战性。因此，本节将在 5.2 节的基础上进一步讨论火星探测器大气进入段轨迹跟踪控制问题。

高阶滑模控制理论是由国际著名学者 Levant 在他的博士论文中首先提出的[258]。与传统滑模相比，高阶滑模往往具有更高的控制精度[256]。高阶滑模理论[259, 260]为典型的应用于轨迹跟踪控制的方法，缺点是轨迹跟踪误差在存在扰动或者饱和的情况下，不能保证期望的渐近收敛效果。本节利用扩张状态观测器对扰动的实时估计和补偿能力，弥补高阶滑模的这一缺点，能更好地发挥高阶滑模的高精度控制效果。

本节的目的是同时考虑火星大气密度不确定和气动参数不确定情况下火星探测器大气进入段轨迹跟踪问题，提出了一个改进的基于高阶滑模和扩张状态观测器的鲁棒进入段制导策略。结合高阶滑模控制和扩张状态观测器，控制器能通过对火星大气密度不确定和升阻比扰动进行有效的补偿，从而实现快速、精确响应。对于火星探测器大气进入段，应用高阶滑模控制的二阶滑模来解决高度跟踪运动。扩张状态观测器用来估计由火星大气密度不确定和升阻比扰动引起的总的扰动，结合高阶滑模控制器使得闭环系统的状态变量能实现快速、精确地收敛到参考轨迹。

5.3.1 问题描述

本节考虑基于非奇异全阶滑模控制技术和扰动观测器技术的火星探测器的进入段轨迹跟踪控制问题。基于探测器模型三自由度动力学模型 [式 (2.25) ~ 式 (2.30)]，令

$$\begin{cases} x_1 = r - r_{\mathrm{d}} \\ x_2 = \dot{r} - \dot{r}_{\mathrm{d}} \end{cases} \tag{5.40}$$

其中，r 为实际的探测器的质心到火星球心的距离；r_{d} 为期望的探测器的质心到火星球心的距离。

对式 (5.40) 取导数，结合探测器的动力学方程式 (2.25) ~ 式 (2.30)，可得

$$\begin{cases} \dot{x}_1 = x_2 \\ \dot{x}_2 = (-D\sin\gamma - g + \frac{V^2}{r}\cos^2\gamma + V\cos\gamma C_\gamma - \ddot{r}_{\mathrm{d}}) + L\cos\gamma\cos\sigma \end{cases} \tag{5.41}$$

因此，式 (5.41) 可简化为以下形式：

$$\begin{cases} \dot{x}_1 = x_2 \\ \dot{x}_2 = f(x,t) + g(x,t)u \end{cases} \tag{5.42}$$

其中

$$\begin{cases} f(x,t) = -D\sin\gamma - g + \frac{V^2}{r}\cos^2\gamma + V\cos\gamma C_\gamma - \ddot{r}_{\rm d} \\ g(x,t) = L\cos\gamma \\ u = \cos\sigma \end{cases} \tag{5.43}$$

其中 $x = (\theta, \phi, r, V, \gamma, \psi)$。

考虑式 (5.42) 包含如下形式的参数不确定：火星大气密度不确定 $\rho = \rho_0 + \Delta\rho$；气动参数不确定 $L/D = (L/D)_0 + \Delta(L/D)$。其中，$\rho_0$、$(L/D)_0$ 分别为标称的火星大气密度、升阻比；$\Delta\rho$、$\Delta(L/D)$ 分别表示火星大气密度不确定和升阻比扰动。同时，注意到 $\Delta(L/D) = \Delta\left[\left(\dfrac{1}{2}\dfrac{\rho SC_{\rm L}}{m}V^2\right)\Big/\left(\dfrac{1}{2}\dfrac{\rho SC_{\rm D}}{m}V^2\right)\right] = \Delta(C_{\rm L}/C_{\rm D})$，则可得 $C_{\rm L} = C_{\rm L0} + C_{\rm D0}\Delta(L/D)$，$C_D = C_{\rm D0} + C_{\rm L0}\Delta(D/L)$，其中，$C_{\rm D0}$ 和 $C_{\rm L0}$ 为标称的阻力和升力系数。

于是，结合式 (5.43)，可得

$$\begin{aligned} f(x,t) &= -\tilde{D}\sin\gamma - g + \frac{V^2}{r}\cos^2\gamma + V\cos\gamma C_\gamma - \ddot{r}_{\rm d} \\ &= -\frac{(\rho_0 + \Delta\rho)S[C_{\rm D0} + C_{\rm L0}\Delta(D/L)]}{2m}V^2\sin\gamma \\ &\quad -g + \frac{V^2}{r}\cos^2\gamma + V\cos\gamma C_\gamma - \ddot{r}_{\rm d} \\ &= \frac{\rho_0 SC_{\rm D0}}{2m}V^2\sin\gamma - g + \frac{V^2}{r}\cos^2\gamma + V\cos\gamma C_\gamma - \ddot{r}_{\rm d} \\ &\quad -\frac{SV^2\sin\gamma}{2m}[\Delta\rho C_{\rm D0} + (\rho_0 + \Delta\rho)C_{\rm L0}\Delta(D/L)] \end{aligned} \tag{5.44}$$

且

$$\begin{aligned} g(x,t) &= \tilde{L}\cos\gamma \\ &= \frac{(\rho_0 + \Delta\rho)S[C_{\rm L0} + C_{\rm D0}\Delta(L/D)]}{2m}V^2\cos\gamma \\ &= \frac{\rho_0 SC_{\rm L0}}{2m}V^2\cos\gamma + \frac{SV^2\cos\gamma}{2m}[\Delta\rho C_{\rm L0} + (\rho_0 + \Delta\rho)C_{\rm D0}\Delta(L/D)] \end{aligned} \tag{5.45}$$

因此，可得

$$\begin{cases} \dot{x}_1 = x_2 \\ \dot{x}_2 = \tilde{f}(x,t) + \tilde{g}(x,t)u + \tilde{d} \end{cases} \tag{5.46}$$

其中

$$\tilde{f}(x,t)=\frac{\rho_0 SC_{\mathrm{D0}}}{2m}V^2\sin\gamma-g+\frac{V^2}{r}\cos^2\gamma+V\cos\gamma C_\gamma-\ddot{r}_{\mathrm{d}} \tag{5.47}$$

$$\tilde{g}(x,t)=\frac{\rho_0 SC_{\mathrm{L0}}}{2m}V^2\cos\gamma \tag{5.48}$$

$$\begin{aligned}\tilde{d}=&-\frac{SV^2\sin\gamma}{2m}[\Delta\rho C_{\mathrm{D0}}+(\rho_0+\Delta\rho)C_{\mathrm{L0}}\Delta(D/L)]\\&+\frac{uSV^2\cos\gamma}{2m}[\Delta\rho C_{\mathrm{L0}}+(\rho_0+\Delta\rho)C_{\mathrm{D0}}\Delta(L/D)]\end{aligned} \tag{5.49}$$

从而可以简化系统为

$$\begin{cases}\dot{x}_1=x_2\\ \dot{x}_2=\tilde{f}(x,t)+\tilde{g}(x,t)u+\tilde{d}\\ y=x_1\end{cases} \tag{5.50}$$

其中，$\tilde{d}$ 表示由火星大气密度不确定和气动参数不确定引起的系统总扰动，可以假设 $|\tilde{d}|\leqslant l_d$；l_{d} 为有界常数。

注 5.8 由上述闭环系统 [式 (5.50)] 可知，如果存在状态反馈控制律能保证式 (5.50) 的解 $\lim\limits_{t\to\infty}[x_1(t),x_2(t)]=0$，则控制的目标完成。因此，参考轨迹跟踪问题可以通过非线性系统 [式 (5.50)] 的稳定性实现。

5.3.2 主要结果

本节考虑火星大气密度不确定和气动参数不确定存在的情况下，设计了基于高阶滑模控制技术结合扩张状态观测器技术，完成了火星大气进入段探测器快速、高精度轨迹跟踪控制。本节主要研究基于高阶滑模控制技术和扩张状态观测器技术来进行火星大气进入段轨迹跟踪控制，实现火星探测器到达开伞点的精确性、鲁棒性。基于高阶滑模控制技术和扩张状态观测器技术，可以得到关于倾斜角的控制方案，使得火星探测进入段制导任务能够顺利完成。

1. 基于高阶滑模的有限时间控制方案设计

本节中高阶滑模理论 [260-262] 采用高阶滑模面的思想，产生一个在线的目标轨迹。从而保证有界扰动的全局稳定[230]。滑模面适合于火星探测器纵向跟踪方程的导航策略，相对阶为 2，即控制变量出现在选择滑模面的二阶导数中[263]。

综上所述，大气进入段导航使得探测器纵向运动满足上述二阶滑模。滑模控制算法越来越受到众多学者的关注，在制导问题的研究中，滑模控制算法越来越受关注。

本节中定义的滑模面为

$$s_1=x_1 \tag{5.51}$$

对 s_1 求导，可得

$$\dot{s}_1=\dot{x_1}=x_2 \tag{5.52}$$

在这种情况下，纵向制导问题就可以转化为标准的控制问题：找到倾斜角命令，使其能在有限时间到达滑模面，同时使其导数也能收敛到零，即 $s_1\to 0$ 且 $\dot{s}_1\to 0$。

因为滑模面的相对阶为 2，对 $\dot{s}_1$ 取导数，可得

$$\ddot{s}_1 = \dot{x}_2 = \tilde{f}(x,t) + \tilde{g}(x,t)u + \tilde{d} \tag{5.53}$$

本节的制导目标是利用反步法完成的，选择 $\dot{s}_1$ 为虚拟的控制器，由第一阶滑模确定，且其能在有限时间收敛到零。

虚拟控制器可以传统地选择为以下形式：

$$\dot{s}_1 = -k_1 s_1 \tag{5.54}$$

其中，参数 $k_1 > 0$ 为导航增益，决定了第一阶滑模收敛到零的速度。

第二阶滑模面定义为

$$s_2 = \dot{s}_1 + k_1 s_1 = 0 \tag{5.55}$$

如定义式 (5.55) 所示的滑模面关于倾斜角命令的相对阶为 1，倾斜角会出现在第二阶滑模面的一阶导数：

$$\dot{s}_2 = \ddot{s}_1 + k_1 \dot{s}_1 \tag{5.56}$$

利用式 (5.53) 和式 (5.56)，可以得到

$$\dot{s}_2 = \dot{x}_2 + k_1 x_2 = -\varepsilon \text{sign}[s_2 + k_2 |s_2|^{\frac{1}{2}} \text{sign}(s_2)] \tag{5.57}$$

其中，$k_2 > 0$；$\varepsilon > 0$。

基于式 (5.51) 对应的滑模面和式 (5.55) 对应的滑模面，以及到达律 [式 (5.55)] 和 [式 (5.57)]，滑动模态可以在有限时间到达平衡点的邻域，并通过如定理 5.2 所示的滑模控制器实现。

定理 5.2 考虑如式 (5.51) 和式 (5.55) 所示的滑模面，滑模控制器设计如下：

$$u_{\text{HOSC}} = -\tilde{g}(x,t)^{-1}\{\tilde{d} + \tilde{f}(x,t) + k_1(V sin\gamma - \dot{r}_d) + \varepsilon \text{sgn}[s_2 + k_2|s_2|^{\frac{1}{2}} \text{sign}(s_2)]\} \tag{5.58}$$

其中，$k_1 > 0$、$k_2 > 0$、$\varepsilon > 0$ 为待设计的参数。则火星探测器大气进入段轨迹跟踪闭环系统 [式 (5.50)] 的轨迹能在有限时间收敛到滑模面且最终收敛到原点的邻域。

证明 考虑如下 Lyapunov 函数：

$$V = \frac{1}{2}s_1^2 + \frac{1}{2}s_2^2 \tag{5.59}$$

对式 (5.59) 求导：

$$\begin{aligned}\dot{V} &= s_1\dot{s}_1 + s_2\dot{s}_2 = s_1(-k_1 s_1) + s_2[-k_2 s_2 - \varepsilon \text{sgn}(s_2)] \\ &= -k_1 s_1^2 - k_2 s_2^2 - \varepsilon|s_2| < 0\end{aligned} \tag{5.60}$$

其中，$k_1 > 0$；$k_2 > 0$；$\varepsilon > 0$。

由上述可知，当 $k_1 > 0$、$k_2 > 0$、$\varepsilon > 0$ 时，均有 Lyapunov 一阶导数为负。Lyapunov 函数为递减的且滑模面 s_2 可以到达，即 $s_2 \to 0$。同理，有 s_1、$\dot{s}_1 \to 0$ 满足。证毕。

注 5.9 注意到式 (5.58)，其中 $L = \dfrac{1}{2}\dfrac{\rho S C_{\text{L}}}{m}V^2 \neq 0$ 及 γ 在火星大气进入段的范围为 $\gamma \in (0, 20°)$，即在如式 (5.58) 所示的控制器中不存在奇异点。

2. 基于高阶滑模和扩张状态观测器的轨迹跟踪控制方案设计

对于火星探测器大气进入段动力学系统，存在火星大气密度不确定和气动参数不确定的情况下，提出基于高阶滑模控制技术和扩张状态观测器技术的控制方案，实现火星探测器精确、鲁棒地到达开伞点。由于扩张状态观测器在非线性控制理论中具有良好的控制性能，因此基于观测器技术的控制器逐渐受到众多学者的关注。文献 [239]、[240] 提出，扩张状态观测器能够高效地完成非线性动态估计。因此，本节通过使用扩张状态观测器估计由火星大气密度不确定和升阻比扰动引起的总扰动，同时利用反馈补偿来进行补偿总扰动，完成火星探测器大气进入段轨迹跟踪控制。

扩张状态观测器将由火星大气密度不确定和气动参数不确定引起的总扰动作为扩张的状态进行估计。本节将设计观测器对控制律 [式 (5.58)] 中的总扰动项 $\tilde{d}$ 进行估计。对于式 (5.50)，增加扩张的状态 x_3 作为总扰动 $\tilde{d}$，则有

$$\begin{cases} \dot{x}_1 = x_2 \\ \dot{x}_2 = x_3 + \tilde{f} + \tilde{g}u \\ \dot{x}_3 = \omega(t) \\ y = x_1 \end{cases} \tag{5.61}$$

其中，ω 为总扰动 $\tilde{d}$ 的导数。

于是对于式 (5.61) 设计扩张状态观测器如下：

$$\begin{cases} e = z_1 - y \\ \dot{z}_1 = z_2 - \beta_{01}e \\ \dot{z}_2 = z_3 - \beta_{02}fal(e,d,\delta) + \tilde{f} + \tilde{g}u \\ \dot{z}_3 = -\beta_{03}fal(e,d_1,\delta) \end{cases} \tag{5.62}$$

其中，e 为扩张状态观测器的估计误差；z_1、z_2 和 z_3 为观测器的观测输出；β_{01}、β_{02} 和 β_{03} 为观测器的增益。

函数 $fal(\cdot)$ 定义为

$$fal(e,d,\delta) = \begin{cases} |e|^d \mathrm{sgn}(e), & |e| > \delta \\ e/\delta^{1-d}, & \text{其他} \end{cases} \tag{5.63}$$

其中，$d > 0$；$\delta > 0$。

选择合适的参数 β_{01}、β_{02}、β_{03}、d、δ，使得观测器的输出 z_3 收敛于 $\tilde{d}$，且有 z_2、z_1 分别收敛于 x_2、x_1。

通过扩张状态观测器估计系统的未知总扰动 $\tilde{d}$，利用高阶滑模控制技术，则式 (5.46) 的控制律设计为

$$u_{\mathrm{ESO}} = -\tilde{g}(x,t)^{-1}\{z_3 + \tilde{f}(x,t) + k_1(Vsin\gamma - \dot{r}_d) + \varepsilon sgn[s_2 + k_2|s_2|^{\frac{1}{2}}\mathrm{sign}(s_2)]\} \tag{5.64}$$

其中，$k_1 > 0$；$k_2 > 0$；$\varepsilon > 0$。

注 5.10 注意到式 (5.64) 中的 z_3 是非常重要的。z_3 是对于式 (5.46) 中的总扰动所进行的实时估计。同时，用 z_3 作为反馈，来补偿总扰动。

由扩张状态观测器对未知总扰动 $\tilde{d}$ 进行实时估计，结合高阶滑模控制技术 [式 (5.64)]，对于火星探测器的大气进入段轨迹跟踪控制，给出火星探测器闭环系统 [式 (5.50)] 的稳定性定理。

定理 5.3 考虑火星探测器大气进入段轨迹跟踪闭环系统 [式 (5.50)]、控制律 [式 (5.64)]、扩张状态观测器 [式 (5.62)]，存在增益 β_{01}、β_{02}、β_{03}、d、d_1、δ，使得估计的状态 z_1、z_2、z_3 分别收敛于真实的状态 x_1、x_2、$\tilde{d}$，同时闭环系统 [式 (5.50)] 的轨迹能收敛到滑模面且能在有限时间收敛到零点的邻域。

证明 为了证明火星探测器闭环系统 [式 (5.50)] 的稳定性，首先验证扩张状态观测器的误差动力学系统的稳定性。

定义观测器误差：

$$\begin{cases} e_1 = z_1 - x_1 \\ e_2 = z_2 - x_2 \\ e_3 = z_3 - \tilde{d} \end{cases} \tag{5.65}$$

则观测器误差动力学方程为

$$\begin{cases} \dot{e}_1 = e_2 - \beta_{01} e_1 \\ \dot{e}_2 = e_3 - \beta_{02} fal(e_1, d, \delta) \\ \dot{e}_3 = -\omega(t) - \beta_{03} fal(e_1, d_1, \delta) \end{cases} \tag{5.66}$$

扩张状态观测器的稳定性可通过选择合适的参数 β_{01}、β_{02}、β_{03} 来获得。若观测器是稳定的，则有 $[\dot{e}_1、\dot{e}_2、\dot{e}_3]^{\mathrm{T}} = 0$ 成立。

注意到式 (5.63)，若 $|e_1| > \delta$，则估计误差为

$$\begin{cases} |e_1| = |\omega(t)/\beta_{03}|^{1/d_1} \\ |e_2| = \beta_{01}|\omega(t)/\beta_{03}|^{1/d_1} \\ |e_3| = \beta_{02}|\omega(t)/\beta_{03}|^{d/d_1} \end{cases} \tag{5.67}$$

若 $|e_1| \leqslant \delta$，则估计误差为

$$\begin{cases} |e_1| = |\omega(t)\delta^{1-d_1}|/\beta_{03} \\ |e_2| = \beta_{01}|\omega(t)\delta^{1-d_1}|/\beta_{03} \\ |e_3| = \beta_{02}|\omega(t)\delta^{d-d_1}|/\beta_{03} \end{cases} \tag{5.68}$$

由式 (5.67) 及式 (5.68) 可以得到，估计误差由参数 β_{01}、β_{02}、β_{03}、d、d_1、δ 的选择决定。首先可以确定的选择参数满足：$\beta_{01} > 0$、$\beta_{02} > 0$、$\beta_{03} > 0$、$d > 0$、$d_1 < 1$、$\delta > 0$。其次，合适的参数 β_{03} 可以选择得充分大，从而使得 $|\omega(t)/\beta_{03}|$ 能充分小，即使 $\omega(t)$ 是未知的。同样，β_{01}、β_{02} 可以选择得尽可能小，从而使得估计误差 e_3 尽可能小。在式 (5.67) 中，d、d_1 的值越小，则稳定的误差就越小。因此，通过调整这些参数，可以使得估计误差 e_1、e_2 和 e_3 可以充分小，即 z_1、z_2、z_3 能分别充分接近于真实的状态 x_1、x_2、$\tilde{d}$。

由上述分析可知，扩张状态观测器的误差收敛于零点的邻域，接下来继续证明火星探测器的闭环系统 [式 (5.50)] 能在有限时间收敛到零点。

考虑 Lyapunov 函数，结合高阶滑模控制面 [式 (5.51)] 和 [式 (5.55)] 以及扩张状态观测器 [式 (5.62)]，可得

$$V=\frac{1}{2}s_1^2+\frac{1}{2}s_2^2 \tag{5.69}$$

对其求导有

$$\begin{aligned}\dot{V}&=s_1\dot{s}_1+s_2\dot{s}_2=s_1(-k_1s_1)+s_2[-k_2s_2-\varepsilon\mathrm{sgn}(s_2)]\\&=-k_1s_1^2-k_2s_2^2-\varepsilon|s_2|<0\end{aligned} \tag{5.70}$$

其中，$k_1>0$；$k_2>0$；$\varepsilon>0$，证毕。

注 5.11 由于现实中总扰动往往是未知的且由于扰动的存在，会不可避免地带来滑模控制的抖振问题，本章采用扩张状态观测器来对其进行实时精确估计，同时进行反馈补偿，从而有效地降低抖振且同时减少了控制的耗能。

注 5.12 由于观测器在实际应用中未能完全精确地跟踪信号，因此渐近稳定性不能保证，仅能保证在滑模面附近的有界运动。于是，未能对滑模控制进行严格的稳定性分析。在式 (5.64) 中，滑模面的边界层受到扩张状态观测器估计误差的影响。从而，扩张状态观测器参数的选择就显得尤为重要，它不仅决定了扩张状态观测器的估计效果，而且影响了滑模面的性能。更多的关于扩张状态观测器参数选择的知识可以参考文献[264]。

5.3.3 仿真与分析

本节仿真参数与 5.2 中的参数相同。根据着陆高度的需求，开伞点的高度保持在 8.1 ~ 12km，开伞点的速度不超过 450m/s。本章中仿真结束条件：探测器高度为 $h=8.1\mathrm{km}$，或者探测器的速度为 $V=450\mathrm{m/s}$，当其中一个条件满足时，仿真终止。

为了验证所提出制导方案的鲁棒性，在大气进入段的初始进入点存在偏差和建模误差的情况下，进行了 1000 次蒙特卡罗仿真。升力和阻力系数的偏差作为高斯分布的随机取值，与进入点状态分散类似，它们的分散率为 ±30%。同时，大气密度分散模仿随机乘数因素，大气密度分散率为 ±40%。初始状态变量的真实值与标准差如表 5.7 所示。

表 5.7 蒙特卡罗仿真参数

参数	$\theta_i/(^\circ)$	$\phi_i/(^\circ)$	h_i/km	V_i/(m/s)
取值	−90.072	−43.898	133.56	5505
3σ	0.15	0.03	2.306	2.85
参数	$\gamma_i/(^\circ)$	$\psi_i/(^\circ)$	ρ	L/D
取值	−14.15	4.99	大气模型	0.24
3σ	0.15	0.23	13.3%	0.03

1. 基于高阶滑模和扩张状态观测器的仿真结果

为了验证本章提出的火星大气进入段轨迹跟踪控制的有效性，首先对不考虑不确定情况下的基于高阶滑模和扩张状态观测器控制器 [式 (5.64)]，进行了数值仿真和蒙特卡罗仿真，

结果如图 5.34 ~ 图 5.38 所示。

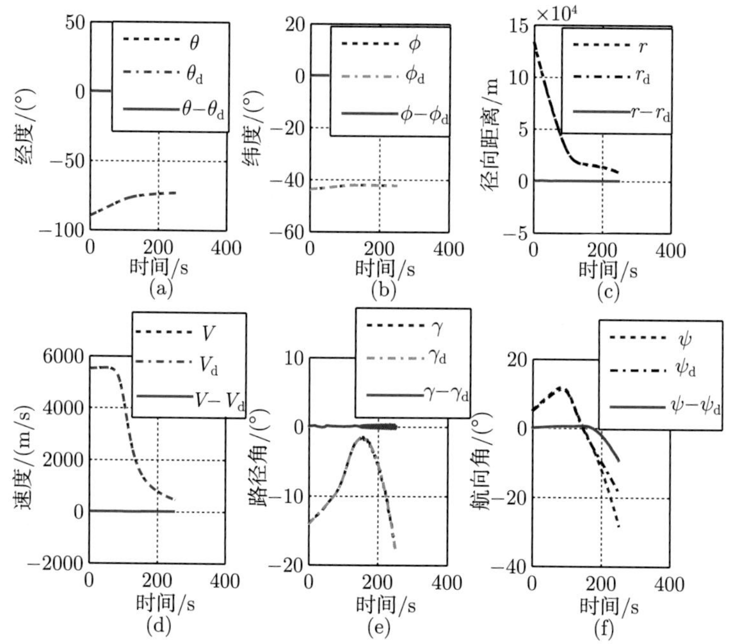

图 5.34 不考虑不确定情况下各变量参考轨迹、真实轨迹以及跟踪误差

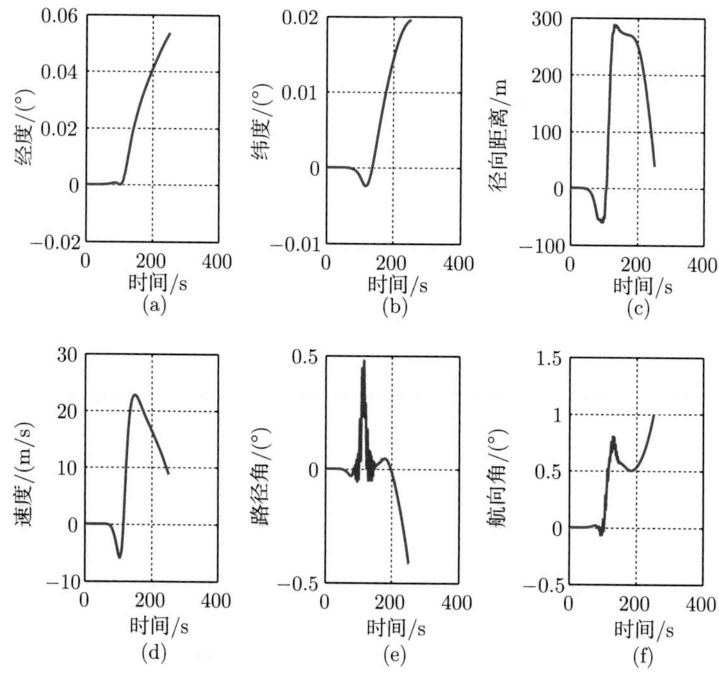

图 5.35 考虑不确定情况下各变量跟踪误差

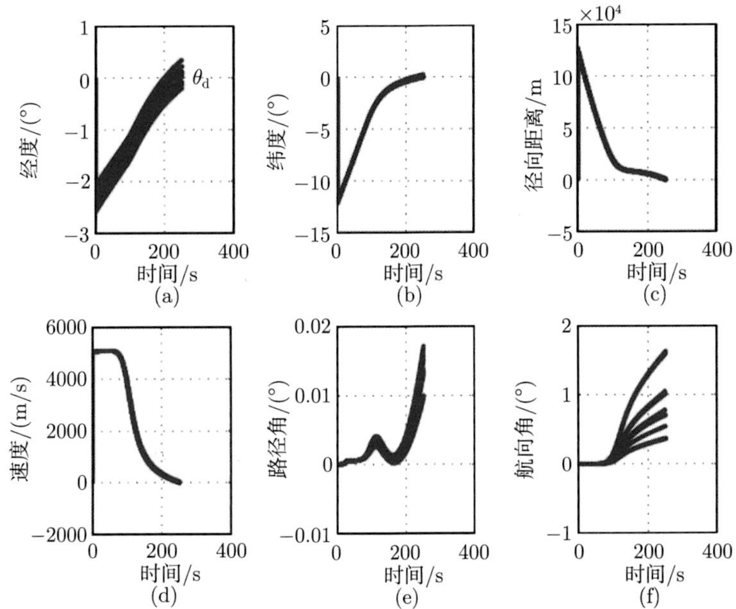

图 5.36 探测器 1000 次蒙特卡罗仿真各变量跟踪误差

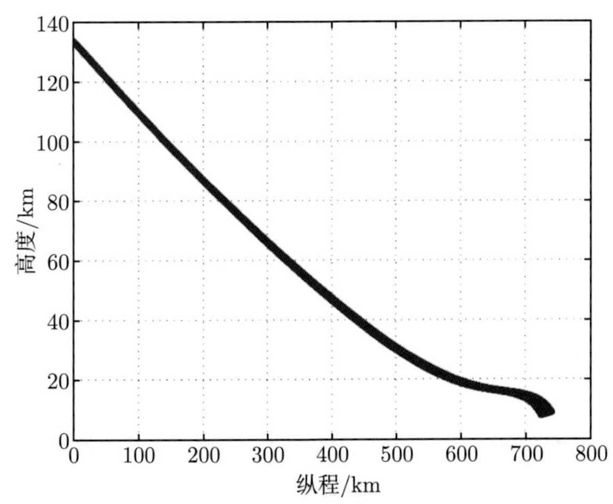

图 5.37 探测器 1000 次蒙特卡罗仿真着陆轨迹

图 5.34 为在不考虑不确定情况下，火星探测器大气进入段轨迹跟踪系统中各变量参考值、真实值以及跟踪误差。图 5.35 为火星探测器的各变量跟踪误差。

对火星探测器在大气进入段过程中存在火星大气密度不确定、气动参数不确定等情况下进行 1000 次蒙特卡罗仿真，仿真结果如图 5.36 ~ 图 5.38 所示。仿真数据如表 5.7 所示。图 5.36 为火星探测器的各变量跟踪误差进行 1000 次蒙特卡罗仿真的结果。图 5.37 显示的是 1000 次蒙特卡罗仿真着陆轨迹。图 5.38 为 1000 次蒙特卡罗仿真开伞点的分散结果。由 1000 次蒙特卡罗仿真结果可以看到，在高阶滑模控制器 [式 (5.58)] 作用下，有 99.53% 的概率能保证探测器最终到达目标开伞点的 10km 范围内。这个精度是能够达到火星探测着陆任务需求的。

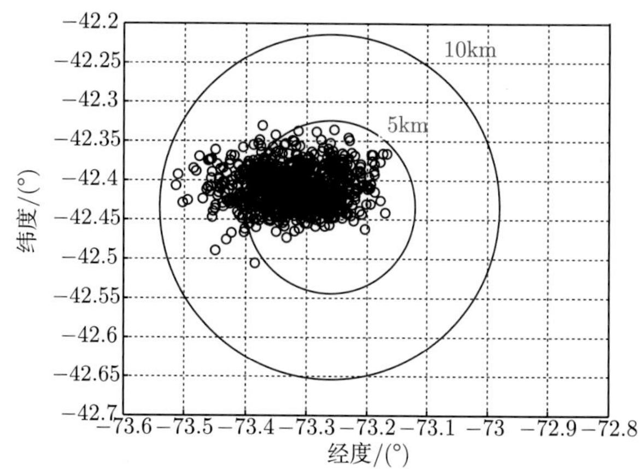

图 5.38　探测器 1000 次蒙特卡罗仿真的开伞点分散结果

2. 不同控制器的仿真结果比较

1) 基于高阶滑模和扩张状态观测器的控制效果

在考虑火星大气密度不确定和气动参数不确定等的情况下，为了验证所提出的结合高阶滑模和扩张状态观测器的控制器 [式 (5.64)] 的控制效果，本节采用美国火星探测器“好奇号”的数据，进行数值仿真和 1000 次蒙特卡罗仿真。控制器 [式 (5.64)] 的仿真结果如图 5.39 ~ 图 5.43 所示。

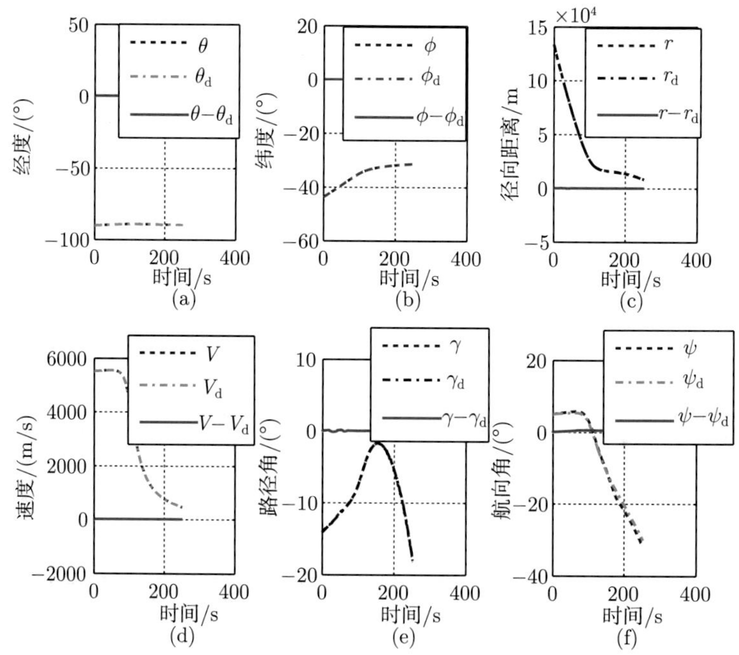

图 5.39　不确定情况下各变量参考轨迹、真实轨迹以及跟踪误差

图 5.39 为在考虑火星探测器系统存在火星大气密度不确定以及气动参数不确定等的情况下，大气进入段轨迹跟踪系统中各变量参考值、真实值以及跟踪误差。图 5.40 为火星探

测器的各变量跟踪误差。

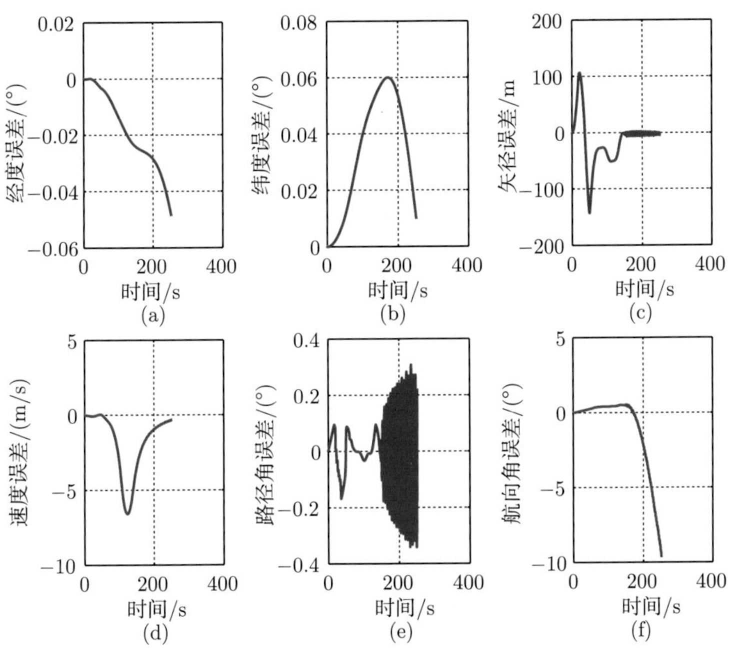

图 5.40　不确定情况下各变量跟踪误差

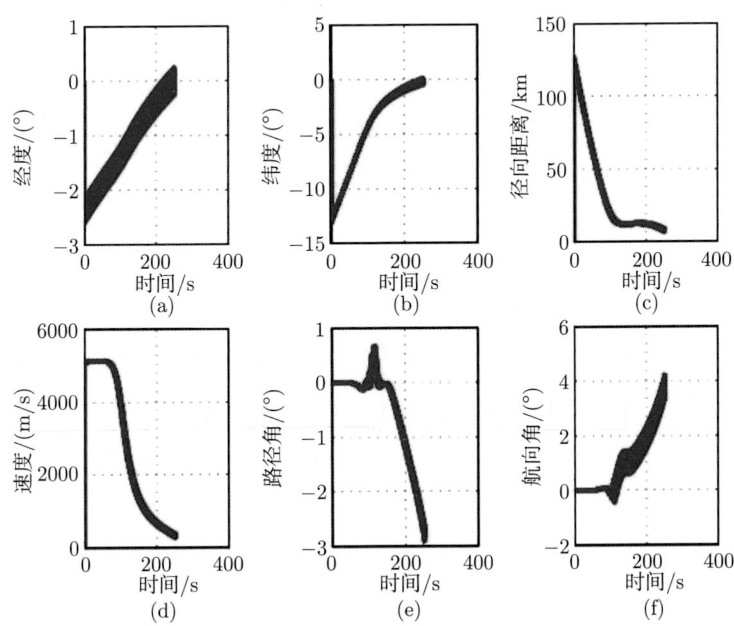

图 5.41　不确定情况下探测器 1000 次蒙特卡罗仿真的各变量跟踪误差

对火星探测器在大气进入段过程中存在火星大气密度不确定以及气动参数误差等情况下进行 1000 次蒙特卡罗仿真，仿真结果如图 5.41 ~ 图 5.43 所示。仿真数据如表 5.7 所示。

图 5.41 为火星探测器的各变量跟踪误差进行 1000 次蒙特卡罗仿真的结果。图 5.42 显示的是 1000 次蒙特卡罗仿真着陆轨迹。图 5.43 为 1000 次蒙特卡罗仿真的开伞点的分散结果。由 1000 次蒙特卡罗仿真的仿真结果可以看到，在高阶滑模控制器 [式 (5.64)] 的作用下，有 99.53% 的概率能保证探测器最终到达目标开伞的 10km 范围内。这个精度是能够满足火星探测着陆任务需求的。

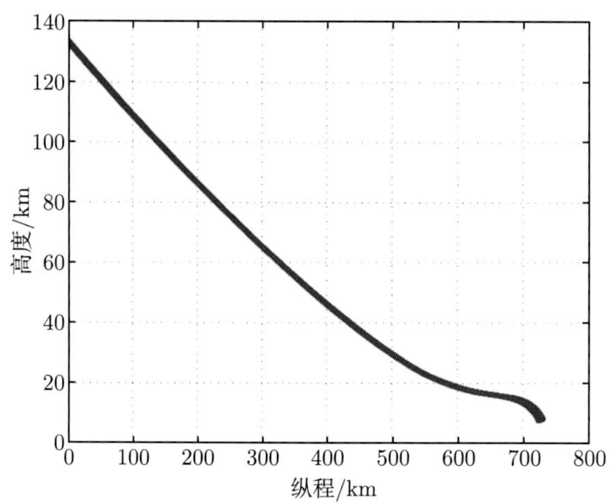

图 5.42　不确定情况下探测器 1000 次蒙特卡罗仿真的着陆轨迹

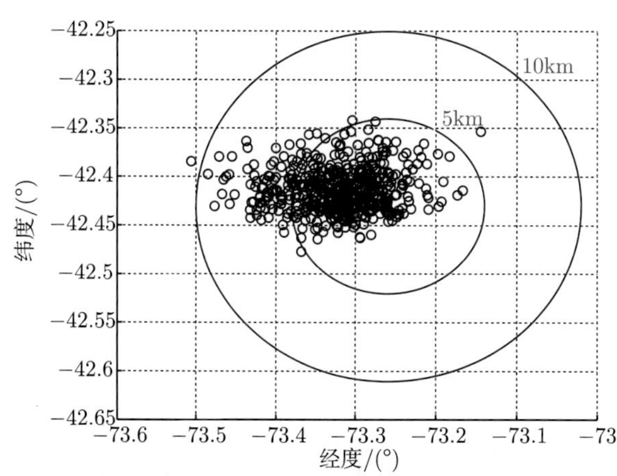

图 5.43　不确定情况下探测器 1000 次蒙特卡罗仿真的开伞点分散结果

2) 基于高阶滑模不加扩张状态观测器的控制效果

为了进一步验证所提出的高阶滑模控制器 [式 (5.64)] 的控制效果，进行了对比仿真。在上述相同的仿真条件下，对不采用扩张状态观测器的高阶滑模控制器 [式 (5.58)] 进行了数值仿真和 1000 次蒙特卡罗仿真，仿真结果如图 5.44 ~ 图 5.48 所示。

图 5.44 显示的是在存在火星大气密度不确定和气动参数不确定的情况下，火星探测器大气进入段轨迹跟踪系统中各变量参考值、真实值以及跟踪误差。图 5.45 为火星探测器的大气进入段轨迹跟踪系统中各变量的跟踪误差。

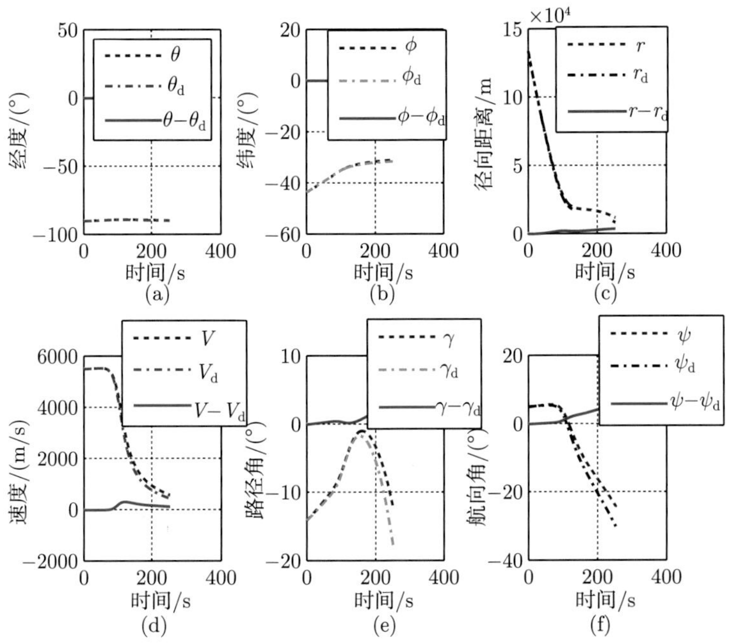

图 5.44 不确定情况下各变量参考轨迹、真实轨迹以及跟踪误差

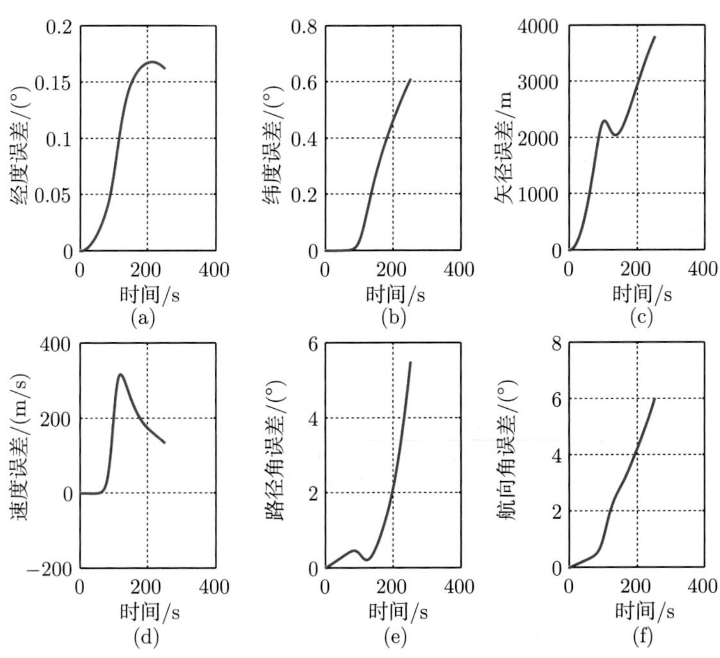

图 5.45 不确定情况下各变量跟踪误差

图 5.46 ~ 图 5.48 为火星探测器大气进入段轨迹跟踪控制系统在存在火星大气密度不确定和气动参数不确定的情况下，进行 1000 次蒙特卡罗仿真的结果。图 4.46 为火星探测器 1000 次蒙特卡罗仿真的各变量跟踪误差。图 5.47 为火星探测器 1000 次蒙特卡罗仿真的着陆轨迹。图 5.48 为火星探测器 1000 次蒙特卡罗仿真的开伞点分散结果。从蒙特卡罗仿真的

结果可以看到，在存在火星大气密度不确定、升阻比扰动、大气进入点误差和建模误差的情况下，大约有 97.1% 的概率能保证探测器最终到达目标开伞点的 10km 范围内。

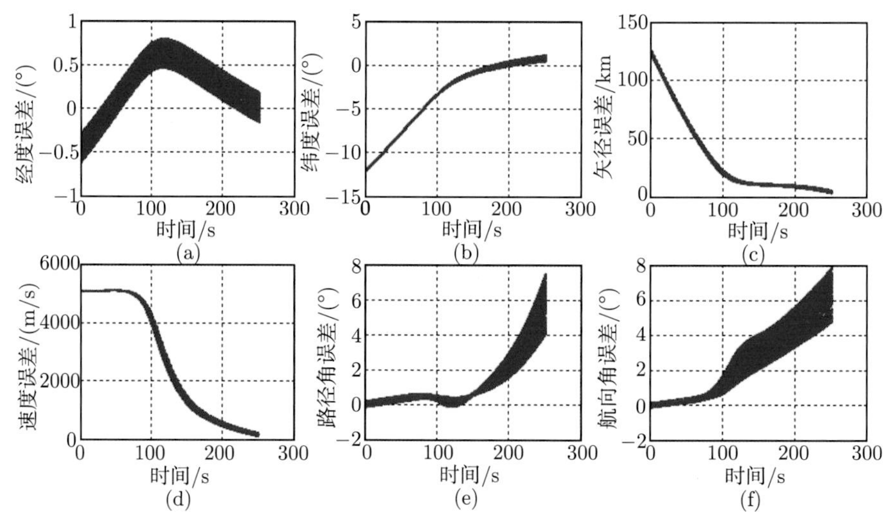

图 5.46 不确定情况下探测器 1000 次蒙特卡罗仿真的各变量跟踪误差

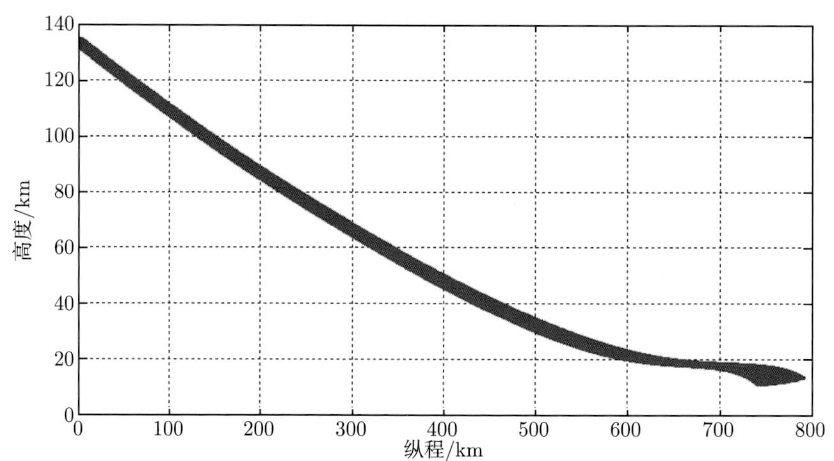

图 5.47 不确定情况下探测器 1000 次蒙特卡罗仿真的着陆轨迹

为了验证所提出的控制器 [式 (5.64)] 的有效性，在进行的对比仿真中，除了式 (5.58) 中的 $\tilde{f}$ 用扩张状态观测器的输出 z_3 进行估计，没有修改任何参数。

本节中，式 (5.64) 和式 (5.58) 对应的控制器的仿真结果如图 5.39 ~ 图 5.48 所示。式 (5.64) 对应的控制器的 1000 次蒙特卡罗仿真的开伞点分散结果 (图 5.43)，明显优于 (5.58) 对应的控制器的开伞点分散结果 (图 5.48)，即本节所提出的结合扩张状态观测器和高阶滑模控制技术的复合控制器具有更高的开伞点精度，同时，具有快速、精确的跟踪性能。因此，在存在火星大气密度不确定和气动参数不确定等的情况下，本节所设计的控制算法 [式 (5.64)] 比控制器 [式 (5.58)] 更有效。

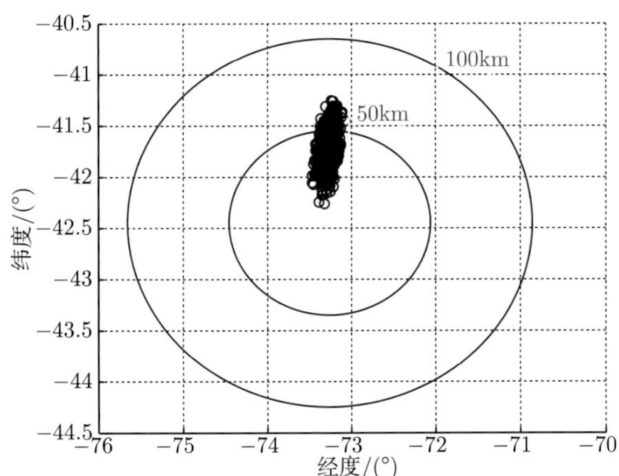

图 5.48 不确定情况下探测器 1000 次蒙特卡罗仿真的开伞点分散结果

注 5.13 从上述仿真结果的比较中可以明显看出，采用扩张状态观测器结合高阶滑模控制技术的复合控制方案 [式 (5.64)] 与控制器 [式 (5.58)] 相比，具有更加快速、更加精确的跟踪性能，即使是火星探测器大气进入段轨迹跟踪系统中存在火星大气密度不确定和气动参数不确定等的情况下。由于实际中总扰动项 $\tilde{f}(x,t)$ 是未知的，所提出的控制器方案 u_{ESO} 中的扩张状态观测器对总扰动项 $\tilde{f}(x,t)$ 进行快速、精确估计，从而，不需要 $\tilde{f}(x,t)$ 的测量信息，节省了能量。

本节分析火星探测器在大气进入段存在干扰的情况下轨迹跟踪控制问题的特点，结合自抗扰技术，采用扩张状态观测器对产生总扰动项进行估计，实现火星探测器高性能轨迹跟踪控制。最后，本节进行了仿真试验，验证了控制算法的有效性。对比没有采用扩张状态观测器的高阶滑模控制方案，本节提出的控制方案具有更高的着陆精度，同时具有更好的抗干扰能力。

5.4 基于非奇异全阶滑模和扩张状态观测器的进入段轨迹跟踪控制

针对火星探测器大气进入段轨迹跟踪控制问题，5.2 节给出了考虑火星大气密度不确定情况下轨迹跟踪控制方案，5.3 节给出了同时考虑火星大气密度不确定和气动参数不确定情况下轨迹跟踪控制方案。本节将在此基础上，综合考虑火星大气密度不确定、气动参数不确定以及初始进入点误差的影响，研究火星探测器系统大气进入段轨迹跟踪控制问题。

由于大气进入误差和着陆误差可由导航误差、火星大气密度不确定以及火星探测器的气动参数不确定等因素产生，而且，这些未知的不确定扰动因素，不能完全有效地抑制和减少，因此会导致几百米量级的着陆误差 [67]。初始进入点误差对整个着陆精度的影响非常大[71]。对于精确着陆任务，这些不确定扰动因素是必须要考虑的。

在传统的滑模控制系统中，滑模面往往都会降阶。于是处理滑模控制的应用就会出现两个主要问题：终端滑模控制系统的奇异性问题；传统线性滑模和终端滑模控制都会存在的抖振问题。为了解决上述存在的问题，本节采用非奇异全阶终端滑模控制方法，该方法首先是由 Feng 等在文献[265]中提出的。非奇异全阶终端滑模能够有效减弱抖振，同时具有避免奇异性的特点。由于在控制律中不会出现分数项，从而避免了奇异性。此外，连续的控制策略完成了减弱抖振的滑模控制。通过建立理想的滑模面，系统可以达到理想的全阶的而非降阶的动力学。因此，本节结合非奇异全阶终端滑模和扩张状态观测器，充分发挥非奇异全阶终端滑模的鲁棒性和精确性以及扩张状态观测器的快速性和实时性。

本节针对存在火星大气密度不确定气动参数不确定以及初始进入点误差不确定等因素的情况，研究了火星探测器系统大气进入段轨迹跟踪控制算法。采用扩张状态观测器来实时估计由这些不确定因素产生的总扰动，同时进行动态补偿。而且，不需要测量火星大气模型以及探测器的气动模型确切的误差信息。首先，设计了基于非奇异全阶滑模的控制方案，保证火星探测器大气进入段轨迹跟踪系统在有限时间内稳定。其次，分析火星大气密度不确定性、探测器气动参数不确定、初始状态偏差等因素对火星探测器轨迹跟踪系统的影响，利用扩张状态观测器 (ESO) 对产生的总扰动项进行精确估计并实时在线补偿。最后，结合非奇异全阶滑模的快速性和鲁棒性，从而实现了在存在气动环境复杂等的情况下，火星探测器大气进入段有限时间轨迹跟踪控制，精确到达预定的开伞点，为整个火星探测任务的完成提供支持。

5.4.1 问题描述

本节设计的非奇异全阶滑模控制技术结合扩张状态观测器技术，实现了火星探测器大气进入段轨迹跟踪控制的目标。本节的目的是设计非线性制导控制器使得火星探测器闭环系统的轨迹跟踪期望的探测器的高度和垂直方向的速度。

令

$$\begin{cases} x_1 = r - r_\mathrm{d} \\ x_2 = \dot{r} - \dot{r}_\mathrm{d} \end{cases} \tag{5.71}$$

其中，r_d 为探测器到火星球心的期望距离。

从而，对式 (5.71) 进行微分，结合火星进入段动力学方程，可得

$$\begin{cases} \dot{x}_1 = x_2 \\ \dot{x}_2 = f(x,t) + g(x,t)u \end{cases} \tag{5.72}$$

其中

$$\begin{cases} f(x,t) = -D\sin\gamma - g + \dfrac{V^2}{r}\cos^2\gamma + V\cos\gamma C_\gamma - \ddot{r}_\mathrm{d} \\ g(x,t) = L\cos\gamma \\ u = \cos\sigma \end{cases} \tag{5.73}$$

且

$$x = (\theta, \phi, r, V, \gamma, \psi)$$

5.4.2 主要结果

针对火星大气进入段，本节主要研究了一种新的非线性鲁棒制导方法，该方法是现有的非奇异全阶滑模[265]的一个具体应用。并且其能保证对于参数不确定性的鲁棒性，具有良好的控制性能目标。

1. 基于非奇异全阶滑模的有限时间控制方案设计

对非线性系统 [式 (5.72)] 进行滑模控制的任务是设计一个控制策略，使得理想的滑模运动在所描述的滑模面上，且使得式 (5.72) 在滑模面上渐近收敛到原点。假设所有常数都已知，同时函数 $f(x,t)$ 和 $g(x,t)$ 在式 (5.72) 中，各坐标为精确已知、实时可测的。

将式 (5.72) 对应的滑模面设计为以下形式[265]：

$$s = \dot{x}_2 + k_2\mathrm{sgn}(x_2)|x_2|^{\alpha_2} + k_1\mathrm{sgn}(x_1)|x_1|^{\alpha_1} \tag{5.74}$$

其中，k_1、k_2 和 α_1、α_2 为常数。k_1、k_2 的选择使得多项式 $k_1 + k_2 p$ 依据式 (5.72) 成为霍尔维兹 (Hurwitz) 多项式，即多项式的特征根全都在复平面的左半平面。α_1, α_2 可由以下条件确定：

$$\alpha_2 = \alpha, \quad \alpha_1 = \frac{\alpha}{2-\alpha}, \quad \alpha \in (1-\epsilon, 1); \epsilon \in (0,1) \tag{5.75}$$

理想的滑模面 $s=0$ 一旦确定，则非线性系统 (5.72) 将具有完全相同的形式，即

$$s = \dot{x}_2 + k_2\mathrm{sgn}(x_2)|x_2|^{\alpha_2} + k_1\mathrm{sgn}(x_1)|x_1|^{\alpha_1} = 0 \tag{5.76}$$

如果 α_1、α_2 在滑模面 (5.76) 上选择，则由式 (5.75) 确定；且在滑模面 (5.76) 中 k_1、k_2 的选择保证多项式 $k_1 + k_2 p$ 为霍尔维兹多项式。对于式 (5.72)，所建立的理想的滑模面 $s = 0$，能保证从任一初始条件 $x(0) \neq 0$，沿着滑模面 $s = 0$，在有限时间收敛到平衡点 $\boldsymbol{x} = [x_1, x_2]^{\mathrm{T}} = [0, 0]^{\mathrm{T}}$。

定理 5.4 对于非线性系统 [式 (5.72)] 在有限时间在达到滑模面 $s=0$ 且沿着滑模面 $s=0$ 在有限时间收敛到零，如果非奇异全阶滑模面 s 选择为 [式 (5.76)]，则控制器的设计如下：

$$\begin{aligned} u = g(x,t)^{-1}\left[-f(x,t) + \frac{k_T}{T}\mathrm{sgn}(s)(\mathrm{e}^{-Tt}-1)\right] \\ -k_2\mathrm{sgn}(x_2)|x_2|^{\alpha_2} - k_1\mathrm{sgn}(x_1)|x_1|^{\alpha_1} \end{aligned} \tag{5.77}$$

其中，k_1、k_2 以及 α_1、α_2 均为常数，且由式 (5.76) 定义；T 与 k_T 的值均为正常数。

证明 对于式 (5.72)，非奇异全阶滑模面式 [(5.76)] 可以改写成如下形式：

$$\begin{aligned} s &= \dot{x}_2 + k_2\mathrm{sgn}(x_2)|x_2|^{\alpha_2} + k_1\mathrm{sgn}(x_1)|x_1|^{\alpha_1} \\ &= f(x,t) + g(x,t)u + k_2\mathrm{sgn}(x_2)|x_2|^{\alpha_2} + k_1\mathrm{sgn}(x_1)|x_1|^{\alpha_1} \\ &= f(x,t) - f(x,t) - k_2\mathrm{sgn}(x_2)|x_2|^{\alpha_2} - k_1\mathrm{sgn}(x_1)|x_1|^{\alpha_1} \\ &\quad + \frac{k_T}{T}\mathrm{sgn}(s)(\mathrm{e}^{-Tt}-1) + k_2\mathrm{sgn}(x_2)|x_2|^{\alpha_2} \\ &\quad + k_1\mathrm{sgn}(x_1)|x_1|^{\alpha_1} = \frac{k_T}{T}\mathrm{sgn}(s)(\mathrm{e}^{-Tt}-1) \end{aligned} \tag{5.78}$$

于是，Lyapunov 函数选择为

$$V = \frac{s^2}{2}$$

对于非奇异全阶滑模 [式 (5.76)]，沿着式 (5.72) 对应的系统对时间 t 进行求导，结合式 (5.78) 可得

$$
\begin{aligned}
\dot{s} &= \left[\frac{k_T}{T}\mathrm{sgn}(s)(\mathrm{e}^{-Tt}-1)\right]' \\
&= \frac{k_T}{T}\mathrm{sgn}(s)\mathrm{e}^{-Tt}(-T) \\
&= \frac{k_T}{T}\mathrm{sgn}(s)(\mathrm{e}^{-Tt}-1)(-T) - \frac{k_T}{T}\mathrm{sgn}(s)T \\
&= -Ts - k_T\mathrm{sgn}(s)
\end{aligned}
\tag{5.79}
$$

因此

$$
\begin{aligned}
\dot{V} &= s\dot{s} \\
&= s[-Ts - k_T\mathrm{sgn}(s)] \\
&= -Ts^2 - k_T\mathrm{sgn}(s)s \leqslant -k_T|s| = -k_T V^{\frac{1}{2}}
\end{aligned}
\tag{5.80}
$$

由上式可得，式 (5.72) 可对应的系统在有限时间到达滑模面 $s=0$，证毕。

注 5.14 注意到 $g(x,t)^{-1} = (L\cos\gamma)^{-1}$，其中，$L = \dfrac{1}{2}\dfrac{\rho SC_L}{m}V^2 \neq 0$，且在整个火星大气进入段的 γ 都满足 $\gamma \in (0, 20^\circ)$，也就是说在式 (5.77) 对应的控制器中不存在奇异点。

2. 基于非奇异滑模和扩张状态观测器的有限时间控制方案设计

本节对于轨迹跟踪控制问题，提出一个更加实用的控制策略。由于非线性控制理论的进一步发展，基于观测器的控制器日益成为工业应用中比较受欢迎的方法之一。扩张状态观测器越来越多地应用在非线性动态估计方面。因此，针对存在火星大气密度不确定、气动参数不确定以及初始进入点误差等不确定因素的情况，火星大气进入段轨迹跟踪控制问题，提出了使用扩张状态观测器来估计补偿总扰动的思想，结合非奇异全阶滑模控制器，设计轨迹跟踪策略。

考虑式 (5.72) 包含如下形式的参数不确定：火星大气密度不确定 $\rho = \rho_0 + \Delta\rho$；气动参数不确定 $L/D = (L/D)_0 + \Delta(L/D)$。其中，$\rho_0$、$(L/D)_0$ 分别为标称的火星大气密度、升阻比；$\Delta\rho$，$\Delta(L/D)$ 分别表示火星大气密度不确定和气动参数不确定。同时，注意到 $\Delta(L/D) = \Delta\left[\left(\dfrac{1}{2}\dfrac{\rho SC_{\mathrm{L}}}{m}V^2\right)\Big/\left(\dfrac{1}{2}\dfrac{\rho SC_{\mathrm{D}}}{m}V^2\right)\right] = \Delta(C_{\mathrm{L}}/C_{\mathrm{D}})$，则可得 $C_{\mathrm{L}} = C_{\mathrm{L0}} + C_{\mathrm{D0}}\Delta(L/D), C_D = C_{\mathrm{D0}} + C_{\mathrm{L0}}\Delta(D/L)$，其中，$C_{\mathrm{D0}}$ 和 C_{L0} 为标称的阻力和升力系数。

因此，根据式 (5.72)，可得

$$
\begin{cases}
\dot{x}_1 = x_2 \\
\dot{x}_2 = \tilde{f}(x,t) + \tilde{g}(x,t)u
\end{cases}
\tag{5.81}
$$

其中，

$$
\begin{aligned}
\tilde{f}(x,t) = &-\frac{(\rho_0+\Delta\rho)S[C_{\mathrm{D0}} + C_{\mathrm{L0}}(\Delta(D/L)]}{2m}V^2\sin\gamma \\
&-g + \frac{V^2}{r}\cos^2\gamma + V\cos\gamma C_\gamma - \ddot{r}_{\mathrm{d}}
\end{aligned}
$$

$$+\frac{\Delta\rho C_{\mathrm{L0}}+(\rho_0+\Delta\rho)C_{\mathrm{D0}}\Delta(L/D)}{2m}uSV^2\cos\gamma$$

$$\tilde{g}(x,t)=\frac{\rho_0 SC_{\mathrm{L0}}}{2m}V^2\cos\gamma \tag{5.82}$$

注 5.15 可以看到，如果存在动态状态反馈控制使得闭环系统 [式 (5.81)] 的解能保证 $\lim\limits_{t\to\infty}[x_1\ (t),x_2(t)]=0$，则跟踪控制目标得以实现。因此，参考轨迹跟踪控制问题是解包含不确定性和扰动的非线性系统 [式 (5.81)] 的稳定性问题。

扩张状态观测器将系统模型中不确定性和外部扰动作为扩张的状态去估计。因此，观测器的设计是为了估计非线性系统 [式 (5.81)] 中的总扰动 $\tilde{f}(x,t)$。

因此，将总扰动 $\tilde{f}(x,t)$ 作为扩张的状态，根据式 (5.81) 可得

$$\begin{cases}\dot{x}_1=x_2\\ \dot{x}_2=x_3+\tilde{g}u\\ \dot{x}_3=\omega(t)\\ y=x_1\end{cases} \tag{5.83}$$

其中，ω 为 $\tilde{f}(x,t)$ 的导数。从而，系统 [式 (5.83)] 的扩张状态观测器可得到以下形式：

$$\begin{cases}e=z_1-y\\ \dot{z}_1=z_2-\beta_{01}e\\ \dot{z}_2=z_3-\beta_{02}fal(e,d,\delta)+\tilde{g}u\\ \dot{z}_3=-\beta_{03}fal(e,d_1,\delta)\end{cases} \tag{5.84}$$

其中，e 为扩张状态观测器的估计误差；z_1、z_2 以及 z_3 为观测器的输出；β_{01}、β_{02} 以及 β_{03} 为观测器的增益。

函数 $fal(\cdot)$ 定义为

$$fal(e,d,\delta)=\begin{cases}|e|^d\mathrm{sgn}(e), & |e|>\delta\\ e/\delta^{1-d}, & \text{其他}\end{cases} \tag{5.85}$$

其中，$0<d$；$\delta>0$。

选取合适的 β_{01}、β_{02}、β_{03}、d、δ，可使得控制器的输出 z_3 逼近 $\tilde{f}(x,t)$。同时，z_2、z_1 分别逼近 x_2、x_1。

由大气密度不确定和气动参数不确定引起的总的扰动 $\tilde{f}(x,t)$ 用扩张状态观测器来进行估计补偿，应用非奇异全阶滑模控制策略，得到新的控制器设计：

$$\begin{aligned}u_{\mathrm{ESO}}=\tilde{g}(x,t)^{-1}\Big[&-z_3+\frac{k_T}{T}\mathrm{sgn}(s)(\mathrm{e}^{-Tt}-1)\\ &-k_2\mathrm{sgn}(x_2)|x_2|^{\alpha_2}-k_1\mathrm{sgn}(x_1)|x_1|^{\alpha_1}\Big]\end{aligned} \tag{5.86}$$

其中，k_1、k_2 以及 α_1、α_2 均为常数，其定义如式 (5.76) 所示；T 和 k_T 的值均为正常数。

注 5.16 z_3 在式 (5.86) 中是至关重要的。可以看到，z_3 可以估计 (或者说是跟踪) 总扰动，这些扰动包括模型不确定性、外部扰动或者系统实时在线受到的扰动等。因此，z_3 可以用

来估计由未知扰动引起的总扰动，在反馈过程中，也就可以用 z_3 来补偿总扰动。

闭环系统 [式 (5.81)] 的稳定性可以由以下定理保证。

定理 5.5 闭环系统 [式 (5.81)]、控制律 [式 (5.86)]、扩张状态观测器 [式 (5.84)]，存在观测器增益 β_{01}、β_{02}、β_{03}、d、d_1、δ，使得观测器估计的状态 z_1、z_2、z_3 相对应收敛于真实的状态 x_1、x_2、$\tilde{f}(x,t)$，且闭环系统的轨迹能到达滑模面且收敛于原点的一个邻域。

证明 为了验证闭环系统的稳定性，首先必须验证观测器的误差动力学的稳定性。令观测器的误差为

$$\begin{cases} e_1 = z_1 - x_1 \\ e_2 = z_2 - x_2 \\ e_3 = z_3 - \tilde{f}(x,t) \end{cases} \tag{5.87}$$

则观测器的误差动力学表示为以下形式：

$$\begin{cases} \dot{e}_1 = e_2 - \beta_{01} e_1 \\ \dot{e}_2 = e_3 - \beta_{02} fal(e_1, d, \delta) \\ \dot{e}_3 = -\omega(t) - \beta_{03} fal(e_1, d_1, \delta) \end{cases} \tag{5.88}$$

扩张状态观测器的稳定性，可以通过选择合适的参数 β_{01}、β_{02}、β_{03} 得到。若观测器是稳定的，则其导数满足 $[\dot{e}_1, \dot{e}_2, \dot{e}_3]^{\mathrm{T}} = 0$。

注意到式 (5.85)，若 $|e_1| > \delta$，则观测器的误差为

$$\begin{cases} |e_1| = |\omega(t)/\beta_{03}|^{1/d_1} \\ |e_2| = \beta_{01} |\omega(t)/\beta_{03}|^{1/d_1} \\ |e_3| = \beta_{02} |\omega(t)/\beta_{03}|^{d/d_1} \end{cases} \tag{5.89}$$

另外，若 $|e_1| \leqslant \delta$，则观测器的误差为

$$\begin{cases} |e_1| = |\omega(t)\delta^{1-d_1}|/\beta_{03} \\ |e_2| = \beta_{01} |\omega(t)\delta^{1-d_1}|/\beta_{03} \\ |e_3| = \beta_{02} |\omega(t)\delta^{d-d_1}|/\beta_{03} \end{cases} \tag{5.90}$$

从式 (5.89) 和式 (5.90) 可知，观测器估计的误差可以由参数 β_{01}、β_{02}、β_{03}、d、d_1、δ 决定。首先，可以选择参数满足 $\beta_{01} > 0, \beta_{02} > 0, \beta_{03} > 0, 0 < d, d_1 < 1, \delta > 0$。进一步，合适的 β_{03} 可以选择得充分大，从而使得 $|\omega(t)/\beta_{03}|$ 充分小，即使 $\omega(t)$ 未知。当然，β_{01}、β_{02} 可以选择得充分小，从而使得观测器估计误差 e_3 尽可能地小。在式 (5.89) 中，d、d_1 的值越小，观测器的估计误差越小，从而越稳定。因此，通过调整这些参数的合适值，就能使得观测器的估计误差 e_1、e_2 和 e_3 充分小，即观测器的估计值 z_1、z_2、z_3 相对应地收敛于真实的状态 x_1、x_2、$\tilde{f}(x,t)$。

上述已经证明观测器的估计误差收敛于零点的小邻域，接下来要证明系统的状态在有限时间内收敛于零。基于扩张状态观测器式 [(5.84)]、非奇异全阶滑模面式 [(5.76)]，可得

$$
\begin{aligned}
s &= \dot{x}_2 + k_2\mathrm{sgn}(x_2)|x_2|^{\alpha_2} + k_1\mathrm{sgn}(x_1)|x_1|^{\alpha_1} \\
&= \tilde{f}(x,t) - z_3 + \frac{k_T}{T}\mathrm{sgn}(s)(\mathrm{e}^{-Tt}-1) \\
&= -e_3 + \frac{k_T}{T}\mathrm{sgn}(s)(\mathrm{e}^{-Tt}-1)
\end{aligned} \tag{5.91}
$$

Lyapunov 函数选择为

$$V_2 = \frac{s^2}{2}$$

因此

$$
\begin{aligned}
\dot{V}_2 &= s\dot{s} = s\left\{-\dot{e}_3 + \left[\frac{k_T}{T}\mathrm{sgn}(s)(\mathrm{e}^{-Tt}-1)\right]'\right\} \\
&= s[-\dot{e}_3 - Ts - k_T\mathrm{sgn}(s)] \\
&= -s\dot{e}_3 - Ts^2 - k_T|s|
\end{aligned} \tag{5.92}
$$

观测器是稳定的，$z_3(t)$ 收敛于 $\tilde{F}(x,\Delta x,t)$，即 $\dot{e}_3$ 收敛于原点的邻域。

选择合适的 T、k_T，使得 $\dot{V}_2<0$，当 V_2 在有界区域以外包含平衡点时。因此，可以得出结论：由于在滑模面上运动的有界性，闭环系统的状态 x_1、x_2 将收敛于原点的邻域，也就是说状态 x_1、x_2 一致最终有界。

注 5.17 式 (5.81) 可以利用非奇异滑模得到收敛[265]。然而，为了抑制不确定性和扰动，控制输入可能导致剧烈的抖振，这在实际应用中是最不愿意看到的。因此，采用扩张状态观测器来估计由不确定性和扰动引起的总误差，并且在控制输入中进行补偿，从而减小了抖振和控制的能量。

注 5.18 由于在任一实际系统中，观测器都不能完美地跟踪信号，因此，渐近稳定性是缺失的，仅能保证在滑模面上的有界状态是稳定的。因此，不能严格地分析滑模动力学的稳定性。在式 (5.92) 中，滑模面的边界层受到扩张状态观测器的影响。于是，扩张状态观测器参数的选择至关重要，它不仅决定了扩张状态观测器估计总扰动的性能，而且影响滑模面的性能。关于扩张状态观测器参数选择方面的内容，请参考文献[264]。

5.4.3 仿真与分析

根据着陆高度的需求，本节仿真中开伞点的高度保持在 8.1 ~ 12km，开伞点的速度不超过 450m/s。本节中仿真结束条件：探测器高度为 $h=8.1$km，或者探测器的速度为 $V=450$ m/s，当有一个条件满足时，仿真终止。

为了验证所提出制导方案的鲁棒性，在大气进入段的初始进入点存在偏差和建模误差的情况下，进行了 1000 次蒙特卡罗仿真。升力和阻力系数的偏差作为高斯分布的随机取值，与进入点状态分散类似，它们的分散率为 ±30%。同时，大气密度分散模仿随机乘数因素，大气密度分散率为 ±40%。初始状态变量的真实值与标准差如表 5.8 所示。

表 5.8　蒙特卡罗仿真参数

参数	$\theta_i/(^\circ)$	$\phi_i/(^\circ)$	h_i/km	V_i/(m/s)
取值	−90.072	−43.898	133.56	5505
3σ	0.15	0.03	2.306	2.85
参数	$\gamma_i/(^\circ)$	$\psi_i/(^\circ)$	ρ	L/D
取值	−14.15	4.99	大气模型	0.24
3σ	0.15	0.23	13.3%	0.03

1. 基于非奇异全阶滑模和扩张状态观测器的控制效果

在不考虑火星大气密度不确定、气动参数不确定和初始进入点误差等的情况下，对本章所提出的非奇异全阶滑模结合扩张状态观测器的控制方案 [式 (5.86)]，采用美国火星探测器“好奇号”的数据，进行了数值仿真和 1000 次蒙特卡罗仿真。式 (5.77) 对应的控制器的仿真结果如图 5.49 ~ 图 5.54 所示。

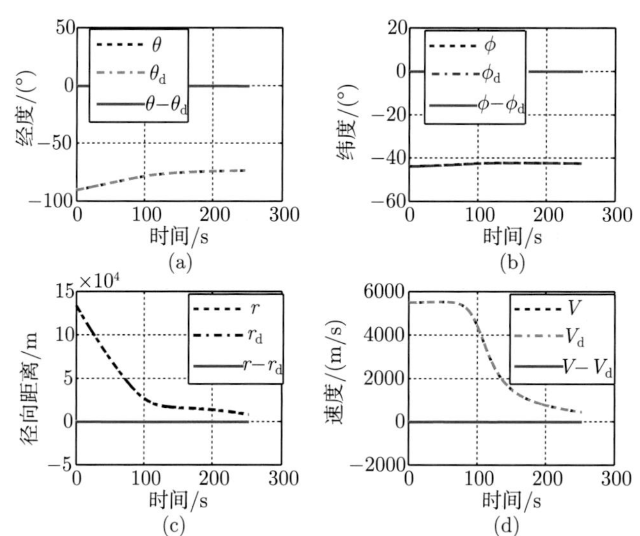

图 5.49　不考虑不确定情况下各变量参考轨迹、真实轨迹以及跟踪误差

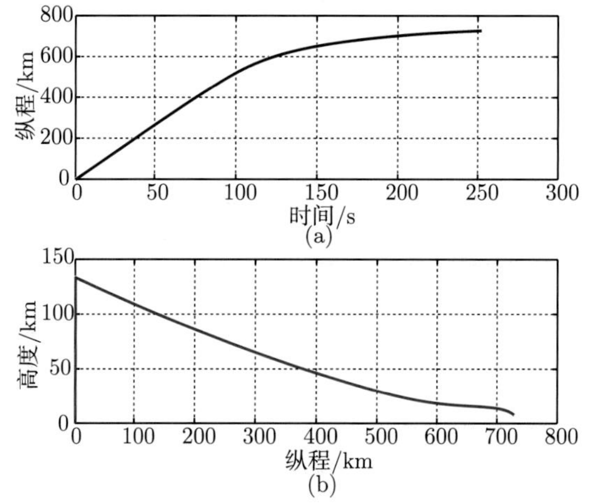

图 5.50　不考虑不确定情况下真实的着陆航程和着陆轨迹

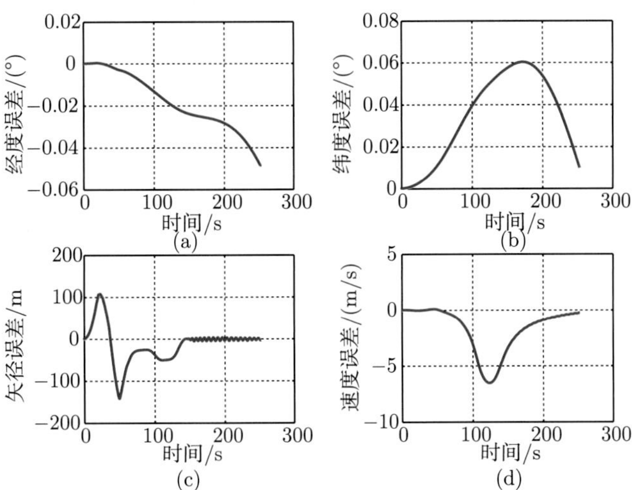

图 5.51 不考虑不确定情况下各变量跟踪误差

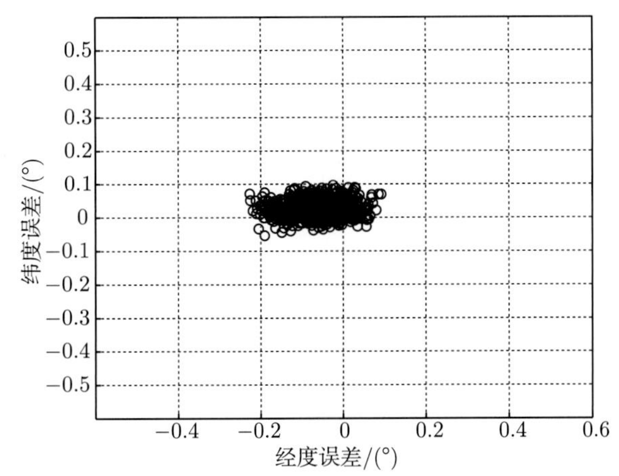

图 5.52 探测器 1000 次蒙特卡罗仿真的开伞点经纬度误差

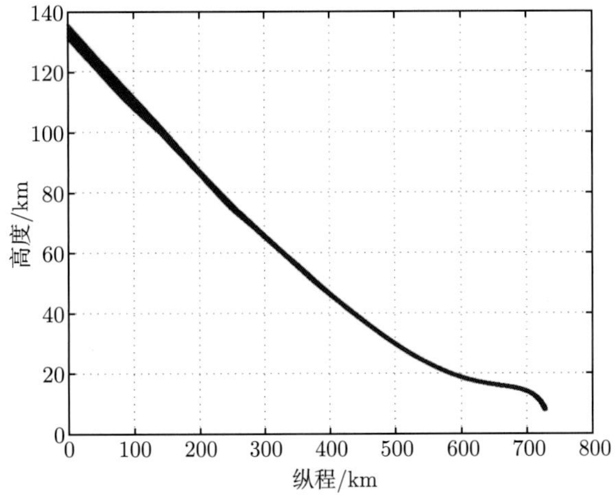

图 5.53 探测器 1000 次蒙特卡罗仿真的真实着陆轨迹

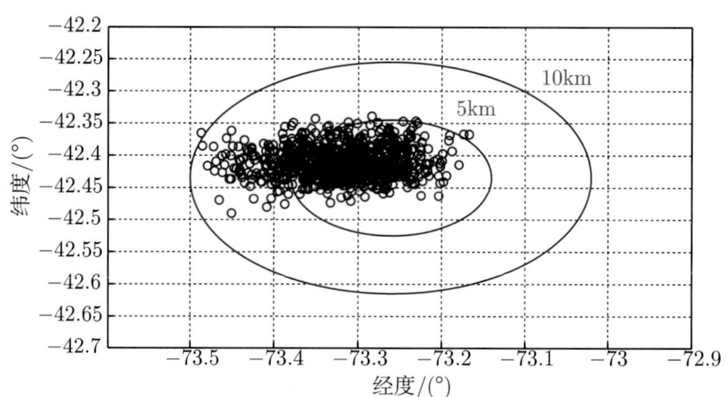

图 5.54 探测器 1000 次蒙特卡罗仿真的开伞点分散结果

图 5.49 为在不考虑火星大气密度不确定情况下，火星探测器大气进入段轨迹跟踪系统中各变量参考值、真实值以及跟踪误差。图 5.50 为探测器真实的着陆航程和探测器轨迹。图 5.51 为火星探测器的各变量跟踪误差。图 5.52 为 1000 次蒙特卡罗仿真的开伞点经纬度误差。图 5.53 为 1000 次蒙特卡罗仿真的真实着陆轨迹。图 5.54 为 1000 次蒙特卡罗仿真的开伞点分散结果。由 1000 次蒙特卡罗仿真的仿真结果可以看到，在式 (5.77) 对应的非奇异全阶滑模控制器的作用下，大约有 99.9% 的概率能保证探测器最终到达目标开伞点的 10km 范围内。这个精度是能够满足火星探测着陆任务需求的。

2. 不同控制器的仿真结果比较

1) 基于非奇异全阶滑模和扩张状态观测器的控制效果

为了验证本章所提出的结合非奇异全阶滑模和扩张状态观测器的控制器 [式 (5.86)] 的控制效果，在存在火星大气密度不确定、气动参数不确定以及初始进入点误差等的情况下，采用美国火星探测器“好奇号”的数据，进行数值仿真和 1000 次蒙特卡罗仿真。式 (5.86) 对应的控制器的仿真结果如图 5.55 ~ 图 5.62 所示。

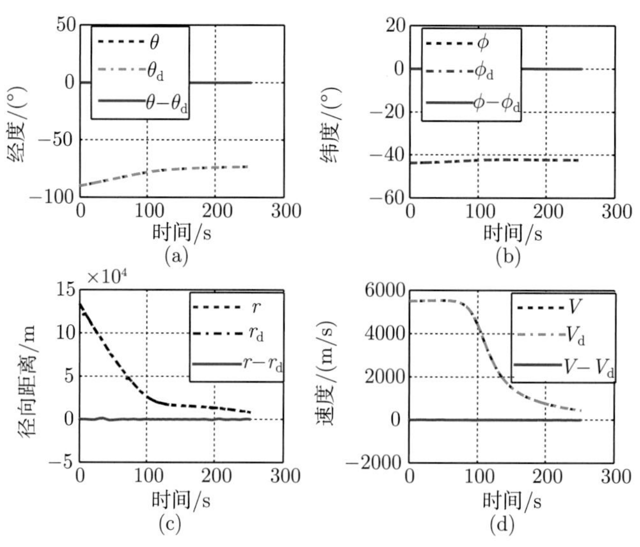

图 5.55 不确定情况下各变量参考轨迹、真实轨迹以及跟踪误差

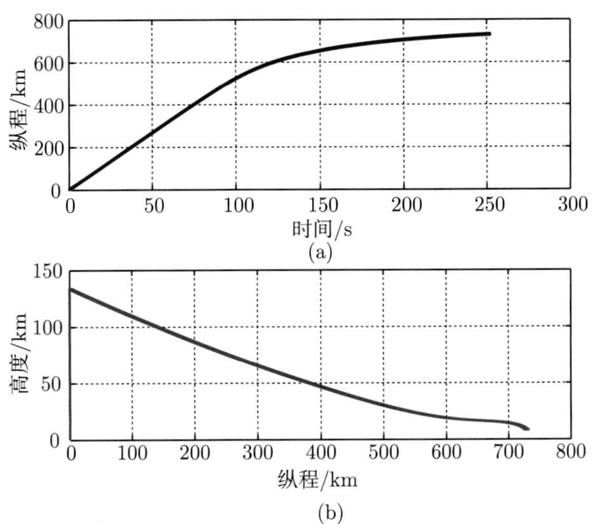

图 5.56　不确定情况下真实的着陆航程和着陆轨迹

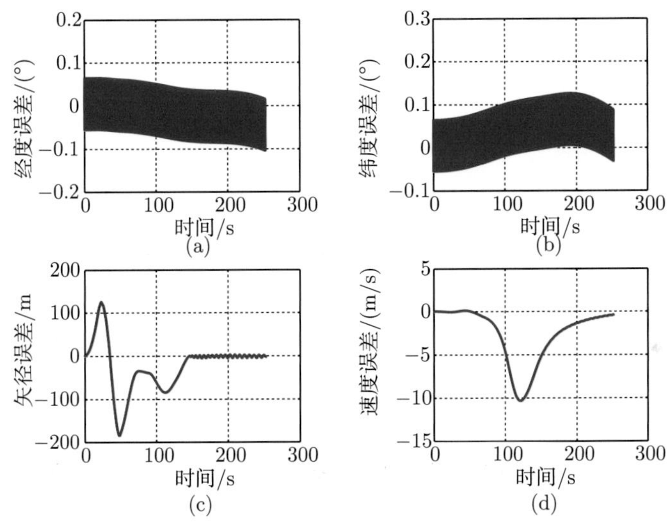

图 5.57　不确定情况下各变量跟踪误差

图 5.55 为式 (5.86) 对应的控制器在存在火星大气密度不确定、气动参数不确定以及初始进入点误差等的情况下，火星探测器大气进入段轨迹跟踪系统中各变量参考值、真实值以及跟踪误差。图 5.56 为火星探测器大气进入段真实的着陆航程和着陆轨迹。图 5.57 为火星探测器的大气进入段轨迹跟踪系统中各变量的跟踪误差。图 5.58 ~ 图 5.60 为火星探测器大气进入段轨迹跟踪控制系统，进行 1000 次蒙特卡罗仿真的结果。图 5.58 为火星探测器 1000 次蒙特卡罗仿真下的开伞点经纬度误差。图 5.59 为火星探测器 1000 次蒙特卡罗仿真下的真实着陆轨迹。图 5.60 为火星探测器 1000 次蒙特卡罗仿真的分散结果。从蒙特卡罗仿真的结果可以看到，即使是在存在火星大气密度不确定、升阻比扰动、大气进入点误差和建模误差的情况下，大约有 98.2% 的概率能保证探测器最终到达目标开伞点的 10km 范围内。因此，

式 (5.86) 对应的控制器具有较强的鲁棒性。

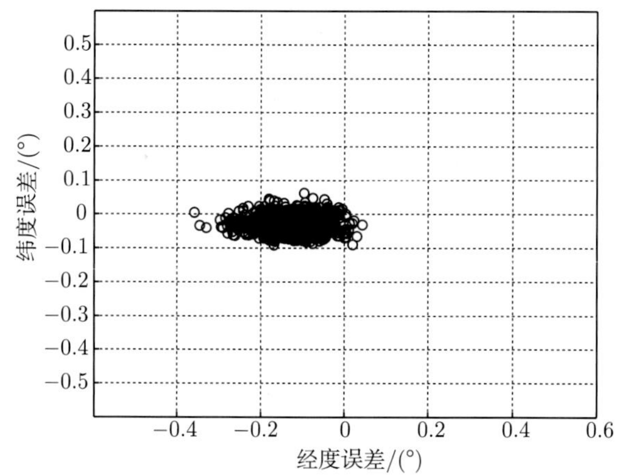

图 5.58 不确定情况下 1000 次蒙特卡罗仿真的经纬度误差

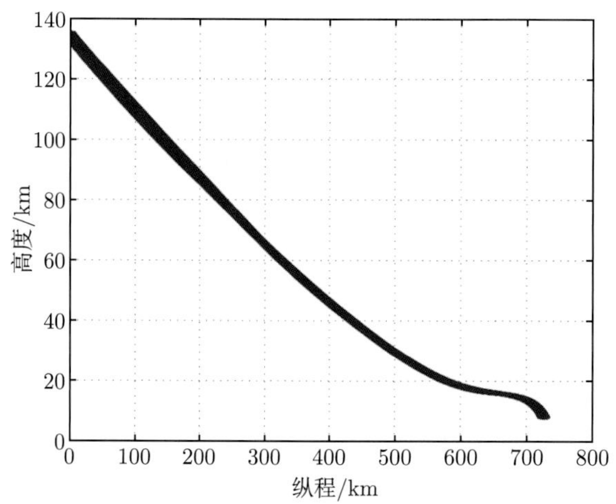

图 5.59 不确定情况下 1000 次蒙特卡罗仿真的真实着陆轨迹

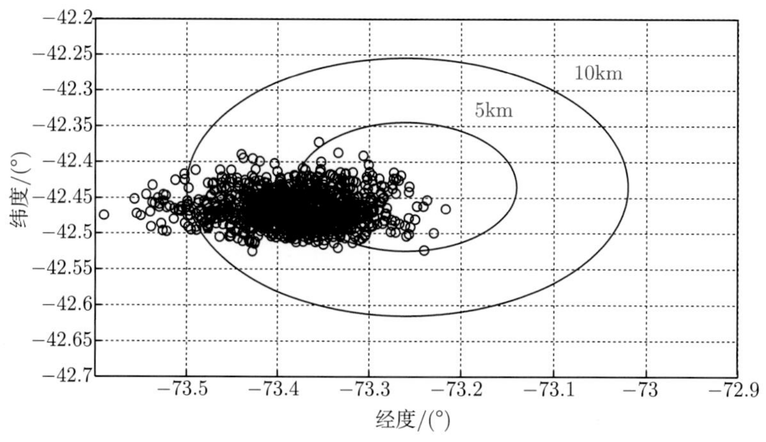

图 5.60 不确定情况下 1000 次蒙特卡罗仿真的分散结果

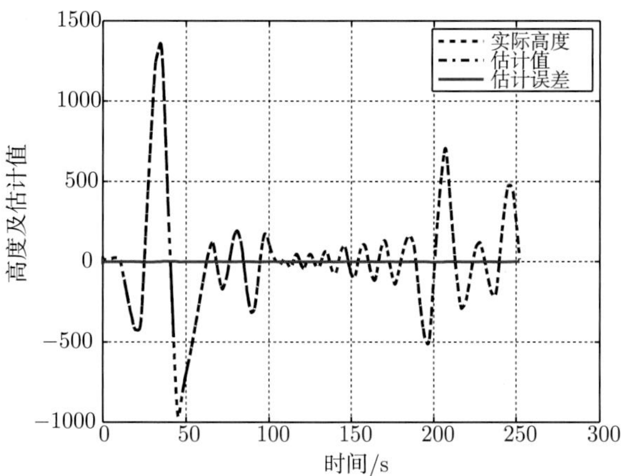

图 5.61　不确定情况下真实的高度及其估计值

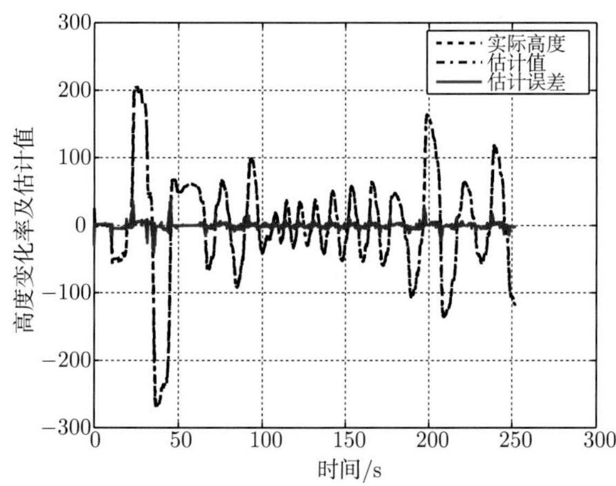

图 5.62　不确定情况下真实的高度变化率及其估计值

图 5.61 ~ 图 5.62 为火星探测器在式 (5.86) 对应的控制器作用下，采用式 (5.84) 对应的扩张状态观测器估计整个火星大气进入段的高度情况。图 5.61 为真实的高度及其估计值，图 5.62 为真实的高度变化率及其估计值。从仿真结果图 5.61 ~ 图 5.62 中可以看到，扩张状态观测器能快速、精确地跟踪真实值。因此，结合非奇异全阶滑模控制技术和扩张状态观测器方法的复合控制方案能够快速、精确、鲁棒地跟踪参考轨迹。

2) 基于非奇异全阶滑模不加扩张状态观测器的控制效果

为了进一步验证式 (5.86) 对的控制器的控制效果，本节进行了仿真验证。在上述相同的仿真条件下，对文献[265]不采用扩张状态观测器的滑模控制器 [式 (5.77)] 进行了数值仿真和 1000 次蒙特卡罗仿真。仿真结果如图 5.63 ~ 图 5.68 所示。

图 5.63 显示的是存在火星大气密度不确定、气动参数不确定以及初始大气进入点误差等情况下，火星探测器大气进入段轨迹跟踪系统中各变量参考值、真实值以及跟踪误差。图 5.64 为火星探测器大气进入段真实的着陆航程和着陆轨迹。图 5.65 显示的是火星探测器的大气进入段轨迹跟踪系统中各变量的跟踪误差。图 5.66 ~ 图 5.68 为火星探测器大气进入段

轨迹跟踪控制系统，进行 1000 次蒙特卡罗的仿真结果。图 5.66 为火星探测器 1000 次蒙特卡罗仿真下的开伞点经纬度误差。图 5.67 为火星探测器 1000 次蒙特卡罗仿真下的真实着陆轨迹。图 5.68 为火星探测器 1000 次蒙特卡罗仿真的分散结果。从蒙特卡罗仿真的结果可以看到，在存在火星大气密度不确定、升阻比扰动、大气进入点误差和建模误差的情况下，大约有 97.87% 的概率能保证探测器最终到达开伞点的 10km 范围内。

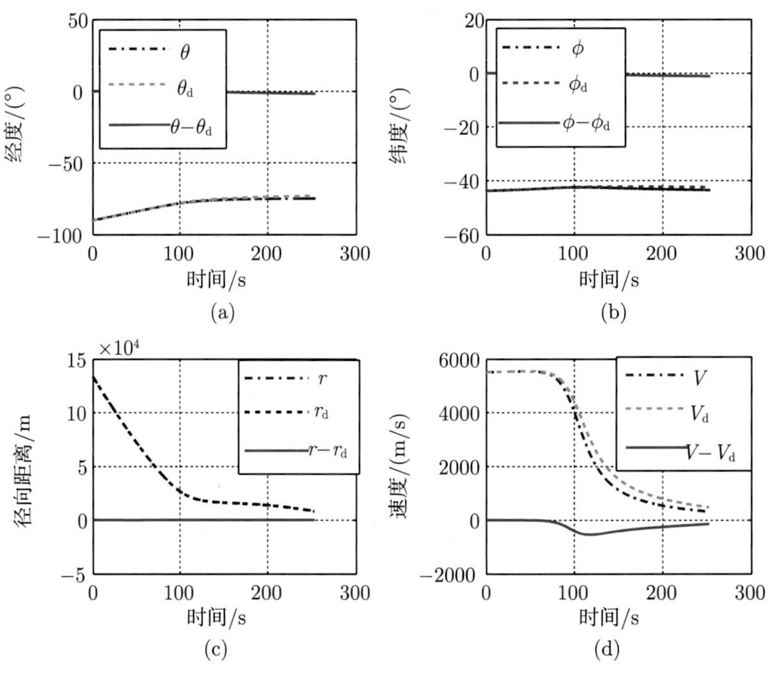

图 5.63　不确定情况下各变量参考轨迹、真实轨迹以及跟踪误差

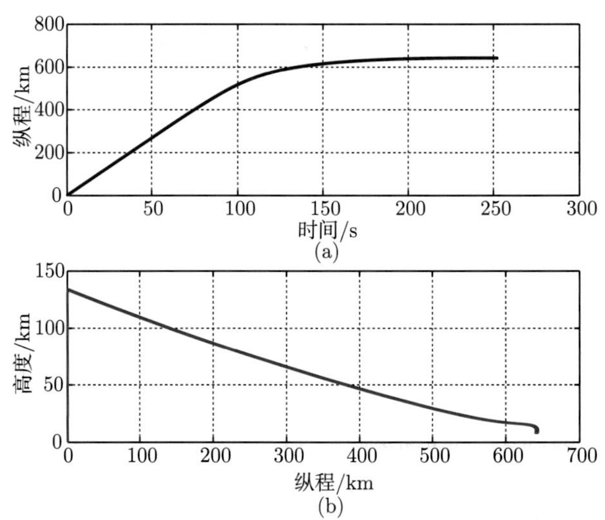

图 5.64　不确定情况下真实的着陆航程和着陆轨迹

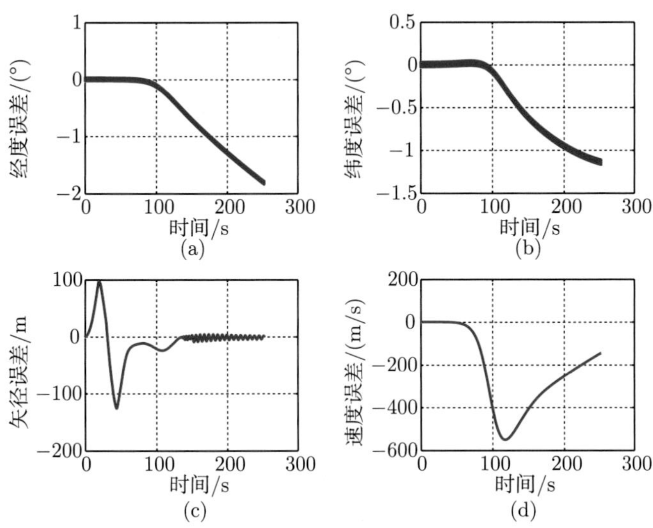

图 5.65　不确定情况下各变量跟踪误差

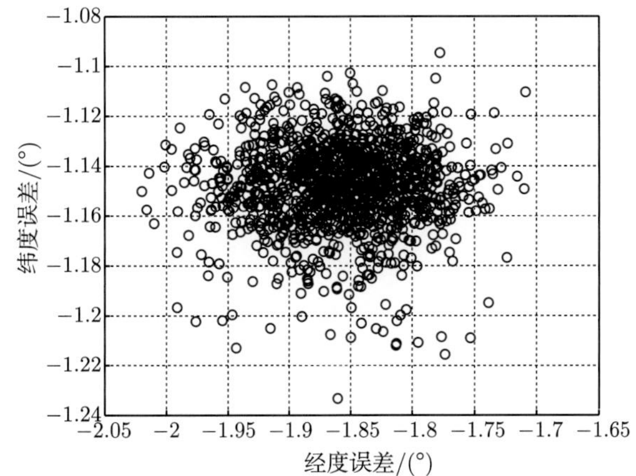

图 5.66　不确定情况下 1000 次蒙特卡罗仿真的经纬度误差

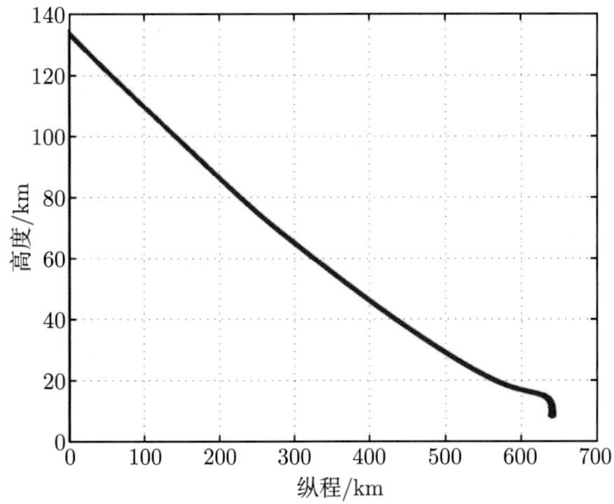

图 5.67　不确定情况下 1000 次蒙特卡罗仿真的着陆轨迹

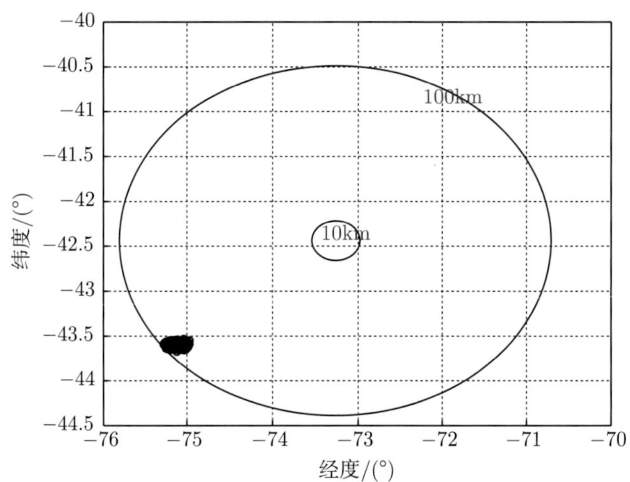

图 5.68　不确定情况下 1000 次蒙特卡罗仿真的分散结果

为了验证所提出的式 (5.86) 对应的控制器的有效性，在对比仿真中，除了式 (5.77) 中的 $\tilde{f}$ 用扩张状态观测器的输出 z_3 进行估计，没有修改任何参数。

式 (5.86) 对应的控制器与式 (5.77) 对应的控制器的仿真结果如图 5.55 ~ 图 5.68 所示[265]。控制器 (5.86) 的 1000 次蒙特卡罗仿真的开伞点分散结果 (图 5.60)，明显优于的式 (5.77) 对控制器的开伞点分散结果 (图 5.68)。即本节所提出的结合扩张状态观测器和非奇异全阶滑模控制技术的复合控制器 [式 (5.86)] 具有更高的开伞点精度，同时，具有快速、精确的跟踪性能。因此，在存在火星大气密度不确定、气动参数不确定以及大气进入点误差等的情况下，本节所设计的控制算法 [式 (5.86)] 比式 (5.77) 对应的控制器更有效。

注 5.19　从上述仿真比较可以明显看出，采用扩张状态观测器结合非奇异全阶滑模控制技术的复合控制方案 [式 (5.86)] 与式 (5.77) 对应的控制器相比，具有更加快速、更加精确的跟踪性能，即使是在火星探测器大气进入段轨迹跟踪系统中存在火星大气密度不确定、气动参数不确定以及大气进入点误差等的情况下。由于实际中总扰动项 $\tilde{f}(x,t)$ 是未知的，所提出的控制器方案 u_{ESO} 中的扩张状态观测器对总扰动项 $\tilde{f}(x,t)$ 进行快速、精确估计，从而，不需要 $\tilde{f}(x,t)$ 的测量信息，节省了能量。

5.5　基于预测校正算法的进入段制导与控制问题研究

本节介绍一种运用数值预测校正技术来完成探测器制导与控制任务的算法，可将探测器指引到相应的目标地点，该制导算法是在 Lu [223] 为月球返回任务提出的跳跃式进入段制导算法的基础上的改进算法。该预测校正算法的主要优点是它总是能确保探测器在一条可行的能满足从当前位置到目标位置的轨迹上飞行，并且能获得适合的指令倾斜角输出来控制飞船飞行。然而，这个优点被该算法需要很长的计算时间这个缺点所削弱了。该算法所需的总代码数远多于其他的制导算法。所以提出了一种改进的预测校正算法来缩短在线计算时间。接下来会详细介绍该算法。

5.5.1 纵向预测校正算法

本节讨论的预测校正算法是一种在纵程上的预测校正算法，也称纵向预测校正算法，包含预测部分和校正部分。预计的横程误差和估计的横向控制能力相比较，当预计的误差等于横向控制能力的一半时，倾斜角进行翻转。本书的另一种横向控制逻辑将在后面进行讨论。

预测校正算法的功能是计算当前需要完成的航程 (range-to-go) 与预测航程的差，也称为在每个制导周期中的脱靶距离，以上是预测环节的任务。校正环节的任务是，寻找并输出一个能满足当前的待飞航程与预测的航程相等这一要求的控制倾斜角指令。

1. 预测环节

预测环节的主要任务是计算需要完成的航程 S_{togo} 和预测的航程 S_{f}。S_{togo} 是由当前位置的经度、纬度和目标开伞点的经纬度来决定的。C 表示当前的位置，S 表示目标点位置。S_{togo} 可由式 (5.93) 得到 [223]：

$$S_{\text{togo}} = \arccos\left[\sin\theta_{\text{C}}\sin\theta_{\text{S}} + \cos\theta_{\text{C}}\cos\theta_{\text{S}}\cos\left(\phi_{\text{C}} - \phi_{\text{S}}\right)\right] \tag{5.93}$$

其中，θ_{C}、θ_{S}、ϕ_{C}、ϕ_{S} 分别是点 C 和点 S 的经度和纬度。对以下方程进行积分：

$$\dot{s} = \frac{V\cos\gamma}{r} \tag{5.94}$$

同时对进入段动力学方程 [式 (2.25) ∼ 式 (2.30)] 从当前位置到速度低于开伞点要求 400m/s 的点进行积分，可以得到预测的航程 S_{f}。然后可以得到 S_{togo} 和预测航程 S_{f} 之间的误差。

值得注意的是，在每个制导周期中都需要控制输入–倾斜角来对动力学方程进行积分，得到预测航程 S_{f}，所以在预测环节中需要一个倾斜角规划策略，可以称为倾斜角策略。最简单的倾斜角策略是常值倾斜角，该策略将当前的指令倾斜角用到预测范围的每个制导周期中。Lu [223] 提出了一个更具有鲁棒性的策略，如图 5.69 所示。S_s 和 σ_s 代表在预测范围中某个制导周期需要完成的航程和倾斜角。S_{f} 和 σ_{f} 是需要设计的常值。

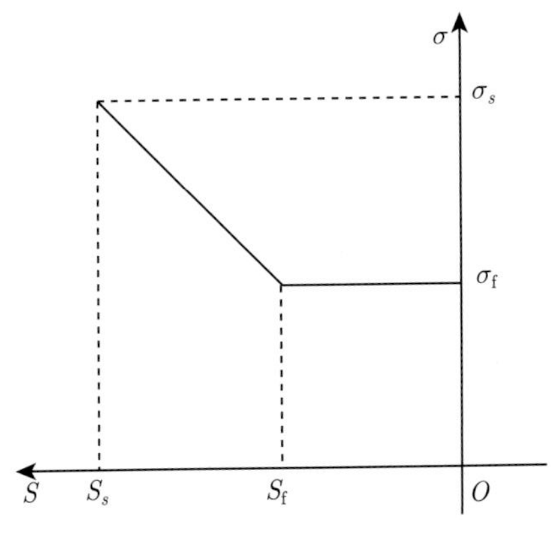

图 5.69 倾斜角策略

该策略如下：

(1) 如果 $S_{\text{togo}} \leqslant S_{\text{f}}$，常值倾斜角策略将会被使用。

(2) 如果 $S_{\text{togo}} > S_{\text{f}}$，那么在预测范围的每个制导周期，$S_{\text{s}}$ 需要被计算。

如果 $S_{\text{s}} > S_{\text{f}}$，则

$$\sigma_s = \sigma_{\text{f}} + \frac{S_{\text{s}} - S_{\text{f}}}{S_{\text{togo}} - S_{\text{f}}}(\sigma_c - \sigma_{\text{f}}) \tag{5.95}$$

如果 $S_s \leqslant S_{\text{f}}$，常值倾斜角策略将会被使用，即 $\sigma_s = \sigma_{\text{f}}$。积分将在预测的速度低于开伞点速度要求时终止，所以可以得

$$\Delta_S = S_{\text{togo}} - S_{\text{p}} \tag{5.96}$$

这种策略具有更好的鲁棒性是因为在进入段的最后阶段，探测器以常值倾斜角飞行。通常 σ_{f} 设置为 $60^\circ \sim 70^\circ$ 。如果在进入段的最后阶段遭遇扰动，探测器的速度会突然增大或减少，预测的航程也会突然增大或减少，需要调整倾斜角来满足航程误差的要求。如果 σ_{f} 选成 $60^\circ \sim 70^\circ$，纵向的控制分量是 $\cos\sigma \approx 0.5$，这将确保最大的控制裕量。

阈值 S_{f} 应该根据具体情况来取值。注意，需要完成的航程 S_{togo} 和 S_{f} 的单位都是弧度。

2. 校正环节

校正环节的目的是当纵程误差没有满足要求时，倾斜角会被修正来使纵程误差足够小。仿真结果显示预测的航程与当前的指令倾斜角数值呈反相关。所以为了增大预测的航程 S_{p}，指令倾斜角数值应该减小。

这里用一种迭代策略来寻找所需的倾斜角数值。迭代由式 (5.97) 产生 [266]：

$$\cos\sigma_{n+1} = \cos\sigma_n - \frac{\cos\sigma_n - \cos\sigma_{n-1}}{\Delta_S(\sigma_n) - \Delta_S(\sigma_{n-1})}\Delta_S(\sigma_n) \tag{5.97}$$

从式 (5.97) 可以明显看出，需要两个预测的纵程误差来获得新的倾斜角数值。

在第一个采样周期初始化这个迭代过程，需要一个初始的估计倾斜角。考虑到大的角度能满足热负载，减速负载的限制要求，该算法在轨迹的数值仿真中假设一个 80° 的初始倾斜角。经过第一个制导周期后，之前计算得到的倾斜角就被用作下一个制导周期的初始的估计倾斜角，而不是以 80° 的初始倾斜角开始执行算法。如果这个倾斜角仍然能够将纵程误差限制在阈值之内，那么迭代的过程就被跳过，探测器继续用上一个指令倾斜角飞行。否则，迭代方法如前所述进行工作，来寻找一个新的倾斜角数值。

另一个需要考虑的参数是在每个制导周期中第二次预测所需的倾斜角增量。因为校正环节需要之前两次的预测来获得新的倾斜角，所以在每个制导周期中第二次预测所需的角度需要通过对第一次预测的倾斜角增加一定的数值来得到。从仿真结果中可以看到，这个增量最好选取为 $30^\circ \sim 50^\circ$，可以显著地减少迭代的次数。

3. 横向控制逻辑

以上讨论的纵向预测校正算法的可靠性是建立在一个很重要的假设之上的，这个假设在进入段的横程误差总是很小，以至于可以被忽略。所以预测的航程就等于预测的纵程。理

想的预测校正算法就是使预测的纵程等于 range-to-go。但是因为预测的纵程很难通过计算得到，在实际工程中通常用预测的航程来代替它。

因此，为了使飞船能够朝着目标地点飞行，需要采用横向控制逻辑，通过倾斜角翻转来将横程误差限制在一个可以接受的区域之内。对于低升阻比 (L/D) 的飞行器，主要有以下两种横向控制的方法：

(1) 根据横程误差的倾斜角翻转策略。

(2) 根据航向角误差的倾斜角翻转策略。

这两种方法之所以很相似，是因为当误差超出了提前设定的阈值时，倾斜角的符号就会翻转。一个横程和航向角误差阈值定义为一个关于速度标量的二次型或直接简单的线性方程 [266]：

$$\chi_c = c_1 V + c_0 \tag{5.98}$$

横程误差可由式 (5.98) 计算得到：

$$\chi = \arcsin\left[\sin S_{\text{togo}} \sin(\psi - \varPsi)\right] \tag{5.99}$$

其中，S_{togo} 是需要完成的航程；ψ 是当前的航向角；$\varPsi$ 是天顶角。注意，这里所有的变量的单位都是弧度，这里的航向角 (heading angle) 的定义跟文献 [266] 中的定义是不同的。

在图 5.70 中，点 N 表示星球的北极，北极的纬度为 90°。距离 d_{12} 可以由式 (5.100) 得到：

$$d_{12} = \arccos\left[\cos\phi_1 \cos\phi_2 \cos(\theta_1 - \theta_2) + \sin\phi_1 \sin\phi_2\right] \tag{5.100}$$

角度 φ 可以表示为

$$\varphi = \arccos\frac{\sin\phi_2 - \sin\phi_1 \cos d_{12}}{\cos\phi_1 \sin d_{12}} \tag{5.101}$$

在 p_1 和 p_2 之间大圆弧的期望的航向角为

$$\psi_d = \pi/2 - \varphi \tag{5.102}$$

关于计算期望的航向角的详细介绍可以参见文献 [78]。所以航向角误差为

$$\varDelta_\psi = \psi - \psi_d \tag{5.103}$$

如果航向角误差超出了提前设定的阈值，那么横向控制逻辑就会翻转倾斜角的符号，否则，倾斜角的符号就会保持不变。这个方法的目的是使飞船朝着目标开伞点飞行。

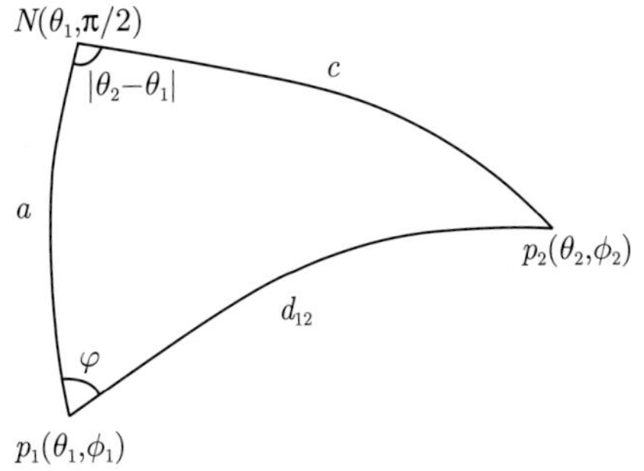

图 5.70　球面三角形示意图

在轨迹规划中，倾斜角的翻转是在瞬间完成的，然而，这在现实中是不可能做到的，因为存在速率的限制。进行倾斜角翻转所需的时间是当前倾斜角和轴旋转速度的一个函数 [224]。

用离散倾斜角翻转的策略的一个缺点是，在倾斜角进行翻转的这段时间内失去了闭环的阻力和高度控制。因此，在最优的航程控制中，翻转的次数应该最少化，同时保持可以对横程误差的控制。理论上来说，一次倾斜角翻转就足以完成对横向误差的控制。所以需要仔细地设计横程和航向角误差的阈值参数 c_1 和 c_0。当遇到极端异常情况时，需要设计一个灵活的阈值来满足较大的纵程或者航向角误差。

图 5.71 所示为横程误差和其阈值之间的关系。当接近目标开伞点时，倾斜角的翻转非常频繁，同时在这个阶段倾斜角的数值也很大 (60°)。但是在接近开伞点时，倾斜角控制纵程误差的能力显著地减弱了。所以在进入段的最后阶段，一个航向调整控制器开始执行，它可以调整飞行器，使其朝着目标点飞行，尽量减少横程误差。

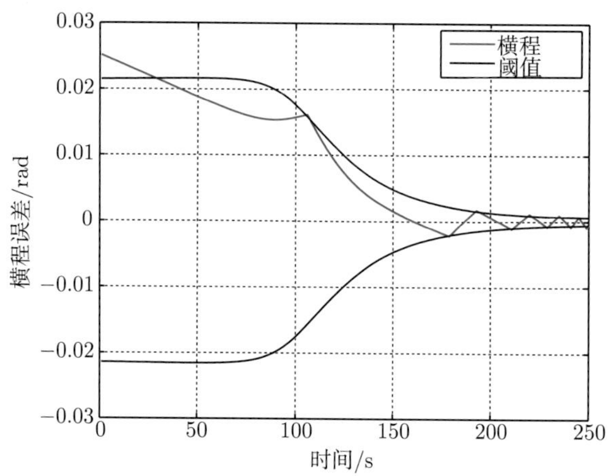

图 5.71　横程误差及其阈值

5.5.2　航向调整

在探测器进入段的末端，为了提高制导精度，一般会采用末端航向制导技术。本节主要介绍根据反馈线性化过程设计的一种航向调整制导律，该制导律的目标是将航向角误差变为零。航向角误差定义为

$$e(t) = \psi(t) - \psi_d(t) \tag{5.104}$$

其中，$\psi(t)$ 是当前的航向角；$\psi_d(t)$ 是期望的航向角。期望的航向角 $\psi_d(t)$ 是通过式 (5.102) 得到的。

根据经典的反馈线性化过程，确定了期望的一阶误差动力学方程 [78]：

$$\dot{e}(t) + k_1 e(t) = 0 \tag{5.105}$$

使 $k_1 > 0$，误差会渐近地趋于零。将航向角动力学方程 (2.30) 代入式 (5.105)，可以得到需要的制导律：

$$\sin\sigma = -\frac{V\cos\gamma}{L}\left[-k_1(\psi(t) - \psi_d(t)) + \dot{\psi}_d(t)\right] \tag{5.106}$$

在没有饱和与模型误差的情况下，这个制导律会产生如下的误差模型：

$$e(t) = e(0)\mathrm{e}^{-k_1 t} \tag{5.107}$$

k_1 应该为 3~5 倍的待飞时间的倒数。如果想通过改变 k_1 来调整最终高度，那么就相当于用水平方向的精确度来补偿竖直方向的精确度 [78]。在这个阶段，为了增大开伞点的高度，同时保证适当的减少横程误差，指令倾斜角的数值不能超过 15°。文献 [78] 中的仿真结果显示，这种方法可以有效地控制航向角。

5.5.3 改进的预测校正算法

尽管以上提出的预测校正算法能很好地实现精确制导的要求 (见仿真结果)，但是它至今还没有被运用在实际的制导过程中。其中一个主要的原因就是当前的机载计算机不能满足这个算法所需要的较快的计算速度。但是随着科技的发展，将来高速的计算机可能满足这一要求。另一种解决的方法就是通过改进现有的预测校正算法来减少所需的计算时间。

基于此，提出了一种改进的基于航路点的预测校正算法 —— 分段制导法，来减少计算时间，这种分段制导法结合了轨迹跟踪和预测校正算法的优点，其过程如下：

(1) 在进入段之前根据预测的进入点和目标开伞点位置预先设计好标称的轨迹；

(2) 在标称轨迹上选取若干点作为分段制导的目标点来依次进行跟踪；

(3) 使用本节详细介绍的预测校正算法来依次朝着每个目标点飞行。

标称轨迹可以用许多优化方法进行预先设计，如高斯伪谱法。同时，需要仔细考虑选择的点的数目。如果选的点太多，在每段轨迹中没有足够的时间来执行预测校正算法，所以制导的精度就会大大降低。另外，如果只选择 1 或 2 个点，那么总的计算时间就没有明显的减少。航程可以作为换相的触发标志。当从上一个换相点到当前位置的航程等于这段轨迹两点间的 range-to-go 时，飞行器自动切换目标点，朝着下一个目标点飞去。

这个基于航路点的预测校正算法不仅能保持传统预测校正算法的优点 —— 对初始扰动不敏感，同时又能显著地减少总的计算时间。但是该算法的可靠性和稳定性仍需要进一步的研究与证明。

5.5.4 仿真结果

仿真中飞行器的初始状态如表 5.9 所示。目标的开伞点位置如表 5.10 所示。飞船表面积为 15.9m^2，质量为 2804kg。由于高着陆点海拔的要求，降落伞在高度为 7~12km 时展开。过去的任务在特定的速度触发降落伞展开。在本节中，仿真终止的条件是速度低于 400m/s 或者高度低于 7km，当其中一个条件满足时，仿真终止。

表 5.9 初始状态

状态变量	数值
$\theta_0/(°)$	−90.07
$\phi_0/(°)$	−43.8
r_0/km	3520.76
$\psi_0/(°)$	4.99
V_0/(m/s)	5505
$\gamma_0/(°)$	−14.15

表 5.10 目标的开伞点位置

状态变量	数值
$\theta_\mathrm{f}/(^\circ)$	−73.26
$\phi_\mathrm{f}/(^\circ)$	−41.45
h_f/km	7

图 5.72 和图 5.73 分别表示执行预测校正算法时的倾斜角曲线和总的轨迹曲线图。为了简单起见，从预先设计的轨迹上选取了 3 个点，如图 5.74 所示。这 3 个点的坐标分别是 (−84,−43.24)、(−80,−42.71)、(−76,−42.07)。在前三个阶段，飞行器采用分段预测校正制导飞行，而在最后一个阶段，飞行器切换成航向调整算法，朝着目标点飞行。

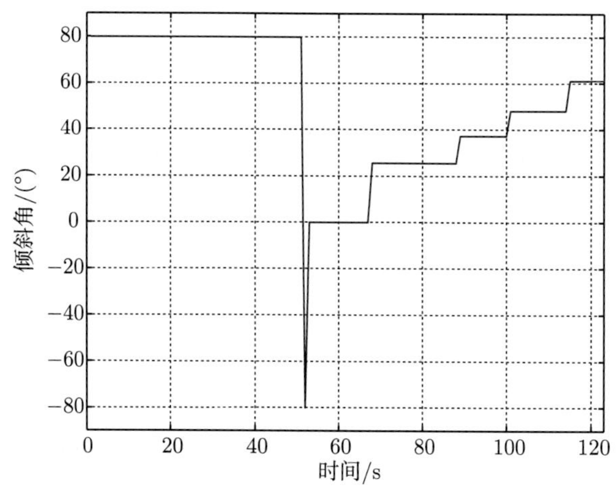

图 5.72 倾斜角

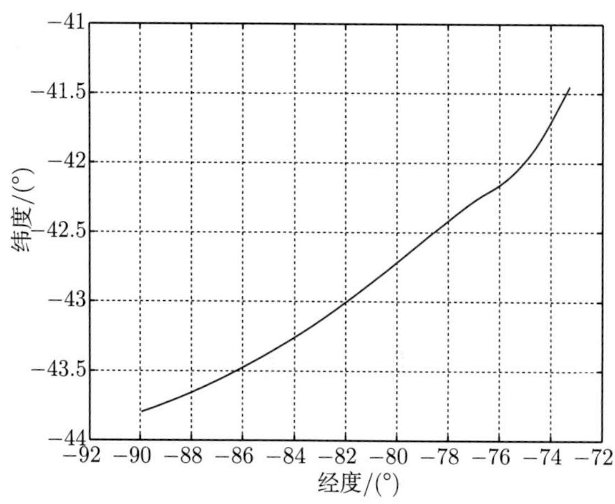

图 5.73 预测校正算法的轨迹

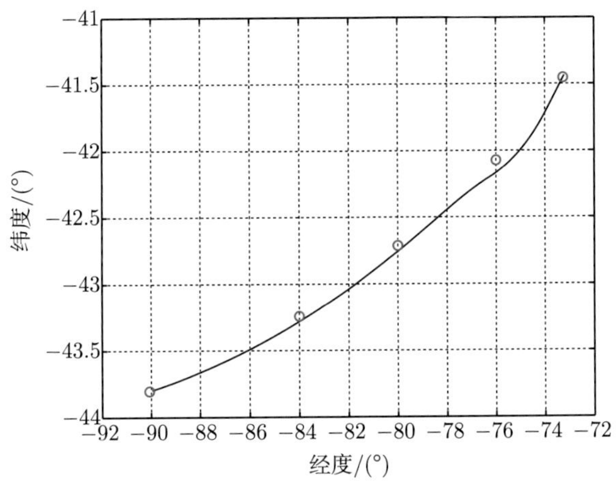

图 5.74　分段预测校正算法的轨迹

如图 5.72 所示，倾斜角会自动改变来满足纵程误差的限制要求。倾斜角只翻转了一次，不过这次翻转是无意义的，考虑到负倾斜角的持续时间非常短。这种特殊情况应该与采用的初始位置条件和目标开伞点位置有关。图 5.73 表明该预测校正算法总的性能是很好的，因为它能使飞船飞到指定的目标开伞点，只有很小的误差。从图 5.74 可以看出，分段制导能使飞船相继飞向 3 个选定的目标点，但是误差会不断积累，所以需要航向调整策略来减少横程误差。仿真结果 (表 5.11) 表明分段制导同样能满足精确制导的要求，尽管其误差要比传统预测校正算法的大。仿真是在配置为 Intel Core 2 Duo T6600、2.2GHz CPU 的计算机上进行的。制导周期设置为 1s。分段制导的仿真时间仅是传统预测校正算法仿真时间的一半，这证明了分段制导能减少计算时间。通过选择更多的中间目标点，计算时间能被更显著地减少。传统预测校正算法和分段制导的开伞点位置分布如图 5.75 和图 5.76 所示。

表 5.11　终端开伞点状态

状态变量	预测校正	分段制导
$\theta_{\mathrm{f}}/(°)$	−73.259	−73.214
$\phi_{\mathrm{f}}/(°)$	−41.450	−41.434
$h_{\mathrm{f}}/\mathrm{km}$	8.30	7.00
$V_{\mathrm{f}}/(\mathrm{m/s})$	458.08	425.69
仿真时间/s	3.205	1.914

为了分析传统预测校正算法和改进的算法分段制导的鲁棒性和可靠性，改变初始状态条件和模型误差，用 MATLAB 仿真软件进行 100 次蒙特卡罗仿真。初始状态扰动如表 5.12 所示。考虑到火星大气的高度不确定性和人类对其极为有限的了解，大气模型误差和风的影响在这里都被考虑成大气密度误差。这是可行的，因为大气模型误差和风的影响主要都是通过改变升力和阻力来改变探测器位置的，而升力和阻力都是大气密度的函数。同时升力和阻力系数的误差，作为马赫数的方程，也包含在大气密度误差之中。大气密度的标准偏差被设置成了 10% 的标称情况。

预测校正算法和分段制导的蒙特卡罗仿真结果如图 5.75 和图 5.76 所示。其中，2 个椭圆分别表示距离目标点 5km 和 10km 的距离。

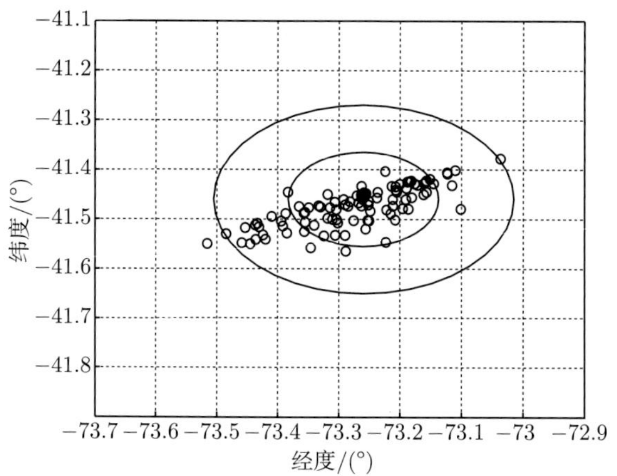

图 5.75　用预测校正算法的开伞点位置分布

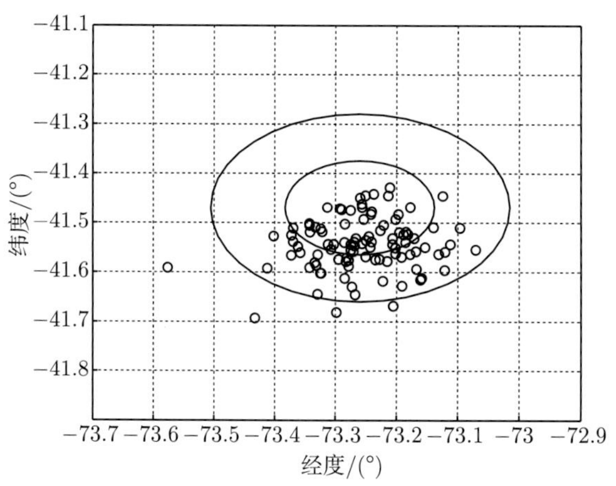

图 5.76　用分段预测校正算法的开伞点位置分布

表 5.12　初始状态扰动

状态变量	均值	3σ
$\theta_0/(^\circ)$	−90.07	0.3
$\phi_0/(^\circ)$	−43.8	0.03
r_0/km	3520.76	2.306
$\psi_0/(^\circ)$	4.99	0.23
V_0/(m/s)	5505	2.85
$\gamma_0/(^\circ)$	−14.15	0.15

从图 5.75 和图 5.76 中可以看出，采用预测校正算法时，大约 73% 的情况离目标点的距离在 5km 之内，98% 的情况在 10km 的之内；采用分段制导的开伞点精度要低于采用传统预测校正算法的精度，有 53% 的情况在离目标点 5km 的范围内，96% 的情况在 10km 的范围内，这是因为分段制导有较大的横程误差。

采用传统的预测校正算法，绝大部分的情况横程误差很小，这是因为航向调整可以有效地使飞船的速度方向朝向目标点，但是分段制导的平均横向误差相对较大，这是由分段制导不断累积的横向误差所致。在分段制导的某些情况下，累积的横向误差太大以至于它不能被航向调整所消除。两种制导算法的平均纵程误差基本相同，这就证明了分段制导可以像传统的预测校正算法一样，能将纵程误差有效地控制在一个特定的容忍范围之内。值得注意的是，在仿真中所有的开伞点位置均在海拔 7km 以上，这就能满足高海拔着陆的要求。

因此，仿真结果证实了传统的预测校正算法和改进的预测校正算法分段制导算法在有很大不确定性的情况下具有鲁棒性和可靠性，并且可以实现精确着陆的要求。尽管分段制导的横程误差比传统的预测校正算法大，但是该误差也在一个可以接受的范围之内。同时，分段制导较少的仿真时间表明了它可以在实际制导应用中显著地减少飞船在线计算时间。

5.6 本章总结

为了实现火星探测器在复杂的大气环境、各种不确定参数和初始状态不确定等各种干扰因素作用下安全精确地到达设定开伞点，本章对具有鲁棒性和强自适应性的进入段制导控制策略进行了分析和研究，针对标称轨迹制导方法，本章提出了基于 ADRC 的阻力跟踪策略和各种滑模与 ESO 相结合的鲁棒制导策略；针对预测校正方法，本章提出了改进的分段制导方法，该方法极大地减少了算法的在线计算量；本章所提出的相关算法都对实际工程有着重要的指导意义。下面对本章各节进行总结。

5.1 节首先介绍了自抗扰控制技术，包括其提出、组成以及具体的工程应用。同时借助前人的研究基础以及“好奇号”的参数规划了标称轨迹，并利用自抗扰控制算法设计了火星大气进入段的跟踪控制律。最后分别在不考虑误差情况以及考虑误差情况下进行了仿真实验验证，同时进行了 PID 算法仿真作为对比。仿真结果显示，采用制导控制算法的火星大气进入段比采用无控制导进入段的开伞点精度有了大大提高。同时，仿真结果也显示 ADRC 算法相比于 PID 算法，开伞点的精度较高，体现了 ADRC 算法的优越性和鲁棒性。

在存在火星大气密度不确定性和升阻比扰动的情况下，5.2 节考虑了火星探测器大气进入段快速、高精度轨迹跟踪控制问题。总不确定性利用扩张状态观测器进行实时、快速、精确估计，然后结合滑模控制技术完成了高精度的轨迹跟踪控制，使得火星探测器能高精度地到达开伞点，为整个火星着陆任务的完成提供有效的支撑。

5.3 节在同时考虑火星大气密度不确定和气动参数不确定的情况下，提出了一个改进的基于高阶滑模和扩张状态观测器的鲁棒进入段导航策略，解决了火星探测器大气进入段快速、鲁棒、高精度轨迹跟踪控制问题。

在 5.2 节和 5.3 节的基础上，综合考虑了火星大气密度不确定、探测器气动参数不确定以及初始进入点误差的影响，5.4 节基于非奇异全阶滑模技术和扩张状态观测器估计方法提出了火星探测器大气进入段有限时间轨迹跟踪控制。首先，设计了基于非奇异全阶滑模控制方案，保证火星探测器大气进入段轨迹跟踪系统有限时间稳定。其次，分析火星大气密度不确定、探测器气动参数不确定以及初始状态偏差等因素对火星探测器轨迹跟踪系统的影响，利用扩张状态观测器对产生的总扰动项进行精确估计并实时在线补偿。最后，结合非奇异全阶滑模的快速性和鲁棒性，实现了在存在气动环境复杂的情况下，火星探测器大气进入段有限时间轨迹跟踪控制，精确到达预定的开伞点，为整个火星探测任务的完成提供支持。

5.5 节主要针对低升阻比的火星探测器设计了一种预测校正算法，这种预测校正算法是根据 Lu 为月球返回任务设计的进入段跳跃制导而改进的。这种制导策略包括一个纵向的预测校正制导、一个横向控制逻辑和一个航向调整控制。倾斜角的数值能自动地改变来满足纵程误差的要求。当航向角误差大于提前选定的阈值时，倾斜角的符号会发生翻转。最后，航向调整控制器会使飞船朝着目标开伞点飞行。此外，5.5 节提出了一种改进的预测校正算法——分段制导，该算法极大地减少了机载计算时间。仿真结果证实了该算法的鲁棒性和可靠性，具有减少飞船在线计算时间的优点。

第 6 章　火星探测器伞降段建模与稳定性问题研究

第 5 章分析了探测器在进入段所采用的多种制导控制算法，火星探测器在以上制导算法的控制下能够安全、精确地到达预设的开伞点。到达开伞点之后，系统将会执行气动开伞命令，探测器将进入伞降阶段。第 1 章中已经介绍，伞降段主要分为四个过程，本章将对伞降段的各个过程进行详细的介绍。

6.1　附加质量问题研究

物伞系统在减速下降的过程中，对周围的火星大气 (可近似为流体) 也产生了力的作用。这部分力可以使周围的大气加速，由牛顿第三定律可知，降落伞周围速度增加的大气会产生反作用力，作用于物伞系统上 [142, 267, 268]。这部分反作用力的作用效果相当于增加了物伞系统的质量，增加的这部分质量便被形象地称为“附加质量”。当“附加质量”与物体自身的质量相当时，对于“附加质量”的研究便十分必要。

在研究“附加质量”之前，本书对流体运动的基本方程做简单介绍。火星大气的基本参数如第 2 章所介绍的，尽管火星大气十分稀薄，但仍可以近似为流体；由开伞条件可以得知整个伞降段物伞系统下降高度较低，可以近似认为整个过程的大气密度与火星地表大气密度相同。

6.1.1　流体运动学方程

假设 6.1　*伞降过程中火星大气是密度均匀不变、不可压缩、无黏性的理想气体* [269]。

假设 6.2　*火星大气的运动是无旋的* [270]。

假设 6.3　*火星大气在火星重力场中做稳定流动。*

基于以上假设，物伞系统在火星大气中降落的问题就可以用流体运动学中的经典势流理论进行处理。在流体理论中，对于均匀、不可压缩的理想流体 [267]，其遵循的基本守恒定律为连续性方程：

$$\frac{\partial \rho}{\partial t} + \boldsymbol{\nabla} \cdot (\rho \boldsymbol{v}) = 0 \tag{6.1}$$

其中，ρ 为火星大气密度；$\boldsymbol{v}$ 为流场中流体的运动速度，地理坐标系下的坐标为 (v_x, v_y, v_z)。式 (6.1) 左端第二项可以写为 $\boldsymbol{\nabla} \cdot (\rho \boldsymbol{v}) = \rho(\partial v_x/\partial x + \partial v_y/\partial y + \partial v_z/\partial z)$。根据假设 6.1 中火星大气密度的均匀性，$\rho$ 可以视为常量，式 (6.1) 可以化简为

$$\frac{\partial v_x}{\partial x} + \frac{\partial v_y}{\partial y} + \frac{\partial v_z}{\partial z} = 0 \tag{6.2}$$

根据假设 6.2，流体的速度矢量与速度势函数 ϕ 满足如下关系 [267]：

$$\boldsymbol{v} = \boldsymbol{\nabla} \phi(x, y, z, t) \tag{6.3}$$

由式 (6.2) 可以得知，速度势函数也满足拉普拉斯方程:

$$\nabla^2\phi=\frac{\partial^2\phi}{\partial x^2}+\frac{\partial^2\phi}{\partial y^2}+\frac{\partial^2\phi}{\partial z^2}=0 \tag{6.4}$$

速度势函数 ϕ 为调和函数，其满足调和函数的性质。对于理想流体，若其做定常流动，则速度势函数与时间无关，即 $\phi(x,y,z,t)=\phi(x,y,z)$。由假设 6.3 可以得到理想流体在坐标系中的运动微分方程——欧拉方程:

$$\begin{cases} v_x\dfrac{\partial v_x}{\partial x}+v_y\dfrac{\partial v_x}{\partial y}+v_z\dfrac{\partial v_x}{\partial z}=-\dfrac{1}{\rho}\dfrac{\partial p}{\partial x}\\ v_x\dfrac{\partial v_y}{\partial x}+v_y\dfrac{\partial v_y}{\partial y}+v_z\dfrac{\partial v_y}{\partial z}=-\dfrac{1}{\rho}\dfrac{\partial p}{\partial y}\\ v_x\dfrac{\partial v_z}{\partial x}+v_y\dfrac{\partial v_z}{\partial y}+v_z\dfrac{\partial v_z}{\partial z}=-\dfrac{1}{\rho}\dfrac{\partial p}{\partial z}-g \end{cases} \tag{6.5}$$

式 (6.5) 的欧拉方程也可以写成如下形式:

$$\frac{1}{2}\nabla(\boldsymbol{v}\cdot\boldsymbol{v})=-\frac{1}{\rho}\nabla p-g=-\nabla(p/\rho+gh) \tag{6.6}$$

其中，h 为流体所处的高度；p 为压强；g 为火星地表重力加速度。为了便于计算，需要对式 (6.6) 进行化简:

$$\nabla(p/\rho+gh)=-\frac{1}{2}\nabla(\boldsymbol{v}\cdot\boldsymbol{v})=-\nabla\frac{v^2}{2}$$

对上式积分可以得到流体运动学的拉格朗日积分式:

$$\frac{p}{\rho}+gh+\frac{v^2}{2}=C(t) \tag{6.7}$$

综上可以得出，对于理想流体的无旋运动，制约流动的基本方程为拉普拉斯方程 (6.4) 和拉格朗日积分式 (6.7)。流场中流体的速度分布由拉普拉斯方程决定，而式 (6.7) 决定了流场中流体的压力分布。因此只要求得流场中的速度势函数 ϕ，便可以求得整个流场的压力变化，进而能够确定物体在流场中所受的流体的作用力和相应的“附加质量”。

6.1.2 物伞系统在流体中运动时的数学方程

由 6.1.1 节可以看出，速度势函数的求解对于求取“附加质量”是十分必要的。速度势函数又必须满足拉普拉斯方程 (6.4)。要求出势函数的精确解，就需要对拉普拉斯方程的边界值进行确定。对于在伞降过程中的火星大气 (流体)，一个边界为物伞系统的表面 (降落伞的外表面)，另一个边界可以视为无穷远处。下面讨论包围物伞系统的流体所遵循的边界条件。

1. 物伞系统表面的运动学边界条件

物伞系统受到周围流体附加作用力的一般求法是对沿物体表面的压力进行积分 [269]。为了便于分析，物体表面的透气性忽略不计，流体并不能从物体的外表面流入到其内部。根据流体的运动学性质可得，物体表面上任意点的法向速度与其相邻点的流体法向速度完全相等，因此物体边界的速度势函数应该满足：

$$\left.\frac{\partial \phi}{\partial n}\right|_{S=S_{\mathrm{s}}} = V_n \tag{6.8}$$

其中，S_{s} 表示物伞系统的表面；n 表示物伞系统的内法线方向；V_n 表示物体表面附近的流体法向速度分量。

对于无穷远处的流体，可以近似认为其速度为零，用 r 表示所求的流体与物伞系统的距离，则速度势可以表示无穷远处流体的速度

$$V_\infty = \lim_{r\to\infty} \boldsymbol{\nabla}\phi = 0 \tag{6.9}$$

注 6.1 对于满足拉普拉斯方程的速度势在给定边界条件式 (6.8)、式 (6.9) 的情况下，是否具有唯一解需要进行讨论。一般而言，具有给定边界条件的拉普拉斯方程是否存在唯一解，主要取决于边界条件的性质 [270]。由于速度势函数 ϕ 为坐标和时间的单值函数，并且其为调和函数具有二阶连续导数，因此根据文献 [270] 中的分析可知，速度势函数在流域内的解是唯一的。

2. 约束条件下的流体运动学方程

根据前文得到的流体在与物伞系统接触的表面和无穷远处所满足的边界条件，以及在整个流域内需要满足拉普拉斯方程这三个约束条件，速度势函数的数学表达式可以写为

$$\begin{cases} \boldsymbol{\nabla}^2\phi = 0, & \text{整个流域内速度势需满足的条件} \\ \left.\dfrac{\partial \phi}{\partial n}\right|_{S=S_{\mathrm{s}}} = V_n, & \text{流体在物体表面处的边界条件} \\ \lim\limits_{r\to\infty} \nabla\phi = 0, & \text{流体在无穷远处的边界条件} \end{cases} \tag{6.10}$$

由式 (6.10) 可以求得整个流域内速度势函数的数值，将该数值代入流体运动学的拉格朗日积分式 (6.7) 中可以求得整个流场的压力分布，进而能求得流体对于物伞系统的作用力和“附加质量”。

6.1.3 物体在无穷域中运动时的“附加质量”

如图 6.1 所示，P 点为在流体中运动的物体表面上任意的一点，P 点的平动速度为 $\boldsymbol{u}_0$ (在三个坐标轴上的对应分量为 u_{0x}、u_{0y}、u_{0z})，转动角速度为 $\boldsymbol{\omega}$ (在坐标轴上的对应分量为 ω_x、ω_y、ω_z)；P 点的位置向量记为 $\boldsymbol{r}$，其坐标为 (x,y,z)；P 点相对于原点 O 的速度可以表示为

$$\boldsymbol{U} = \boldsymbol{u}_0 + \boldsymbol{\omega}\times\boldsymbol{r} \tag{6.11}$$

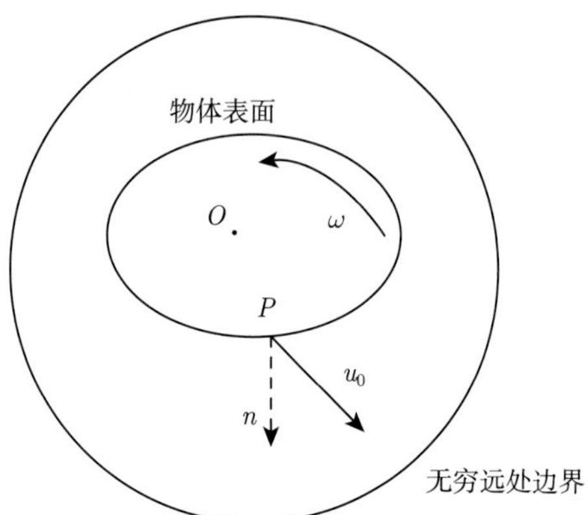

图 6.1　物体在流域中运动示意图

定义 6.1　对于理想流体，其速度主要由平移速度和旋转速度叠加而成，为了以后讨论方便，在此定义流体的广义速度 $u_i(i=1,2,\cdots,6)$。其中 $u_1=u_{0x}$，$u_2=u_{0y}$，$u_3=u_{0z}$ 表示三个坐标轴上的平移速度；$u_4=\omega_x$，$u_5=\omega_y$，$u_6=\omega_z$ 表示流体在物体表面 P 点处沿三个坐标轴上的旋转角速度。

速度 $\boldsymbol{U}$ 在坐标轴上的分量为

$$\begin{aligned} U_x &= u_{0x}+u_x=u_1+\omega_y z-\omega_z y \\ U_y &= u_{0y}+u_y=u_2+\omega_z x-\omega_x z \\ U_z &= u_{0z}+u_z=u_3+\omega_x y-\omega_y x \end{aligned} \tag{6.12}$$

其中，u_x、u_y、u_z 为转动所产生的速度分量。则流体在物体表面 P 点处的法向速度 V_n 可以表示为

$$V_n=\boldsymbol{U}\cdot\boldsymbol{n} \tag{6.13}$$

记 α_1、α_2 和 α_3 为流体内法向量 $\boldsymbol{n}$ 的方向余弦。式 (6.13) 也可以写为

$$\begin{aligned} V_n &= U_x\alpha_1+U_y\alpha_2+U_z\alpha_3+\alpha_1(\omega_y z-\omega_z y)+\alpha_2(\omega_z x-\omega_x z)+\alpha_3(\omega_x y-\omega_y x) \\ &= u_1\alpha_1+u_2\alpha_2+u_3\alpha_3+\omega_x(\alpha_3 y-\alpha_2 z)+\omega_y(\alpha_1 z-\alpha_3 x)+\omega_z(\alpha_2 x-\alpha_1 y) \\ &= u_1\alpha_1+u_2\alpha_2+u_3\alpha_3+\omega_x\alpha_4+\omega_y\alpha_5+\omega_z\alpha_6 \end{aligned} \tag{6.14}$$

其中，α_4、α_5 和 α_6 为广义方向数。为了以后计算的方便，令 $\omega_x=u_4,\omega_y=u_5,\omega_z=u_6$。考虑更一般的情况，若 S_s 为物体的表面，则物体表面处的法向速度在满足式 (6.14) 的同时也应同时满足式 (6.8)，由此可得

$$\begin{aligned} V_n &= \boldsymbol{U}\cdot\boldsymbol{n}=\frac{\partial\phi}{\partial n}\Big|_{S=S_\mathrm{s}} \\ &= u_1\alpha_1+u_2\alpha_2+u_3\alpha_3+u_4\alpha_4+u_5\alpha_5+u_6\alpha_6 \\ &= \sum_{i=1}^{6}u_i\alpha_i \end{aligned} \tag{6.15}$$

1. 单位速度势函数的求取

在流域内流体的速度势函数分布满足拉普拉斯方程，由于拉普拉斯方程具有线性可叠加性 [268]，因此速度势 ϕ 可以分解为 6 个方向 (三个平动方向和三个旋转方向) 的分速度势 ϕ_i $(i=1\sim 6)$ 的代数和。其中，ϕ_1、ϕ_2、ϕ_3 表示沿 x 轴、y 轴、z 轴三个方向平动所产生的速度势分量；ϕ_4、ϕ_5、ϕ_6 表示沿 x 轴、y 轴、z 轴三个方向转动所产生的速度势。ϕ_i 也可以由该方向上的广义速度分量和该方向单位速度势函数 φ_i 的乘积表示，即

$$\begin{aligned}\phi &= \sum_{i=1}^{6}\phi_i \\ &= u_1\varphi_1+u_2\varphi_2+u_3\varphi_3+\omega_x\varphi_4+\omega_y\varphi_5+\omega_z\varphi_6 \\ &= u_1\varphi_1+u_2\varphi_2+u_3\varphi_3+u_4\varphi_4+u_5\varphi_5+u_6\varphi_6\end{aligned} \tag{6.16}$$

其中，物体表面的单位速度势函数 φ_i 与物体的广义速度 (平动速度或转动速度) 无关，仅仅取决于物体表面的形状。因此，将式 (6.16) 代入式 (6.15) 可以得

$$\begin{aligned}V_n &= \frac{\partial\phi}{\partial n}\Big|_{S=S_\mathrm{s}} \\ &= \sum_{i=1}^{6}\frac{\partial\phi_i}{\partial n} \\ &= u_1\frac{\partial\varphi_1}{\partial n}+u_2\frac{\partial\varphi_2}{\partial n}+u_3\frac{\partial\varphi_3}{\partial n}+u_4\frac{\partial\varphi_4}{\partial n}+u_5\frac{\partial\varphi_5}{\partial n}+u_6\frac{\partial\varphi_6}{\partial n} \\ &= u_1\alpha_1+u_2\alpha_2+u_3\alpha_3+u_4\alpha_4+u_5\alpha_5+u_6\alpha_6\end{aligned} \tag{6.17}$$

根据式 (6.17) 可以求得流体在物体表面 S_s 处的单位速度势函数所满足的边界条件为

$$\begin{cases}\dfrac{\partial\varphi_1}{\partial n}=\alpha_1 \\ \dfrac{\partial\varphi_2}{\partial n}=\alpha_2 \\ \dfrac{\partial\varphi_3}{\partial n}=\alpha_3 \\ \dfrac{\partial\varphi_4}{\partial n}=\alpha_4=\alpha_3 y-\alpha_2 z \\ \dfrac{\partial\varphi_5}{\partial n}=\alpha_5=\alpha_1 z-\alpha_3 x \\ \dfrac{\partial\varphi_6}{\partial n}=\alpha_6=\alpha_2 x-\alpha_1 y\end{cases} \tag{6.18}$$

在流体内部，单位速度势函数同样需要满足拉普拉斯方程，因此可以得到流体运动学方程为

$$\nabla^2\varphi_i=\frac{\partial^2\varphi_i}{\partial x^2}+\frac{\partial^2\varphi_i}{\partial y^2}+\frac{\partial^2\varphi_i}{\partial z^2}=0,\quad i=1,2,\cdots,6 \tag{6.19}$$

由式 (6.9) 可知无穷远处流体的速度为零，因此其对应各方向上的单位速度势函数梯度应为零，可以用式 (6.20) 表示：

$$\lim_{r\to\infty}\nabla\varphi_i=\frac{\partial\varphi_i}{\partial x}+\frac{\partial\varphi_i}{\partial y}+\frac{\partial\varphi_i}{\partial z}=0,\quad i=1,2,\cdots,6 \tag{6.20}$$

可以看出，由式 (6.18) ~ 式 (6.20) 可以得到整个流域内流体的单位速度势函数，根据单位速度势函数可以求取处于流体内部的物伞系统所受的附加质量。

2. 流体的动能方程

在假设 6.1 ~ 假设 6.3 的条件下，理想流体满足如下能量守恒方程。

定理 6.1 处于流场中的外界物体作用在理想流体上的功等于流体总动能的增量。

在流域中，由于速度势函数与流体的速度满足式 (6.3)，因此理想流体中的动能表达式可以写为

$$
\begin{aligned}
T &= \frac{1}{2}\rho\iiint_{V(t)} \boldsymbol{v}\cdot\boldsymbol{v}\mathrm{d}x\mathrm{d}y\mathrm{d}z \\
&= \frac{1}{2}\rho\iiint_{V(t)} \left[\left(\frac{\partial\phi}{\partial x}\right)^2+\left(\frac{\partial\phi}{\partial y}\right)^2+\left(\frac{\partial\phi}{\partial z}\right)^2\right]\mathrm{d}x\mathrm{d}y\mathrm{d}z
\end{aligned}
\tag{6.21}
$$

由高斯定理可以将式 (6.21) 简化为

$$
T=-\frac{1}{2}\rho\iint_{S_\mathrm{s}}\phi\frac{\partial\phi}{\partial n}\mathrm{d}S \tag{6.22}
$$

由式 (6.22) 可以得出，经过合理的假设与化简之后，在整个流域中因物体变速运动而使流体增加的动能可以表示为在流体的内表面 (即物体表面) 处速度势函数和速度势函数的法方向导数乘积的曲面积分。速度势函数与流体的速度相关，但由于流体的速度与流体的黏性、所包围物体的形状、加速度等因素相关，得到其精确解较为困难。因此计算“附加质量”时，往往需要将速度势函数 ϕ 转化为与流体速度不相关的单位速度势函数 φ。流体内表面边界处的速度势函数和单位速度势函数满足式 (6.17)，将该式代入式 (6.22), 可得

$$
\begin{aligned}
T &= -\frac{1}{2}\rho\iint_{S_\mathrm{s}}\left[\left(\sum_{j=1}^{6}u_j\varphi_j\right)\left(\frac{\partial\sum\limits_{k=1}^{6}u_k\varphi_k}{\partial n}\right)\right]\mathrm{d}S \\
&= -\frac{1}{2}\rho\sum_{j=1}^{6}\sum_{k=1}^{6}u_ju_k\iint_{S_\mathrm{s}}\left(\varphi_j\frac{\partial\varphi_k}{\partial n}\right)\mathrm{d}S
\end{aligned}
$$

根据假设 6.1 ~ 假设 6.3 可知理想流域中的 ρ 是均匀不变的，而且积分项也与流体的速度无关，仅取决于流体所包围的物体表面形状，因此上式中与流体速度不相关的部分可以被认为是物体的一种属性。故上式可以改写为

$$
T=\frac{1}{2}\sum_{j=1}^{6}\sum_{k=1}^{6}u_ju_km'_{jk} \tag{6.23}
$$

其中

$$
m'_{jk}=-\rho\iint_{S_\mathrm{s}}\left(\varphi_j\frac{\partial\varphi_k}{\partial n}\right)\mathrm{d}S \tag{6.24}
$$

称为 k 方向的运动在 j 方向产生的属性量，它只与物体的形状相关，而与物体所处的流场无关。

从能量角度分析，流体动能的增加与物体对流体所做的功相等，物体的功率可以用施加在流体上的力 $\boldsymbol{F_1}$ 和速度的乘积来表示。作用力与物体表面所受的压强和方向余弦相关，若将速度用六个广义方向分量表示，则物体所做的功为

$$W=\int_0^t P\mathrm{d}\tau=\int_0^t \boldsymbol{F_1}\cdot\boldsymbol{U}\mathrm{d}\tau=\int_0^t\sum_{j=1}^6 F_{1j}u_j\mathrm{d}\tau=\sum_{j=1}^6\int_0^t F_{1j}u_j\mathrm{d}\tau \tag{6.25}$$

其中，u_j 为物体表面附近的流体广义速度；F_{1j} 为对应的广义作用力。

根据定理 6.1，可得流体动能的增量 T 与物体对流体所做的功 W 相等，因此由式 (6.23) 和式 (6.25) 可得

$$\frac{1}{2}\sum_{j=1}^6\sum_{k=1}^6 u_j u_k m_{jk}^{'}=\sum_{j=1}^6\int_0^t F_{1j}u_j\mathrm{d}\tau$$

对上式两端分别求导可以得到

$$\sum_{j=1}^6\left(\sum_{k=1}^6 m_{jk}^{'}\frac{\mathrm{d}u_k}{\mathrm{d}t}\right)u_j=\sum_{j=1}^6 F_{1j}u_j \tag{6.26}$$

式 (6.26) 对于每一个广义速度 u_j 都成立，可以得到物体对于流体在 $j(j=1, 2, \cdots, 6)$ 方向的广义作用力表达式为

$$F_{1j}=\sum_{k=1}^6 m_{jk}^{'}\frac{\mathrm{d}u_k}{\mathrm{d}t}$$

根据牛顿第三定律，可以得知流体作用在物体上的广义作用力为 $F_j=-F_{1j}$，负号表示二者方向相反，因此流体的广义力可表示为

$$F_j=\sum_{k=1}^6 m_{jk}\frac{\mathrm{d}u_k}{\mathrm{d}t} \tag{6.27}$$

其中，$m_{jk}=-m_{jk}^{'}$。物体在 j 方向受到的广义作用力由其各个方向上的广义加速度与该方向在 j 方向所产生的属性量乘积的代数和表示。根据牛顿第二定律中力与加速度和质量的关系，式 (6.27) 中的属性量 m_{jk} 可以看作“附加质量”项，表示物体 k 方向的速度势在 j 方向所产生的“附加质量”分量，可以由式 (6.24) 确定。相应地，称作用在物体上的广义作用力 F_j 为“附加质量”力。

当物体在流体中运动时，只要物体的外形确定之后，则其表面附近的单位速度势函数也是确定的，由此即可确定出“附加质量”。可以看出，物体在流体中变速运动所产生的“附加质量”力与“附加质量”和物体的运动速度相关，而“附加质量”只和物体的外表形状有关，与物体的运动速度、加速度以及初始时刻的运动状态均不相关，只要物体的形状不变，则“附加质量”就不会变化。

6.1.4 物伞系统“附加质量”矩阵研究

由于处于流域中的物体一般不是绕定点旋转，其旋转速度是迅速变化的，“附加质量”力不易求取，因此对于“附加质量”的研究，以前的文献多研究物体仅做简单的直线平动运动

时平移速度产生的“附加质量”分量部分[267]。但是由式 (6.27) 可以看出，j 方向产生的“附加质量”力，不仅与三个平动加速度 $\left(a_k=\dfrac{\mathrm{d}u_k}{\mathrm{d}t},k=1,2,3\right)$ 相关，而且与三个旋转加速度 $\left(a_k=\dfrac{\mathrm{d}u_k}{\mathrm{d}t},k=4,5,6\right)$ 有关。随着研究的深入，越来越多的文献研究物体不仅做平移运动而且做旋转运动时产生的“附加质量”力[142, 269]。

为了研究 6 个广义方向上物体所受的附加质量力，需要引入附加质量矩阵 $\boldsymbol{M}$，其包含的元素为 m_{jk} $(j=1,2,\cdots,6;\ k=1,2,\cdots,6)$，表示由 k 方向的速度势在 j 方向所产生的“附加质量”。“附加质量”矩阵的引入可以方便地求得物体在各个广义方向上所受的“附加质量”力。根据牛顿第二定律，物体“附加质量”力 F 和运动加速度 a 的关系如下：

$$\boldsymbol{F}=\boldsymbol{M}\boldsymbol{a} \tag{6.28}$$

其中

$$\boldsymbol{F}=\begin{bmatrix}F_1\\F_2\\F_3\\F_4\\F_5\\F_6\end{bmatrix},\quad \boldsymbol{M}=\begin{bmatrix}m_{11}&m_{12}&m_{13}&m_{14}&m_{15}&m_{16}\\m_{21}&m_{22}&m_{23}&m_{24}&m_{25}&m_{26}\\m_{31}&m_{32}&m_{33}&m_{34}&m_{35}&m_{36}\\m_{41}&m_{42}&m_{43}&m_{44}&m_{45}&m_{46}\\m_{51}&m_{52}&m_{53}&m_{54}&m_{55}&m_{56}\\m_{61}&m_{62}&m_{63}&m_{64}&m_{65}&m_{66}\end{bmatrix},\quad \boldsymbol{a}=\begin{bmatrix}a_1\\a_2\\a_3\\a_4\\a_5\\a_6\end{bmatrix}$$

注 6.2 F_j 表示流域中的流体对物体在六个广义方向上的广义作用力，F_1、F_2、F_3 表示物体在三个坐标轴上受到的合外力；F_4、F_5、F_6 表示流体作用在三个坐标轴上的合外力矩。$a_k=\mathrm{d}u_k/\mathrm{d}t$ 表示物体在 k 方向由广义速度所产生的加速度，$k=1,2,3$ 时表示流体的平动对物体在三个坐标轴方向上的加速度分量；$k=4,5,6$ 时表示流体的转动对物体三个坐标轴方向上的角加速度分量。

若要求取物体所受的“附加质量”力，需要确定上式“附加质量”矩阵中的 36 个元素，计算量比较大。下面根据流体力学中的一些性质和特征对“附加质量”矩阵中的各个分量 m_{jk} 进行研究，以简化计算量。

前面指出流域中流体的速度势函数满足拉普拉斯方程并且具有唯一解，为调和函数，对于单位速度势函数，同样满足以上性质。“附加质量”m_{jk} 满足式 (6.24)，由于物体所处的流域系统具有保守性，因此式 (6.24) 中积分项内的部分具有轮换对称性，即有 $\varphi_j\dfrac{\partial\varphi_k}{\partial n}=\varphi_k\dfrac{\partial\varphi_j}{\partial n}$，故满足 $m_{jk}=m_{kj}$[267]。“附加质量”矩阵 $\boldsymbol{M}$ 为对称矩阵，矩阵中需要确定的分量减少至 21 个。

对于在流域中的物体，如果其本身外形具有几何对称性，则求解“附加质量”矩阵 $\boldsymbol{M}$ 时所要确定的分量还会减少。本节以在火星大气中做减速运动的降落伞为研究对象，根据其对称的几何外形特点，确定“附加质量”矩阵中分量间的关系。为了便于对伞降过程中降落伞的“附加质量”进行分析，构建降落伞坐标系 $O\text{-}X_\mathrm{p}Y_\mathrm{p}Z_\mathrm{p}$，该坐标系的原点 O_p 位于降落伞伞衣的质心 P 处，三个坐标轴方向与第 2 章中的物伞系统坐标系 $O\text{-}X_\mathrm{s}Y_\mathrm{s}Z_\mathrm{s}$ 坐标轴方向一致。可以看出将物伞系统坐标系沿着 Oz_s 轴负方向平移即可得到降落伞坐标系。

对于火星探测所用的降落伞，其在设计上具有一定的对称性，在整个伞降过程中，降落伞可以被近似看作椭球体[271]，坐标轴所构成的三个平面均为对称平面。首先，降落伞的一个对称平面为 $X_{\mathrm{p}}OY_{\mathrm{p}}$ 平面，根据速度势函数的保守性和对称关系可得，广义力 F_3、F_4、F_5 的构成中均不包含广义加速度 a_1、a_2、a_6 这三项，由式 (6.27) 中附加质量力与各广义加速度的关系可以得知，“附加质量”矩阵中以下 9 个分量为零：

$$m_{jk}=0;\quad j=3,4,5;\quad k=1,2,6 \tag{6.29}$$

根据假设 6.1~ 假设 6.3，“附加质量”矩阵 $\boldsymbol{M}$ 也满足对称性，则其“附加质量”矩阵中需要确定的分量减少为以下 12 个：

$$m_{12};m_{16};m_{26};m_{34};m_{35};m_{45};\quad m_{jj}(j=1,2,\cdots,6)$$

同理，根据降落伞另外两个平面的对称特性分别得到附加质量矩阵的以下分量为零：

$$m_{jk}=0,\quad j=1,5,6;k=2,3,4 \tag{6.30}$$

$$m_{jk}=0,\quad j=2,4,6;k=1,3,5 \tag{6.31}$$

综上所述，结合式 (6.27) 和“附加质量”矩阵 $\boldsymbol{M}$ 的对称性，可以得到“附加质量”矩阵中的各元素满足如下关系式：

$$m_{jk}=\begin{cases}0, & j\neq k\\ \rho\iint_{S_{\mathrm{s}}}\left(\varphi_j\dfrac{\partial\varphi_k}{\partial n}\right)\mathrm{d}S, & j=k\end{cases}$$

因此伞降段过程中，处于火星大气中的降落伞受到周围流体作用力所产生的“附加质量”矩阵和广义“附加质量”力分别可以表示为

$$\boldsymbol{M}=\begin{bmatrix}m_{11} & 0 & 0 & 0 & 0 & 0\\ 0 & m_{22} & 0 & 0 & 0 & 0\\ 0 & 0 & m_{33} & 0 & 0 & 0\\ 0 & 0 & 0 & m_{44} & 0 & 0\\ 0 & 0 & 0 & 0 & m_{55} & 0\\ 0 & 0 & 0 & 0 & 0 & m_{66}\end{bmatrix}=\mathrm{diag}\{m_{11},m_{22},m_{33},m_{44},m_{55},m_{66}\} \tag{6.32}$$

$$\boldsymbol{F}=\boldsymbol{Ma}=[m_{11}a_1\quad m_{22}a_2\quad m_{33}a_3\quad m_{44}a_4\quad m_{55}a_5\quad m_{66}a_6]^{\mathrm{T}} \tag{6.33}$$

注 6.3 式 (6.33) 为降落伞在伞降段下降过程中所产生的“附加质量”表达式，可以看出主对角上的“附加质量”元素与降落伞所处的火星大气速度势函数相关，而速度势函数又由伞降过程中降落伞伞衣的展开形状决定，这与之前的讨论相同。在整个伞降段过程中，降落伞形状不是固定的，因此其“附加质量”也不是固定的，为了方便研究，需要对降落伞的形状进行一定的假设，以方便求取伞降过程中的“附加质量”，进而求解伞降段物伞系统的运动学和动力学方程；伞降过程中“附加质量”的求解将会在后面内容进行详细介绍。

6.2 物伞系统开伞阶段研究

开伞阶段是指当探测器达到预定开伞条件时，从弹伞筒将降落伞伞包弹出开始，经历伞绳的拉直过程、初始充气过程和主充气过程直至降落伞伞衣首次完全充满。虽然整个过程只持续约 3s，但却关系到伞降过程中降落伞能否完全打开和整个 EDL 过程能否顺利完成，因此该过程是伞降段的关键阶段，对其进行分析研究就显得尤为重要 [271-273]。

关于降落伞拉直过程的研究现状，第 1 章已有详细的介绍。目前国际上关于降落伞拉直过程的研究，较多采用 Purvis 在 1983 年提出的多质点阻尼弹簧模型 [274]，该模型对拉直过程中的“绳帆”现象进行了分析和建模，并在模型中将伞绳和伞衣简化为若干质量节点，采用依次拉出质量节点的近似方法，得到了比较理想的拉直效果，同时又极大地避免了“绳帆”现象。鉴于拉直过程的研究较为成熟 [111-115,275]，本章不再对其进行讨论。

6.2.1 降落伞充气过程的分析与建模

降落伞的充气过程主要分为两个阶段：初始充气阶段和主充气阶段。初始充气阶段是气流从伞衣底部冲到伞顶的阶段，初始充气过程对伞衣的充气角有着严格的要求，伞衣充气角过偏或气流过大会出现伞绳“缠绕”，影响伞衣的充气打开。由于该过程时间较短，难以求解，因此目前主要依靠试验法进行研究。主充气阶段是指伞衣顶部从刚刚有气流冲入到降落伞完全充满的过程，是研究的重点。整个充气过程是开伞阶段最为重要也是最为复杂的一个环节 [145]。

开伞力又称开伞动载或开伞负载，是指开伞过程中降落伞与着陆器连接处的链接立管所受的拉力 (或者定义为降落伞伞绳所受的总拉力)[97, 276]。

在盘缝带伞充气的过程中，伞衣在极短时间内膨胀变形，将会导致降落伞的主要动力学参数发生剧烈变化，通常会在开伞过程的末端出现开伞力峰值，而开伞力峰值则是物伞系统可靠性评定中的重要技术指标，因为它直接决定着整个伞降阶段的成败，若伞降段开伞力的峰值远大于降落伞伞绳所设定的最大张力，则伞绳会被拉断而导致整个火星探测任务的失败；此外，充气阶段物伞系统的速度和动压变化、充气距离等都是需要研究的物理量。因此，为确保火星探测的任务要求，必须对物伞系统充气过程中的动力学性能进行全面的分析，除了进行必要的高空抛投试验，还需要建立高精度的动力学分析模型，评估充气过程中可能产生的最大开伞力峰值。

在开伞过程中，以往的研究方法是试验法，即将风动试验和空投试验获取的降落伞开伞时刻的测量信息作为理论分析时的参考数据 [23]。早期的试验研究使得研究人员积累了不同类型降落伞充气过程对应的开伞力、充气时间、充气距离、伞衣投影面积变化等方面的大量数据。

近年来，随着新的试验装置与测量手段不断出现，降落伞开伞过程的试验研究也取得了一些新的成果。但这种方法对于开伞过程的分析都不太完整，它们都假设开伞过程中降落伞做定常运动，而没有考虑降落伞在火星大气中运动时所受的“附加质量”力，因此所构建的模型并非十分精确。

本节主要在考虑物伞系统开伞时所受“附加质量”的基础上，对开伞过程进行精确建模，并对开伞过程进行动力学分析，同时完成开伞阶段系统安全性和可靠性的评定。充气过程中有以下假设。

假设 6.4 降落伞的主充气过程持续时间很短 (2~5s)，物伞系统所受的侧向风可以忽略，并且进入段末端姿态的调整，可以使得伞降段开伞初始时刻倾斜角和偏航角都保持不变，即开伞过程认为物伞系统运动轨迹保持在同一平面之内 [97]。

假设 6.5 着陆器的横截面积 (约 16m^2) 远小于降落伞表面积，其开伞过程中所受的阻力可忽略不计。

假设 6.6 降落伞和着陆器之间相连的约束力管为刚性立管 (即降落伞与着陆器为刚性连接)，并且完全张开的降落伞和着陆器均为对称形状。

根据假设 6.4 可以得知降落伞在开伞时刻的三维运动可以简化为平面内的平移运动，这样可以在保证伞降过程主要研究对象不变的情况下，极大地减小计算复杂度。根据第 2 章提出的物伞系统坐标系 (体坐标系) $O\text{-}X_{\text{s}}Y_{\text{s}}Z_{\text{s}}$，可以看出开伞过程中整个物伞系统仅在平面 $X_{\text{s}}OZ_{\text{s}}$ 内运动。

1. 充气过程的运动学模型

对于物伞系统，根据牛顿第二定律和假设 6.5 可以得到沿主轴 OZ_{s} 方向上的动力学方程为

$$\begin{cases} m_{\text{p}}g\sin\gamma + F_{\text{p}} - q(C_{\text{D}}S) = \dfrac{\text{d}}{\text{d}t}[(m_{\text{p}} + m_{\text{a}})V] \\ m_{\text{v}}g\sin\gamma - F_{\text{p}} = \dfrac{\text{d}}{\text{d}t}(m_{\text{v}}V) \end{cases} \tag{6.34}$$

其中，$q = \dfrac{1}{2}\rho V^2$ 为开伞时的动压；$C_{\text{D}}S$ 为降落伞的阻力特征，其与投影面积线性相关；m_{a} 是由流体产生的“附加质量”；m_{p} 为降落伞质量；m_{v} 为探测器的质量；V 为物伞系统的运动速度；γ 为运动轨迹的轨迹角；ρ 为大气密度；g 为火星重力加速度。

由物伞系统的运动学弹道方程可以求得开伞过程中物伞系统的速度 V 和轨迹角 γ 的变化关系为 [23]

$$(m_{\text{v}} + m_{\text{p}})g\cos\gamma = (m_{\text{p}} + m_{\text{v}} + m_{\text{a}})V\frac{\text{d}\gamma}{\text{d}t} \tag{6.35}$$

注 6.4 由开伞过程中主轴方向和垂直于主轴方向的运动学方程可以求得开伞过程中物伞系统的速度 V 和轨迹角 γ 的变化关系。在降落伞充气过程中，由于物伞系统的形状和质量都有明显的变化，因此对其进行运动分析时要涉及变质量体运动学问题。其中物伞系统质量变化的主要原因为其在流体中运动时，受到流体的附加力作用，产生了“附加质量”；“附加质量”的产生会对整个过程开伞负载力的变化产生较大影响。

2. 充气过程开伞负载力的求取

根据式 (6.34) 和式 (6.35) 可以得到降落伞充气过程中负载力 (伞绳所受的拉力) 表达式为

$$\begin{aligned} F_{\text{p}} &= q(C_{\text{D}}S) + \frac{\text{d}}{\text{d}t}[(m_{\text{p}} + m_{\text{a}})V] - m_{\text{p}}g\sin\gamma \\ &= q(C_{\text{D}}S) + (m_{\text{p}} + m_{\text{a}})\frac{\text{d}V}{\text{d}t} + \frac{\text{d}m_{\text{a}}}{\text{d}t}V - m_{\text{p}}g\sin\gamma \end{aligned} \tag{6.36}$$

对于式 (6.36) 右边的物理量，除了“附加质量” m_{a} 及其变化率 $\mathrm{d}m_{\mathrm{a}}/\mathrm{d}t$，其他量都可以利用风洞试验和高空抛投试验确定。若物体具有不透气的外表面，其附加质量的求取如 6.1 节所示；对于降落伞等具有透气性的物体，当运动在流域中，一部分流体会在外表面产生如式 (6.32) 所示的“附加质量”，另一部分流体会充满在伞衣内部 (这一部分流体的质量称为内含质量)，由于火星探测所采用的盘缝带伞阻力效果好，计算时忽略伞衣内包含空气的质量，只考虑伞衣外表面的流体。将在降落伞外表面产生的这一部分“附加质量”的分量，称为表观质量 (apparent mass，m_{ap})。对于本章所研究的盘缝带伞，其所受流体的“附加质量” m_{a} 与表观质量相等 [97]。

表观质量的确定是十分复杂的过程。本节采用 6.1 节所述的速度势函数法确定“附加质量”[97]。在速度势法的求取过程当中，降落伞表面的速度势函数仅由降落伞的形状外表所确定，因此只要确定降落伞充气过程的形状，其所受的“附加质量”就能通过计算求得，本节采用文献 [97] 中的假设，即在降落伞开伞过程中，可以将正在打开的降落伞视为一个椭球形状的物体，假设充气过程中降落伞的坐标轴如图 6.2 所示，OZ_{p} 轴与降落伞的主轴重合，向下为正；OX_{p} 轴的正方向为初始速度在与主轴垂直的平面上的投影；OY_{p} 轴与其他两轴满足右手系。并记降落伞开伞过程中呈现的椭球在 OX_{p} 轴和 OY_{p} 轴方向的半轴长度为 a 和 b，Z 轴上的半轴长度为 c。

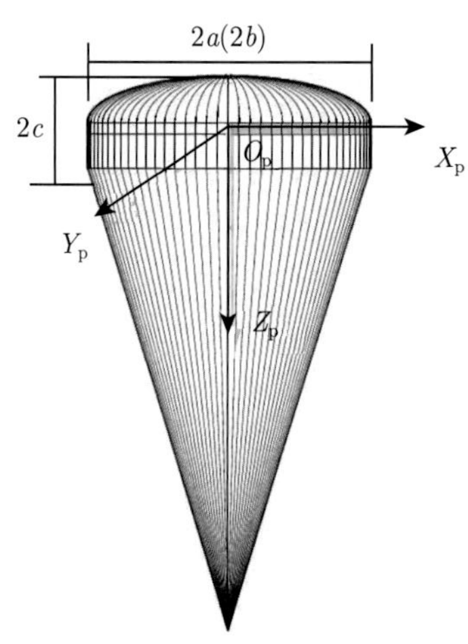

图 6.2 近似椭球体

根据假设 6.4，降落伞仅存在沿着主轴方向的平移下降运动和沿着 OY_{p} 轴的旋转运动。但由于在整个开伞过程中，转动所产生的轨迹角 γ 变化较小，因此由式 (6.27) 可得其产生的“附加质量”力矩可以忽略；故整个开伞过程只需研究降落伞沿主轴方向平动下落时产生的“附加质量”。

根据图 6.2 可以得知在降落伞坐标系 $O\text{-}X_{\mathrm{p}}Y_{\mathrm{p}}Z_{\mathrm{p}}$ 中，降落伞的伞衣表面方程为

$$\frac{x_{\mathrm{p}}^2}{a^2}+\frac{y_{\mathrm{p}}^2}{b^2}+\frac{z_{\mathrm{p}}^2}{c^2}=1 \tag{6.37}$$

根据文献 [277]，只考虑降落伞沿着主轴方向运动产生的“附加质量”时，流体沿着主轴 (Z 轴) 方向的平动速度所产生的单位速度势函数为

$$\varphi_3 = k_1 z_p \varepsilon \tag{6.38}$$

其中

$$\varepsilon = \int_0^{\infty} \frac{1}{(c^2+\lambda)^{3/2}(a^2+\lambda)^{1/2}(b^2+\lambda)^{1/2}} \mathrm{d}\lambda \tag{6.39}$$

参数 λ 为椭球体参数坐标系下表征流体与椭球体表面距离的量。

可以看出，单位速度势函数仅与开伞过程中降落伞的形状相关，是降落伞在流体中运动的一种特性 [97]。由速度势函数存在的唯一性条件可知，流体的势函数在降落伞外表面处满足边界条件 $\dfrac{\partial \varphi_3}{\partial n} = \alpha_3$ ，$\alpha_3 = \cos\theta_z$ 的定义如式 (6.13) 所示，表示降落伞表面某点外法线方向余弦值的一个分量。由式 (6.24) 可知，物体主轴方向的运动在自身方向上的属性量为

$$m_{33}^{'} = -\rho \oiint_{S_\mathrm{s}} \varphi_3 \frac{\partial \varphi_3}{\partial n} \mathrm{d}S = -\rho k_1 \varepsilon \oiint_{S_\mathrm{s}} z_\mathrm{p} \frac{\partial \varphi_3}{\partial n} \mathrm{d}S \tag{6.40}$$

其中，S_s 为充气过程中伞衣的外表面，将曲面积分投影到 $OX_\mathrm{p}Y_\mathrm{p}$ 平面中转化为二重积分，利用平面二重积分公式可以得到式 (6.40) 中的积分等于充气过程中降落伞的伞衣体积，因此属性量可以表示为

$$m_{33}^{'} = -\frac{4}{3} k_1 \rho \varepsilon \pi abc \tag{6.41}$$

由式 (6.27) 可以得知，降落伞沿主轴方向运动时使得周围流体具有速度势，速度势在主轴方向上产生的“附加质量”为

$$m_{33} = \rho k_1 \varepsilon \frac{4}{3} \pi abc \tag{6.42}$$

根据假设 6.6 中降落伞的对称性可知，充气过程中伞衣在平面 $X_\mathrm{s}OY_\mathrm{s}$ 中的投影为半径为 a 的圆，记投影面积为 S_p；根据文献 [271] 中的参数条件可知，充气过程中椭球体的另一个轴长 c 和投影半径 a 近似为线性关系，记为 $c = k_2 a$。

将旋转椭球体的参数关系代入式 (6.42) 可以得到

$$m_{33} = \frac{4}{3} k_0 \rho \varepsilon \pi a^3 \tag{6.43}$$

其中，$k_0 = k_1 k_2$，数值的选取与降落伞的设计参数相关。

式 (6.43) 表示在降落伞的平动在主轴方向上产生的“附加质量” m_{33}。降落伞的平动下降在其他方向产生的广义“附加质量”可以由式 (6.33) 确定。根据假设 6.4，降落伞在其他五个广义方向的速度近似为零，由式 (6.15) 和式 (6.24) 可以得到其他广义方向产生的“附加质量”均为零。由此可以得到式 (6.36) 中的“附加质量” m_a 满足如下关系：

$$m_\mathrm{a} = m_{33} = \frac{4}{3} k_0 \rho \varepsilon \pi a^3 \tag{6.44}$$

在风洞试验中为了方便测量，一般选择降落伞的投影面积 $S_\mathrm{p} = \pi a^2$ 为研究对象。

注 6.5 风洞试验是降落伞开伞过程中伞衣性能参数和负载能力是否合格的重要物理验证方法。在风洞试验中，可以利用具有高清晰分辨率的照相机将开伞过程中降落伞的投影面积 S_{p} 提取出来 [278]，并将其与降落伞完全充满时 (对应投影半径为 $a_{\mathrm{p_{max}}}$) 的投影面积 $S_{\mathrm{p_{max}}}$ 的比例记为投影比率 S_{r}。根据降落伞投影比率的变化曲线，就可以求得开伞过程中的“附加质量”和“附加质量”变化率，从而确定开伞力。

式 (6.44) 中的“附加质量”可以转换为投影比率 S_{r} 的相关函数：

$$
\begin{aligned}
m_{\mathrm{a}} &= \frac{4}{3}k_0\rho\varepsilon\pi a^3 \\
&= k_0\rho\varepsilon\frac{4}{3}\pi a_{\mathrm{p_{max}}}^3(a^3/a_{\mathrm{p_{max}}}^3) \\
&= k_0\rho\varepsilon V_{\mathrm{p_{max}}}S_{\mathrm{r}}^{3/2}
\end{aligned}
\tag{6.45}
$$

其中，$V_{\mathrm{p_{max}}}$ 为降落伞完全充满时所构成的椭球体的体积。式 (6.45) 中最大投影面积可以通过风洞试验得到。可以看出，只要整个充气过程中降落伞的投影变化曲线能够确定出，附加质量便可以得到确定。

对式 (6.45) 两端取导数可以得到“附加质量”的变化率：

$$
\frac{\mathrm{d}m_{\mathrm{a}}}{\mathrm{d}t} = k_0\varepsilon V_{\mathrm{p_{max}}}\frac{\mathrm{d}\rho}{\mathrm{d}t}S_{\mathrm{r}}^{3/2} + \frac{3}{2}k_0\varepsilon V_{\mathrm{p_{max}}}\rho S_{\mathrm{r}}^{1/2}\dot{S}_{\mathrm{r}}
\tag{6.46}
$$

式 (6.46) 表明式 (6.36) 中与“附加质量”相关的项都可以转化为投影比率的函数。在风洞试验和高空抛投试验中，式 (6.36) 右端第一项 $q(C_{\mathrm{D}}S)$ 为开伞过程中降落伞所受的气动阻力，动压 q 可以通过速度变化得知，而伞衣的阻力特征也可以表示为降落伞投影比率和投影面积的变化关系：

$$
C_{\mathrm{D}}S = C_{\mathrm{D_p}}S_{\mathrm{p_{max}}}S_{\mathrm{r}}
\tag{6.47}
$$

其中，$C_{\mathrm{D_p}}$ 为降落伞充气过程中以投影面积为参考的稳定阻力系数。

将式 (6.45) ~ 式 (6.47) 代入式 (6.36)，可以得到开伞过程开伞负载力的表达式：

$$
\begin{aligned}
F_{\mathrm{p}} = {} & qC_{\mathrm{D_p}}S_{\mathrm{p_{max}}}S_{\mathrm{r}} + (m_{\mathrm{p}} + k_0\varepsilon V_{\mathrm{p_{max}}}\rho S_{\mathrm{r}}^{3/2})\frac{\mathrm{d}V}{\mathrm{d}t} \\
& + \left(k_0\varepsilon V_{\mathrm{p_{max}}}\frac{\mathrm{d}\rho}{\mathrm{d}t}S_{\mathrm{r}}^{3/2} + \frac{3}{2}k_0\varepsilon V_{\mathrm{p_{max}}}\rho S_{\mathrm{r}}^{1/2}\dot{S}_{\mathrm{r}}\right)V - m_{\mathrm{p}}g\sin\gamma
\end{aligned}
\tag{6.48}
$$

充气过程降落伞的投影比率也可以通过风洞试验获得，因此当充气过程的初始条件已知，式 (6.48) 中除了参数 k_0 需要通过峰值负载试验确定，其余变量均可以通过迭代方程计算得到。通过将本节得到的负载力、降落伞速度变化和充气距离等物理量与“好奇号”开伞过程中各物理量的变化相比较，验证本节所提出的充气过程模型的合理性和可靠性。

6.2.2 仿真验证

降落伞形状的迅速变化，造成开伞过程中降落伞所受的负载力、下降速度和高度等物理量的变化难以获取。本节通过仿真验证上节所构建的开伞过程模型的精确性，仿真参数来自于“好奇号”的数据 [186, 277]。物伞系统的初始状态如表 6.1 所示。

表 6.1　开伞过程初始状态

初始状态变量	数值	单位
速度 V	437	m/s
高度 h	8212	m
轨迹角 γ	27.95	(°)
稳定阻力系数 $C_{\mathrm{D_p}}$	$0.40 \sim 0.42$	
比例系数 k_0	$0.82 \sim 0.83$	

根据 NASA 研究数据，可以得到降落伞的最大投影半径 $a_{\mathrm{p_{max}}} = 7.1\mathrm{m}$，充气过程中旋转椭球体的长轴与短轴之间的关系近似为 $2c = a$，由此可以求取降落伞完全充满时旋转椭球体的体积 $V_{\mathrm{p_{max}}}$。根据风洞试验数据 [271]，可以得出开伞过程伞衣投影比率 S_{r} 的变化曲线，如图 6.3 所示。从图中可以看出充气时间近似为 3.66 s。

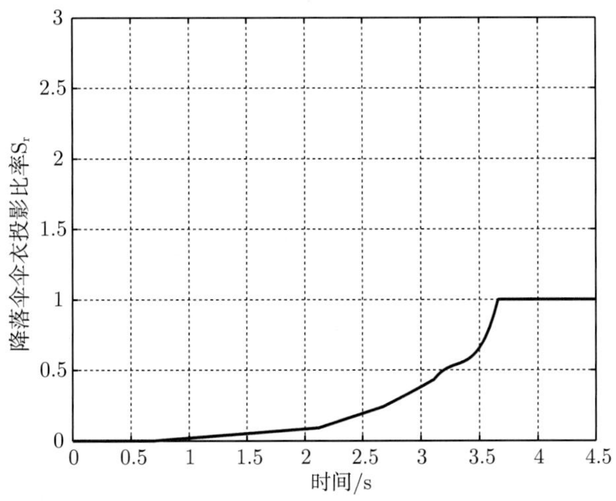

图 6.3　开伞过程伞衣投影比率

根据图 6.3 中的投影比率曲线，结合式 (6.34)~ 式 (6.36) 可以得到开伞过程降落伞所受负载力的曲线。由文献 [43] 可知，当开伞过程中降落伞所受的负载力过大，超过其预设的最大阈值，则伞绳可能被拉断，导致开伞过程失败。图 6.4 中的虚线为降落伞伞绳所设置的最大阈值，图中用 6.1 节所构建的开伞过程模型所求的开伞负载力曲线 (实线) 与通过风洞试验 [271] 得到的开伞负载力曲线十分相似，并且降落伞的最大负载力没有超过所设定的阈值，这也保证了开伞过程能够顺利进行。

同理，根据本节的描述，可以通过仿真将开伞过程物伞系统所受的动压 q、速度 V 和高度 h 的变化过程表示出来。对本节的模型进行仿真可得如图 6.5 所示的动压变化曲线，星形标志为风洞试验中在特定的开伞时刻所测量的物伞系统动压值，通过仿真可以看出，由本章所构建的模型所得到的动压变化与实际风洞试验测量得到的动压值相近似。图 6.6 为开伞过程中降落伞速度和高度的变化，并且其变化的范围在允许范围之内 [186, 271]。

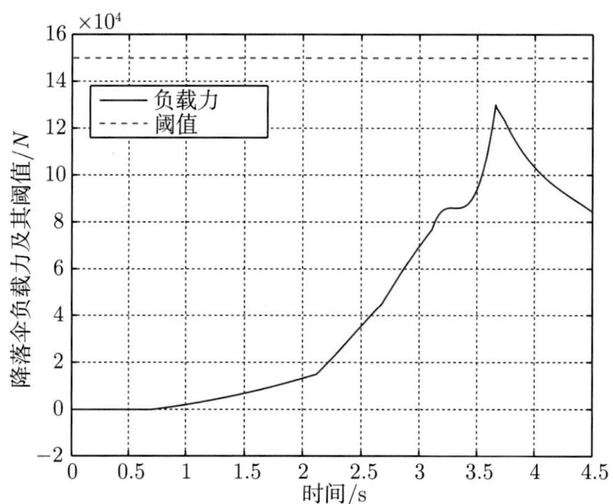

图 6.4　开伞过程降落伞负载力曲线

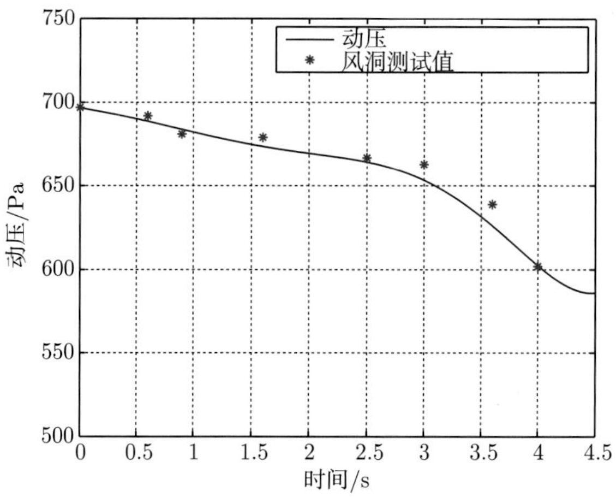

图 6.5　开伞过程降落伞动压变化曲线

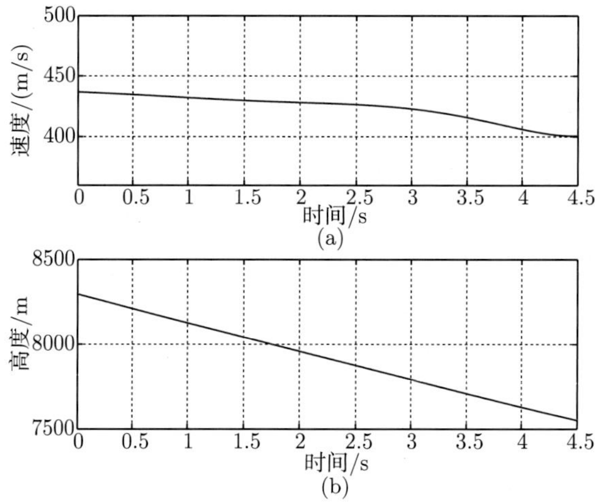

图 6.6　开伞过程物伞系统速度和高度变化

此外，根据式 (6.45) 可以得到，开伞过程中降落伞所受的“附加质量” m_{a} 如图 6.7 所示。从仿真结果可以看出，在降落伞将要充满时，“附加质量”急剧增大，几乎与降落伞的质量到达同一数量级，这对伞降段的有关分析结论会产生影响。因此在对伞降段进行研究时，不能忽略降落伞的“附加质量”效应。

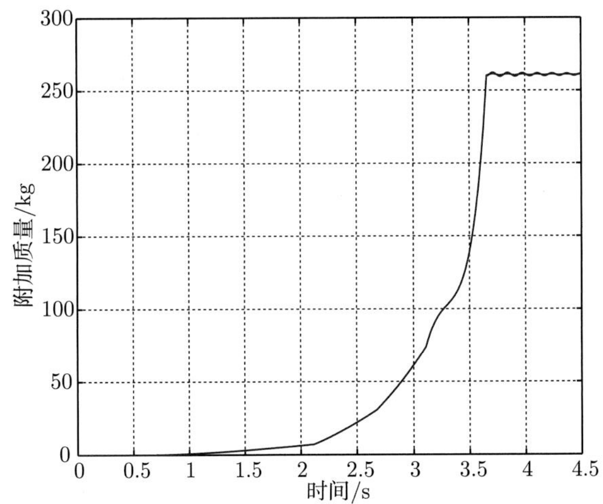

图 6.7 开伞过程中附降落伞的“附加质量”

6.3 物伞系统六自由度数学模型和稳定性分析

降落伞在经历了开伞阶段之后，物伞系统将在气动阻力、探测器自身重力的共同作用下趋于稳定的下降，因此该阶段称为稳定下降段。稳定下降段中降落伞完全打开，其开伞面积基本保持稳定，不会出现较大变化。对稳定下降段的研究主要集中于 [273]：① 建立物伞系统精确的数学模型，分析并刻画物伞系统运动过程中位置、速度和姿态等物理量的变化；② 研究外界环境因素对物伞系统运动的影响，以及外界干扰作用之后对物伞系统所构建的模型进行稳定性分析，验证模型的准确性和可靠性。

6.3.1 物伞系统六自由数学模型的建立与分析

本节在前人研究的基础上，将盘缝带伞所受到周围大气的“附加质量”因素考虑到物伞系统的模型当中，并采用了更加精确的旋转椭球法计算流体所产生的“附加质量”，从而建立了物伞系统稳定下降段六自由度数学模型。

通过对物伞系统的六自由度模型研究，不但可以获得伞降过程中降落伞的位置、速度随时间的变化关系，也可以获得整个伞降过程中物伞系统的姿态信息，这能够准确地刻画整个伞降过程中物伞系统的运动变化。

1. 附加质量的确定

物伞系统稳定下降段“附加质量”的求取和 6.2 节相同，由于稳定下降段伞衣处于完全

充满状态,“附加质量”可以表示为

$$m_{\mathrm{a}} = \frac{4}{3}k_0\rho\varepsilon\pi a_{\mathrm{p_{max}}}^3 \tag{6.49}$$

2. 六自由度数学模型的建立

六自由度模型的建立，需要对物伞系统进行运动学和动力学分析，得到其模型方程。以下研究均在物伞坐标系中进行分析。

1) 重力力矩在物伞坐标系中的分量

由于重力 $\boldsymbol{G}$ 属于惯性向量，其方向总是指向地心，所以在火星固连坐标系中的分量可以表示为

$$\begin{bmatrix} G_{xg} & G_{yg} & G_{zg} \end{bmatrix}^{\mathrm{T}} = \begin{bmatrix} 0 & 0 & mg \end{bmatrix}^{\mathrm{T}}$$

根据假设 6.6，降落伞和着陆器之间为刚性链接，并且由式 (2.7) 中的坐标转换矩阵可以方便地得到降落伞和探测器的重力在物伞坐标系中的分量:

$$\begin{cases} M_{\mathrm{p}x} = m_{\mathrm{p}}g\cos\theta(y_{\mathrm{p}}\cos\phi - z_{\mathrm{p}}\sin\phi) \\ M_{\mathrm{p}y} = m_{\mathrm{p}}g(-z_{\mathrm{p}}\sin\theta - x_{\mathrm{p}}\cos\theta\cos\phi) \\ M_{\mathrm{p}z} = m_{\mathrm{p}}g(x_{\mathrm{p}}\cos\theta\sin\phi + y_{\mathrm{p}}\sin\theta) \\ M_{\mathrm{v}x} = m_{\mathrm{v}}g\cos\theta(y_{\mathrm{v}}\cos\phi - z_{\mathrm{v}}\sin\phi) \\ M_{\mathrm{v}y} = m_{\mathrm{v}}g(-z_{\mathrm{v}}\sin\theta - x_{\mathrm{v}}\cos\theta\cos\phi) \\ M_{\mathrm{v}z} = m_{\mathrm{v}}g(x_{\mathrm{v}}\cos\theta\sin\phi + y_{\mathrm{v}}\sin\theta) \end{cases} \tag{6.50}$$

其中，M_{p} 为降落伞的重力在物伞坐标系中所产生的重力力矩；M_{v} 为着陆器在物伞坐标系中的重力力矩；$(x_{\mathrm{p}}, y_{\mathrm{p}}, z_{\mathrm{p}})$ 和 $(x_{\mathrm{v}}, y_{\mathrm{v}}, z_{\mathrm{v}})$ 分别为降落伞和着陆器在物伞坐标系下的质心坐标。

2) 气动力和气动力矩

根据假设 6.5，只需考虑降落伞所受的气动阻力和气动力矩:

$$\begin{cases} F_x = -\dfrac{1}{2}\rho C_N\vartheta^2 A\dfrac{\vartheta_x}{\sqrt{\vartheta_x^2+\vartheta_y^2}} \\ F_y = -\dfrac{1}{2}\rho C_N\vartheta^2 A\dfrac{\vartheta_y}{\sqrt{\vartheta_x^2+\vartheta_y^2}} \\ F_z = -\dfrac{1}{2}\rho C_T\vartheta^2 A \\ L_{\mathrm{p}} = y_{\mathrm{p}}F_z - z_{\mathrm{p}}F_y \\ M_{\mathrm{p}} = z_{\mathrm{p}}F_x - x_{\mathrm{p}}F_z \\ N_{\mathrm{p}} = x_{\mathrm{p}}F_y - y_{\mathrm{p}}F_x \end{cases} \tag{6.51}$$

其中，C_{N} 为轴向气动系数 (法向力系数)；C_{T} 为切向力系数 [280]；$A = \pi(D_0/2)^2$ 为降落伞的名义面积；ϑ_x、ϑ_y 和 ϑ_z 为降落伞伞衣的质心速度 ϑ 在物伞系统坐标系中的分量；F_x、F_y 和 F_z 为降落伞所受气动力 F_{D} (作用于降落伞的质心处) 在物伞坐标系上的分量；L_{p} 为滚转力矩；M_{p} 和 N_{p} 分别为倾斜力矩和偏航力矩。

3) 惯性矩

在六自由度模型中，物伞系统的惯性矩主要包括作用在降落伞和着陆器上的惯性矩。系统的总惯性矩 $\boldsymbol{I}$ 可以分为沿三个坐标轴上的分量 I_x、I_y 和 I_z。

4) 物伞系统的动力学方程

根据力学定律可以在惯性坐标系下建立起物伞系统在合外力 $\boldsymbol{F}$ 作用下的线运动方程和在合外力矩 $\boldsymbol{M}$ 作用下的角运动方程。

由牛顿第二定律可以得出加速度与合外力关系：

$$\sum \boldsymbol{F} = \frac{\mathrm{d}}{\mathrm{d}t}(m\boldsymbol{V}) = m\frac{\mathrm{d}}{\mathrm{d}t}\boldsymbol{V} \tag{6.52}$$

由动量矩定理可以得出物伞系统的角运动方程：

$$\sum \boldsymbol{M} = \frac{\mathrm{d}}{\mathrm{d}t}\boldsymbol{L} = \frac{\mathrm{d}}{\mathrm{d}t}\boldsymbol{I\omega} = \boldsymbol{I}\frac{\mathrm{d}}{\mathrm{d}t}\boldsymbol{\omega} \tag{6.53}$$

其中，$\boldsymbol{V}$ 表示系统在惯性系下的速度；$\boldsymbol{\omega}$ 为物伞坐标系相对于惯性系的转动角速度；m 为物伞系统的总质量，其可以表示为 $m = m_{\mathrm{v}} + m_{\mathrm{p}} + m_{\mathrm{a}}$。将物伞系统所受到的气动阻力和重力向物伞系统坐标系中分解，并利用坐标转换公式 (2.7) 可得体坐标系下物伞系统质心的速度和合外力矩的分量表达式：

$$\left\{\begin{aligned} \dot{u} &= vr_{\mathrm{s}} - wq_{\mathrm{s}} - \frac{m-m_{\mathrm{a}}}{m}g\sin\theta + \frac{F_x}{m} \\ \dot{v} &= -ur_{\mathrm{s}} + wp_{\mathrm{s}} + \frac{m-m_{\mathrm{a}}}{m}g\cos\theta\sin\phi + \frac{F_y}{m} \\ \dot{w} &= uq_{\mathrm{s}} - vp_{\mathrm{s}} + \frac{m-m_{\mathrm{a}}}{m}g\cos\theta\cos\phi + \frac{F_z}{m} \end{aligned}\right. \tag{6.54}$$

$$\left\{\begin{aligned} M_x &= L_{\mathrm{p}} + M_{\mathrm{v}x} + M_{\mathrm{p}x} = I_x\dot{p}_{\mathrm{s}} - \dot{r}_{\mathrm{s}}I_{xz} + q_{\mathrm{s}}r_{\mathrm{s}}(I_z - I_y) - p_{\mathrm{s}}q_{\mathrm{s}}I_{xz} \\ M_y &= M_{\mathrm{p}} + M_{\mathrm{v}y} + M_{\mathrm{p}y} = I_y\dot{q}_{\mathrm{s}} + p_{\mathrm{s}}r_{\mathrm{s}}(I_x - I_z) + (p_{\mathrm{s}}^2 - r_{\mathrm{s}}^2)I_{xz} \\ M_z &= N_{\mathrm{p}} + M_{\mathrm{v}z} + M_{\mathrm{p}z} = I_z\dot{r}_{\mathrm{s}} - \dot{p}_{\mathrm{s}}I_{xz} + p_{\mathrm{s}}q_{\mathrm{s}}(I_y - I_x) + q_{\mathrm{s}}r_{\mathrm{s}}I_{xz} \end{aligned}\right. \tag{6.55}$$

其中，(u,v,w) 为物伞系统质心 O_{s} 的速度 $\boldsymbol{V}$ 在物伞系统坐标系三个坐标轴上的分量；$(p_{\mathrm{s}}, q_{\mathrm{s}}, r_{\mathrm{s}})$ 为角速度 $\boldsymbol{\omega}$ 的三个分量。

定义 l_1 为降落伞的质心 O_{p} 与物伞系统质心 O_{s} 之间的距离。因此物伞系统质心速度 $\boldsymbol{V}$ 和降落伞质心的运动速度 ϑ 满足如下关系式：

$$\left\{\begin{aligned} u &= \vartheta_x + l_1q_{\mathrm{s}} \\ v &= \vartheta_y - l_1p_{\mathrm{s}} \\ w &= \vartheta_z \end{aligned}\right. \tag{6.56}$$

根据相关定义，可以由物伞系统的速度分量求得攻角和侧滑角的关系式：

$$\tan\alpha = \sqrt{u^2+v^2}/w, \quad \sin\beta = v/V$$

5) 物伞系统的运动学方程

物伞系统的姿态角 (欧拉角) 速率 ($\dot{\phi}$、$\dot{\theta}$、$\dot{\psi}$) 和物伞坐标系的三个角速度分量 $(p_{\rm s}, q_{\rm s}, r_{\rm s})$ 之间的关系式可以表示为物伞系统的运动学方程组：

$$\begin{cases} \dot{\phi} = p_{\rm s} + (r_{\rm s}\cos\phi + q_{\rm s}\sin\phi)\tan\theta \\ \dot{\theta} = q_{\rm s}\cos\phi - r_{\rm s}\sin\phi \\ \dot{\psi} = \dfrac{1}{\cos\theta}(r_{\rm s}\cos\phi + q_{\rm s}\sin\phi) \end{cases} \tag{6.57}$$

6) 航向导航方程组

以上各方程分析了物伞系统在体坐标系中所满足的运动方程。在实际过程中，往往需要考虑降落伞在地面坐标系中的位置变化关系，因此还需要建立物伞系统的航向导航方程组。

物伞系统质心 $O_{\rm s}$ 在体坐标系中的速度分量为 $\begin{bmatrix} u & v & w \end{bmatrix}^{\rm T}$，同样，相对于地面坐标系，系统质心的位移运动为 $\begin{bmatrix} \dot{x} & \dot{y} & -\dot{h} \end{bmatrix}^{\rm T}$，其中 (x, y, h) 为物伞系统在地面坐标系中的分量。

利用坐标系间转换矩阵关系式 (2.7)，可以得到物伞系统质心的导航方程组：

$$\begin{bmatrix} \dot{x} \\ \dot{y} \\ -\dot{h} \end{bmatrix} = \boldsymbol{T}_i^b \begin{bmatrix} u \\ v \\ w \end{bmatrix} = (\boldsymbol{T}_b^i)^{\rm T} \begin{bmatrix} u \\ v \\ w \end{bmatrix} \tag{6.58}$$

其中，h 表示物伞系统质心与火星地表的距离。式 (6.58) 可展开为如下形式：

$$\begin{cases} \dot{x} = u\cos\theta\cos\psi + v(\sin\phi\sin\theta\cos\psi - \cos\phi\sin\psi) + w(\sin\phi\sin\psi + \cos\phi\sin\theta\cos\psi) \\ \dot{y} = u\cos\theta\sin\psi + v(\sin\phi\sin\theta\sin\psi + \cos\phi\cos\psi) + w(-\sin\phi\sin\psi + \cos\phi\sin\theta\sin\psi) \\ \dot{h} = u\sin\theta - v\cos\theta\sin\phi - w\cos\phi\cos\theta \end{cases} \tag{6.59}$$

如上所述，本节建立了物伞系统稳定下降过程中的六自由度数学模型，通过该模型可以研究伞降段降落伞的位置、速度和姿态的变化，对伞降段有了更加清楚的认识。在上述模型中，所有的参数均可以由风洞试验获得，本节对所建立的六自由度模型进行仿真，并与实际“好奇号”的伞降段相比较，以表现该模型的可靠性与合理性。

6.3.2 物伞系统稳定性分析

本节对物伞系统稳定下降段进行建模，但并未考虑整个过程中的降落伞可能受到的外界干扰，因此有必要对伞降段物伞系统的抗扰性或稳定性进行分析 [141, 144, 145]。

物伞系统在实际运行过程中，经常会受到火星大气所带来的侧面干扰阻力 (如火星上的风等)，这些干扰力会使物伞系统偏离原来的运动状态。这有可能会造成降落伞的轨迹角减小从而导致整个伞降段乃至整个 EDL 过程的失败。

注 6.6 根据文献 [279] 和本节建立的六自由度物伞降落系统的数学模型，能够准确地表示整个伞降阶段系统的运动姿态、速度随时间的变化关系。

(1) 从仿真中可以看出，整个稳定下降段探测器的侧滑角始终保持在 0° 附近 (图 6.13)。则物伞系统的速度 V 几乎在物伞坐标系 $X_{\rm s}OZ_{\rm s}$ 平面内。

(2) 从仿真中可以看出，物伞系统的偏航角速度 $r_{\rm s}$较小，因此整个稳定下降段可以不用研究侧向的运动，只需要对纵向的运动进行研究即可。

1. 物伞系统纵向平面投影

根据前面所述，在物伞坐标系 X_sOZ_s 平面 (纵向平面) 内降落伞的运动变化较大，且容易受到外界扰动力的干扰。因此，本节主要研究物伞系统在纵向平面内的稳定性。为了方便研究，首先将物伞系统向纵向平面投影，降落伞的几何尺寸和力的关系如图 6.8(左) 所示。

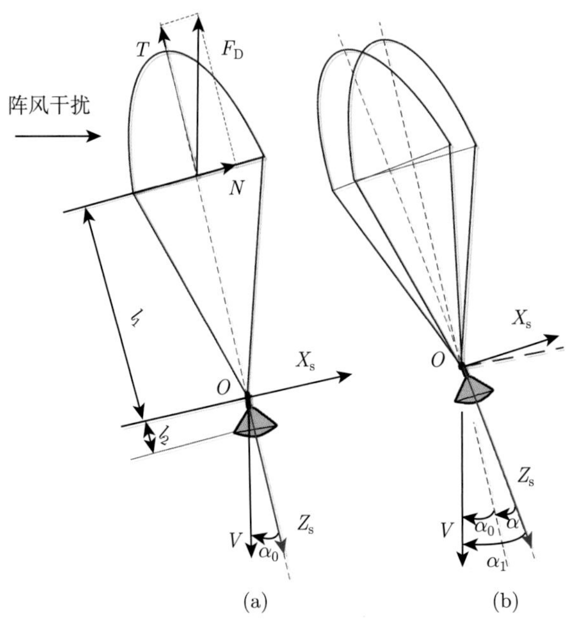

图 6.8 物伞系统纵向平面的投影

其中降落伞所受的空气阻力 $\boldsymbol{F}_D$ 可以分解为沿轴方向的轴向力 $\boldsymbol{T}$ 和垂直于轴的切向力 $\boldsymbol{N}$，阻力的作用点为降落伞的质心 P 处，物伞系统的质心为坐标原点 O_s 处，着陆器的质心为 Z_s，三者的距离关系如图 6.8 所示。

在图 6.8 中，假定物伞系统处于稳定下降段的某一时刻，其降落速度为 V，攻角为 α_0，若此时突然有纵向水平扰动使得物伞系统发生转动，其中攻角变为 α_1 (图 6.8(b))，则需要得到系统受到扰动后能够恢复到原来位置的条件。由于扰动力的作用是短暂的，因此当扰动力消失后需要对物伞系统的抗扰性 (动稳定性) 进行研究。

2. 物伞系统的动量矩

根据理论力学中质点系对于固定点的动量矩定理，由式 (6.53) 可知，降落伞坐标系的合外力矩在动坐标系的表达式为

$$\boldsymbol{L} = \begin{bmatrix} L_x & L_y & L_z \end{bmatrix}^{\mathrm{T}} = \int (\boldsymbol{r} \times \boldsymbol{V})\mathrm{d}m = \begin{bmatrix} p_sI_x - q_sI_{xy} - r_sI_{xz} \\ q_sI_y - r_sI_{yz} - p_sI_{xy} \\ r_sI_z - p_sI_{xz} - q_sI_{yz} \end{bmatrix} \tag{6.60}$$

其中，I_i 为降落伞绕三个坐标轴的转动惯量；I_{ij} 为降落伞绕三个平面的转动惯性积。由于物伞系统的对称面为 X_sOX_s 和 Y_sOZ_s，故转动惯性积 $I_{xy} = I_{xz} = I_{yz}$ 均为 0。因此降落伞

的合外力矩可以表示为

$$L = \begin{bmatrix} pI_x & qI_y & rI_z \end{bmatrix}^{\mathrm{T}} \tag{6.61}$$

3. 扰动变化量及扰动性分析

由降落伞在合外力矩作用下角运动方程式 $M = I_y\dot{q}_{\mathrm{s}} + p_{\mathrm{s}}r_{\mathrm{s}}(I_x - I_z)$ 可以得到纵向平面内物伞系统合外力矩和角速度的关系。其中，q_{s} 为物伞系统的俯仰角速度，r_{s} 为物伞系统偏航角速度。由惯性系和坐标系的转换投影关系可知，系统在受到风力扰动前后的攻角变化量为 $\alpha = \alpha_1 - \alpha_0$。

通过理论分析 [280] 和仿真可以得到，在整个稳定下降段物伞系统的偏航角速度近似为 $r_{\mathrm{s}} = 0$，则根据欧拉关系式可得物伞系统的俯仰角速度和攻角变化率相等，即有 $q_{\mathrm{s}} = \dot{\alpha}$。

物伞系统纵向平面内的合外力矩 $\boldsymbol{M}$ 可以写为：$\boldsymbol{M} = M_{F_D} + M_{\mathrm{f}} + M_{F_{\mathrm{a}}}$。其中 M_{F_D} 为降落伞所受气动阻力产生的气动力矩，M_{f} 为降落伞所受的阻尼力矩 [145]，$M_{F_{\mathrm{a}}}$ 为物伞系统在大气中运动时受到的广义“附加质量”力所产生的力矩。下面分别对这三种力矩进行求解。

1) 气动力矩

根据定义，物伞系统气动力矩的表达式为

$$M_{F_D} = C_{\mathrm{M}}(\alpha)qAD_0$$

其中，D_0、A 分别为降落伞的名义直径和名义面积。降落伞稳定下降阶段所受的气动力矩系数与攻角和侧滑角相关。由假设可知，当物伞系统的攻角较小时，气动力矩系数 $C_{\mathrm{M}}(\alpha)$ 和攻角近似为线性关系。当攻角不是很大时，物伞系统的气动力矩系数可以表示为

$$C_{\mathrm{M}}(\alpha) = \alpha\frac{\partial C_{\mathrm{M}}}{\partial \alpha}$$

因此，扰动后物伞系统所受的气动力矩为

$$M_{F_{\mathrm{D}}} = \alpha_1 qAD_0\frac{\partial C_{\mathrm{M}}}{\partial \alpha}\bigg|_{\alpha=\alpha_1} \approx \alpha_1 qAD_0\frac{\partial C_{\mathrm{M}}}{\partial \alpha}\bigg|_{\alpha=\alpha_0} \tag{6.62}$$

式 (6.62) 成立的条件是扰动后的攻角变化量 α 不是很大 (一般小于 5°)。

2) 阻尼力矩

当物伞系统受到风力干扰发生旋转时，姿态角和攻角的变化会使得稳定型降落伞自动产生阻尼力矩以试图恢复自身原先位置。物伞系统的阻尼力矩 M_{f} 和攻角变化成正比关系：

$$M_{\mathrm{f}} = \frac{\partial C_{\mathrm{M}}}{\partial \dot{\alpha}}\dot{\alpha}qAD_0 \tag{6.63}$$

3) 广义附加力矩

降落伞在纵向平面中运动，会产生广义“附加质量”力，根据第 3 章的介绍可以得到受到干扰后，式 (6.32) 中的广义“附加质量”m_{33} 可以由速度势函数求得，其对应的广义附加力矩可以表示为

$$\boldsymbol{M}_{\mathrm{a}} = m_{33}\dot{w}l_1\sin\alpha \approx m_{33}\dot{w}l_1\alpha \tag{6.64}$$

4) 物伞系统的转动惯量

根据平行轴转动定理，物伞系统在图 6.8 中的 $X_{\mathrm{s}}OZ_{\mathrm{s}}$ 纵向平面内绕 OY_{s} 轴的转动惯量可以表示为

$$I_y = J_{\mathrm{p}} + m_{\mathrm{p}}{l_1}^2 + J_{\mathrm{f}} + m_{\mathrm{v}}{l_2}^2$$

其中，J_{p} 和 J_{v} 分别为降落伞和着陆器绕各自质心的转动惯量；l_2 表示着陆器与物伞系统质心间的距离。

在物伞系统的纵向平面内，系统绕定轴 OY_{s} 转动，根据动量矩定理可以得到受侧向风力干扰后物伞系统的角运动方程：

$$\alpha_1 qAD_0\frac{\partial C_{\mathrm{M}}}{\partial\alpha} + \frac{\partial C_{\mathrm{M}}}{\partial\dot{\alpha}}\dot{\alpha}qAD_0 + m_{33}\dot{w}l_1\alpha = (J_{\mathrm{p}} + m_{\mathrm{p}}{l_1}^2 + J_{\mathrm{f}} + m_{\mathrm{f}}{l_2}^2)\ddot{\alpha} \tag{6.65}$$

风力干扰的作用使系统的攻角发生变化，要确定物伞系统抗扰性与攻角变化量 α 的关系，需要对式 (6.65) 两端加上 $-\alpha_0 qAD_0\dfrac{\partial c_{\mathrm{M}}}{\partial\alpha}$，可得

$$\frac{qAD_0\dfrac{\partial c_{\mathrm{M}}}{\partial\alpha}}{I_y}\alpha + \frac{qAD_0\dfrac{\partial c_{\mathrm{M}}}{\partial\dot{\alpha}}}{I_y}\dot{\alpha} + \frac{m_{33}\dot{w}l_1}{I_y}\alpha = \ddot{\alpha} - \frac{\alpha_0 qAD_0\dfrac{\partial c_{\mathrm{M}}}{\partial\alpha}}{I_y} \tag{6.66}$$

从文献 [143]、[144]、[279] 和本节仿真中可以看出，物伞系统下降时转动惯量 I_{b} 远大于物伞系统在受干扰前的阻力 $F_{\mathrm{D}} = \alpha_0 qAD_0\dfrac{\partial C_{\mathrm{M}}}{\partial\alpha}$，因此在计算时常常可忽略该阻力项，故物伞系统运动学方程可以化为如下二阶线性齐次方程：

$$\ddot{\alpha} + 2n\dot{\alpha} + P^2\alpha = 0 \tag{6.67}$$

其中

$$n = -\frac{qAD_0\dfrac{\partial C_{\mathrm{M}}}{2\partial\dot{\alpha}}}{I_y},\quad P^2 = -\frac{m_{33}\dot{w}l_1 + qAD_0\dfrac{\partial C_{\mathrm{M}}}{\partial\alpha}}{I_y}$$

根据韦达定理可以得知，当 $P^2 > 0$ 且 $n > 0$ 时，系统做衰减运动，由风力干扰所产生攻角的变化量 α 会逐渐趋近于 0。

与此相对应，物伞系统在受到瞬时风力干扰之后，若能恢复到原来姿态，则物伞系统设计时必须满足如下条件：

$$\begin{cases} \dfrac{\partial C_{\mathrm{M}}}{\partial\dot{\alpha}} < 0 \\ \dfrac{\partial C_{\mathrm{M}}}{\partial\alpha} < -\dfrac{m_{33}\dot{w}l_1}{qAD_0} \end{cases} \tag{6.68}$$

式 (6.68) 为降落伞具有稳定性所需的条件。当所设计的降落伞性能参数满足式 (6.68) 时，降落伞在受到纵向平面的侧向风干扰之后，降落伞具有一定的抗扰性能，能够自主恢复到原来的状态。

注 6.7 (1) 式 (6.68) 中的力矩系数 C_{M} 和物伞系统的气动力系数可以通过风洞试验和高空抛投试验直接测量。

(2) 根据前面分析，式 (6.68) 第二个分式的右端数值趋近于零。

(3) 只要降落伞的透气性、伞绳长度和盘缝带的尺寸选取得合适，就可以使得阻力系数和阻尼系数满足式 (6.68)，则降落伞受到干扰之后还能恢复到原有的状态，从而保证伞降段的顺利进行。

6.3.3 系统仿真

1. 六自由度模型仿真

对于本节所建立的物伞系统稳定下降过程的六自由度数学模型，需要通过仿真验证其精确性。本节中的仿真参数均为“好奇号”盘缝带伞的参数。其中，稳定下降段各物理量的初始状态如表 6.2 所示，需要指出的是，由于开伞过程较短，除下降速度和高度外，其余物理量的变化较小，因此一般认为开伞点处各物理量与稳定下降段初始状态量相同 [135]。由文献 [12] 可知，伞降段的结束条件为探测器速度低于 100m/s 或距地面高度低于 1000m。

表 6.2 稳定下降段的初始状态

状态变量	$\theta_0/(°)$	$\phi_0/(°)$	$\psi_0/(°)$	h_0/km	V_0/(m/s)
数值	63.05	0	0	8.2	437

根据前面建立的六自由度数学模型，可以得到物伞系统稳定下降段中各物理量的变化过程，如图 6.9~ 图 6.12 所示。图 6.9 为物伞系统下降过程中俯仰角、偏航角和倾斜角的变化，从这三个角的变化中可以得到物伞系统的姿态变化。从图中可以看出，俯仰角逐渐减小，这表明降落伞下降过程中，降落伞的主轴逐渐与地面垂直。

图 6.10 为物伞系统所受的阻力加速度随时间的变化曲线。从图中可以看出，随着物伞系统速度的下降，阻力加速度也逐渐下降，在伞降段的末端阻力加速度曲线逐渐变得平滑。

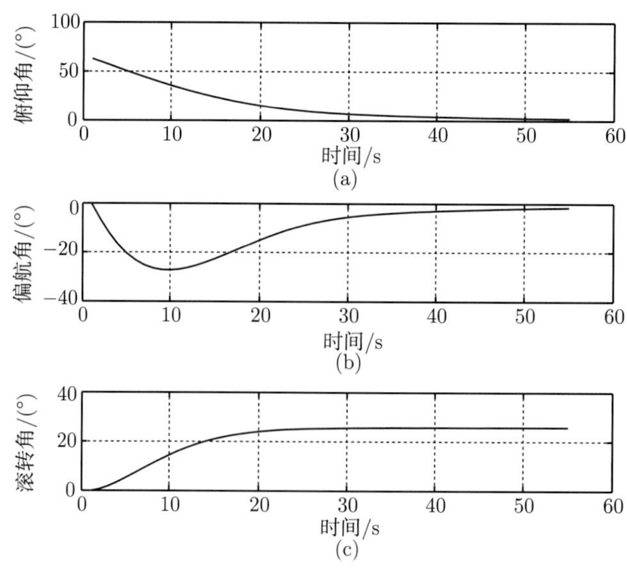

图 6.9 姿态角随时间的变化关系

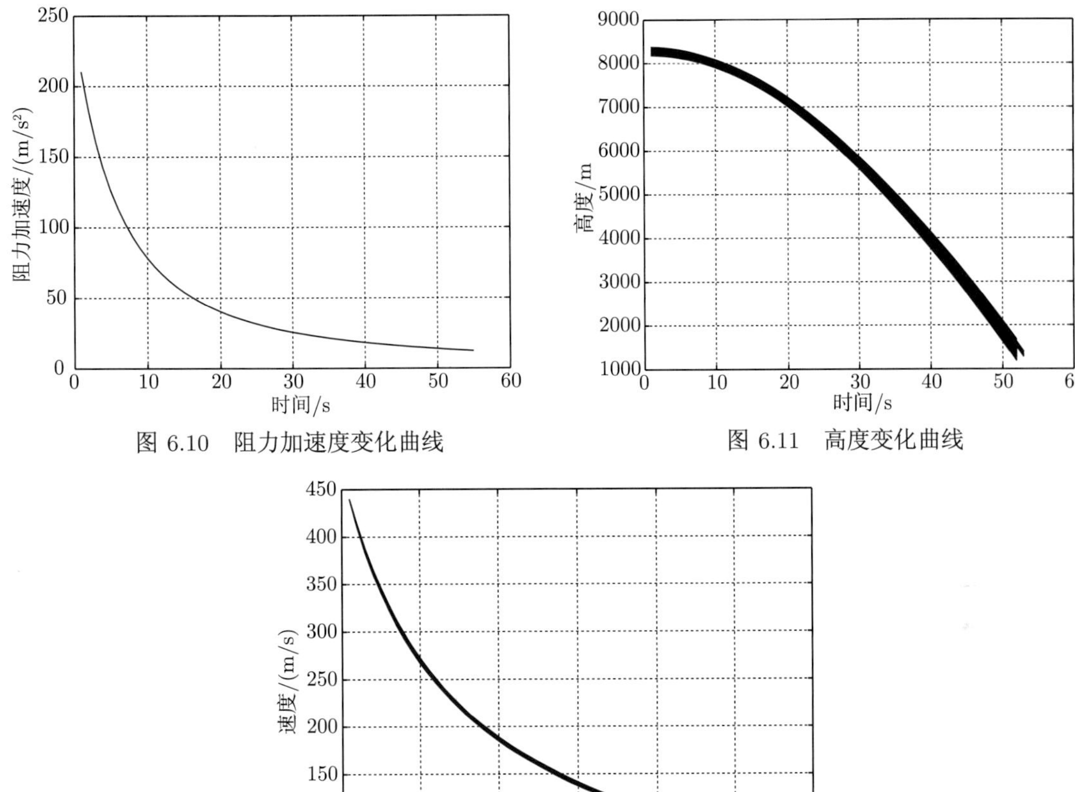

图 6.10　阻力加速度变化曲线

图 6.11　高度变化曲线

图 6.12　速度变化曲线

由于开伞过程探测器的初始速度和高度变化范围相对较大，因此本节对六自由度模型下的物伞系统下降过程中高度和速度的变化进行 50 次蒙特卡罗试验仿真。得到的仿真结果如图 6.11 和图 6.12 所示。从图中可以看出，虽然高度和速度的初始状态存在变化，但整个伞降过程中其仿真结果并未发散，而且仿真结果均满足伞降段结束的条件。

此外，对所构建模型中的侧滑角 β 进行仿真，结果如图 6.13 所示。从图中可以看出，稳定下降段侧滑角几乎为 0，这也与相关文献中的结论相吻合。因此，注 6.6 中分析扰动消除后的物伞系统稳定性时，向纵向平面内的简化分析是合理的。物伞系统转动角速度在体坐标系中三个分量变化如图 6.14 所示。从图中可以看出，物伞系统转动角速度变化较小，这也证明了稳定下降段降落伞姿态变化缓慢。从以上仿真结果可以看出，本节所构建的物伞系统的六自由度模型可以较为精确地表示物伞系统稳定下降段姿态、高度和速度随时间的变化关系。

2. 干扰作用后物伞系统的稳定性分析

根据前面的分析，当物伞系统受到纵向阵风的干扰时，系统的姿态会偏离原位置。当阵风消失后，对降落伞的稳定性进行研究。本节仿真所需的初始数据与 6.2 节相同，根据“好奇号”所用降落伞的尺寸和 JPL 的风洞试验数据，可以得到气动力矩系数与攻角的变化和变化率之间的三维关系，如图 6.15 所示。从图中可比看出，三者之间的关系满足式 (6.68)，因此“好奇号”所采用的降落伞在受到扰动之后具有一定的稳定性。

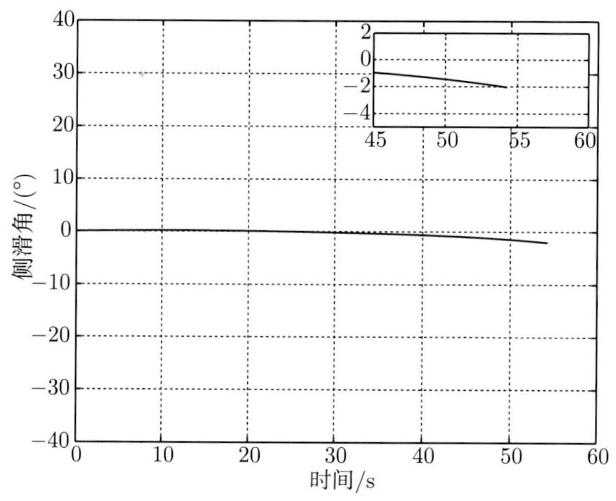

图 6.13　侧滑角变化曲线

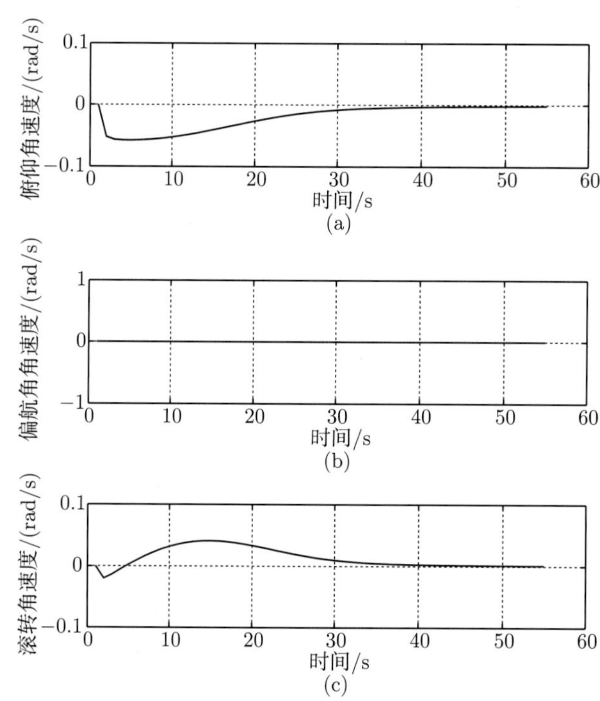

图 6.14　物伞系统转动角速度的分量

以上通过风洞试验和仿真得到了“好奇号”所用的降落伞满足稳定性条件，下面通过列举实例对结论进行验证。如图 6.16 所示，在 6.2 节所构建的六自由度模型中，虚线表示未受到干扰时物伞系统攻角变化情况；现在考虑干扰情况，假设物伞系统运行到 36.8s 时，受到阵风的干扰，使得探测器的攻角变化了 5°，根据 6.2 节中的分析，由于物伞系统满足稳定性条件，因此由干扰产生的攻角变化量会逐渐减小，最后使得干扰后的攻角与未受到干扰的攻角相同。

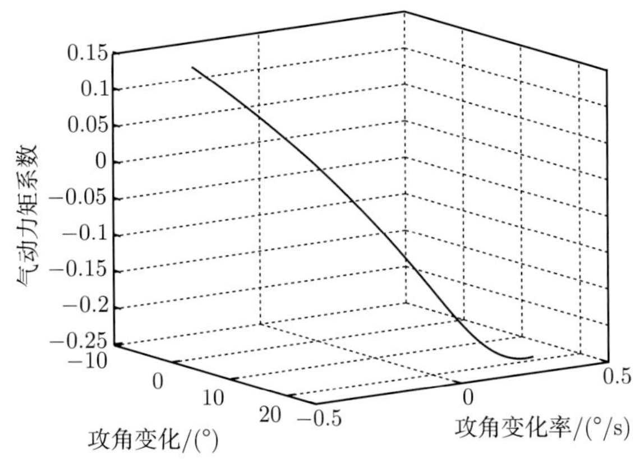

图 6.15 气动力矩系数、攻角变化和攻角变化率之间的关系

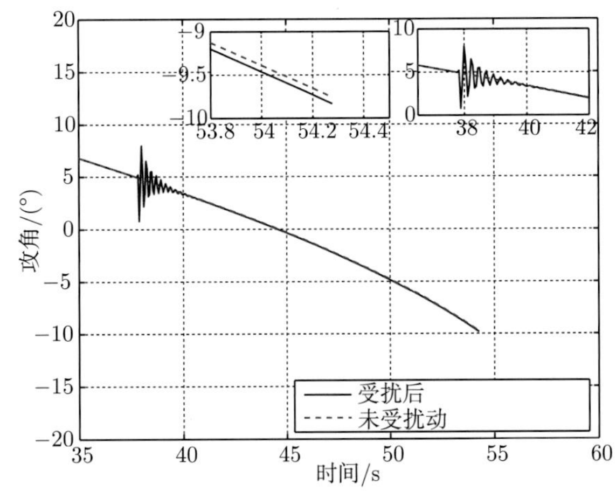

图 6.16 物伞系统攻角变化关系

6.4 本章总结

本章主要对火星探测伞降段的各个过程进行了详细的介绍。

首先，6.1 节主要介绍了伞降过程中降落伞所受到周围火星大气对其作用所产生的“附加质量”。首先从流体力学的一般方程出发，求解理想流域中流体速度势函数的表达式及边界条件，在能量守恒的条件下建立起物体周围流体动能的变化量与物体对其所做的功之间的关系，进而求取外力和广义速度之间的关系；然后根据作用力和反作用力原理，求得流体对物体所施加的外力与速度变化量的关系，并得到仅由物体外表形状决定的物体的一种属性量——“附加质量”；最后对伞降过程中降落伞所受的“附加质量”进行了分析。

其次，6.2 节主要对伞降段开伞过程的各个阶段进行了分析和讨论，包括火星探测降落伞的选取以及尺寸参数的确定、拉直过程的分析和充气过程的精确建模与分析等问题。用旋转椭球法对充气过程中降落伞所受的“附加质量”进行了求取，从而建立了精确的开伞阶段模型，并通过所构建的模型中开伞负载力、充气移动距离和速度等物理量的变化与实际“好奇号”的相应参数变化做对比，显示出所构建的模型具有较高的精确性和可靠性。

最后，6.3 节主要对物伞系统稳定下降段进行了分析研究，提出了旋转椭球法求解物伞系统运动时产生的广义“附加质量”，从而准确地求取了物伞系统所受的非定常阻力，基于此建立了物伞系统六自由度数学模型。通过仿真可以看出，该模型能够准确地展示降落伞的姿态、位置和速度等物理量的变化，为伞降段和下降段的研究提供了准确的模型。降落伞下降过程中，常常会受到火星大气的阵风干扰，6.3 节分析了侧向风对于降落伞的影响以及降落伞的抗扰特性，推导出用于火星探测的降落伞要具有稳定性所必须满足的参数条件，并对成功着陆于火星表面的“好奇号”所采用的降落伞的结构参数进行了分析，通过仿真验证其具有一定的稳定性。

第 7 章　火星探测器动力下降段反馈制导问题研究

人类已经有多次着陆火星的尝试，包括“海盗号”“勇气号”“机遇号”“凤凰号”和“好奇号”等。火星探测器的 EDL 过程大致分为 4 个阶段：大气进入段、伞降段、动力下降段和着陆段 [13]。

第 6 章所建立的物伞系统六自由度模型以及相关的稳定性分析可以保证探测器能够在伞降段平稳安全地下降。当探测器下降到一定高度时，降落伞便与着陆器分离，火星探测器便进入了动力下降段。在动力下降段探测器要在保证着陆精度的同时对自身姿态进行调整，并通过气体喷气装置增加反推力以降低探测器速度。因此本章将对动力下降段的能量消耗与精确着陆问题进行研究。

凸优化方法可以为火星动力下降段问题设计最优的轨迹，并同时满足各种相关约束 [150]。然而，根据凸优化方法的动力下降段制导是一种开环的制导方法，它对于扰动不具有鲁棒性。因此，需要为着陆任务设计一种最优反馈制导律，它不仅可以使燃料消耗最优，同时可以满足精确着陆的要求。Ebrahimi 等 [152] 根据零脱靶量 (ZEM) 和零脱靶速度 (ZEV) 提出了一种新的最优滑模反馈制导律。ZEV 定义为从当前时刻起没有推力加速度施加在探测器上，在终端时刻速度与期望终端速度的误差。Ebrahimi 等将这个最优制导律和滑模控制律相结合并运用到了有终端速度限制的导弹系统上。此后，Furfaro 等 [153] 改进了这种 ZEM/ZEV 最优反馈制导律，将其用在了月球精确着陆任务上，并在仿真中显示出对扰动有很强的鲁棒性。

但是除了精确着陆和燃料消耗最优的要求，着陆任务同样要求不能低于火星表面飞行，也就是说不能提前撞击火星表面。然而传统的 ZEM/ZEV 最优制导律没有考虑到这个约束，这就有可能导致探测器撞击火星表面。为了排除这种可能性，Guo 等 [154, 155] 提出了一种针对火星着陆任务的航路点优化的 ZEM/ZEV 反馈制导律，它可以在动力下降段中用优化的方法自动地设计一个最优的航路点以避免探测器发生撞击地面的危险。设计的航路点被认为是一个中途的目标点，采用 ZEM/ZEV 算法来到达该点，然后再到达指定的着陆点。

本章在设计反馈制导律时将高于火星表面飞行这一高度限制加以考虑，并提出了一种改进的 ZEM/ZEV 最优反馈制导律。该制导律是在精确着陆、燃料消耗最优和高于火星表面飞行这三个条件之间的一种平衡和折中。该制导律牺牲了部分着陆精度来避免出现探测器撞击火星表面的情况。根据改进的 ZEM/ZEV 最优制导律，推力会自动地调整来防止探测器撞击火星表面。此外，本章提出一种新的试验方法来研究不同的终端时间对该最优制导律性能的影响。评价该影响的指标就是燃料消耗、着陆精度和是否高于火星表面飞行这三点。同时会根据仿真实验来确定最优的终端时间。在仿真实验中，动力下降段目标点高度被设置为 100m，考虑到需要为最后的着陆触地阶段留出足够的高度，这是合理的。“好奇号”的动力下降段同样终止在 100m 的高度，来留出足够的高度让其吊车触地。

7.1 动力下降段模型和约束

火星动力下降段的动力学模型已经在式 (2.61)~ 式 (2.64) 中介绍过，这里不再赘述。在动力下降段，探测器有路径的限制，其端点条件如下 [154]:

$$\boldsymbol{r}(t_0)=\boldsymbol{r}_0=[x_0\ y_0\ z_0]^{\mathrm{T}},\quad \boldsymbol{r}(t_{\mathrm{f}})=\boldsymbol{r}_{\mathrm{f}}=[x_{\mathrm{f}}\ y_{\mathrm{f}}\ z_{\mathrm{f}}]^{\mathrm{T}} \tag{7.1}$$

$$\boldsymbol{v}(t_0)=\boldsymbol{v}_0=[\dot{x}_0\ \dot{y}_0\ \dot{z}_0]^{\mathrm{T}},\quad \boldsymbol{v}(t_{\mathrm{f}})=\boldsymbol{v}_f=[\dot{x}_{\mathrm{f}}\ \dot{y}_{\mathrm{f}}\ \dot{z}_{\mathrm{f}}]^{\mathrm{T}} \tag{7.2}$$

此外，动力下降段制导律需要探测器在动力下降段过程中始终保持高于火星表面飞行，这样才能避免探测器撞击火星表面的危险。这也是安全成功着陆的一个前提条件。高度约束可表示为

$$h=\boldsymbol{A}\boldsymbol{r}\geqslant 0,\quad t_0\leqslant t\leqslant t_{\mathrm{f}} \tag{7.3}$$

其中，$\boldsymbol{A}=[0\ 0\ 1]$。

宇宙飞船的引擎分为两种——能量限制的引擎和推力限制的引擎。但是对于火星着陆的任务，推力限制的引擎更有可能被实际应用。所以在本章中只考虑推力限制的引擎。此外，推力限制的引擎的消耗速度被设定为常值。从理论上说，推力限制的引擎的推力比在 $0\sim 1$。但是在实际应用中，推进器存在限制。本章将推力比限制为 $0.3\sim 0.8$，这跟文献 [151] 中的相同。所以推力的数值被限制为

$$0.3T_{\mathrm{m}}\leqslant |\boldsymbol{T}|\leqslant 0.8T_{\mathrm{m}} \tag{7.4}$$

其中，T_{m} 是最大可用的推力数值。所以该推力数值的限制会形成一个控制量 $\boldsymbol{a}$ 的控制饱和问题。

7.2 ZEM/ZEV

t 时刻的$\mathbf{ZEM}(t)$，是从当前时刻以后没有推力加速度作用在探测器上，探测器在终端时刻 t_{f} 离目标点的距离误差 (向量)。同样地，t 时刻的$\mathbf{ZEV}(t)$，是从当前时刻以后没有推力加速度作用在探测器上，探测器在终端时刻 t_{f} 的速度与目标终端速度的误差 (向量)。即

$$\mathbf{ZEM}(t)=\boldsymbol{r}_{\mathrm{f}}-\boldsymbol{r}(t_{\mathrm{f}}),\quad \boldsymbol{a}(\tau)=0,\ \ t\leqslant\tau\leqslant t_{\mathrm{f}} \tag{7.5}$$

$$\mathbf{ZEV}(t)=\boldsymbol{v}_{\mathrm{f}}-\boldsymbol{v}(t_{\mathrm{f}}),\quad \boldsymbol{a}(\tau)=0,\ \ t\leqslant\tau\leqslant t_{\mathrm{f}} \tag{7.6}$$

其中，$\boldsymbol{r}_{\mathrm{f}}$ 和 $\boldsymbol{v}_{\mathrm{f}}$ 是探测器期望的终端位置和期望的终端速度。考虑到重力加速度 $\boldsymbol{g}$ 是唯一作用在火星着陆器上的加速度，并且重力加速度可以看作常量，$\mathbf{ZEM}(t)$ 和$\mathbf{ZEV}(t)$ 可以简化为如下形式:

$$\mathbf{ZEM}(t)=\boldsymbol{r}_{\mathrm{f}}-\left(\boldsymbol{r}+t_{\mathrm{go}}\boldsymbol{v}+\frac{1}{2}t_{\mathrm{go}}^2\boldsymbol{g}\right) \tag{7.7}$$

$$\mathbf{ZEV}(t)=\boldsymbol{v}_{\mathrm{f}}-(\boldsymbol{v}+t_{\mathrm{go}}\boldsymbol{g}) \tag{7.8}$$

其中，$t_{\mathrm{go}}=t_{\mathrm{f}}-t$ 是 t 时刻到达终端状态所需的时间。

7.3 改进的 ZEM/ZEV 最优反馈制导律设计

对于该优化问题，文献 [152]~ 文献 [155] 中采用的传统的性能指标函数为

$$J = \frac{1}{2}\int_{t_0}^{t_\mathrm{f}} \boldsymbol{a}^\mathrm{T}\boldsymbol{a}\,\mathrm{d}t \tag{7.9}$$

哈密顿函数定义为

$$H = \frac{1}{2}\boldsymbol{a}^\mathrm{T}\boldsymbol{a} + \boldsymbol{p}_r^\mathrm{T}\boldsymbol{v} + \boldsymbol{p}_v^\mathrm{T}(\boldsymbol{g}+\boldsymbol{a}) \tag{7.10}$$

其中，$\boldsymbol{p}_\mathrm{r}$ 和 $\boldsymbol{p}_\mathrm{v}$ 分别是跟位置和速度向量相关的共同状态向量。文献 [75]、[281] 在经典性能指标中加入一项额外的关于终端时间 t_f 的项。这是最少时间问题和最少控制量问题的一个平衡折中。

然而，以上经典的性能指标和哈密顿函数没有考虑式 (7.3) 中的高度限制，这就有可能导致探测器撞击火星表面。为了消除这种可能性，本节提出了一种新的性能指标函数，这种性能指标函数是在传统的性能指标函数中加入了一项跟高度限制式 (7.3) 相关的项。

新的性能指标如下：

$$J = \frac{1}{2}\int_{t_0}^{t_\mathrm{f}} (\boldsymbol{a}^\mathrm{T}\boldsymbol{a} - \lambda\boldsymbol{A}\boldsymbol{r})\,\mathrm{d}t \tag{7.11}$$

其中，λ 是一个参数，可将其设计成如下形式：

$$\lambda = \begin{cases} 0, & z > z_\mathrm{f} \\ c, & z \leqslant z_\mathrm{f} \end{cases} \tag{7.12}$$

其中，c 是一个正常数。哈密顿函数则被相应地定义为

$$H = \frac{1}{2}\boldsymbol{a}^\mathrm{T}\boldsymbol{a} - \frac{1}{2}\lambda\boldsymbol{A}\boldsymbol{r} + \boldsymbol{p}_\mathrm{r}^\mathrm{T}\boldsymbol{v} + \boldsymbol{p}_\mathrm{v}^\mathrm{T}(\boldsymbol{g}+\boldsymbol{a}) \tag{7.13}$$

注 7.1 对于以上的优化问题，如果将 $-\lambda\boldsymbol{A}\boldsymbol{r}$ 加入传统的性能指标中，当高度 $z=\boldsymbol{A}\boldsymbol{r}$ 小于 z_f 时，性能指标就会增加 $-\frac{1}{2}\lambda\boldsymbol{A}\boldsymbol{r}$ 这项。由于该算法的目的是使性能指标最小，所以会有额外的推力作用在探测器上，探测器会向上飞行，高于 z_f，使得增加的这一项 $-\lambda\boldsymbol{A}\boldsymbol{r}$ 变回 0。

因为重力加速度 $\boldsymbol{g}$ 可以被视为常量，故最优控制方程和共同状态方程表示如下：

$$\frac{\partial H}{\partial \boldsymbol{a}} = 0 \Rightarrow \boldsymbol{a} = -\boldsymbol{p}_\mathrm{v} \tag{7.14}$$

$$\dot{\boldsymbol{p}}_\mathrm{r} = -\frac{\partial H}{\partial \boldsymbol{r}} = \frac{1}{2}\lambda\boldsymbol{A}^\mathrm{T} \tag{7.15}$$

$$\dot{\boldsymbol{p}}_\mathrm{v} = -\frac{\partial H}{\partial \boldsymbol{v}} = -\boldsymbol{p}_\mathrm{r} \tag{7.16}$$

最优控制方程和共同状态方程的解如下：

$$\boldsymbol{p}_\mathrm{r} = \boldsymbol{p}_\mathrm{r}(t_\mathrm{f}) - \frac{1}{2}\lambda\boldsymbol{A}^\mathrm{T}t_\mathrm{go} \tag{7.17}$$

$$\boldsymbol{p}_{\mathrm{v}}=-\frac{1}{4}\lambda\boldsymbol{A}^{\mathrm{T}}t_{\mathrm{go}}^{2}+t_{\mathrm{go}}\boldsymbol{p}_{\mathrm{r}}(t_{\mathrm{f}})+\boldsymbol{p}_{\mathrm{v}}(t_{\mathrm{f}}) \tag{7.18}$$

$$\boldsymbol{a}=-\boldsymbol{p}_{\mathrm{v}}=\frac{1}{4}\lambda\boldsymbol{A}^{\mathrm{T}}t_{\mathrm{go}}^{2}-t_{\mathrm{go}}\boldsymbol{p}_{\mathrm{r}}(t_{\mathrm{f}})-\boldsymbol{p}_{\mathrm{v}}(t_{\mathrm{f}}) \tag{7.19}$$

对加速度 $\boldsymbol{a}$ 进行积分，得到速度和位置向量如下：

$$\boldsymbol{v}=-\frac{1}{12}\lambda\boldsymbol{A}^{\mathrm{T}}t_{\mathrm{go}}^{3}+\frac{1}{2}t_{\mathrm{go}}^{2}\boldsymbol{p}_{\mathrm{r}}(t_{\mathrm{f}})+t_{\mathrm{go}}\boldsymbol{p}_{\mathrm{v}}(t_{\mathrm{f}})-t_{\mathrm{go}}\boldsymbol{g}+\boldsymbol{v}_{\mathrm{f}} \tag{7.20}$$

$$\boldsymbol{r}=\frac{1}{48}\lambda\boldsymbol{A}^{\mathrm{T}}t_{\mathrm{go}}^{4}-\frac{1}{6}t_{\mathrm{go}}^{3}\boldsymbol{p}_{\mathrm{r}}(t_{\mathrm{f}})-\frac{1}{2}t_{\mathrm{go}}^{2}\boldsymbol{p}_{\mathrm{v}}(t_{\mathrm{f}})+\frac{1}{2}t_{\mathrm{go}}^{2}\boldsymbol{g}-t_{\mathrm{go}}\boldsymbol{v}_{\mathrm{f}}+\boldsymbol{r}_{\mathrm{f}} \tag{7.21}$$

合并式 (7.20) 和式 (7.21) 得到

$$\boldsymbol{p}_{\mathrm{r}}(t_{\mathrm{f}})=\frac{6(\boldsymbol{v}_{\mathrm{f}}+\boldsymbol{v})}{t_{\mathrm{go}}^{2}}+\frac{12(\boldsymbol{r}-\boldsymbol{r}_{\mathrm{f}})}{t_{\mathrm{go}}^{3}}+\frac{1}{4}\lambda\boldsymbol{A}^{\mathrm{T}}t_{\mathrm{go}} \tag{7.22}$$

$$\boldsymbol{p}_{\mathrm{v}}(t_{\mathrm{f}})=-\frac{2(2\boldsymbol{v}_{\mathrm{f}}+\boldsymbol{v})}{t_{\mathrm{go}}}-\frac{6(\boldsymbol{r}-\boldsymbol{r}_{\mathrm{f}})}{t_{\mathrm{go}}^{2}}+\boldsymbol{g}-\frac{1}{24}\lambda\boldsymbol{A}^{\mathrm{T}}t_{\mathrm{go}}^{2} \tag{7.23}$$

所以改进的最优制导律可以得到如下形式：

$$\boldsymbol{a}=\frac{6[\boldsymbol{r}_{\mathrm{f}}-(\boldsymbol{r}+t_{\mathrm{go}}\boldsymbol{v})]}{t_{\mathrm{go}}^{2}}-\frac{2(\boldsymbol{v}_{\mathrm{f}}-\boldsymbol{v})}{t_{\mathrm{go}}}-\boldsymbol{g}+\frac{1}{24}\lambda\boldsymbol{A}^{\mathrm{T}}t_{\mathrm{go}}^{2} \tag{7.24}$$

对于软着陆问题有 $\boldsymbol{v}_{\mathrm{f}}=0$，这个改进的最优制导律有如下形式：

$$\boldsymbol{a}=\frac{6(\boldsymbol{r}_{\mathrm{f}}-\boldsymbol{r})}{t_{\mathrm{go}}^{2}}-\frac{4\boldsymbol{v}}{t_{\mathrm{go}}}-\boldsymbol{g}+\frac{1}{24}\lambda\boldsymbol{A}^{\mathrm{T}}t_{\mathrm{go}}^{2} \tag{7.25}$$

将式 (7.7) 和式 (7.8) 代入以上方程，可以得到改进的 ZEM/ZEV 最优反馈制导律：

$$\boldsymbol{a}=\frac{6}{t_{\mathrm{go}}^{2}}\mathbf{ZEM}-\frac{2}{t_{\mathrm{go}}}\mathbf{ZEV}+\frac{1}{24}\lambda\boldsymbol{A}^{\mathrm{T}}t_{\mathrm{go}}^{2} \tag{7.26}$$

注 7.2 可以从式 (7.24)~ 式 (7.26) 中看到，这个改进的最优反馈制导律相比传统的最优反馈制导律增加了一项 $\frac{1}{24}\lambda\boldsymbol{A}^{\mathrm{T}}t_{\mathrm{go}}^{2}$。这与设计新的性能指标 [式 (7.11)] 的目的是一致的，因为当高度 $z\leqslant z_{\mathrm{f}}$ 时，这一项 $\frac{1}{24}\lambda\boldsymbol{A}^{\mathrm{T}}t_{\mathrm{go}}^{2}$ 变成非零项，作为一个额外的推力作用在探测器上使探测器向上飞，避免撞击火星表面。

本章仿真所需的探测器参数主要来自文献 [150]，其参数如下：

$$\begin{gathered}m_0=1905\ \mathrm{kg},\quad \boldsymbol{g}=[0\ 0\ -3.7114]^{\mathrm{T}}\ \mathrm{m/s^2}\\ n=\ 6,\quad \theta=27^{\circ}\\ I_{\mathrm{sp}}=225\ \mathrm{s},\ g_{\mathrm{e}}=\ 9.807,\ T_{\mathrm{m}}=3100\mathrm{N}\end{gathered} \tag{7.27}$$

探测器的初始位置和速度如下 [150]：

$$\boldsymbol{r}(t_0)=\boldsymbol{r}_0=[0\ \ -2000\ 1500]^{\mathrm{T}}\ \mathrm{m} \tag{7.28}$$

$$\boldsymbol{v}(t_0)=\boldsymbol{v}_0=[0\ 100\ \ -75]^{\mathrm{T}}\ \mathrm{m/s} \tag{7.29}$$

本章目标终端位置和速度被设定为

$$\boldsymbol{r}(t_{\mathrm{f}}) = \boldsymbol{r}_{\mathrm{f}} = [0\ 0\ 100]^{\mathrm{T}}\ \mathrm{m} \tag{7.30}$$

$$\boldsymbol{v}(t_{\mathrm{f}}) = \boldsymbol{v}_{\mathrm{f}} = [0\ 0\ 0]^{\mathrm{T}}\ \mathrm{m/s} \tag{7.31}$$

目标终端高度被设定成 100m，为最后的触地着陆段做准备。如果目标终端位置设置在火星表面，那么引擎喷的气会将尘土吹起，会对探测器产生不良的影响。如果尘土被吹起，并且覆盖了探测器的相机，那么探测器的导航系统就会严重受损。所以为了避免这种不利的情况，动力下降段应该终止在一个高于火星表面的高度。“好奇号”任务设计了一个天空吊车着陆方式，该方式已经被证明是一个对该问题很好的解决方法。

蒙特卡罗仿真所需的初始状态扰动如表 7.1 所示。

表 7.1 初始状态扰动

初始扰动	均值	标准差
横程/m	0	50
纵程/m	−2000	150
高度/m	1500	100
x 方向速度/(m/s)	0	10
y 方向速度/(m/s)	100	10
z 方向速度/(m/s)	−75	5
探测器质量/kg	1905	30

从式 (7.26) 可以看出，所需的时间 $t_{\mathrm{go}} = t_{\mathrm{f}} - t$ 对最优制导律的性能有很大的影响。除非动力下降段的终端时间 t_{f} 是受约束的，否则可以在每个制导周期中求取最优的 t_{go} 以获得最优的燃料消耗和着陆精度。但是这是很难做到的，因为考虑到需要很多时间来寻找和求解最优的 t_{go}。Guo 等 [154] 提出一种数值的方法来计算最优的 t_{go}。然而，对于一个推力限制的引擎，最小化 J [式 (7.9)] 并不意味着最小化燃料消耗。所以用这种数值方法求得的结果在本质上不是最优的 t_{go}。

本节将会讨论 t_{f} 对最优制导律性能的影响，并且通过仿真实验确定了对于火星动力下降段最优的 t_{f}。注意，本节将用原始的最优反馈制导律的仿真结果来研究和决定最优的 t_{f}。

为了寻找能使燃料消耗最少的最优 t_{f}，不同 t_{f} 对应的燃料消耗如图 7.1 所示。从图 7.1 中可以看到，燃料消耗跟 t_{f} 是正相关的。所以 t_{f} 越小，燃料消耗得越少。但是考虑到控制推力有限制，最优的 t_{f} 不能太小。此外，高于火星表面飞行这一约束同样会被用来确定最优的 t_{f}。对于不同 t_{f} 的轨迹中最低的高度如图 7.2 所示。从图 7.2 中可以看出，当终端时间 t_{f} 大于 57s 时，最低的高度就会小于 100m，考虑到这会增加探测器撞击火星表面的危险，所以终端时间 t_{f} 的设置小于 57s。

另一个需要被考虑的问题就是着陆精度的要求。如果 t_{f} 设置得太低，推力会出现饱和的情况，不能满足精确着陆的要求。存在初始扰动 (表 7.1) 时，不同 t_{f} 对应的着陆精度如表 7.2 所示。以上的数据显示，当终端时间 t_{f} 小于 40s 时，最终的速度大于 1m/s，这就不能满足软着陆的要求。当终端时间 t_{f} 大于 40s 时，着陆精度可以满足要求。位置和速度误差的数量级是 10^{-3}。此外，对应不同 t_{f} 的最终探测器质量与如图 7.1 所示的趋势是相符的，即燃料消耗与最终时间 t_{f} 成正比。所以为了实现燃料消耗最优，终端时间 t_{f} 应该选为 40~45s。

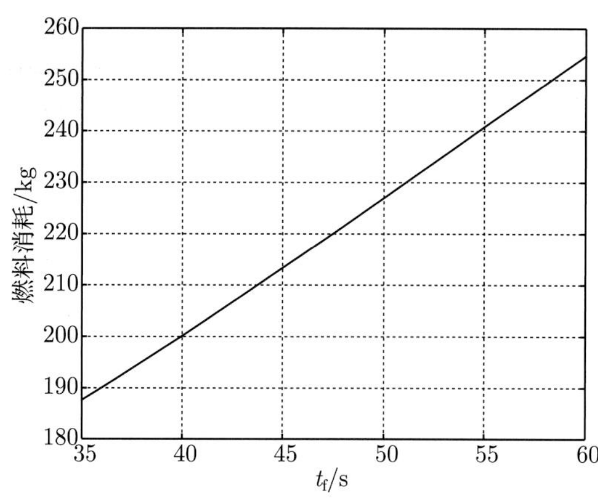

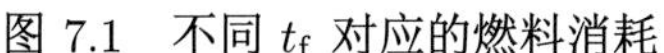
图 7.1　不同 t_f 对应的燃料消耗

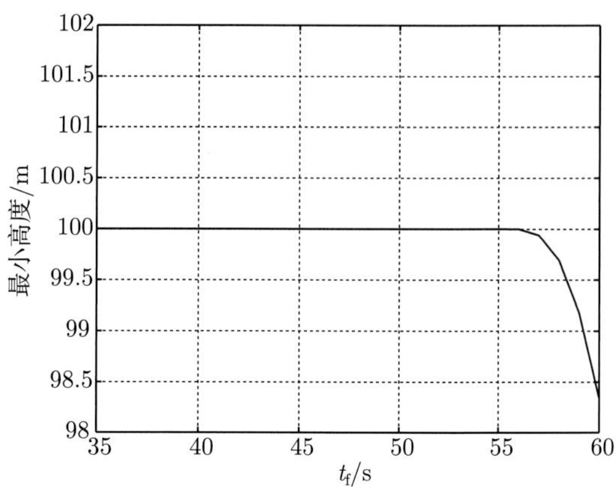

图 7.2　不同 t_f 对应的最小高度

表 7.2　不同 t_f 对应的着陆精度

t_f 均值	30s	35s	40s	45s
横程/m	0.1292	-0.0247	-1.0710×10^{-4}	4.1191×10^{-6}
纵程/m	58.9524	1.7807	0.0149	1.1241×10^{-4}
高度/m	23.3845	97.5814	99.9726	99.9997
x 方向速度/(m/s)	0.0311	-0.0105	-6.3293×10^{-4}	3.2170×10^{-4}
y 方向速度/(m/s)	13.9600	1.0585	0.0346	-0.0074
z 方向速度/(m/s)	-16.5214	-1.4892	-0.0728	-0.0042
探测器质量/kg	1742.4	1718.7	1703.9	1690.8

为了留出足够的控制裕量给假定的初始扰动，在 7.4 节的蒙特卡罗仿真中终端时间 t_f 被设定为 45s。

7.4　蒙特卡罗仿真

为了验证传统和改进的最优 ZEM/ZEV 制导律的鲁棒性和可靠性，通过改变初始状态和模型误差，用 MATLAB 软件对两种算法进行了 300 次的蒙特卡罗仿真。制导周期设置为 10ms。初始状态扰动如表 7.1 所示。

此外，质量、推力、重力加速度的误差和风的影响作为一项扰动 $\boldsymbol{p}$ 作用在探测器上，都被考虑在了这个仿真中。$\boldsymbol{p}$ 被假定为 $\boldsymbol{p}(t) = \boldsymbol{P}\sin\left(\dfrac{\pi}{3}t\right)$，其中 $\boldsymbol{P} = 0.2\boldsymbol{a}$。

传统的和改进的最优制导律的着陆精度的统计如表 7.3 和表 7.4 所示。这两种算法在轨迹、着陆点分布、高度、垂直速度和控制加速度、推力角和推力倾斜角方面的比较如图 7.3～图 7.16 所示。

如表 7.3 和表 7.4 所示，尽管改进的最优制导律 (OGL) 的着陆精度比传统的 OGL 的着陆精度稍低，但是考虑到探测器庞大的体形，这种差距是微不足道的。可以看出，改进的和传统的 OGL 在着陆精度和燃料消耗方面有几乎相同的表现。只有当高度低于期望的终端高度时，额外的一项被加在了原来的最优制导律上使探测器向上飞，避免撞击火星表面。当高度高于期望的终端高度时，改进的 OGL 和传统的 OGL 是一样的。

表 7.3　OGL 的着陆精度统计

探测器参数	均值	标准差
横程/m	5.9124×10^{-6}	8.0346×10^{-5}
纵程/m	1.3202×10^{-4}	1.4106×10^{-4}
高度/m	99.9998	3.9655×10^{-4}
x 方向速度/(m/s)	5.8410×10^{-4}	0.0049
y 方向速度/(m/s)	−0.0071	0.0148
z 方向速度/(m/s)	−0.0014	0.0330
探测器质量/kg	1693.1	28.4988

表 7.4　改进的 OGL 的着陆精度统计

探测器参数	均值	标准差.
横程/m	1.7195×10^{-5}	2.3863×10^{-4}
纵程/m	1.0136×10^{-4}	5.3703×10^{-4}
高度/m	99.9995	0.0027
x 方向速度/(m/s)	4.2053×10^{-4}	0.0057
y 方向速度/(m/s)	−0.0070	0.0120
z 方向速度/(m/s)	−0.0041	0.0618
探测器质量/kg	1691.3	27.0150

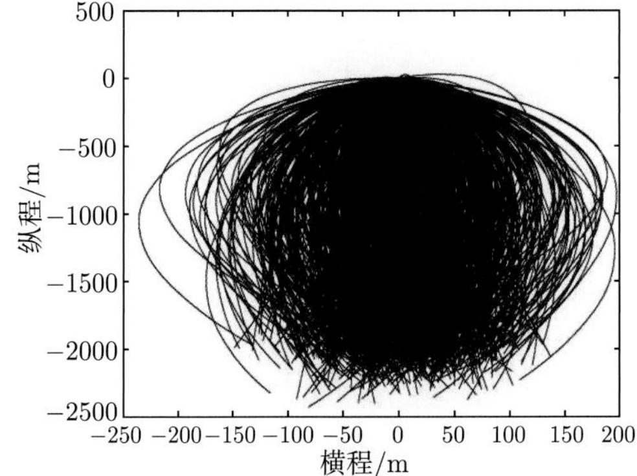

图 7.3　传统的 OGL 的轨迹

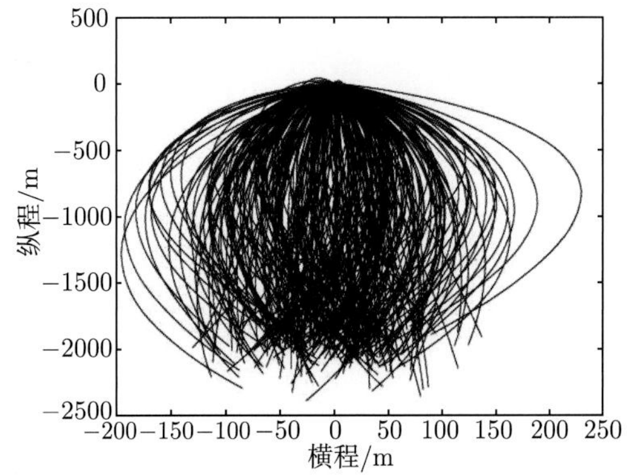

图 7.4　改进的 OGL 的轨迹

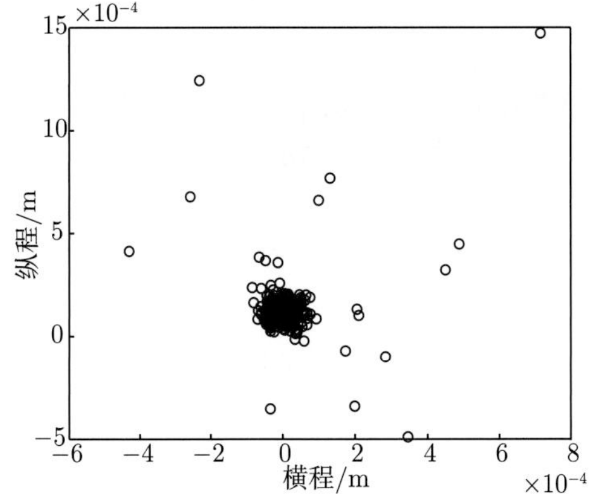

图 7.5　传统的 OGL 的着陆点分布

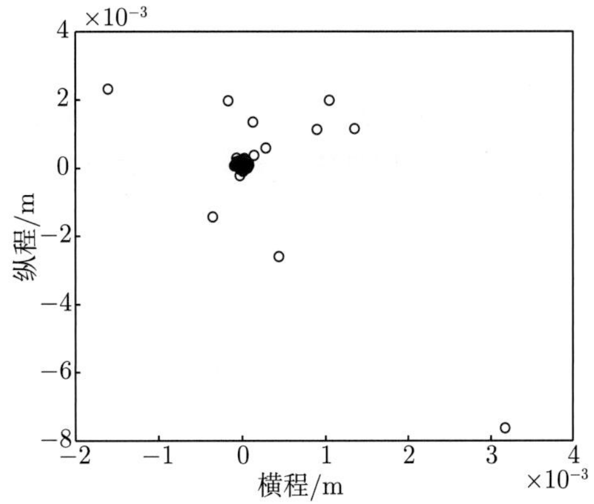

图 7.6　改进的 OGL 的着陆点分布

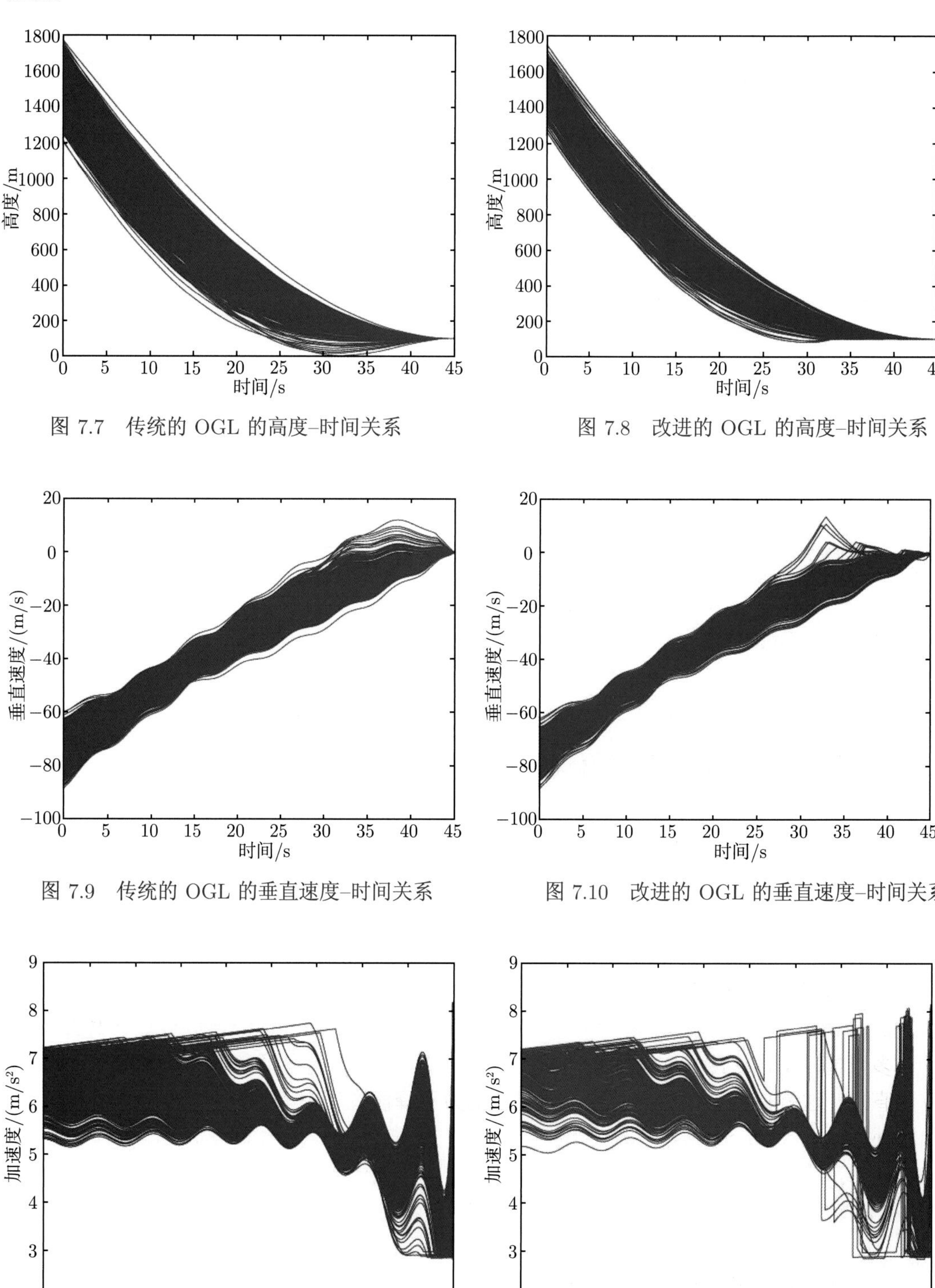

图 7.7　传统的 OGL 的高度–时间关系

图 7.8　改进的 OGL 的高度–时间关系

图 7.9　传统的 OGL 的垂直速度–时间关系

图 7.10　改进的 OGL 的垂直速度–时间关系

图 7.11　传统的 OGL 的控制加速度–时间关系

图 7.12　改进的 OGL 的控制加速度–时间关系

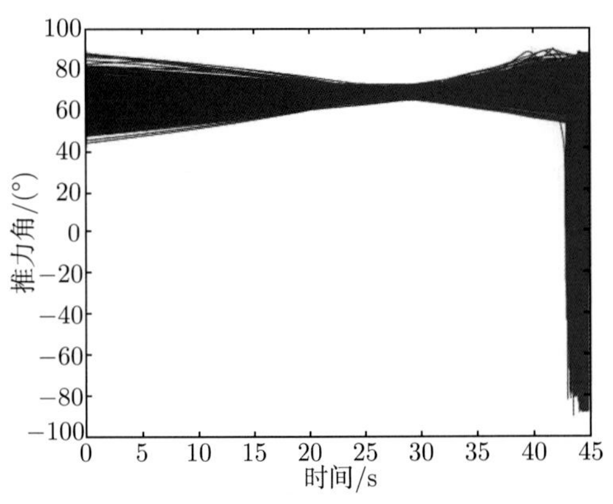

图 7.13 传统的 OGL 的推力角–时间关系

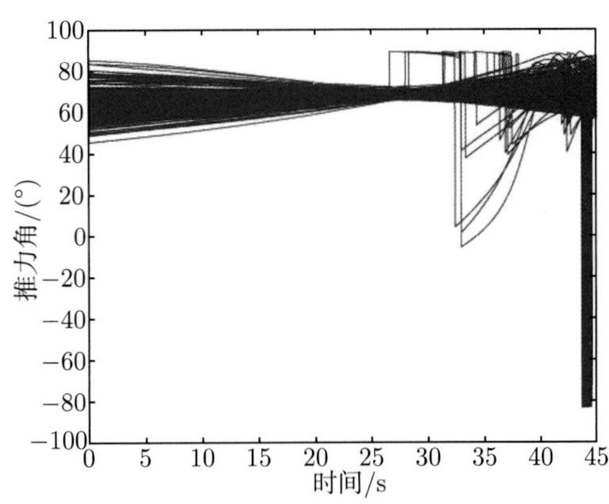

图 7.14 改进的 OGL 的推力角–时间关系

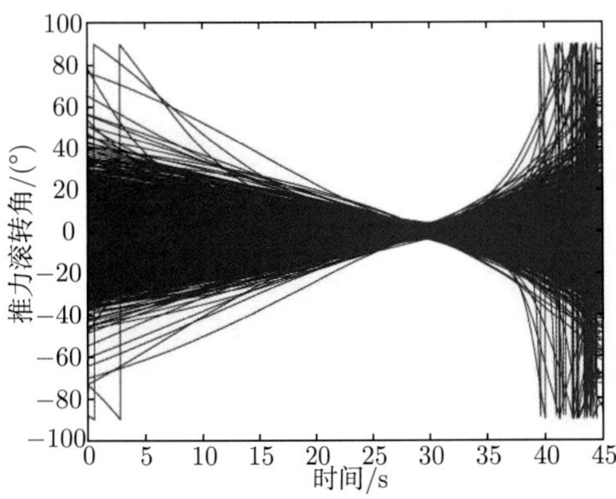

图 7.15 传统的 OGL 的推力倾斜角–时间关系

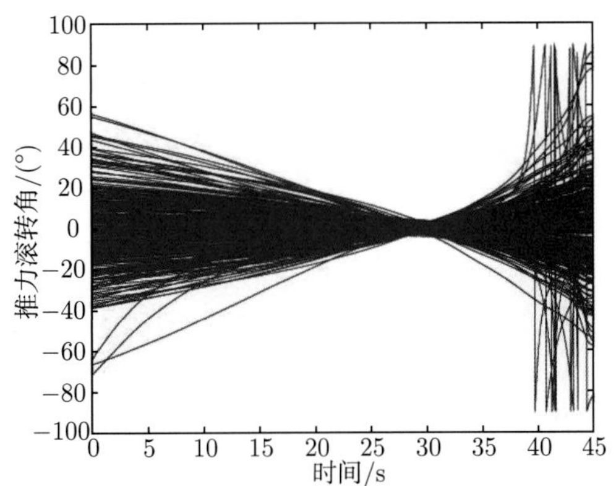

图 7.16 改进的 OGL 的推力倾斜角–时间关系

传统的 OGL 和改进的 OGL 的最大的不同就在高度曲线上。图 7.7 显示了在动力下降段采用传统的 OGL 时，有大约 1/5 的情况最低高度低于 100m。在有些情况下，最低高度达到了 0m，甚至低于 0m。如果将终端高度设置为低于 100m，如 0m，那么在很多情况下探测器会在到达指定着陆点前撞击火星表面。然而，从图 7.8 中可以看到，当在动力下降段采用改进的 OGL 时，只有很少的几种情况最低高度低于 100m，而且仅仅是稍微低于 100m。在绝大多数情况下，最低的高度就是 100m。从图 7.8 中还可以看到，在 100m 处形成了一条水平的直线，这就证明了改进的最优制导律在动力下降段过程中能有效地防止探测器撞击火星表面。

7.5 本章总结

本章主要针对火星动力下降段提出了一种改进的最优 ZEM/ZEV 反馈制导律。该制导律考虑了高度的限制，并且可以满足燃料消耗最优、精确着陆和高于火星表面飞行的要求。此外，本章提出了一种新的仿真试验方法来研究和确定最优的终端时间 t_f。仿真结果表明，传统的和改进的最优制导律在存在扰动的情况下具有很好的鲁棒性和可靠性，并证明了改进的最优制导律能有效地避免探测器撞击火星表面。

第 8 章 火星探测器着陆段视觉导航问题研究

导航系统工作的目的是获得探测器本体相对参考坐标系的位置、速度等导航信息。根据是否需要与外界通信，导航系统分为两种方式，即非自主方式和自主方式。非自主方式是指导航系统完成导航任务时需要地面站来辅助完成，地面站的监控系统跟踪测量探测器的位置与速度信息，进行处理以后通过通信系统传输给探测器，以达到为探测器导航的目的。目前运行在地球周围的人造卫星使用的导航系统大多属于非自主方式。自主方式是指导航系统无需外界辅助，利用探测器自身搭载的导航仪器进行测量，自主完成导航任务。

在探测器对火星进行绕飞探测阶段，可以利用探测器上搭载的测量仪器系统全面地对火星进行地图测绘。待探测器在火星轨道进行一段时间的绕飞测量后，就可以获得火星的固有特征，如大小、形状、自转轴方向和自转角信息等。这一方面为科学研究提供了宝贵的真实数据，另一方面也为光学自主导航提供了基础。深空探测任务的飞行距离通常都很远，任务周期长，探测器与设在地球上的测控站之间存在较大的通信延迟。传统的导航方法通过地面深空测控网的测控数据，采用复杂的滤波方法对探测器状态进行估计。该方法操作成本高，同时无法满足探测任务的实时性要求。目前绝大多数的任务采用的是航迹递推方法：利用惯性测量元件 (IMU) 获得探测器的加速度和角速度信息，通过积分对位置和姿态信息进行递推。由于 IMU 具有固有误差和漂移特性，误差不断积累导致导航精度逐渐降低，探测器的最终着陆误差很大。因此，自主精确导航技术越来越受到人们的重视，已经成为保证深空探测任务取得成功的关键。

深空探测自主导航技术是对现有的地面测控技术的重要补充，而对于某些任务的特定飞行阶段，必须完全依赖探测器的自主导航能力。随着高性能星载计算机、新式导航敏感器等相关技术的发展，自主导航技术已经在越来越多的探测任务中得到了验证和应用。

在星际着陆任务的下降段和着陆段，由于探测器与目标天体表面逐渐接近，利用光学相机等敏感器可以对天体表面具有明显视觉特征的地形地貌进行识别，获得丰富的视觉测量信息。采用视觉信息的自主导航方法具有导航精度高、自主性强的特点，逐渐成为近年来研究的热点。本章主要对火星探测器着陆段视觉导航问题进行研究。

8.1 图像预处理

在探测器着陆阶段，针对采用的视觉导航方法，需要对天体表面的明显几何形态的地形 (陨石坑、岩石等) 进行特征采集。2007 年，NASA 在“面向行星精确着陆任务的障碍检测与规避技术”的发展方案中也提及了这种天体地表特征采集的重要性。而对于具有典型地表 (陨石坑、岩石等) 的天体，其典型特征的提取与匹配方法，目前也有大量的研究基础 [282, 283]。

8.1.1 噪声处理

本节以具有典型地表特征的陨石坑为研究对象，假设着陆器需要安全着陆在陨石坑附近的平原上，则首先需要对陨石坑的特征进行分析与处理。针对于陨石坑的特征提取，其图像需要做一个前提运算，即输入图像需要先做一步高斯模糊处理，以便在后续建立的尺度空间中变得平滑，从而计算图像典型地表的一个或多个特征。“高斯平均算子”(Gaussian averaging operator) 被认为是图像平滑处理方法中的最优方案。

$$g(x,y,\sigma)=\frac{1}{2\pi\sigma^2}\mathrm{e}^{-\frac{x^2+y^2}{2\sigma^2}} \tag{8.1}$$

高斯函数的实质是去除大于距离模板中心半径 3σ 点的影响，即尺寸越大的算子滤除越多的细节，但是同时会以损失特征为代价 (图 8.1)。

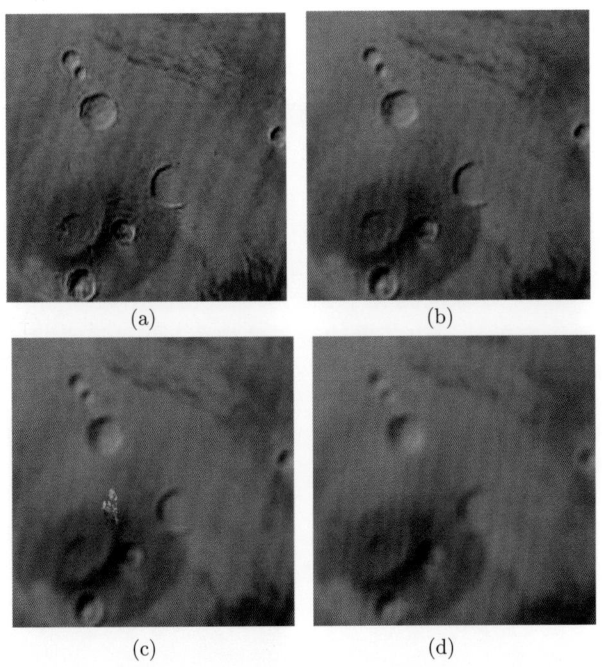

图 8.1　高斯函数 σ 与平滑程度关系

8.1.2 边缘检测

这里采用当前使用最广泛的 Canny 边缘检测算子 [284]。首先经过平滑处理之后，图像附加噪声响应会相应减少。进一步正确定位，即在正确位置检测到边缘。这里采用类似于峰值检测的非极大值抑制 (nonmaximum suppression) 方法，其返回的点只有边缘数据顶脊点 (top of a ridge)，从而抑制其他点，其输出则是这些正确位置上的边缘点所连成的曲线。

对 8.1.1 节提及的高斯算子，沿坐标单位向量 $\boldsymbol{U}_x=[1,0]$，$\boldsymbol{U}_y=[0,1]$ 对式 (8.1) 进行微分，得

$$\boldsymbol{\nabla} g(x,y)=\frac{\partial g(x,y,\sigma)}{\partial x}\boldsymbol{U}_x+\frac{\partial g(x,y,\sigma)}{\partial y}\boldsymbol{U}_y=-\frac{x}{\sigma^2}\mathrm{e}^{-\frac{x^2+y^2}{2\sigma^2}}\boldsymbol{U}_x-\frac{y}{\sigma^2}\mathrm{e}^{-\frac{x^2+y^2}{2\sigma^2}}\boldsymbol{U}_y \tag{8.2}$$

式 (8.2) 为其高斯算子的导数方程。当图像经过平滑处理后，通过处理后的图像与其边缘法线方向的一阶导数算子和高斯函数的卷积计算，来确定是否在一个正确位置点标记一个边缘特征。而这个卷积函数的最大值即为处理后图像边缘数据的峰值，进而是一个边缘位置。因此，假设这个算子为 G_n，其定义为高斯函数 g 位于法线方向 $\boldsymbol{n}_\perp$ 的一阶导数：

$$G_n = \frac{\partial g}{\partial \boldsymbol{n}_\perp} \tag{8.3}$$

式 (8.3) 中的法线方向 $\boldsymbol{n}_\perp$ 可由高斯函数的导数方程与图像 $\boldsymbol{P}$ 通过卷积计算得出：

$$\boldsymbol{n}_\perp = \frac{\boldsymbol{\nabla}(\boldsymbol{P} * g)}{|\boldsymbol{\nabla}(\boldsymbol{P} * g)|} \tag{8.4}$$

而边缘位置则是通过计算式 (8.2) 和图像 $\boldsymbol{P}$ 卷积函数的极大值确定的。令其卷积函数沿法线方向 $\boldsymbol{n}_\perp$ 的一阶导数为 0，则极大值可由式 (8.5) 得到：

$$\max\{\boldsymbol{n}_\perp\} = \frac{\partial(G_n * \boldsymbol{P})}{\partial \boldsymbol{n}_\perp} \tag{8.5}$$

将式 (8.3) 代入式 (8.5)，有

$$\max\{G_n\} = \frac{\partial^2(g * \boldsymbol{P})}{\partial {\boldsymbol{n}_\perp}^2} \tag{8.6}$$

式 (8.6) 定义了 Canny 边缘检测算子在正确位置检测出边缘点的一个标准，即非最大值抑制。通过该方法可以有效地给出正确边缘点的位置，并且噪声响应的影响最小。Canny 边缘检测结果如图 8.2 所示。

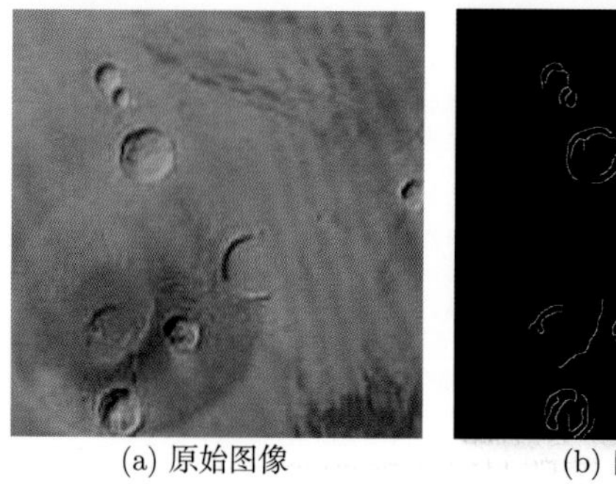
(a) 原始图像

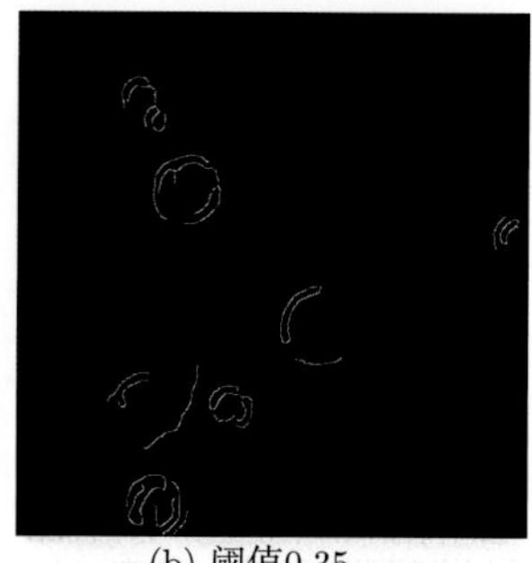
(b) 阈值0.35

图 8.2　Canny 边缘检测结果

8.1.3　霍夫变换

霍夫变换的主要优势是具有容忍遮挡和处理噪声的能力，即当图像背景内容复杂时，如噪声强、分辨率低等，也可以有效地搜索出特定的曲线边缘 (直线、二次曲线)[285]。针对陨石坑特征，提出使用霍夫变换圆检测的方案来进行陨石坑边缘提取，并有如下两个概念。

(1) 如何表示一个圆？

使用 (a,b,r) 来确定一个圆心为 (a,b)，半径为 r 的圆。

(2) 如何表示过某个点的所有圆？

某个圆过点 (x_1,y_1)，则有 $(x_1-a_1)^2+(y_1-b_1)^2=r_1^2$。那么过点 (x_1,y_1) 的所有圆可以表示为 $[a_1(i),b_1(i),r_1(i)]$，其中 $r_1\in(0,\infty)$，每一个 i 值都对应一个不同的圆，$[a_1(i),b_1(i),r_1(i)]$ 表示无穷多个过点 (x_1,y_1) 的圆。

如图 8.3 所示，分析过点 (x_1,y_1) 的所有圆 $[a_1(i),b_1(i),r_1(i)]$，当确定 $r_1(i)$ 时，$[a_1(i),b_1(i)]$ 的轨迹是一个以 (x_1,y_1) 为中心，半径为 $r_1(i)$ 的圆。那么，所有圆 $[a_1(i),b_1(i),r_1(i)]$ 组成了一个以 (x_1,y_1) 为顶点，锥角为 90° 的圆锥面。同理可以建立 (x_2,y_2)、(x_3,y_3) 的圆锥面，若三个圆锥面在高度 $r_1(i)$ 的平面有交点 A, 则交点 A 为同时过 (x_1,y_1)、(x_2,y_2)、(x_3,y_3) 的圆的圆心，该圆的半径即为 $r_1(i)$。霍夫变换检测圆的结果如图 8.4 所示。

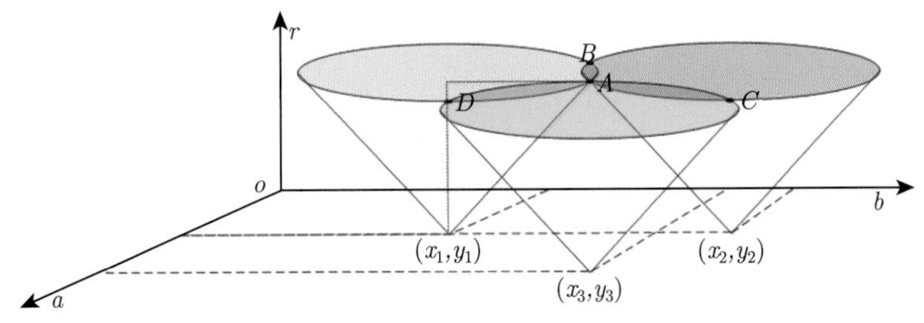

图 8.3　霍夫变换圆检测示意图

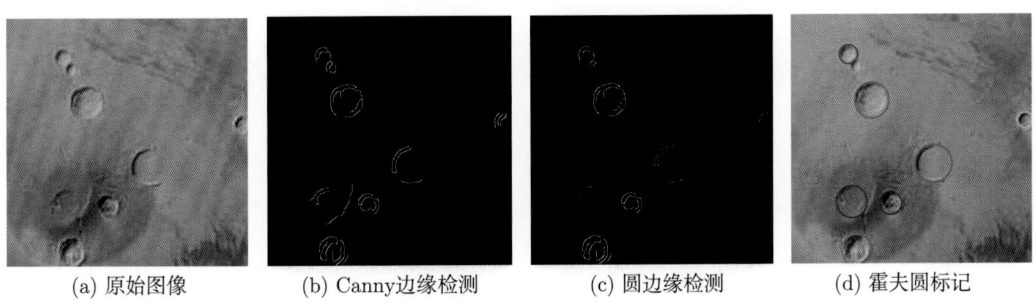

(a) 原始图像　(b) Canny边缘检测　(c) 圆边缘检测　(d) 霍夫圆标记

图 8.4　霍夫变换圆检测结果

8.1.4　陨石坑区域提取

通过霍夫变换检测的陨石坑边缘曲线参数，进一步提取相应的陨石坑区域图像，作为后续图像检测、匹配过程的特征区域，其陨石坑提取结果如图 8.5 所示。

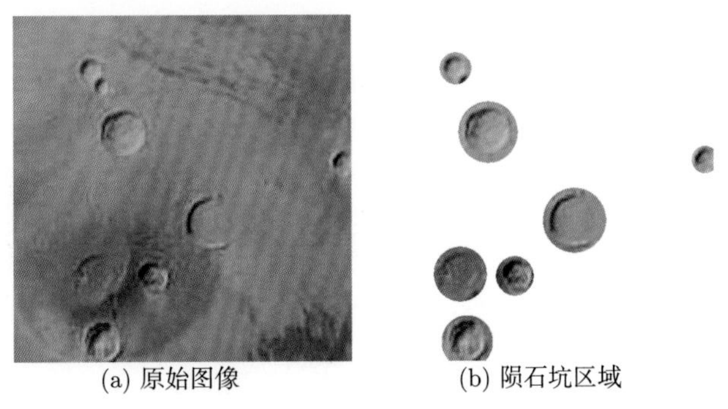

(a) 原始图像　(b) 陨石坑区域

图 8.5　陨石坑区域图像提取

8.2 图像特征提取与匹配算法

尺度不变特征变换 (scale-invariant feature transform，SIFT) 算法是一种检测局部特征的算法，该算法可以保证图像的尺度不变。该算法通过求一幅图中的特征点 (interest points/corner points) 及其有关比例尺寸和方向的描述子得到特征并进行图像特征点匹配，且具有良好的匹配效果。

虽然 SIFT 算法在大多数情况下均可保持很好的特征不变性以及大量的匹配点，但当存在较大的放射变形时，其特征点提取的有效性将大幅下降，导致匹配点数目的大幅降低，最终影响图像的匹配效果。因此相应针对大幅度放射变换的自适应尺度不变特征变换算法 (ASIFT) 算法被提出，不仅满足 SIFT 算法的缩放、旋转和平移不变性，同时具有仿射不变性。但由于 ASIFT 算法较 SIFT 算法的复杂度更大，运算时间更长，因此实时性较差，因此目前在导航实时的环境下，研究更多的还是 SIFT 算法。下面对 SIFT 和 ASIFT 算法进行简单介绍。

8.2.1 SIFT 算法

1. 构建尺度空间

尺度空间的构建是 SIFT 算法的初始化处理，其目的是模拟图像中数据的多尺度特征。定义一张二维图像的“高斯尺度空间”函数 (LOG) 为

$$L(x,y,\sigma)=G(x,y,\sigma)*I(x,y) \tag{8.7}$$

其中，$G(x,y,\sigma)$ 为图像的高斯函数。

为了进一步寻找到尺度空间中的关键点，针对不同尺度的高斯函数进行差分，并与原图像再做进一步卷积，可以得

$$D(x,y,\sigma)=(G(x,y,k\sigma)-G(x,y,\sigma))*I(x,y)=L(x,y,k\sigma)-L(x,y,\sigma) \tag{8.8}$$

构造的即为“差分高斯尺度空间”函数 (DOG)。

对于一幅图像，为了保证其尺度不变性，建立其在不同尺度下的图像，即称为图像的子八度 (octave)。这种方法可以确保能够在任何尺度下都能寻找到相应的特征点，由图 8.6 可以看出，第一个子八度为原图大小，而下一个子八度为第一个的降采样结果，即原图的 1/4 大小 (长与宽分别为原图的 1/2)，同理建立图像的多层金字塔。

2. DOG 尺度空间特征点的检测

对式 (8.8) 采用 8.1 节的非极大值抑制方法，寻找尺度空间中的特征点，即通过在 DOG 金字塔的相邻层来寻找空间的极值点，其过程如图 8.7 所示。中间的检测点和同尺度的 8 个相邻点与上下相邻尺度对应的 9×2 个点 (共 26 个点) 比较，以确保在尺度空间和二维图像空间都检测到极值点 (图 8.7)。一个点如果在 DOG 尺度空间本层以及上下两层的 26 个点中是最大或最小值时，就认为该点是图像在该尺度下的一个特征点。

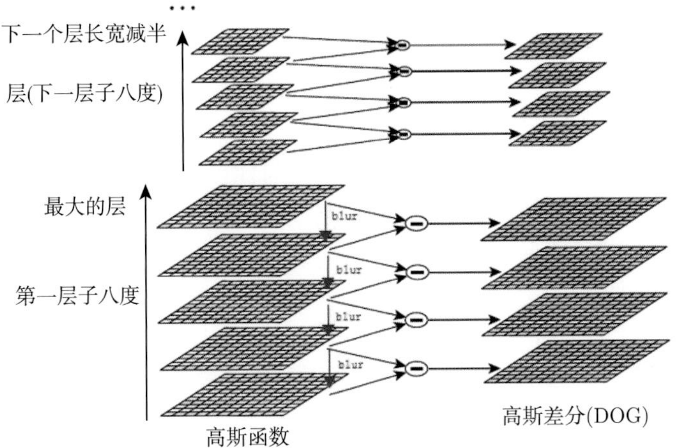

图 8.6 SIFT 尺度空间金字塔构建

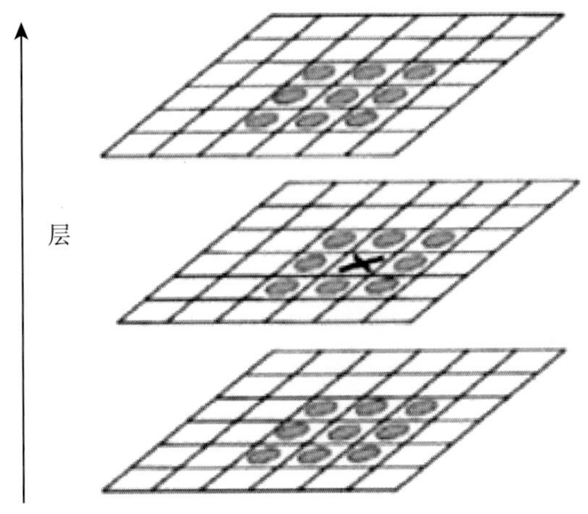

图 8.7 检测 DOG 尺度空间特征点

在极值比较的过程中，每一组图像的首末两层是无法进行极值比较的，为了满足尺度变化的连续性，在每一组图像的顶层继续用高斯模糊生成了 3 幅图像，高斯金字塔有每组 $S+3$ 层图像，而 DOG 金字塔每组有 $S+2$ 层图像。

3. 去除效果不佳的特征点

这一步本质是去掉 DOG 局部曲率非常不对称的像素。通过拟和三维二次函数精确确定关键点的位置和尺度 (达到亚像素精度)，同时去除低对比度的关键点和不稳定的边缘响应点 (因为 DOG 算子会产生较强的边缘响应)，以增强匹配稳定性、提高抗噪声能力，在这里使用近似 Harris Corner 检测。

步骤一: 空间尺度函数泰勒展开式为

$$D(x)=D+\frac{\partial D^{\mathrm{T}}}{\partial x}x+\frac{1}{2}x^{\mathrm{T}}\frac{\partial^2 D}{\partial x^2}x \tag{8.9}$$

对式 (8.9) 求导, 并令其为 0, 得到精确的位置为

$$\hat{x} = -\frac{\partial^2 D^{-1}}{\partial x^2}\frac{\partial D}{\partial x} \tag{8.10}$$

步骤二: 在已经检测到的特征点中, 要去除低对比度的特征点和不稳定的边缘响应点。去除低对比度的点，把式 (8.10) 代入式 (8.9)，即在 DOG 空间的极值点处对 $D(x)$ 取值，只取前两项可得

$$D(\hat{x}) = D + \frac{1}{2}\frac{\partial D^{\mathrm{T}}}{\partial x}\hat{x}$$

选取阈值 $|D(\hat{x})| = 0.3$, 若取值大于阈值，则该特征点可以被保留下来。

步骤三: 一个定义不好的高斯差分算子的极值在横跨边缘的地方有较大的主曲率，而在垂直边缘的方向有较小的主曲率。主曲率通过一个 2×2 的 Hessian 矩阵 $\boldsymbol{H}$ 求出:

$$\boldsymbol{H} = \begin{bmatrix} D_{xx} & D_{xy} \\ D_{xy} & D_{yy} \end{bmatrix}$$

导数由采样点相邻差值估计得到。D 的主曲率和 $\boldsymbol{H}$ 的特征值成正比，对于 Hessian 矩阵的两个非零特征值，令 λ_1 为较大特征值，λ_2 为相对较小的特征值，则矩阵的迹和行列式由式 (8.11) 得到：

$$\begin{aligned} \mathrm{Tr}(H) &= D_{xx} + D_{yy} = \lambda_1 + \lambda_2 \\ \mathrm{Det}(H) &= D_{xx}D_{yy} - (D_{xy})^2 = \lambda_1\lambda_2 \end{aligned} \tag{8.11}$$

令设定的两个特征值之间的关系为 $\lambda_1 = r\lambda_2$，故选择如下的主曲率检测函数：

$$\frac{\mathrm{Tr}(H)^2}{\mathrm{Det}(H)} = \frac{(\alpha+\beta)^2}{\alpha\beta} = \frac{(r\beta+\beta)^2}{r\beta^2} = \frac{(r+1)^2}{r} \tag{8.12}$$

可以看出，当 Hession 矩阵的两个特征值相等时，式 (8.12) 的取值最小；随着两个特征值插值的增大 (r 逐渐增大)，式 (8.12) 数值在不断增加。因此，为了检测主曲率是否在某阈值 r 下，只需判断其对应的 Hessian 矩阵 $\boldsymbol{H}_1$ 是否满足

$$\frac{\mathrm{Tr}(\boldsymbol{H}_1)^2}{Det(\boldsymbol{H}_1)} < \frac{(r+1)^2}{r}$$

当上式不成立时，该特征点具有不对称的像素，故去除该特征点。一般取 $r = 10$。

4. 特征点的方向参数

上一步中确定了每幅图中的特征点，要进行特征点识别，就需要确定每个特征点的梯度方向，依照这个方向做进一步的计算，利用关键点邻域像素的梯度方向分布特性为每个关键点指定方向参数，使算子具备旋转不变性。

$$m(x,y) = \sqrt{(L(x+1,y) - L(x-1,y))^2 + (L(x,y+1) - L(x,y-1))^2} \tag{8.13}$$

$$\theta(x,y)=\alpha\tan2\frac{L(x,y+1)-L(x,y-1)}{L(x+1,y)-L(x-1,y)} \tag{8.14}$$

式 (8.13) 和式 (8.14) 分别为特征点 (x,y) 处梯度的模值和方向公式。其中，L 所用的尺度为每个关键点各自所在的尺度。至此，图像的关键点已经检测完毕，每个关键点有三个信息——位置、所处尺度、方向，由此可以确定一个 SIFT 特征区域。

5. 关键点描述子的生成

在图像中为了避免对单一关键点方向检测而造成图像匹配的不确定性，因此需要在以关键点为中心的领域内进行采样，对关键点附近的采样点进行不同权重并绘制关键点附近区域的直方图，直方图可以减少突变的影响。其中直方图的峰值代表该关键点处梯度的主方向，即作为该关键点的方向。

为了使图像匹配更加精确，本小节用一种更加精确的描述子进行叙述。首先将坐标轴旋转为关键点的方向，以确保旋转不变性。以关键点为中心取 8×8 的窗口。

图 8.8(a) 的中央为当前关键点的位置，每个小格代表关键点邻域所在尺度空间的一个像素，利用公式求得每个像素的梯度幅值与梯度方向，箭头方向代表该像素的梯度方向，箭头长度代表梯度模值，然后用高斯窗口对其进行加权运算。

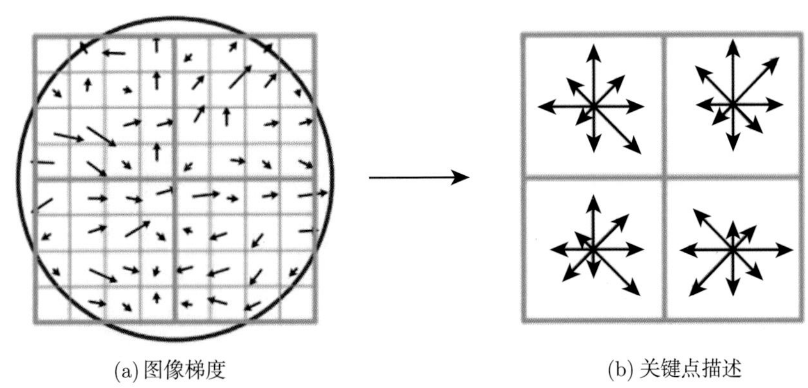

(a) 图像梯度　　(b) 关键点描述

图 8.8　16*16 图中部分特征点梯度方向及层，图 8.8(b) 为其加权到 8 个主方向后的效果

图 8.8(a) 的圈代表高斯加权的范围 (越靠近关键点的像素梯度方向信息贡献越大)。然后在每 4×4 的小块上计算 8 个方向的梯度方向直方图，绘制每个梯度方向的累加值，即可形成一个种子点，如图 8.8(b)。此图中一个关键点由 $2\times2=4$ 个种子点组成，每个种子点有 8 个方向向量信息。这种邻域方向性信息联合的思想增强了算法抗噪声的能力，同时对于含有定位误差的特征匹配也提供了较好的容错性。

当种子点确定之后，进一步通过寻找特征点周围的 16×16 种子点来以此作为特征点的描述子。该 SIFT 算法的“描述子”即为 $4\times4\times8=128$ 维度的，而且同时使用高斯下降函数降低远离中心的权重。

6. 根据 SIFT 算法进行匹配

根据以上步骤可以生成 A、B 两幅图的描述子 (分别是 $k_1\times128$ 维和 $k_2\times128$ 维)，且

SIFT 算法初始化运算得到其特征点数目分别是 T_m 和 T_n 个，通过欧氏距离来判断其描述子之间的相似度。

$$d(I_m, I_n) = \sqrt{\sum_{i=1}^{128} [f(m)_i - f(n)_i]^2} \tag{8.15}$$

在判断特征点是否成功匹配时，这里采用“比较最近邻距离与次近邻距离”的方法，即第一幅图像中的特征点 I_m 与其进行 SIFT 匹配的另一幅图像最近的描述子距离为 d_1，次近距离为 d_2。若 $r = d_1/d_2$ 低于某阈值，则其确定为匹配失败，反之则确认相似度足够高，即为匹配成功。根据大量任意存在尺度、旋转和亮度变化的两幅图片进行匹配，结果表明 ratio (比值) 取值在 $0.4 \sim 0.6$ 为最佳，小于 0.4 的很少有匹配点，大于 0.6 的则存在大量错误匹配点，因此匹配可以选择如下:

(1) ratio=0.4，　对于准确度要求高的匹配；

(2) ratio=0.6，　对于匹配点数目要求比较多的匹配；

(3) ratio=0.5，　一般情况下。

7. SIFT 匹配结果

选择一组陨石坑图片作为检测匹配图片 (图 8.9)，分别对图片进行噪声、光照、旋转的预处理，然后利用 SIFT 算法对图像特征点提取及匹配的方法进行陨石坑区域的检测匹配 (图 8.10 ~ 图 8.14)。

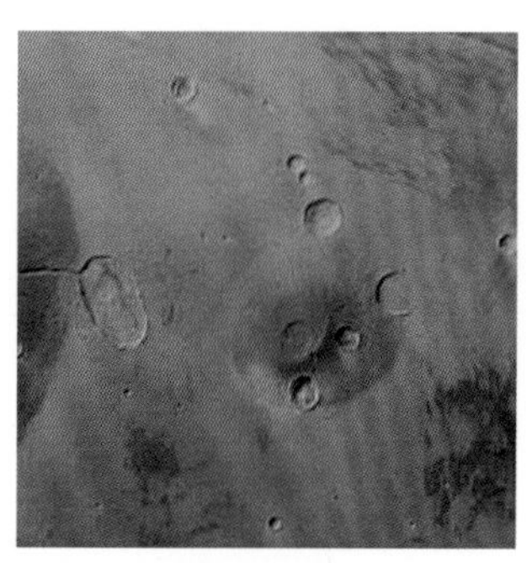

(a) 原始像图片

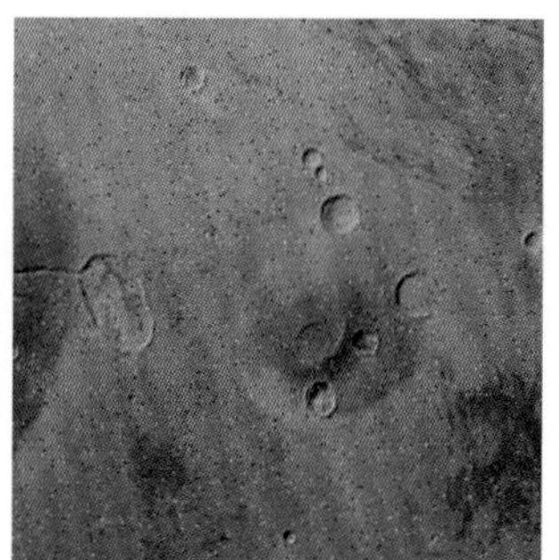

(b) 像图片加噪声

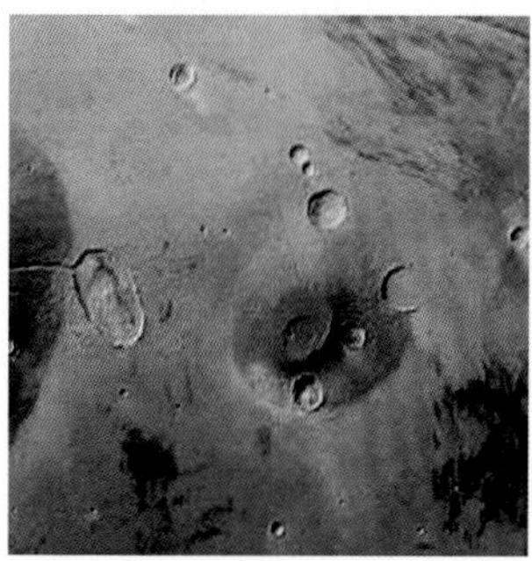

(c) 像图片加光照

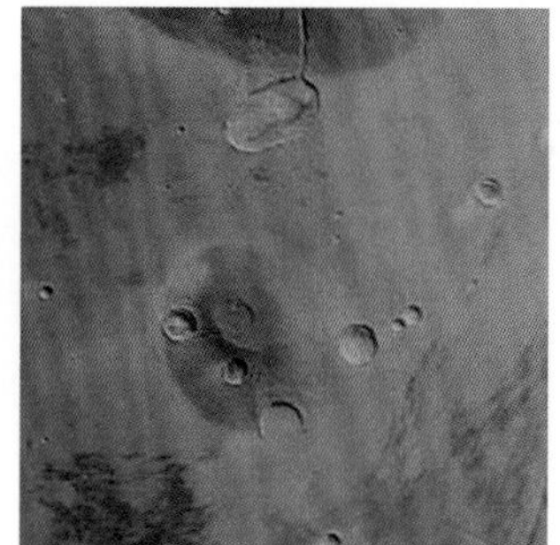

(d) 像图片加旋转

图 8.9　陨石坑图片组 B

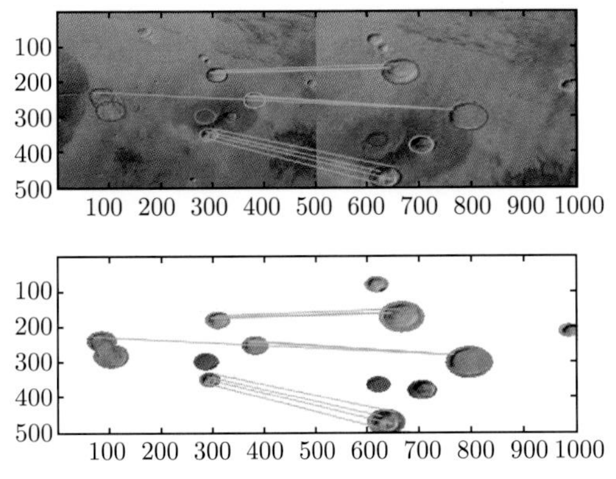

(a) 陨石坑检测匹配

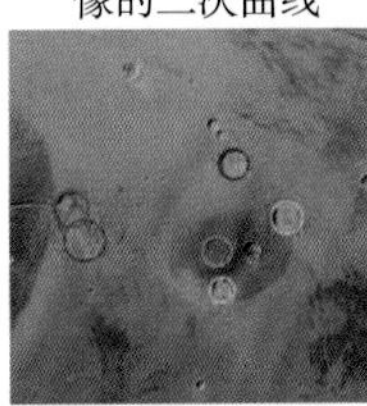

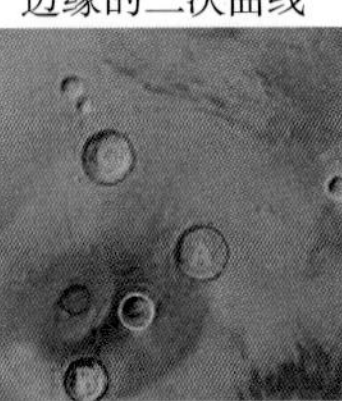

(b) 匹配陨石坑标记

图 8.10 陨石坑 B 的原始像图片匹配

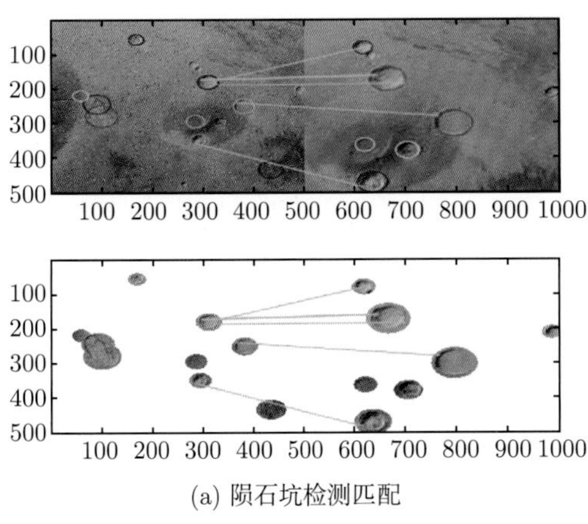

(a) 陨石坑检测匹配

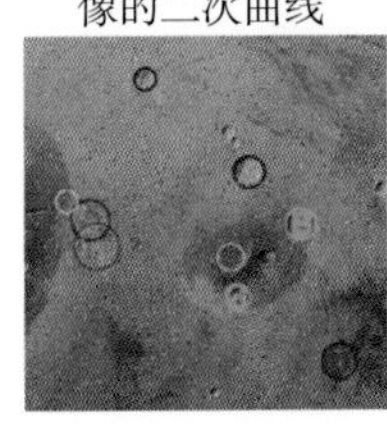

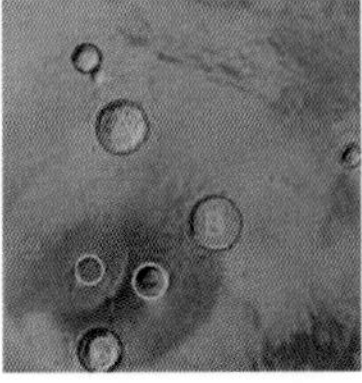

(b) 匹配陨石坑标记

图 8.11 陨石坑 B 的噪声像图片匹配

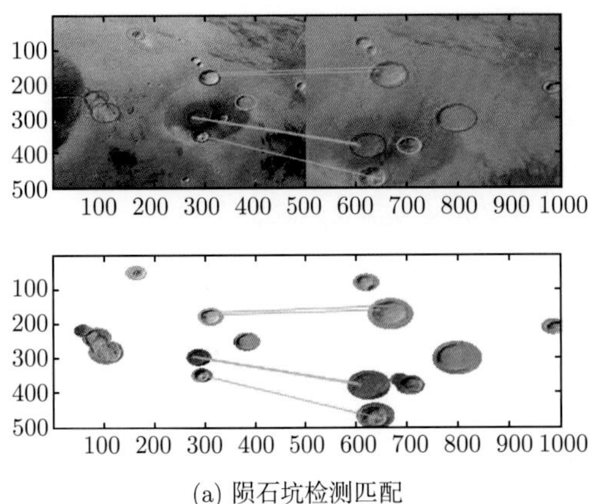

(a) 陨石坑检测匹配

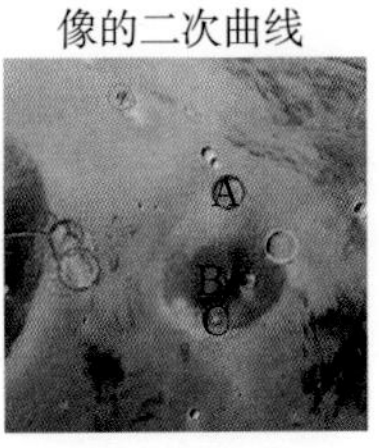

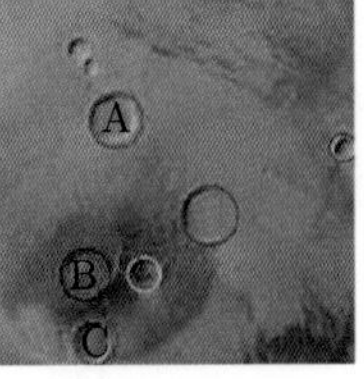

(b) 匹配陨石坑标记

图 8.12 陨石坑 B 的光照像图片匹配

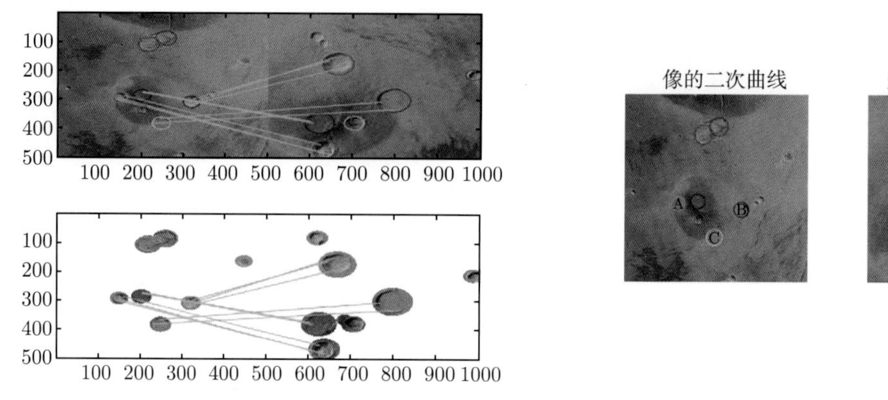

(a) 陨石坑检测匹配 (b) 匹配陨石坑标记

图 8.13 陨石坑 B 的旋转像图片匹配

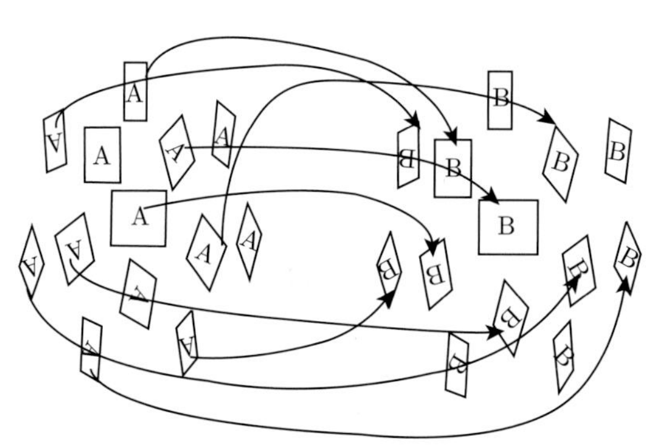

图 8.14 ASIFT 算法示意图

8.2.2 ASIFT 算法

1. ASIFT 算法概述

当相机的光轴发生变化时，拍摄的物体图片可能会产生相应的扭曲，因此 ASIFT 算法的第一步即为对图片进行模拟仿射扭曲变换 (图 8.14)。这种扭曲变换的影响变量有两个: 水平角度 φ 和垂直角度 θ。假设原始图像为 $u(x,y)$，其在 x 轴方向上倾斜角度 t 的变换有 $u(x,y) \rightarrow u(tx,y)$，也称为“$t$ 倍二次采样”，由此得到的即为倾斜图像。而在此之前，需要进行一项预先工作，要求在相应变换的 x 轴上做“抗走样滤波”处理，即可以最大限度减少失真，其中滤波值由标准差为 $c\sqrt{t^2-1}$ 的高斯卷积确定，这里 c 为设定的阈值参数，而 Lowe[286] 和 Yu 等 [287] 建议其设定为 $c=0.8$。

同样的方法可以在三轴方向下分别对图像做旋转和倾斜变换扭曲模拟，最终所有的模拟仿射变换后的图像都将采用 SIFT 算法进行匹配比较。SIFT 算法和 ASIFT 算法的结果比较如图 8.15 所示。

从对比结果可以明显看出，ASIFT 算法较 SIFT 算法匹配了更多的特征点，同时匹配了更多的区域特征，尤其是具有较大放射变换的“商务印书馆”也可以很好的完成匹配工作。

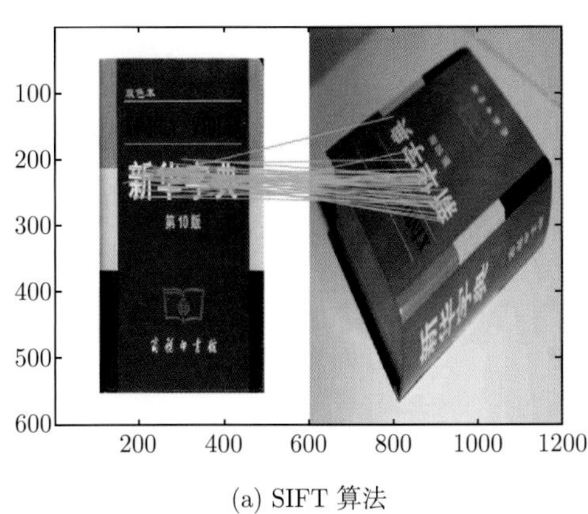

(a) SIFT 算法

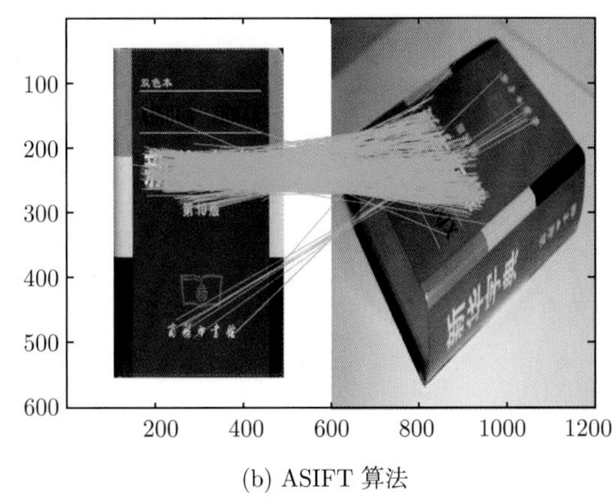

(b) ASIFT 算法

图 8.15　SIFT 算法与 ASIFT 算法比较结果

2. ASIFT 算法复杂度

由于 ASIFT 算法只在低分辨率下进行匹配图片，因此其复杂度的计算也是给予低分辨率下扭曲模拟的图像。因为图像的特征点计算量与输入图片的尺寸面积成比例，ASIFT 算法匹配图片计算量与模拟过程中倾斜度 t 成比例，所以当考虑最复杂情况时，模拟倾斜有 $|\Gamma_t| = |\{1, \sqrt{2}, 2\sqrt{2}, 4, 4\sqrt{2}\}| = 6$ 次，而当“二次采样”因子取 $K \times K = 3 \times 3$ 时，ASIFT 算法处理的计算图像区域为输入图像的 1.5 倍，进而在检测过程中筛选出 1.5 倍或更多的特征点，最终其匹配计算的复杂度则是 SIFT 算法的 $1.5 \times 1.5 = 2.25$ 倍 [288]。

3. ASIFT 算法匹配结果

鉴于 ASIFT 算法具有更好的仿射变换不变性，因此对本节中的旋转像图片与星表数据库图片进行相应的对比仿真试验，分别对比在 SIFT 和 ASIFT 两种特征点提取及匹配算法下的匹配点数、正确率以及时间效率三个方面，其仿真试验结果如图 8.16 所示，仿真试验数据如表 8.1 所示。

由图 8.16 可以看出，ASIFT 算法可以完成更多特征点的匹配，尤其是对相对较小的陨石坑区域，即特征相对不是很明显的陨石坑，当产生仿射变换后其特征也可以很好地被 ASIFT 算法提取并匹配。而表 8.1 中的数据更是可以说明 ASIFT 算法对匹配点数目的有效增加，

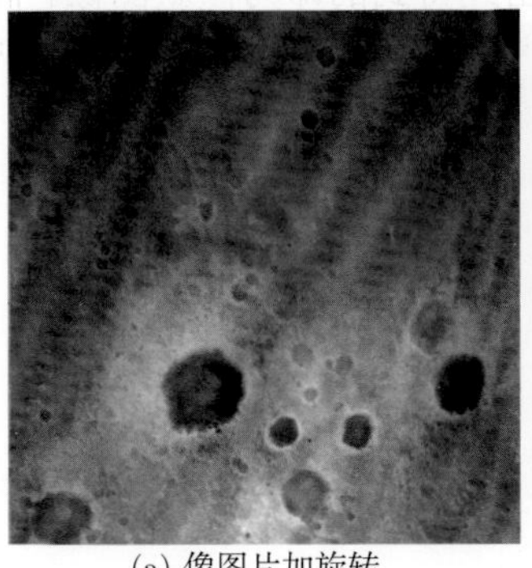

(a) 像图片加旋转

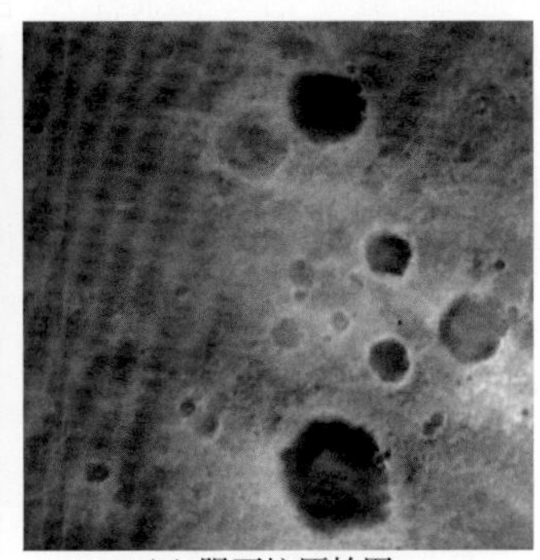

(b) 陨石坑原始图

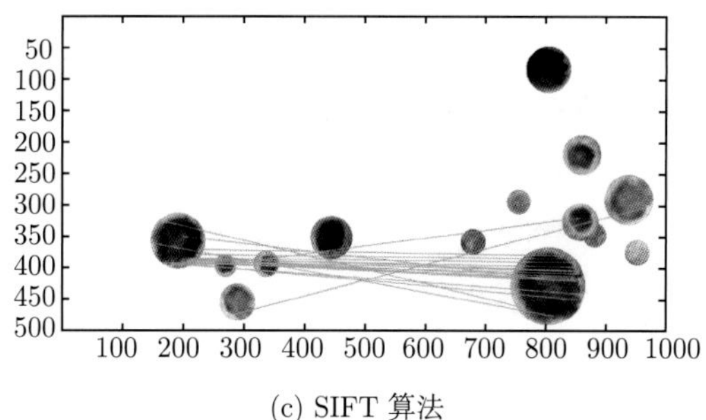

(c) SIFT 算法

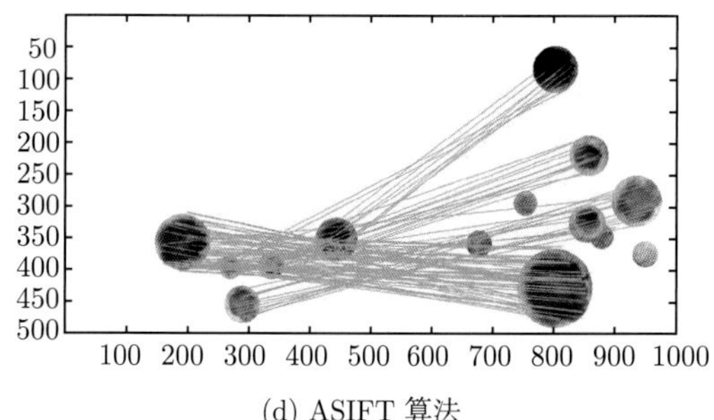

(d) ASIFT 算法

图 8.16 陨石坑对比结果

表 8.1 陨石坑 A 的 SIFT 与 ASIFT 对比数据

算法种类	匹配点数	计算时间/s	正确率/%
SIFT 算法	20	1.68	95
ASIFT 算法	98	6.44	91.83

但随之带来的就是计算时间的延长，因此实时性效果也随之降低，这个时间结果略大于本节中的 ASIFT 算法与 SIFT 算法的复杂度比例，即 ASIFT 算法特征匹配的复杂度是 SIFT 算法的 $1.5 \times 1.5 = 2.25$ 倍，这是因为 ASIFT 算法处理的计算图像区域为输入图像的 1.5 倍，进而在检测过程中筛选出 1.5 倍或更多的特征点，最终计算处理特征点的时间可能就会大于 2.25 倍。

8.3 基于陨石坑拟合椭圆的着陆器位姿估计算法

在未来行星着陆任务中，着陆器应具有对地表障碍进行自主识别的能力，对障碍的识别也可以认为是对图像中具有明显几何形态的区域特征的提取与匹配。对于特征向量的选取目前存在多种方法，其中陨石坑作为火星表面常见的地形特征，具有清晰的轮廓，易于识别和跟踪，是着陆阶段最重要的导航路标之一。

8.2 节提出的陨石坑特征提取算法为星球探测任务中着陆器的位置和姿态的估计奠定了基础。首先通过对天体地表进行图像拍摄，提取图像中陨石坑的特征信息和相应的边缘曲线，并与星表数据库的图像进行匹配，得到陨石坑的位置信息 [289]，最后利用匹配的陨石坑的二次曲线信息来估计出着陆器的运动参数。其中，近十几年来，陨石坑的边缘提取与匹配算法在很多星球表面已经得到了成功的运用，如月球、火星以及小天体 [290~293]。

因此，本节将对区域特征陨石坑的提取匹配算法进行研究，并且提出利用陨石坑的边缘二次曲线来估计着陆器的位姿算法，该算法利用至少 3 条陨石坑的边缘曲线及其对应的像曲线，可以唯一地确定着陆器的位置、姿态 [294, 295]。

8.3.1 坐标系确立

首先定义着陆器在不同参照物下的参考系，并给出各坐标系之间的坐标变换矩阵，为下一步的位置、姿态方程确定相对坐标系中的几何关系。

1. 着陆点全局坐标系 $\sum^{0}: O_0\text{-}X_0Y_0Z_0$

坐标系原点 O_0 是图像左上角起点位置，$O_0\text{-}Z_0$ 是从天体质心指向天体地表的方向，$O_0\text{-}X_0$ 是在 $O_0\text{-}Z_0$ 法向量平面内指向着陆器运动的方向，$O_0\text{-}Y_0$ 是其对应的右手坐标系。

2. 导航相机坐标系 $\sum^{\mathrm{C}}: O_{\mathrm{C}}\text{-}X_{\mathrm{C}}Y_{\mathrm{C}}Z_{\mathrm{C}}$

坐标系原点 O_{C} 是导航相机的光轴中心点，$O_{\mathrm{C}}\text{-}Z_{\mathrm{C}}$ 为光轴，$O_{\mathrm{C}}\text{-}X_{\mathrm{C}}Y_{\mathrm{C}}$ 垂直于光轴并位于相机焦点平面内。

3. 着陆器坐标系 $\sum^{\mathrm{L}}: O_{\mathrm{L}}\text{-}X_{\mathrm{L}}Y_{\mathrm{L}}Z_{\mathrm{L}}$

为了不失去一般性，令导航相机坐标系与着陆器坐标系为同一坐标系。由此可以建立全局坐标系 $\sum^{0}$ 和导航相机坐标系 $\sum^{\mathrm{C}}$ 的坐标变换矩阵：

$$\boldsymbol{X}_l = [\boldsymbol{R}, \boldsymbol{t}]\, \boldsymbol{X}_0 \tag{8.16}$$

其中，$\boldsymbol{t}$ 是一个平移向量；$\boldsymbol{R} = [\boldsymbol{r}_l, \boldsymbol{r}_2, \boldsymbol{r}_3]$ 是一个旋转向量矩阵。同时，旋转向量矩阵三个列向量满足单位正交约束，即

$$\boldsymbol{r}_3 = \boldsymbol{r}_l \times \boldsymbol{r}_2, \quad ||\boldsymbol{r}_l|| = ||\boldsymbol{r}_2|| = ||\boldsymbol{r}_3|| = 1$$

8.3.2 运动约束方程建立

为了不失去一般性，假设着陆点平面与全局坐标系重合，即有 $z = 0$。因此，若导航相机拍摄照片中图像点的齐次坐标有 $\boldsymbol{p} = [p, q, 1]^{\mathrm{T}}$，同时其拍摄物体在全局坐标系中有齐次坐标 $\boldsymbol{x} = [x, y, 1]^{\mathrm{T}}$，则由变换矩阵关系可得

$$\eta \boldsymbol{p} = \boldsymbol{K}\, [\boldsymbol{R}, \boldsymbol{t}]\, \boldsymbol{x} = \boldsymbol{M}\boldsymbol{X_0} \tag{8.17}$$

其中，η 是非零常数；$\boldsymbol{M} = [\boldsymbol{r_1}, \boldsymbol{r_2}, \boldsymbol{t}]$ 满秩。

假设天体表面有两个陨石坑，且其陨石坑参数信息可以写成相应二次曲线矩阵 $\boldsymbol{C}_1$、$\boldsymbol{C}_2$，则在全局坐标系下，其陨石坑二次曲线 $\boldsymbol{C}_i$ 的方程可以唯一表示为

$$\boldsymbol{X}_0^{\mathrm{T}} \boldsymbol{C}_i \boldsymbol{X}_0 = 0, \quad i = 1, 2 \tag{8.18}$$

其中，$\boldsymbol{C}_i$ 是二次曲线矩阵，且是对阵满秩 3×3 矩阵。

同理，令 $\boldsymbol{G}_i$ 为陨石坑全局坐标二次曲线 $\boldsymbol{C}_i$ 的像曲线，可以获得其二次曲线表示形式为

$$\boldsymbol{p}^{\mathrm{T}} \boldsymbol{G}_i \boldsymbol{p} = 0, \quad i = 1, 2 \tag{8.19}$$

其中，$\boldsymbol{G}_i$ 是二次曲线矩阵，且是对阵满秩 3×3 矩阵。

将式 (8.17) 中坐标变换矩阵代入式 (8.19)，有

$$\boldsymbol{X}_0^{\mathrm{T}} \boldsymbol{M}^{\mathrm{T}} \boldsymbol{G}_i \boldsymbol{M} \boldsymbol{X}_0 = 0, \quad i = 1, 2 \tag{8.20}$$

通过比较式 (8.18) 和式 (8.20) 可以得

$$\boldsymbol{M}^{\mathrm{T}} \boldsymbol{G}_i \boldsymbol{M} = \psi_i \boldsymbol{C}_i, \quad i = 1, 2 \tag{8.21}$$

其中，ψ 是非零常数因子。因为 $\boldsymbol{C}_i$ 和 $\boldsymbol{M}$ 满秩，所以矩阵 $\boldsymbol{G}_i$ 也是满秩，因此式 (8.21) 可以转化为

$$\boldsymbol{M}^{\mathrm{T}} = \psi_i \boldsymbol{C}^i \boldsymbol{M}^{-1} \boldsymbol{G}_i^{-1}, \quad i = 1, 2 \tag{8.22}$$

将上述方程所建立的两组陨石坑方程联立，可以推出

$$\boldsymbol{C}_1 \boldsymbol{M}^{-1} \boldsymbol{G}_1^{-1} = \psi_{12} \boldsymbol{C}_2 \boldsymbol{M}^{-1} \boldsymbol{G}_2^{-1} \tag{8.23}$$

其中，$\psi_{12} = \sqrt[3]{\dfrac{\det(\boldsymbol{G}_2^{-1}\boldsymbol{G}_1)}{\det(\boldsymbol{C}_2^{-1}\boldsymbol{C}_1)}}$。

进一步归一化式 (8.23)，通过令 $\hat{\boldsymbol{G}}_i = \dfrac{\boldsymbol{G}_i}{\sqrt[3]{\det(\boldsymbol{G}_i)}}$，$\hat{\boldsymbol{C}}_i = \dfrac{\boldsymbol{C}_i}{\sqrt[3]{\det(\boldsymbol{C}_i)}}$，并将 $\hat{\boldsymbol{G}}_i$、$\hat{\boldsymbol{C}}_i$ 替换 $\boldsymbol{G}_i$、$\boldsymbol{C}_i$，可以建立着陆器运动约束方程：

$$(\boldsymbol{G}_2^{-1}\boldsymbol{G}_1)\boldsymbol{M} = \boldsymbol{M}(\boldsymbol{C}_2^{-1}\boldsymbol{C}_1) \tag{8.24}$$

因为 $\boldsymbol{M}$ 是 3×3 矩阵，所以假设 $\boldsymbol{M} = \begin{bmatrix} m_1 & m_2 & m_3 \\ m_4 & m_5 & m_6 \\ m_7 & m_8 & m_9 \end{bmatrix}$，为了求解运动约束方程组，将 $\boldsymbol{M}$ 重写为 $\boldsymbol{m} = (m_1, \cdots, m_9)$。

式 (8.24) 使用 Kronecker 积使其完成“矩阵交换律”，由此可得着陆器运动约束的线性方程：

$$[\boldsymbol{G}_2^{-1}\boldsymbol{G}_1 \otimes \boldsymbol{I} - \boldsymbol{I} \otimes (\boldsymbol{C}_2^{-1}\boldsymbol{C}_1)^{\mathrm{T}}]\boldsymbol{m} = 0 \tag{8.25}$$

8.3.3 位姿估计

考虑到实际下降过程拍摄图片中，陨石坑数量可能大于两个，因此可以将式 (8.25) 扩展为对应的线性方程组。假设图片检测并成功匹配的陨石坑数量为 N，令

$$\boldsymbol{E} = \begin{bmatrix} (\boldsymbol{G}_2{}^{-1}\boldsymbol{G}_1) \otimes \boldsymbol{I} - \boldsymbol{I} \otimes (\boldsymbol{C}_2{}^{-1}\boldsymbol{C}_1)^{\mathrm{T}} \\ (\boldsymbol{G}_3{}^{-1}\boldsymbol{G}_1) \otimes \boldsymbol{I} - \boldsymbol{I} \otimes (\boldsymbol{C}_3{}^{-1}\boldsymbol{C}_1)^{\mathrm{T}} \\ \vdots \\ (\boldsymbol{G}_N{}^{-1}\boldsymbol{G}_{N-1}) \otimes \boldsymbol{I} - \boldsymbol{I} \otimes (\boldsymbol{C}_N{}^{-1}\boldsymbol{C}_{N-1})^{\mathrm{T}} \end{bmatrix}_{\frac{9N(N-1)}{2} \times 9} \tag{8.26}$$

则其相应的方程组可以简化为

$$\boldsymbol{E}\boldsymbol{m} = 0 \tag{8.27}$$

因为式 (8.27) 至少需要三组对应的陨石坑数据，才可以唯一确定着陆器的位置、姿态参数，所以当 $N \geqslant 3$ 时，方程组有相应的唯一非零解。因为 $N \geqslant 3$，从方程组系数 (8.26) 中可以得到，其方程数目至少为 27 组 ($N = 3$)，而未知量数目有 9 个, 因此式 (8.27) 为超定方程组，采用最小二乘法对其求解 [296]，并记为

$$\boldsymbol{M}^* = \begin{bmatrix} m_1^* & m_2^* & m_3^* \\ m_4^* & m_5^* & m_6^* \\ m_7^* & m_8^* & m_9^* \end{bmatrix} \tag{8.28}$$

根据式 (8.16) 中的约束条件 $||\boldsymbol{r_1}|| = ||\boldsymbol{r_2}|| = 1$，可以求得方程的两组真实解：

$$\boldsymbol{M} = \pm\frac{\boldsymbol{M}^*}{\sqrt{(m_1^*)^2 + (m_4^*)^2 + (m_7^*)^2}} \tag{8.29}$$

陨石坑和导航相机的相对空间几何关系为陨石坑在相机的正前方。因此根据建立的坐标系有 $Z_0 > 0$。因为 $\boldsymbol{M} = [\boldsymbol{r}_1, \boldsymbol{r}_2, \boldsymbol{t}]$，所以有以下约束条件成立：

$$r_{31}\boldsymbol{X}_0^{'} + r_{32}\boldsymbol{Y}_0^{'} + t_3 > 0 \tag{8.30}$$

其中，$\boldsymbol{X}_0' = [X_0', Y_0', 1]$ 是一个在全局坐标系中陨石坑二次曲线上的点。

联立式 (8.29) 和式 (8.30)，方程组最终的唯一解可以表示为

$$\boldsymbol{M} = \begin{cases} \dfrac{\boldsymbol{M}^*}{\sqrt{(m_1^*)^2 + (m_4^*)^2 + (m_7^*)^2}}, & m_7^*\boldsymbol{X}_0^{'} + m_8^*\boldsymbol{Y}_0^{'} + m_9^* > 0 \\ -\dfrac{\boldsymbol{M}^*}{\sqrt{(m_1^*)^2 + (m_4^*)^2 + (m_7^*)^2}}, & m_7^*\boldsymbol{X}_0^{'} + m_8^*\boldsymbol{Y}_0^{'} + m_9^* < 0 \end{cases} \tag{8.31}$$

其中，$\boldsymbol{M} = [\boldsymbol{r}_1, \boldsymbol{r}_2, \boldsymbol{t}]$。根据约束 $\boldsymbol{r}_3 = \boldsymbol{r_1} \times \boldsymbol{r}_2$ 和 $||\boldsymbol{r}_l|| = ||\boldsymbol{r_2}|| = ||\boldsymbol{r_3}|| = 1$，可以最终求解出相应的旋转变换矩阵 $\boldsymbol{R}$，并通过欧拉转换 [297]求解出着陆器在全局坐标系中的姿态角度和平移向量：

$$\begin{cases} \omega_y = -a\sin(r_{31}) \\ \omega_x = a\tan 2\left(\dfrac{r_{32}}{\cos\omega_y}, \dfrac{r_{33}}{\cos\omega_y}\right) \\ \omega_z = a\tan 2\left(\dfrac{r_{21}}{\cos\omega_y}, \dfrac{r_{11}}{\cos\omega_y}\right) \\ \boldsymbol{t}' = -\boldsymbol{R}^{-1}t \end{cases} \tag{8.32}$$

8.3.4 仿真及结果分析

本节在 MATLAB 环境下对火星探测器着陆过程中的相关数据进行仿真，为了不失一般性，本节随机生成四个陨石坑，并建立四个陨石坑的星表数据库二次曲线参数及序列图像中的二次曲线参数，来验证所提出算法的可行性和精确性。

对于相机，由于下降过程中避免不了如风流等的扰动，其拍摄图片会产生像素噪声，并会对检测识别的陨石坑几何参数带来噪声误差，如图 8.18 所示。在仿真试验过程中，针对陨石坑二次曲线的长轴 $(b + \Delta b)$、短轴 $(a + \Delta a)$ 和中心点 $(u + \Delta u, v + \Delta v)$ 分别添加 $N(0, \sigma^2)$ 的高斯白噪声，并且针对二次曲线倾斜角度 $(\theta + \Delta\theta)$ 添加 $0^\circ \sim 2.5^\circ$ 的角度噪声。

在逐一分析每种误差对导航参数计算带来的误差影响后，由于陨石坑群中几何参数信息是随机生成的，这里将进一步分析这种随机性对导航误差带来的影响。在综合考虑所有单一陨石坑误差后，仿真分析用来计算陨石坑的“群特征信息”，首先是“陨石坑群聚散程度”，即假定 4 个陨石坑半径一样，研究 4 个陨石坑位置从图像中心分别向 4 个角散开的过程中，它们位置的密聚程度对导航误差的影响；其次是“陨石坑群大小差异”，即假定 4 个陨石坑的初始位置固定，令有的陨石坑半径增大，有的陨石坑半径减小，分析它们之间半径的差异对导航误差的影响；最后是“陨石坑群整体尺寸”，同样假定 4 个陨石坑的初始位置固定，令它们的陨石坑半径同时改变，分析这种整体半径尺寸变化对导航误差的影响。

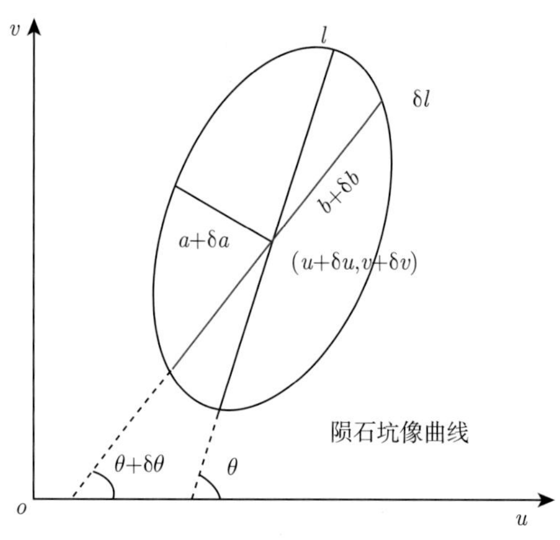

图 8.18　陨石坑像曲线误差

最终在试验过程中，为了获得更精确有效的计算结果，分别在每次试验中进行 1000 次蒙特卡罗仿真分析，并绘制相应的曲线。

1. 噪声源与噪声强度对误差影响

设在距离地面 2000m 的高空拍摄天体地表照片，并以此图片与星表数据库图片进行检测匹配，进行绝对位置导航数值解算。仿真初始参数如表 8.2 所示。

表 8.2　绝对位置导航初始参数

仿真参数项	初始数值
初始位置/m	[300,300,2000]
初始姿态角/(°)	[0.5,0.5,45]
中心点噪声强度/px	$0\sim10$
长短轴噪声强度/px	$0\sim10$
倾斜角噪声强度/(°)	$0\sim2.5$
图片分辨率/px	1024×1024
导航相机焦距/mm	14.6
导航相机视场角/(°)	50×50

在上述仿真条件下，着陆器的位置误差和姿态误差与各种噪声源及其噪声强度的关系如图 8.19 ~ 图 8.24 所示。

图 8.19、图 8.21 和图 8.23 的曲线阐释了在三种不同噪声源的作用下，着陆器在全局坐标系下的位置误差与噪声强度的关系；图 8.20、图 8.22 和图 8.24 的曲线阐释了在三种不同噪声源的作用下，着陆器在全局坐标系下的姿态参数误差与噪声强度的关系。对于位置误差，长短轴噪声和倾斜角噪声在三个坐标轴中最大误差都超过 50m 但小于 100m；对于姿态参数噪声误差，仅有长短轴噪声在三个坐标轴中带来的最大误差都超过 5°。由此可知，中心点噪声的强度变化对运动参数的影响最小，而长短轴噪声的强度变化对运动参数的影响最大。

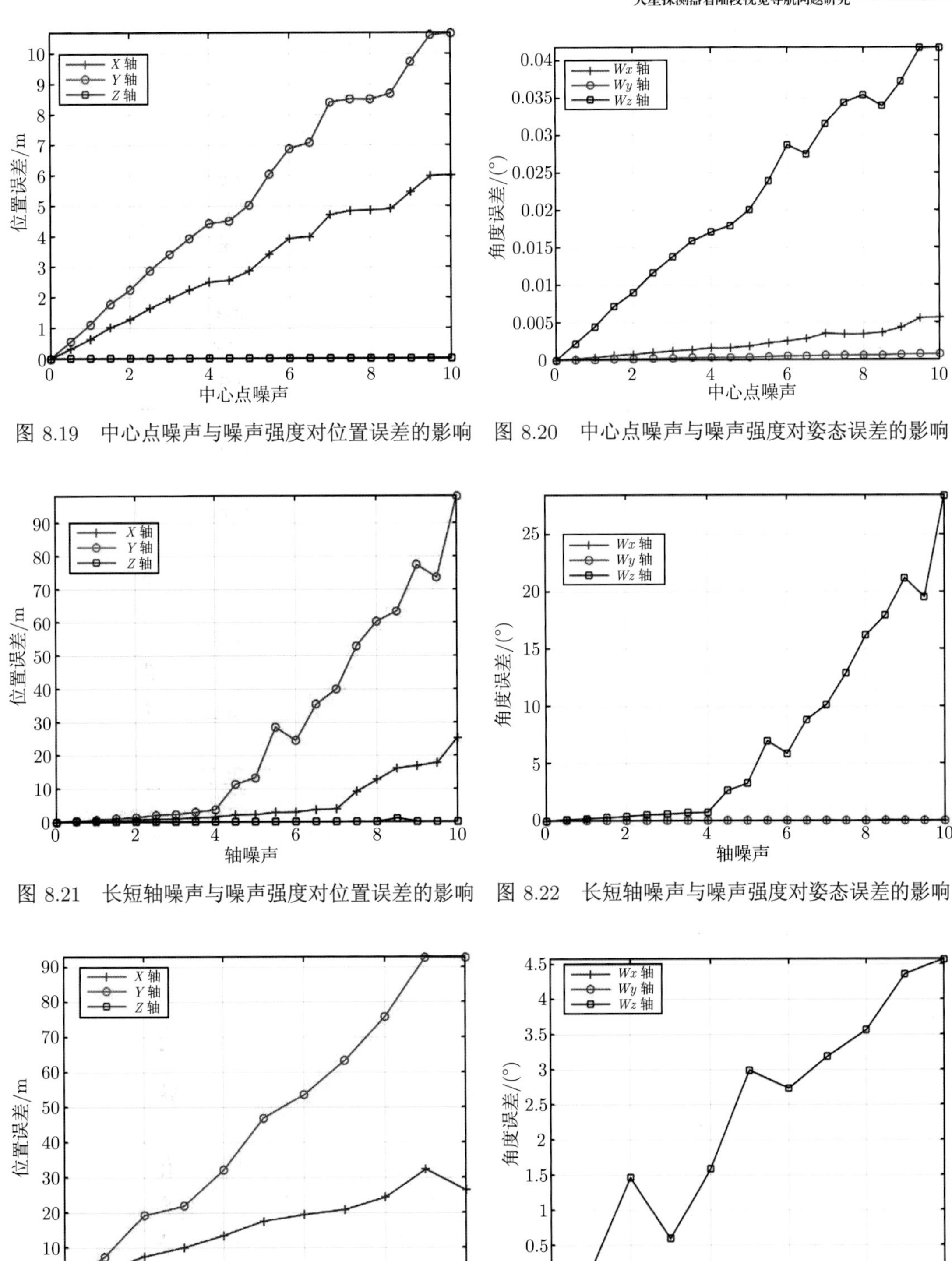

图 8.19　中心点噪声与噪声强度对位置误差的影响

图 8.20　中心点噪声与噪声强度对姿态误差的影响

图 8.21　长短轴噪声与噪声强度对位置误差的影响

图 8.22　长短轴噪声与噪声强度对姿态误差的影响

图 8.23　倾斜角噪声与噪声强度对位置误差的影响

图 8.24　倾斜角噪声与噪声强度对姿态误差的影响

2. 噪声源与位置高度对误差影响

在下降过程中，针对倾斜角噪声，根据三角函数关系重新定义在不同高度时的倾斜角噪声 $\Delta\theta = a\sin[(l+\Delta l)/b] - a\sin(l/b)$，其中 l 是图像中陨石坑二次曲线的弧长，Δl 为 10 个像素的高斯白噪声，并且令中心点噪声和长短轴噪声的噪声强度为 5px。其他初始条件不变。

在初始值的条件下，当研究着陆器距离天体表面 3000m 到 0m 的下降高度区间内，其位置误差和姿态误差与高度的关系如图 8.25~ 图 8.30 所示。

从仿真结果可以看出，随着高度下降，位置误差和姿态误差同时呈现下降趋势，即导航精度呈上升趋势。由于像素噪声是一定的，但随着着陆器逐渐下降，拍摄图像中陨石坑相对于图像整体尺寸的面积变大，因此对陨石坑产生的误差影响逐渐变小，最终体现为导航精度的提高。在着陆器从 3000m 高度下降的过程中，长短轴噪声误差对位置参数影响最大，在三轴上曾最多超过 50m，同时是姿态参数影响最大的噪声源，其在三轴上最多接近 2°，而中心点噪声对运动参数误差影响最小。

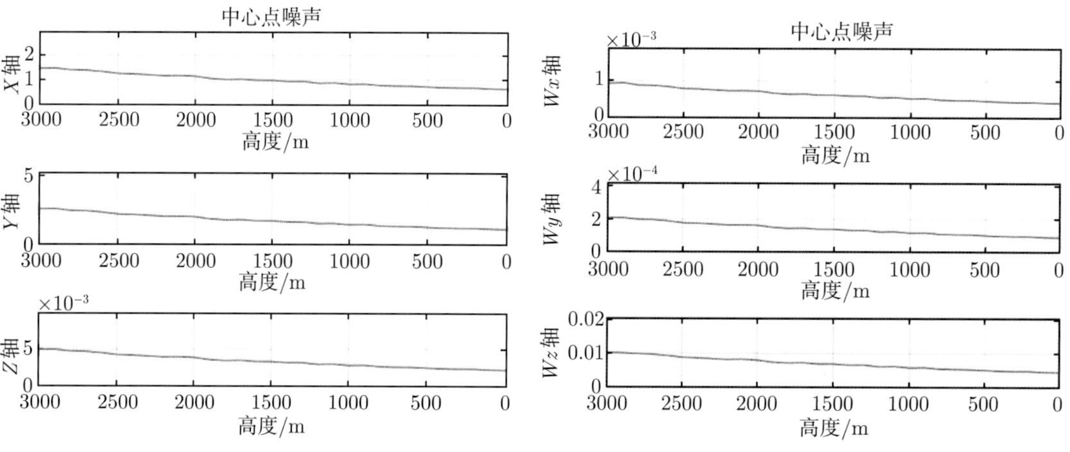

图 8.25 中心点噪声与着陆器高度对位置误差的影响 图 8.26 中心点噪声与着陆器高度对姿态误差的影响

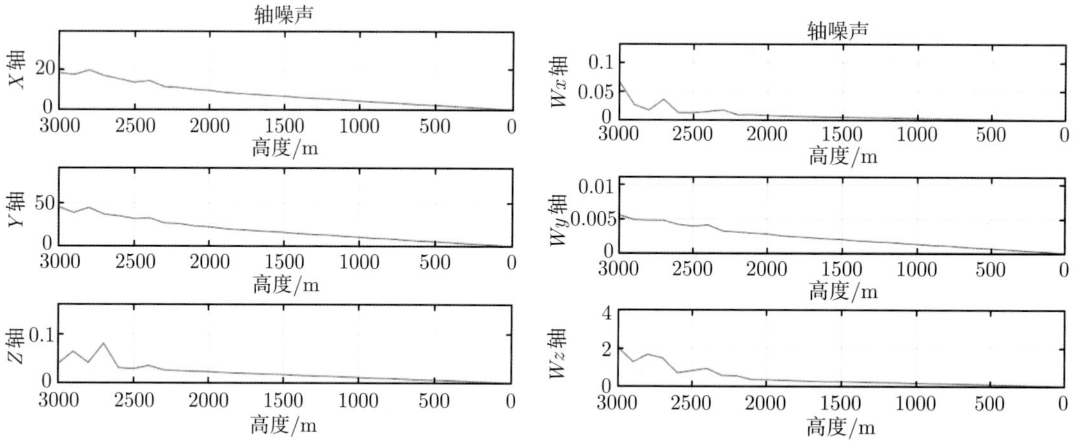

图 8.27 长短轴噪声与着陆器高度对位置误差的影响 图 8.28 长短轴噪声与着陆器高度对姿态误差的影响

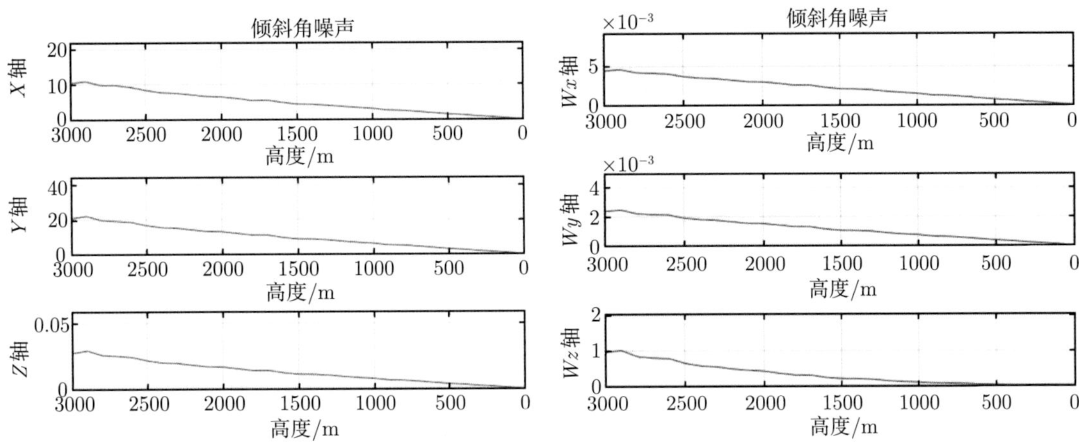

图 8.29 倾斜角噪声与着陆器高度对位置误差的影响 图 8.30 倾斜角噪声与着陆器高度对姿态误差的影响

3. 噪声源与位置高度对误差影响

除了以上噪声扰动，陨石坑群的“群特征”也应是误差考虑的因素之一，即从陨石坑群聚散程度、陨石坑群大小差异和陨石坑群整体尺寸三个角度分别分析其对运动参数的结果误差的影响，影响参数见表 8.3，并保持其他初始值不变。

表 8.3 陨石坑群参数

仿真参数项	初始数值
陨石坑群聚散范围/m	0 ~ 200
陨石坑群大小差异/m	0 ~ 50
陨石坑群整体尺寸/m	60 ~ 400

在初始值的条件下，其位置误差和姿态误差与各类“群特征”参数变化的关系如图 8.31~图 8.36 所示。

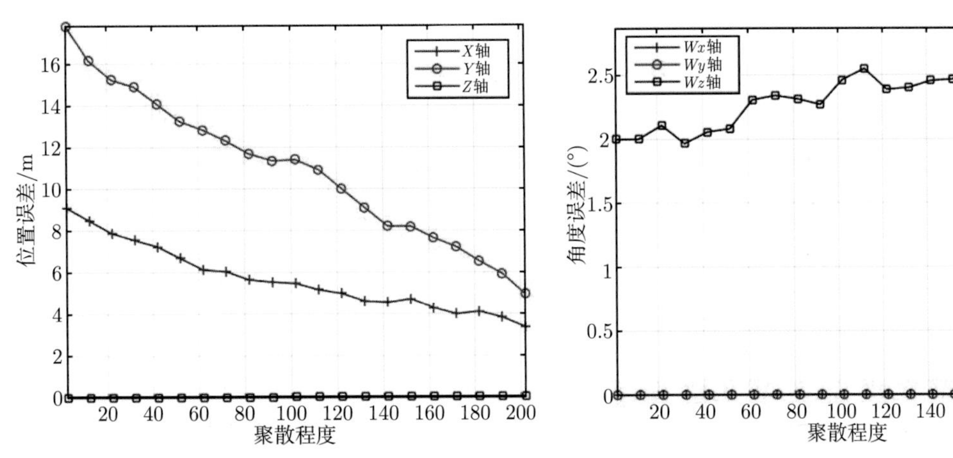

图 8.31 陨石坑群聚散程度对位置误差的影响 图 8.32 陨石坑群聚散程度对姿态误差的影响

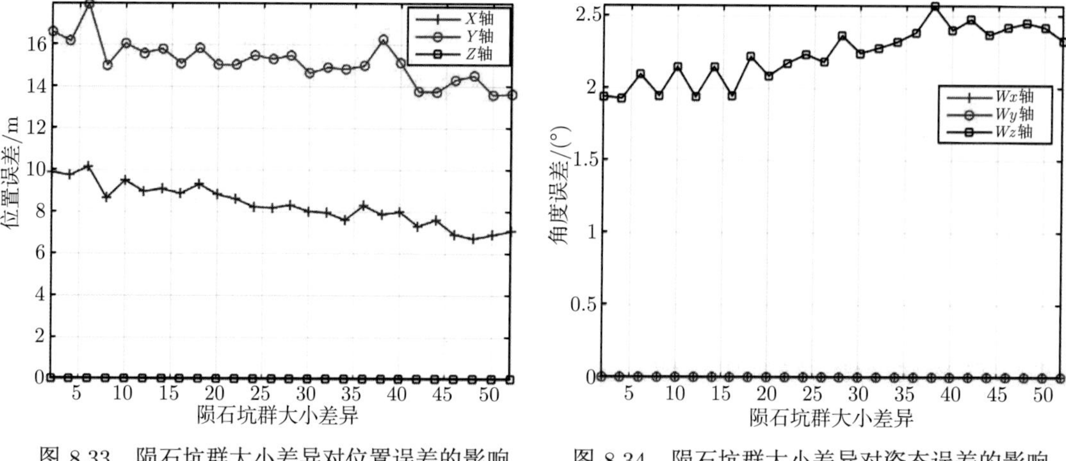

图 8.33　陨石坑群大小差异对位置误差的影响　　图 8.34　陨石坑群大小差异对姿态误差的影响

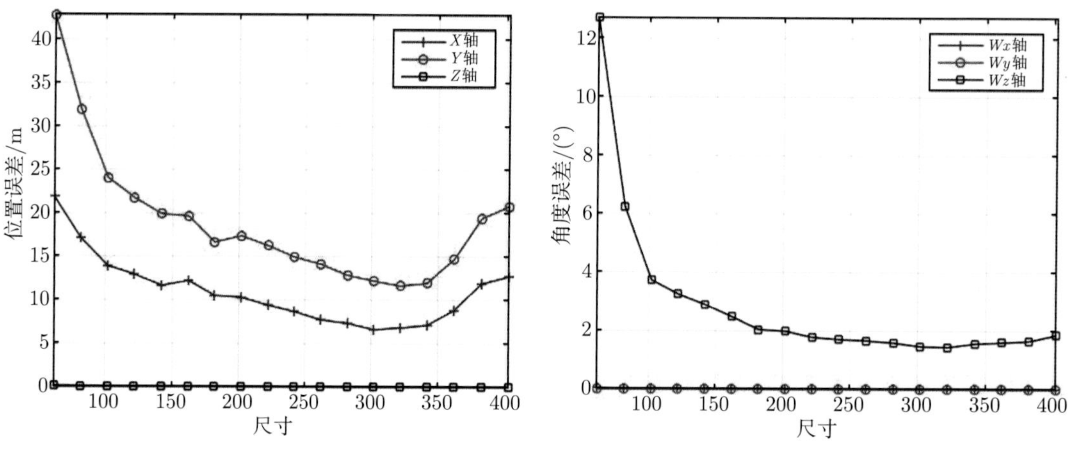

图 8.35　陨石坑群整体尺寸对位置误差的影响　　图 8.36　陨石坑群整体尺寸对姿态误差的影响

从图 8.31 和图 8.32 中可以看出，随着四个陨石坑的聚集程度变得稀疏，在三轴方向上，其位置误差呈下降趋势，而其姿态误差则呈逐渐上升趋势。同样的情况发生在陨石坑群差异的分析中，由图 8.33 和图 8.34 可以看出，随着用于导航计算的四个陨石坑的半径大小差异增大，在三轴方向上，其位置误差呈下降趋势，而其姿态误差则呈逐渐上升趋势。

从图 8.35 和图 8.36 中可以看出，当四个陨石坑半径一样，其半径小于 300m 时，位置误差呈现下降趋势，而半径超过 300m 后，位置误差则呈现上升的趋势。而对于姿态误差，则是持续下降趋势。

对于绝对位置导航误差，可以得出以下结论。

(1) 假定陨石坑群 (四个陨石坑) 半径一样，陨石坑群的分布越稀疏，其位置精度越高，但会带来姿态精度的下降；分布密集则情况相反。

(2) 假定陨石坑群 (四个陨石坑) 位置固定，陨石坑群的半径大小接近，其姿态精度越高，但会带来位置精度的下降；半径差异大则情况相反。

(3) 假定陨石坑群 (四个陨石坑) 初始位置固定，令它们的陨石坑半径同时改变，只要陨石坑群整体半径尺寸相对较大，则可以使位置精度和姿态精度同时增加。

8.4 基于卷积神经网络的火星探测器路径规划算法

近年来，卷积神经网络被广泛应用于有监督学习和强化学习，在图像分类 [29-32] 等任务中取得突破性成果。卷积神经网络是一种特殊的深度神经网络，由卷积层和池化层组成，具体如图 8.37 和图 8.38。卷积神经网络内部神经元采用局部连接方式，且层与层之间的部分神经元连接权重是共享的。相比于传统的 BP 神经网络，卷积神经网络的模型复杂度和训练难度均大幅降低；而且实验证明，卷积神经网络能够更为高效地提取图像的深层信息，在图像相关任务中表现极佳。

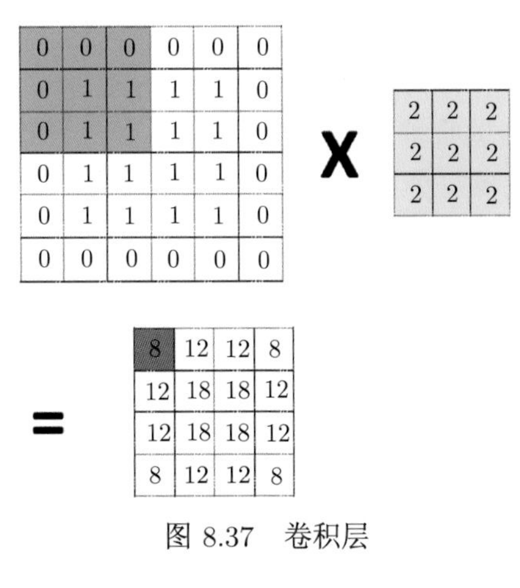

图 8.37 卷积层

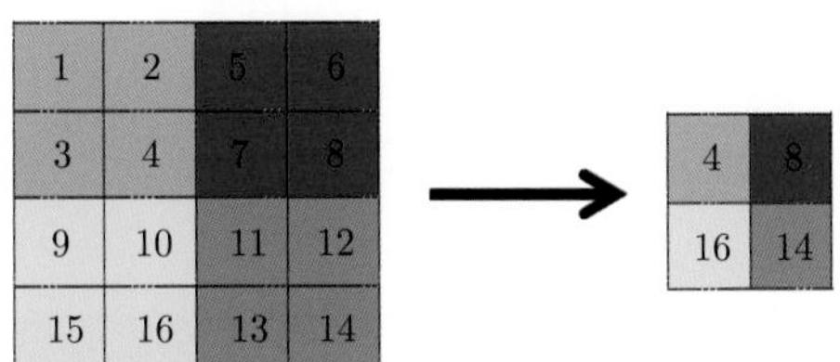

图 8.38 池化层

8.4.1 问题描述

由于火星环境具有不确定性以及火星表面存在强烈的阵风，这使得探测器下降过程受到外界环境的强烈干扰，导致探测器着陆后很可能偏离目标点，这就需要探测器能具有高精度自主路径规划的能力，从当前着陆点安全、自主地运动至目标点。在前往目标点的过程中，火星探测器需要根据卫星拍摄的实时图像信息，自主规划出一条最优路径，并在行驶过程中有效避开火星上的陨石坑或者高地。这是一个典型的视觉导航任务。

在视觉导航任务中，卷积神经网络通常被用来近似智能体的策略函数 π_θ，即智能体所获得的视觉图像信息 ϕ 与智能体选择的行为 a 之间的映射，其中 θ 表示策略函数中所有参数。假定 t 时刻，智能体从环境中观测到的视觉图像信息为 ϕ_t，智能体的策略函数为 π，则

智能体选择的行为 $a_t = \pi_\theta(\phi_t)$。智能体执行完行为 a_t 后，能够从环境中获得回报 r_t，并观测到下一时刻的视觉图像信息 ϕ_{t+1}，该过程可视为一个状态转移的过程，通常具有马尔可夫性，即 $\phi_{t+1} \sim P(\cdot|s_t, a_t)$，其中 $P(\cdot|s_t, a_t)$ 表示转态转移的概率分布。学习的目标是找到最优的策略函数为 π_{θ^*}，其参数满足：

$$\theta^* = \arg\max_\theta E_{s_0,a_0,s_1,a_1,\cdots}[r_0 + \gamma r_1 + \gamma^2 r_2 + \cdots]. \tag{8.33}$$

其中, $0 < \gamma < 1$ 为折扣因子。

策略学习有两种基本方式：模仿学习和强化学习。模仿学习是一个有监督的学习过程，给定依据专家经验生成的数据集：$\{\phi^i, a^i = \pi_{\theta^*}(\phi^i)\}$ ，其中 ϕ^i 为第 i 条视觉信息，a^i 为相应的第 i 条专家给出的最优行为策略；当视觉信息 ϕ^i 输入深度神经网络后，网络输出 $y^i = \pi_\theta(\phi^i)$；记损失函数为 $L_\theta(a^i, y^i) = L_\theta[a^i, \pi_\theta(\phi^i)]$，沿损失函数负梯度方向更新神经网络参数，不断迭代直至深度神经网络具有较高精度。强化学习是一个通过不断尝试从错误中学习的过程，无需给定专家经验数据集，智能体通过不断选择行为与环境进交互进而获得回报，寻找最优的策略函数，主要可分为基于策略梯度的方法和基于价值函数估算的算法，不足之处是训练周期长，且不易收敛至最优策略。

本节采用模仿学习方式，利用已有的专家数据集训练深度神经网络，从而获得最优的策略函数，使得火星探测器能够根据卫星拍摄的实时图像信息，规划出前往目标点的最佳路径，期间能有效避开陨石坑和高地。

8.4.2 火星图像预处理

为了更有效地训练策略函数，需要对火星图像进行预处理。选取 224×224 像素的彩色火星图像作为火星探测器获得的视觉信息 (图 8.39)，预处理过程如下：①对火星图像进行高斯滤波，消减图像中噪声 (图 8.40)；②将彩色的火星图像转化成灰度图像，并采用 Canny 算法对图像进行边缘检测，识别出火星表面陨石坑和高地的边缘 (图 8.41)；③对图像进行膨胀操作，增强识别出的边缘 (图 8.42)；④将 224×224 的图像缩小成 28×28 的图像，作为神经网络输入。

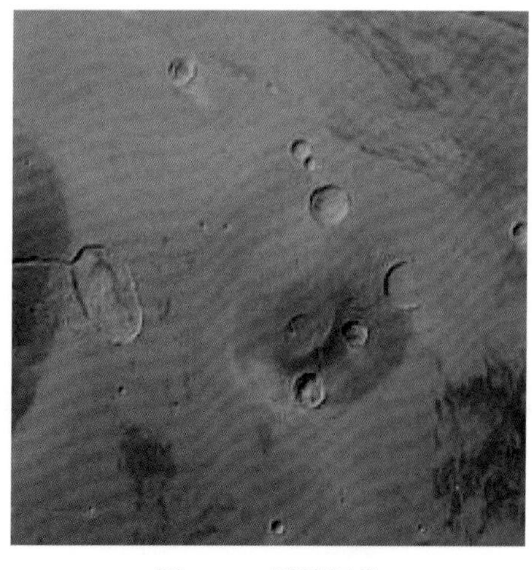

图 8.39 原始图像

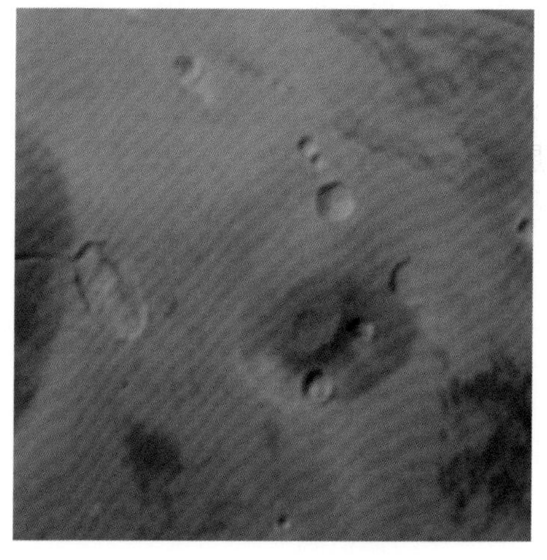

图 8.40 滤波后图像

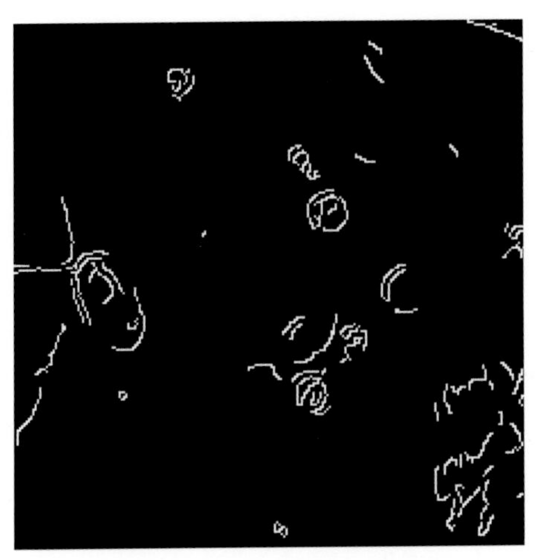

图 8.41　经边缘检测后图像

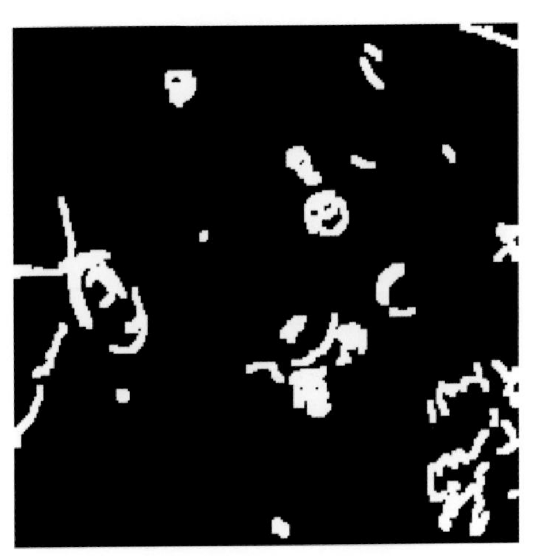

图 8.42　经腐蚀后图像

8.4.3　卷积神经网络模型

本节设计了一种双分支卷积神经网络用以学习最优策略 (图 8.43)，一条分支提取视觉图像的全局信息，另一条分支提取视觉图像的局部信息，两条分支输出数据维度相同，两个分支最终被一个全连接神经网络层连接，并通过 Softmax 层输出结果。

具体的，当输入图像维度为 $28\times28\times2$ 时：

分支一第一层采用 16 个 5×5 的卷积核对图像进行卷积操作，并进行步幅为 1 的 3×3 最大值池化操作，输出图像维度为 $28\times28\times16$；分支一第二层采用一个卷积核大小为 3×3、数量为 16 的残差模块 (图 8.44)，模块内部层与层之间参数共享，并连接一个 3×3 的最大值池化层，池化步幅为 2，输出图像维度为 $14\times14\times16$；分支一第三层与第二层结构一样，输出图像维度为 $7\times7\times16$；分支一第四层与第三层之间采用全连接方式，并加入 dropout 机制，即训练时每个神经元的输出以一定概率被保留，测试时所有神经元输出皆被保留，输出图像维度为 256×1；分支一第五层和第四层之间也采用全连接方式，并加入 dropout 机制，输出图像维度为 10×1，记为 f_1。

分支二第一层采用 20 个 5×5 的卷积核对图像进行卷积操作，输出图像维度为 $28\times28\times20$；分支二第二层和第三层均采用卷积核大小为 3×3、数量为 20 的残差模块，模块内部层与层之间参数共享，输出图像维度为 $28\times28\times20$；分支二第四层采用 10 个 3×3 的卷积核对图像进行卷积操作，输出图像维度为 $28\times28\times10$；假设探测器当前位于图像中第 i 行、第 j 列，则分支二第五层提取第三层输出图像第 i 行、第 j 列的 10 维向量进行输出，记为 f_2。

将 f_1 和 f_2 合并成一个 20 维向量，采用全连接方式与下一层神经网络相连接，输出 8×1 的向量，最后连接一个 Softmax 层，输出每个运动方向的选择概率 (共 8 个运动方向)。

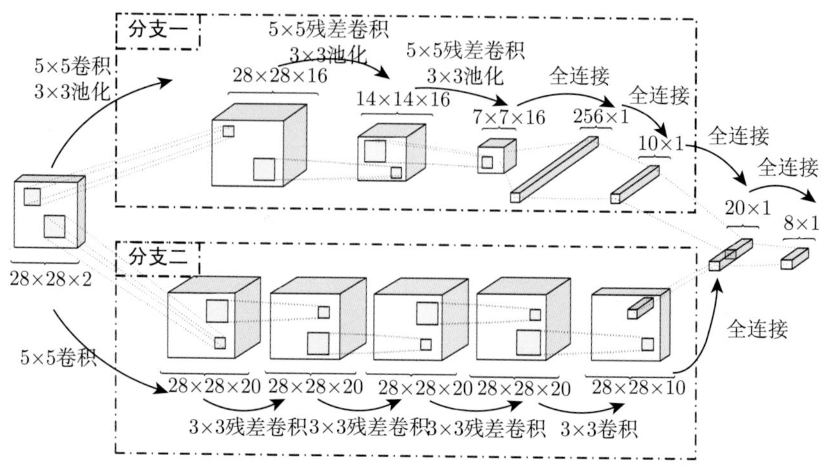

图 8.43　双分支卷积神经网络结构

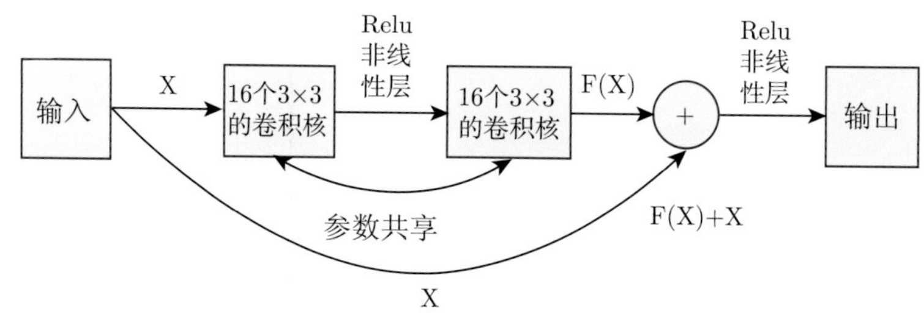

图 8.44　残差模块结构

8.4.4　训练数据与结果

选取 28×28 的 Gridworld 图像作为网络的训练数据，数据量为 42960，其中 6/7 作为训练数据，1/7 作为测试数据。采用随机梯度下降法训练深度神经网络，每批次使用 12 条不同的训练数据，当训练集中每个数据都使用过一次时，一个训练周期完成。当训练周期达到 100 时，测试精度接近 0.93。训练完成后，将预处理后的火星图像输入神经网络，输出最优路径。实验效果如图 8.45 和图 8.46 所示。

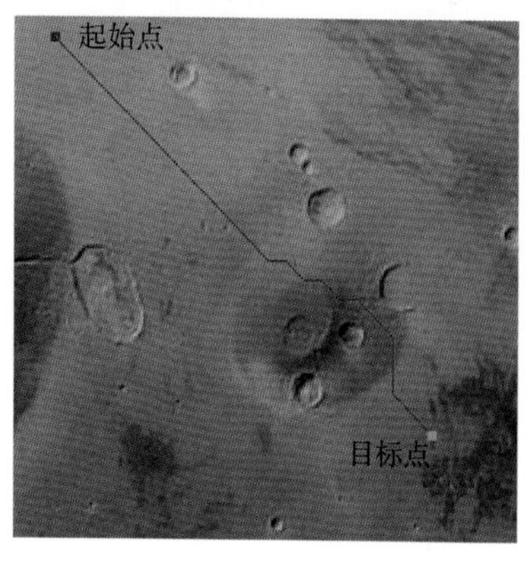

图 8.45　效果图 1

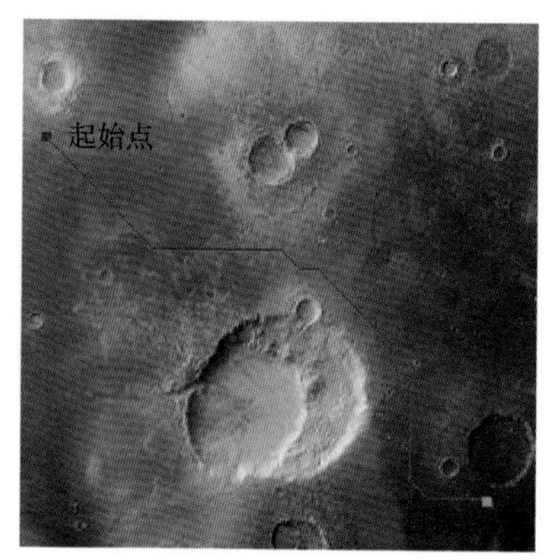

图 8.46　效果图 2

8.5 本章总结

本章对火星探测器着陆段视觉导航问题进行了分析与研究。首先，对传统的 SIFT 和 ASIFT 算法进行了详细介绍，随后对视觉导航中的图像特征提取问题进行了简要阐述，并在此基础上提出了一种利用陨石坑匹配的二次曲线估计着陆器位姿的方法，推导出了利用 3 条或 3 条以上二次曲线得到着陆器位姿的唯一解析解的过程，得到了满足着陆精度要求的理想区域，实现探测器安全着陆的目标。最后，当火星探测器着陆后，需要前往目标点时，提出了一种基于双分支卷积神经网络结构的智能路径规划算法，使得火星探测器能够根据卫星拍摄的实时视觉图像选择最佳路径，避开火星表面的陨石坑或高地，抵达目标点。

第 9 章 火星探测器 EDL 过程 Unity3D 仿真实现

本章以火星探测 EDL 过程的建模与仿真为例，提出了一种应用于火星探测过程的虚拟现实交互建模与仿真设计方案。本章的目的是开发一个平台，在虚拟环境中进行火星探测 EDL 过程的建模与仿真，提高火星探测过程的直观性和便捷性。

本章建立了火星探测虚拟现实仿真平台。首先使用 3D Studio Max(简称 3ds Max) 软件制作出火星探测器的三维模型，然后对模型进行渲染与修改后导入 Unity3D 平台，通过 Unity3D 平台与 MATLAB 的数据传输以达到火星探测过程的精确建模与演示，从而构造了火星探测 EDL 全过程的虚拟仿真平台，其设计框图如图 9.1 所示。本章的虚拟现实仿真平台最大的优点在于可以对火星探测整个过程进行直观的展示，在节省人力和物力的前提下为火星探测 EDL 过程理论算法提供很好的平台验证。

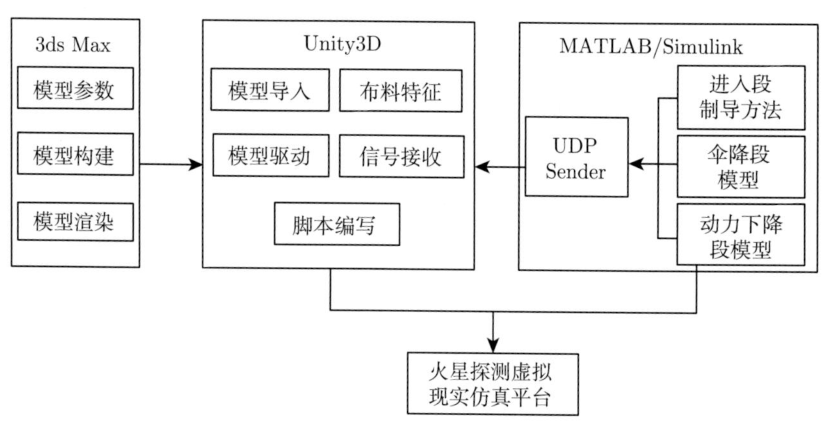

图 9.1 虚拟平台设计框图

9.1 虚拟物体的建模

3ds Max 立体建模软件是基于 PC 系统的三维动画渲染和制作软件，具有一套从建模到动画，再到 3D 动画渲染的完整解决方案 [298]。相比于 Unity 软件在模型建立方面的复杂设计过程，3ds Max 软件具有模型塑造简单、场景渲染清晰、动画及特效品质较高的特点，这使得多数 Unity3D 软件中的物体模型都在 3ds Max 中设计，然后再将其导入 Unity3D 软件中使用。下面介绍 EDL 过程中主要用到的物体模型的构建。

9.1.1 火星探测器的模型

使用 3ds Max 对火星探测器建模时，一般都遵循“建模 → 材质 → 渲染”的步骤。本章所采用的建模方法将火星探测器的整体建模划分为四个部分，通过创建标准基本体并结合多边形建模的方法来制作与实现火星探测器的整体建模 [图 9.2(a)]。

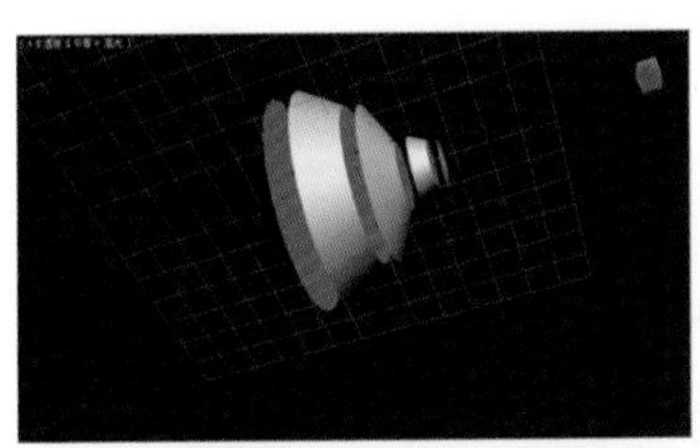

(a) 探测器不同部分的建模

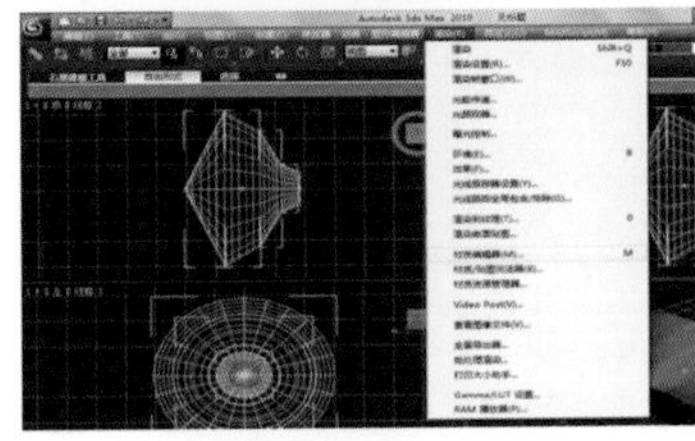

(c) 探测器的渲染工具栏

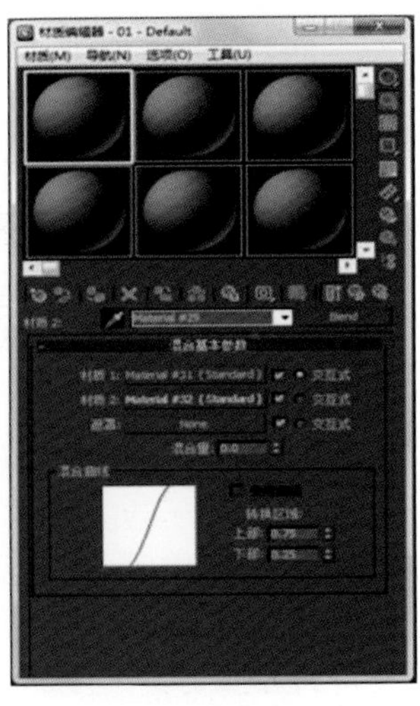

(b) 探测器的材质编辑

图 9.2　火星探测器的模型构建

模型建立后需要添加材质 (图 9.3) 及贴图，材质的选择主要用来突显物体表面的反射特性 (图 9.4)，是为更加形象地表现出物体色彩和光泽等特性；贴图则可以通过添加探测器材质表面的纹理来增加模型的质感与真实性。如图 9.2(b) 所示，使用材质及贴图对模型进行完善。

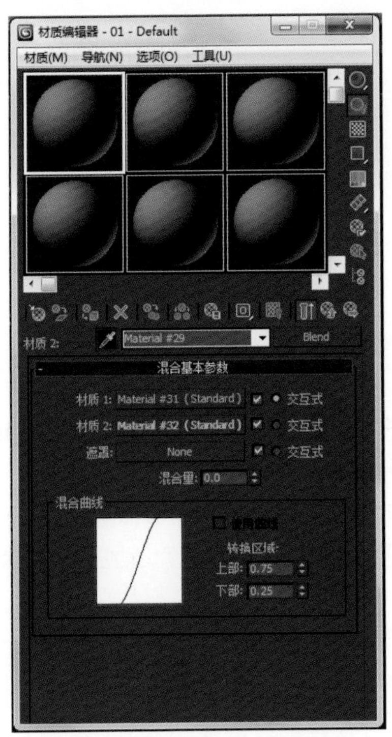

图 9.3　材质编辑器中的材料混合

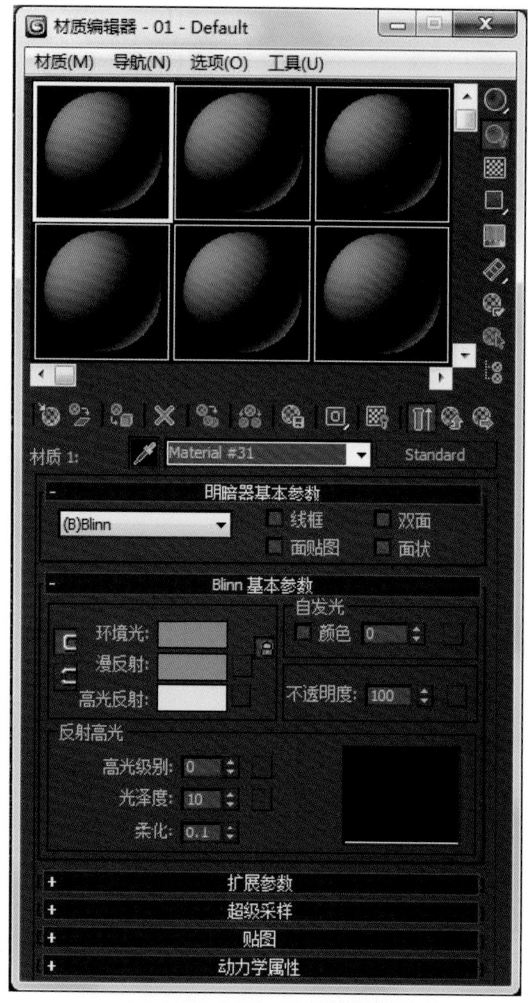

图 9.4 材质编辑器中漫反射参数的调整

完成上面两个步骤之后，需要对所构建的模型进行“渲染”，使用如图 9.2(c) 所示的工具对模型的各种参数进行调整，得到最终理想的探测器模型。

9.1.2 火星降落伞的模型

降落伞是火星探测伞降段的重要组成部分，要对其形状特性进行建造需要用到 Unity3D 的特殊组件——布料。Unity3D 中的交互布料是一种基于网格来模拟布料的组件 [298]，交互布料可以通过所设计的布料逻辑来判断大气密度、动压和负载等因素对布料的影响，从而进行动态的三维仿真模拟。

降落伞布料选择完成之后，需要给布料绘制贴图并“渲染”。由于在 Unity3D 中物理布料的运行需要一个强大的计算支持，因此本章选择了物理布料与网格渲染交互的简便方式，这样不仅能够节省计算空间，而且有很好的显示效果。本章以“好奇号”所采用的降落伞和探测器的参数进行仿真建模，所构建的降落伞完全张开模型如图 9.5 所示。

图 9.5　降落伞的模型构建

9.1.3　火星大气环境模型

整个 EDL 过程中，火星大气模型的构建十分重要。第 2 章已经对火星大气模型进行了讨论，现在需要将已经建立好的火星大气模型在 Unity3D 软件中进行重建，使得整个 EDL 过程显得更加真实。

火星表面含有大量的氧化铁，使得火星大气被映射为暗红色，因此需要对 Unity 3D 软件中的背景进行颜色渲染；此外，由于进入段探测器具有极高的速度，在此过程中会与火星大气产生剧烈摩擦生成气流，需要在模型中对气流进行构建，因此最终构建的火星环境背景模型如图 9.5 所示。

9.2　进入段仿真平台的搭建

EDL 过程中，进入段的精确导航制导对于探测器的着陆起着决定性的作用，火星探测器进入段的主要目的是让探测器的速度从高超声速减小到亚声速，并在合适的高度打开降落伞。对于火星探测器，进入段的模型具有较高的不确定性和较强的初始扰动，这就要求进入段的制导控制策略具有极强的鲁棒性，本章采用文献 [12] 中提出的基于自抗扰控制 (ADRC) 的阻力跟踪制导策略。从文献 [12] 中可以看出，该控制方法具有极强的抗扰性，同时能够使探测器开伞点精度大幅度提高。

9.2.1 ADRC 制导方法的仿真实现

为了在 Unity3D 软件中展示进入段探测器的运行轨迹和姿态变化，需要将进入段所采用的基于 ADRC 的阻力跟踪制导方法导入 Unity3D 软件中。首先在 MATLAB 软件的 Simulink 模块中搭建如图 9.6 所示的制导算法。图 9.6 中输出的六个物理量分别为探测器进入段和姿态与位置相关的物理量。

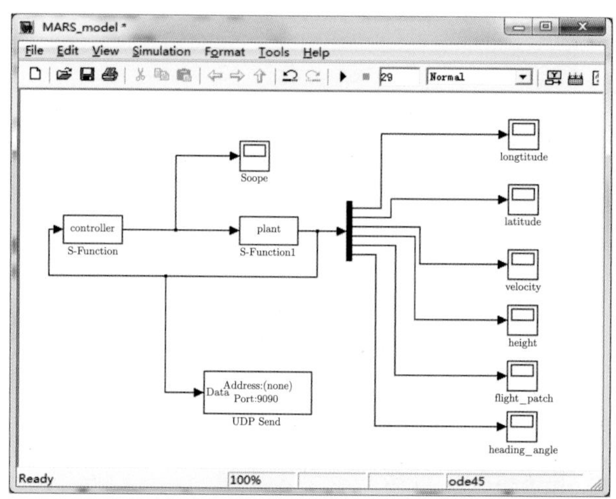

图 9.6 ADRC 制导策略在 Simulink 中的搭建

9.2.2 UDP 传输接口设计

将制导策略在 MATLAB 中搭建完成后，能够得到进入段的位置、姿态和速度等物理量，现在需要用 MATLAB 和 Unity3D 之间的通信与数据传输模块——UDP 模块来将进入段的物理量传送到 Unity3D 软件中，以实现二者的同步，使进入段探测器的姿态信息变化能够直接从 Unity 软件的界面中看到。

UDP 传输模型如图 9.7 所示。首先要通过控制器来控制被控对象，之后将所得的探测器姿态相关数据输出并导入 UDP 输出模块，然后在 Unity3D 软件中建立 UDP 模块的接收地址用以接收姿态信息 [299]，从而最终实现通过 MATLAB 控制虚拟仿真平台中火星探测器的目标。

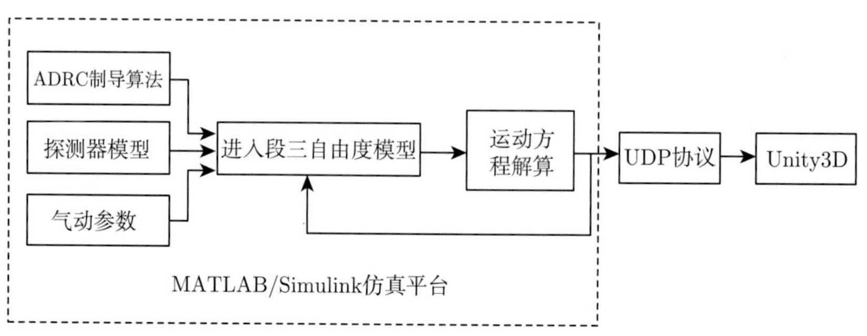

图 9.7 UDP 传输模型

9.2.3 Unity3D 界面设计

当 Unity3D 软件接收到 UDP 模块传送的探测器进入段姿态、位置和速度信息后，需要对所接收到的信息进行编辑，使得姿态信息能够传递到软件的显示界面中。同时，Unity3D 中的主摄像机模块需要与主界面相关联，能够始终跟踪探测器，完整地展现进入段探测器的飞行运动变化。

9.3 伞降段仿真平台的搭建

伞降段仿真平台的搭建主要分为两部分：开伞过程降落伞的形状导入和稳定下降段的程序代码编写。

9.3.1 开伞过程的导入设计

由于开伞过程持续的时间非常短，因此可以将第 6 章仿真中降落伞的开伞形状变化在 3ds Max 软件中描绘出来。本章每 0.2s 采集一次开伞过程中降落伞的形状，整个开伞过程共描绘 150 幅降落伞的形状变化图，然后将描绘出来的开伞过程图片经过渲染之后导入 Unity3D 软件中，经过快速播放可以在主界面上得到开伞过程中伞衣的变化。图 9.8 为 3ds Max 软件中描绘的 4 幅开伞过程的降落伞形状变化图。

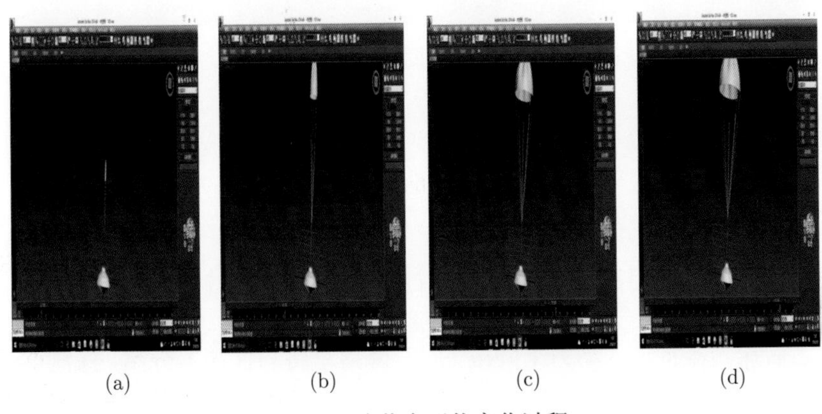

(a) (b) (c) (d)

图 9.8 降落伞形状变化过程

9.3.2 稳定下降段界面设计与程序调试

根据第 6 章所建立的物伞系统稳定下降段六自由度数学模型，可以了解整个伞降段物伞系统的姿态、速度和位置随时间的变化关系。为了展示出伞降段物伞系统的运动过程，首先需要在 MATLAB 软件中对物伞系统稳定下降段的六自由度模型进行编写，测试运行之后使用 UDP 传输模块将物伞系统的姿态变化信息传输到 Unity3D 软件中，然后用 C# 编译语言对姿态信息的接收端口进行编写。在编写的过程中，首先需要将 Unity 中的降落伞和探测器模型设置为刚体。这一过程可以通过在检视窗口选中探测器和降落伞并为其添加一个物理组件中的刚体来实现。这样，整个系统就具有了刚体的特性，从而可以像真实的物体一样受到外力、空气阻力和自身重力等的作用，还可以与其他物体发生相互碰撞。其次，进行

Unity 脚本和接收端口的编写，Unity3D 平台自带了 MonoDevelop 编译器，在此基础上可以创建新命名的文档，并对平台进行代码的编写。最后，将所编写的代码进行调试运行并与显示界面进行连接 (图 9.9)。

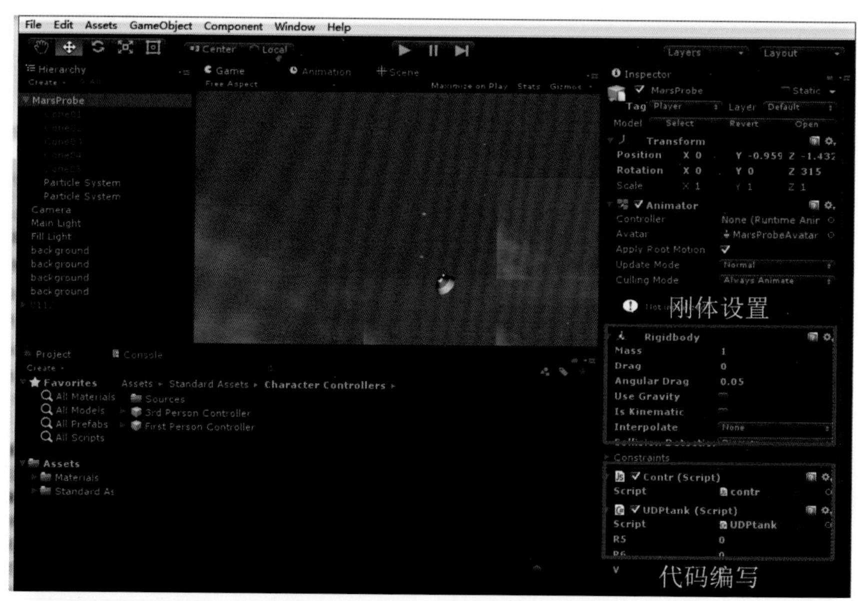

图 9.9　动力下降段界面设计

通过显示界面的动画演示，就可以生动、真实地看到伞降过程中降落伞和探测器的姿态、速度变化信息。

9.4　动力下降段与着陆段仿真平台的搭建

伞降段之后探测器将进入动力下降段，此时降落伞将与探测器分离，探测器会以相对较低的速度下降，同时为了确保降落安全，探测器底部的气体反推喷嘴也将打开，喷出反向气流以保证降落的平稳性和可靠性 (图 9.10)。在动力下降段，本书采用了第 7 章所介绍的燃料消耗最优控制方式，确保探测器在燃料消耗最少的情况下能够达到比较理想的着陆状态，在设计反馈制导律时将高于火星表面飞行这一高度限制加以考虑。该制导律是在精确着陆、燃料消耗最优和高于火星表面飞行这三个条件之间的一种平衡和折中，它牺牲了部分着陆精度以避免火星探测器撞击火星表面的情况。在动力下降段仿真平台的搭建中，首先需要对火星着陆器自身的外形进行构建和渲染，这一部分需要用到 3ds Max 立体建模软件，其具体的模型构建与火星探测器的模型构建相类似；其次，将第 7 章中所提出的 ZEM/ZEV 最优制导律导入 Unity3D 软件中，并通过 MATLAB 软件与 UPD 传输接口设计使着陆器的姿态与位置信息在 Unity 软件的界面中显示出来。

对于火星着陆段仿真平台的搭建主要就是将第 8 章所研究的着陆段视觉导航方案在 Unity3D 软件中进行展示。需要指出的是，火星着陆过程中关于目标着陆点 (如陨石坑) 的图像特征提取与匹配需要较长的时间，并且在 Unity3D 中展示时需要进行视觉镜头的切换，这个过程较为烦琐复杂，因此本章对此过程不做过多研究，而是假设目标点在已经匹配成功的情况下进行着陆段导航方案的 Unity3D 实现。在着陆段仿真平台的搭建中，将第 8 章介绍的导航算法在 MATLAB 中运行，并且将探测器的运动姿态信息通过 UDP 模块实时传送到 Unity3D 软件中，然后在 Unity3D 软件中将着陆器模型与实际的姿态信息相关联，通过显示界面得到着陆过程中着陆器的实时姿态。

图 9.10 动力下降段与着陆段的飞行器

9.5 EDL 过程仿真平台搭建

对进入段、伞降段和动力下降段仿真平台进行搭建以及演示画面的调试之后，按照时间顺序将三个过程依次拼接便得到了在 Unity3D 软件中 EDL 过程的整个实时动态演示画面，形象直观地展示出火星探测过程中的探测器姿态和位置的变化关系。图 9.11 为 EDL 过程部分节点探测器姿态信息变化图像。

在进入段，通过 UDP 传输的探测器姿态信息经过编译之后可以在 Unity3D 显示界面中展现出来 [图 9.11(a)~(d)]；伞降段的开伞过程经过 3ds Max 软件按帧传送至 Unity 软件中，伞降段的稳定下降 [图 9.11(e)~(g)]、动力下降段与着陆段 [图 9.11(h)] 中所使用的算法可以通过 MATLAB 编译运行传输到 Unity 软件，然后通过刚体特性的设置和编译调试展现出来。

(a) (b) (c) (d)
(e) (f) (g) (h)

图 9.11　EDL 过程动态展示过程

9.6　本章总结

本章对虚拟环境下的火星 EDL 过程仿真平台进行了设计，首先使用 3ds Max 软件建立了火星探测器的实体三维模型，然后通过对模型进行渲染与修改，进而导入 Unity3D 互动平台，通过 Unity3D 平台与 MATLAB 软件之间的 UDP 传输模块将探测器进入段姿态信息传输到接收端；其次通过对开伞过程降落伞形状的描绘和导入以及稳定下降段物伞系统姿态信息的传送与脚本程序的编写，完成了对伞降段的平台展示；然后，对于动力下降段采用了能量最优的控制方式进行代码编写，并在平台中展示；最后在软件中对整个 EDL 过程的实时动态进行动画演示。

在虚拟环境下，基于 Unity3D 软件的 EDL 过程仿真平台既可以节省相关科研人员的研究时间和精力，又可以使普通民众对火星探测过程中探测器的姿态位置信息变化有更加直观和形象的认识。

参 考 文 献

[1] 吴伟仁, 王大轶, 宁晓琳. 深空探测器自主导航原理与技术 [M]. 北京：中国宇航出版社, 2011.

[2] Barlow N G. 火星关于其内部、表面和大气的引论 [M]. 吴季, 赵华, 译. 北京：科学出版社, 2010.

[3] 胡中为, 徐伟彪. 行星科学 [M]. 北京：科学出版社, 2008.

[4] Martin J, Turner K. Expedition Mars [M]. Berlin：Springer, 2004.

[5] 王彬若. 世界瞩目中国航天“好声音” [J]. 太空探索, 2016, 1: 44-45.

[6] 叶培建, 黄江川, 张廷新, 等. 嫦娥二号卫星技术成就与中国深空探测展望 [J]. 中国科学: 技术科学, 2013, 43(5): 467-477.

[7] 彭玉明. 新型火星 EDL 导航、制导与控制技术研究 [D]. 南京：南京航空航天大学, 2011.

[8] 荣伟, 朱维亮. 火星探测及其软着陆技术 [C]. 中国空间科学学会空间探测专业委员会第十四次学术会议论文集, 佳木斯, 2001.

[9] 林来兴. 美国“轨道快车”计划中的自主空间交会对接技术 [J]. 国际太空, 2005, (2): 23-27.

[10] Xia Y, Chen R, Pu F, et al. Active disturbance rejection control for drag tracking in mars entry guidance [J]. Advances in Space Research, 2014, 53(5): 853-861.

[11] Wolf A, Tooley J, Ploen S, et al. Performance trades for Mars pinpoint landing [C]. Aerospace Conference, IEEE, Big Sky, 2006: 16.

[12] 陈荣芳. 火星表面精确着陆制导控制问题研究 [D]. 北京: 北京理工大学, 2014.

[13] Robert D, Robert M. Mars exploration entry, descent, and landing challenges [J]. Journal of Spacecraft and Rockets, 2007, 44(2): 310-323.

[14] 贾贺, 荣伟. 火星探测器减速着陆技术分析 [J]. 航天返回与遥感, 2010, 31(3): 6-14.

[15] 安德鲁・鲍尔, 詹姆斯・加里, (美) 拉尔夫・洛伦兹，等. 行星着陆器和进入探测器 [M]. 殷前根，叶劲松，毛黎明，译. 北京: 中国宇航出版社, 2010.

[16] 郭鹏. 大型降落伞开伞过程研究 [D]. 长沙：国防科学技术大学, 2012.

[17] 陈燕婷. 火星探测器——降落伞耦合动力学仿真分析 [D]. 南京: 南京航空航天大学, 2013.

[18] Knacke T W. Parachute recovery systems: Design manual[M]. Santa Barbara：Para Publishing, 1992.

[19] Sengupta A, Witkowski A, Rowan J, et al. An overview of the Mars Science Laboratory parachute decelerator system [C]. AIAA Aerodynamic Decelerator Systems Technology Conference and Seminar, Big Sky, 2007: 1-8.

[20] Cruz J, Way D, Shidner J, et al. Reconstruction of the Mars Science Laboratory parachute performance [J]. Journal of Spacecraft and Rockets, 2014, 51(4): 1185-1196.

[21] Gidzak V. Simulation of fluid-structure interaction of the Mars Science Laboratory parachute [J]. Strategic Organization, 2010, 8(4): 283-312.

[22] Mcewan A. An investigation of parachute opening loads, and a new engineering method for their determination [C]. 3rd Aerodynamic Deceleration Systems Conference, Hampton, 1970: 1168.

[23] Tanner C L. Aerodynamic characterization of new parachute configurations for low-density deceleration [C]. AIAA Aerodynamic Decelerator Systems, Hampton, 2013.

[24] Witkowski A, Kandis M. Inflation characteristics of the MSL disk-gap-band parachute [C]. 20th AIAA Aerodynamic Decelerator System Technology Conference and Seminar, Seattle, 2009.

[25] Prakash R, Burkhart P, Chen A, et al. Mars Science Laboratory entry, descent, and landing system overview [C]. IEEE Aerospace Conference Proceedings, Big Sky, 2008.

[26] Mitcheltree R, Steltzner A, Chen A, et al. Mars Science Laboratory entry descent and landing system verification and validation program [C]. IEEE Aerospace Conference, Big Sky, 2008.

[27] Way D, Powell R, Chen A, et al. Mars Science Laboratory: Entry, descent, and landing system performance [C]. IEEE Aerospace Conference, Big Sky, 2006: 1467-1501.

[28] Steltzner A, Kipp D, Chen A, et al. Mars Science Laboratory entry, descent, and landing system [C]. IEEE Aerospace Conference, Big Sky, 2006.

[29] Ciresan D, Meier U, Schmidhuber J. Multi-column deep neural networks for image classification [J]. Computer Vision and Pattern Recognition, 2012, 3642-3649.

[30] Hinton G, Osindero S, et al. A fast learning algorithm for deep belief nets [J]. Neural Computation, 2006, 18(7): 1527-1554.

[31] Tamar A, et al. Value iteration networks [C]. 30th Conference on Neural Information Processing Systems, Barcelona, Spain, 2016, 2146-2154.

[32] Levine S, Finn C, Darrell T, et al. End-to-end training of deep visuomotor policies [J]. Journal of Machine Learning Research, 2016, 17(4): 1334-1373.

[33] 褚英志, 李秀伟, 周晓东. 火星探测关键技术分析 [C]. 中国宇航学会深空探测技术专业委员会第四届学术年会论文集, 太原, 2007.

[34] Crain T, Bishop R. Mars entry navigation: Atmospheric interface through parachute deploy [C]. AIAA Atmospheric Flight Mechanics Conference and Exhibit, Monterey, 2002.

[35] Wang L, Xia Y. Observability analysis of Mars entry integrated navigation [J]. Advances in Space Research, 2015, 56(5): 952-963.

[36] Ryan P. Electromagnetic wave/magnetoactive plasma sheath interaction for hypersonic vehicle telemetry blackout analysis [C]. 34th AIAA Plasmadynamics and Lasers Conference, Orlando, 2003.

[37] 崔平远, 窦强, 高艾. 火星进入段通信“黑障”问题研究综述 [J]. 宇航学报, 2014, 35(1): 1-12.

[38] Morabito D. The spacecraft communications blackout problem encountered during passage or entry of planetary atmospheres [R]. IPN Progress Report, California, 2002.

[39] Morabito D, Edquist K. Communications blackout predictions for atmospheric entry of Mars Science Laboratory [C]. Aerospace Conference, IEEE, Big Sky, 2005.

[40] 俞杭华, 曹志宇, 陈晓. 火星着陆器进入过程通信技术研究 [J]. 深空探测研究, 2013, 4: 31-37.

[41] 王夕臣. 火星探测器进入段导航问题研究 [D]. 北京：北京理工大学, 2016.

[42] Striepe S, Way D, Dwyer A, et al. Mars Science Laboratory simulations for entry, descent and landing [J]. Journal of Spacecraft and Rockets, 2006, 43(2): 311-323.

[43] Shidner J, Davis J, Cianciolo A, et al. Large mass, entry, descent and landing sensitivity results for environmental, performance, and design parameters [C]. AIAA/AAS astrodynamics specialist conference, Toronto, 2010.

[44] Korzun A, Dubos G, Iwata C, et al. A concept for the entry, descent and landing of high-mass payloads at Mars [J]. Acta Astronautica, 2010, 66(7): 1146-1159.

[45] Lorenzoni L, Sanmartin L, Steltzner A, et al. Preliminary assessment of MSL EDL sensitivity to Martian environments [C]. Aerospace Conference, IEEE, Big Sky, 2007: 1-8.

[46] Lévesque J. Advanced navigation and guidance for high-precision planetary landing on Mars [D]. Canada: Universite de Sherbrooke, 2006.

[47] Martin-Mur T, Kruizinga G, Burkhart P, et al. Mars Science Laboratory interplanetary naviga-

tion [J]. Journal of Spacecraft and Rockets, 2014, 51(4): 1014-1028.

[48] Lévesque J, Lafontaine J. Innovative navigation schemes for state and parameter estimation during Mars entry [J]. Journal of Guidance, Control, and Dynamics, 2007, 30(31): 169-184.

[49] Kenneth L. An innovative deep space application of GPS technology for formation flying spacecraft [C]. AIAA Guidance, Navigation and Control Conference, San Diego, 1996.

[50] Lightsey E, Mogensen A, Burkhart P, et al. Real-time navigation for Mars missions using the Mars network [J]. Journal of Spacecraft and Rockets, 2008, 45(3): 519-533.

[51] Burkhart P, Ely T, Duncan C, et al. Expected EDL navigation performance with spacecraft to spacecraft radiometric data [M]. Pasadena: Jet Propulsion Laboratory, National Aeronautics and Space Administration, 2005.

[52] Hastrup R, Bell D, Cesarone R, et al. Mars network for enabling low-cost missions [J]. Acta Astronautica, 2003, 52(2): 227-235.

[53] Yu Z, Cui P, Zhu S. Observability-based beacon configuration optimization for Mars entry navigation[J]. Journal of Guidance, Control, and Dynamics, 2015, 38(4): 643-650.

[54] Yu Z, Zhu S, Cui P. Orbit optimization of Mars orbiters for entry navigation: From an observability point of view [J]. Acta Astronautica, 2015, 111: 136-145.

[55] Boutayeb M, Aubry D. A strong tracking extended Kalman observer for nonlinear discrete-time systems [J]. IEEE Transactions on Automatic Control, 1999, 44(8): 1550-1556.

[56] Yu Z, Cui P, Zhu S. On the observability of Mars entry navigation using radiometric measurements [J]. Advances in Space Research, 2014, 54(8): 1513-1524.

[57] Julier S, Uhlmann J, Durrant W. A new method for the nonlinear transformation of means and covariances in filters and estimators [J]. IEEE Transactions on Automatic Control, 2000, 45(3): 477-482.

[58] Julier S, Uhlmann J. Unscented filtering and nonlinear estimation [J]. Proceedings of the IEEE, 2004, 92(3): 401-422.

[59] Heyne M. Spacecraft precision entry navigation using an adaptive sigma point Kalman filter bank [D]. Austin: The University of Texas as Austin, 2007.

[60] Wu Y, Fu H, Xiao Q, et al. Extension of robust three-stage Kalman filter for state estimation during Mars entry [J]. IET Radar, Sonar and Navigation, 2014, 8(8): 895-906.

[61] Lou T, Fu H, Zhang Y, et al. Consider unobservable uncertain parameters using radio beacon navigation during Mars entry [J]. Advances in Space Research, 2015, 55(4): 1038-1050.

[62] 傅惠民, 娄泰山, 肖强. 火星进入段探测器自校准状态估计 [J]. 深空探测学报, 2015, 2(3): 224-228.

[63] Dubois-Matra O, Bishop R. Multi-model navigation with gating networks for Mars entry precision landing [C]. AIAA Atmospheric Flight Mechanics Conference and Exhibit, Providence, Rhode Island, 2004.

[64] Li S, Jiang X, Liu Y. Innovative Mars entry integrated navigation using modified multiple model adaptive estimation [J]. Aerospace Science and Technology, 2014, 39: 403-413.

[65] Dutta P, Bhattacharya R. Nonlinear estimation of hypersonic state trajectories in Bayesian framework with polynomial chaos [J]. Journal of Guidance, Control, and Dynamics, 2010, 33(6): 1765-1778.

[66] Dutta P, Bhattacharya R. Hypersonic state estimation using the Frobenius-Perron operator [J]. Journal of Guidance, Control, and Dynamics, 2011, 34(2): 325-344.

[67] Braun R, Manning R. Mars exploration entry, descent and landing challenges [C]. Aerospace Conference, IEEE, Big Sky, 2006: 18.

[68] Liu R, Li S, Chen X, et al. Powered-descent trajectory optimization scheme for Mars landing [J]. Advances in Space Research, 2013, 52(11): 1888-1901.

[69] Korzun A, Dubos G, Iwata C, et al. A concept for the entry, descent, and landing of high-mass payloads at Mars [J]. Acta Astronautica, 2010, 66(7): 1146-1159.

[70] Wells G, Lafleur J, Verges A, et al. Entry descent and landing challenges of human Mars exploration [J]. Advances in the Astronautical Sciences，2006, 125: 69-77.

[71] Garcia-Llama E, Ivanov M, et al. Mars Science Laboratory entry guidance improvements study for the Mars 2018 mission [C]. Aerospace Conference, IEEE, Big Sky, 2012: 1-11.

[72] Li S, Jiang X. Review and prospect of guidance and control for Mars atmospheric entry [J]. Progress in Aerospace Sciences, 2014, 69: 40-57.

[73] Calhoun P, Queen E. Entry vehicle control system design for the Mars smart lander [J]. AIAA Paper, 2002: 4504.

[74] Levesque J. Advanced navigation and guidance for high-precision planetary landing on Mars [M]. Quebec: Sherbrooke, 2006.

[75] Steinfeldt B, Grant M, et al. Guidance, navigation, and control system performance trades for Mars pinpoint landing [J]. Journal of Spacecraft and Rockets, 2010, 47(1): 188-198.

[76] Dierlam T. Entry vehicle performance analysis and atmospheric guidance algorithm for precision landing on Mars [R]. Air Force Inst Of Tech Wright-Patterson Afb Oh, Cambridge, 1990.

[77] Halder A, Bhattacharya R. Dispersion analysis in hypersonic flight during planetary entry using stochastic Liouville equation [J]. Journal of Guidance, Control, and Dynamics, 2011, 34(2): 459-474.

[78] Benito Manrique J. Advances in spacecraft atmospheric entry guidance [M]. Irvine：University of California，2010.

[79] 路坤峰. 空间飞行器姿态复合控制方法研究 [D]. 北京：北京理工大学, 2014.

[80] 张为华, 李晓斌. 飞行器多学科不确定性设计理论概述 [J], 宇航学报, 2004, 25(6): 702-706.

[81] Halder A, Bhattacharya R. Beyond Monte Carlo: A computational framework for uncertainty propagation in planetary entry, descent and landing [C]. AIAA Guidance, Navigation and Control Conference, Toronto, 2010.

[82] Wells G, Lafleur J, et al. Entry descent and landing challenges of human Mars exploration [J]. Journal of the Astronautical Sciences, 2007, 55(4): 421-430.

[83] Alemany K, Wells G, et al. Mars entry, descent, and landing parametric sizing and design space visualization trades [C]. AIAA Astrodynamics Specialist Conference, Keystone, 2006: 6022.

[84] Mease K, Kremer J. Shuttle entry guidance revisited using nonlinear geometric method [J]. Journal of Guidance, Control and Dynamics, 1994, 17(6): 1350-1356.

[85] Talole S, Benito J, Mease K. Sliding mode observer for drag tracking in entry guidance [C]. AIAA Guidance, Navigation and Control Conference and Exhibit Hilton Head, South Carolina, 2007.

[86] Lu W, Bayard D. Guidance and control for Mars atmospheric entry: Adaptivity and robustness [C]. 14th IFAC Congress, Beijing, 1999.

[87] Slotine J, Hedrick J. Robust input-output feedback linearization [J]. International Journal of

Control, 1993, 57(5): 1133-1139.

[88] Tu K, Munir M, Mease K, et al. Drag-based predictive tracking guidance for Mars precision landing [J]. Journal of Guidance, Control, and Dynamics, 2000, 23(4): 620-628.

[89] Mendeck G, Carmen G. Guidance design for Mars smart landers using the entry terminal point controller [C]. AIAA Atmospheric Flight Mechanics Conference, Monterey, 2002.

[90] Dukeman G. Profile-following entry guidance using linear quadraric regulator theory [C]. AIAA Guidance, Navigation and Control Conference and Exhibit, Monterey, 2002.

[91] Zimmerman C, Dukeman G, Hanson J. Automated method to compute orbital reentry trajectories with heating constraints [J]. Journal of Guidance, Control and Dynamics, 2003, 26(4): 523-529.

[92] Shen Z, Lu P. Onboard generation of three-dimensional constrained entry trajectories [J]. Journal of Guidance, Control and Dyanmics, 2003, 26(1): 111-121.

[93] Youssef H, Chowdhry R, Lee H, et al. Predictor-corrector entry guidance for reusable launch vehicles [C]. Guidance, Navigation, and Control Conference and Exhibit, Montreal, 2001.

[94] Kluever C. Entry guidance performance for Mars precision landing [J]. Journal of Guidance, Control and Dynamics, 2008, 31(6): 1537-1544.

[95] Xue S, Lu P. Constrained predictor-corrector entry guidance [J]. Journal of Guidance, Control, and Dynamics, 2010, 33(4): 1273-1281.

[96] 沈刚辉. 火星探测伞降段精确建模与 EDL 过程 Unity3D 仿真实现 [D]. 北京: 北京理工大学, 2014.

[97] Brook A. Parachute drag area using added mass as related to canopy geometry [J]. AIAA Journal, 2009, 5: 2942-2958.

[98] Gillis C. The Viking decelerator system-An overview [J]. AIAA Journal, 1973.

[99] Grotziinger J, Crisp J, Vasavada A, et al. Mars Science Laboratory mission and science investigation [J]. Space Science Reviews, 2012, 170(1/2/3/4): 5-56.

[100] Hussong J, Lau R. The Viking Mars lander decelerator system [C]. 3rd Aerodynamic Deceleration Systems Conference, 1970.

[101] Mcfall J, Murrow H. Some test results from the NASA planetary entry parachute program [J]. Journal of Spacecraft and Rockets, 1969, 6(5): 621-623.

[102] Raper J, Lundstrom R, Michel F. The Viking parachute qualification test technique [J]. AIAA Journal, 1973, 8: 157-163.

[103] Sengupta A, Kelsch R, Roeder J, et al. Supersonic performance of disk-gap-band parachutes constrained to a 0-degree trim angle [J]. Journal of Spacecraft and Rockets, 2009, 46(6): 1155-1163.

[104] Pleasants J. Flight qualification of mortar-actuated parachute deployment systems [J]. AIAA Journal, 1999: 1781-1788.

[105] Pawlikowski T. Drogue mortar system simulation development and performance evaluations [J]. AIAA Journal, 2000: 2490-2499.

[106] Vasas R, Styner J. Mars exploration rover parachute mortar deployer development [C]. AIAA Aerodynamic Decelerator Systems Technology Conference and Seminar, Big Sky, 2003: 2137.

[107] Moore J, Morris A. A hybrid parachute simulation environment for the orion parachute development project [C]. AIAA Aerodynamic Decelerator Systems Technology Conference and Seminar, Dublin, 2011: 7605-7610.

[108] Toni R. Theory on the dynamics of bag strip for a parachute deployment aidedby a pilot chute [C]. Aerodynamic Deceleration Systems Conference, El Centro, 1968.

[109] Mcvey D, Wolf D. Analysis of deployment and inflation of large ribbon parachutes [J]. Journal of Aircraft, 1974, 11(2): 96-103.

[110] Wolf D. A simplified dynamic model of parachute inflation [J]. Journal of Aircraft, 1974, 11(1): 28-33.

[111] Poole L, Whitesides J. Suspension-line wave motion during the lines-first parachute unfurling process [J]. AIAA Journal, 1974, 12(1): 38-43.

[112] Moog R. Aerodynamic line bowing during parachute deployment [C]. Aerodynamic Deceleration Systems Conference, Albuquerque, 1975: 1381.

[113] Sundberg W. Finite-element modeling of parachute deployment and inflation [C]. Aerodynamic Deceleration Systems Conference, Albuquerque,NM 1975: 1380.

[114] Kim Y, Peskin C. 3-D parachute simulation by the immersed boundary method [J]. Computers and Fluids, 2006, 28(6): 2294-2312.

[115] Karagiozis K, Kamakoti R, Cirak F, et al. A computational study of supersonic disk-gap-band parachutes using Large-Eddy Simulation coupled to a structural membrane [J]. Journal of Fluids and Structures, 2011, 27(2): 175-192.

[116] 程文科. 一般降落伞–载荷系统动力学及其动稳定性分析 [D]. 长沙：国防科学技术大学, 2000.

[117] 张青斌, 彭勇, 程文科, 等. 系绳力对降落伞拉直过程的影响 [J]. 航天返回与遥感, 2002, 23(2): 9-14.

[118] 张青斌, 彭勇, 程文科, 等. 降落伞拉直过程的质量阻尼弹簧模型 [J]. 弹道学报, 2003, 15(1): 31-36.

[119] 余莉, 史献林, 袁文明. 牵顶伞在降落伞拉直过程中的作用 [J]. 南京航空航天大学学报, 2009, 41(2): 198-201.

[120] Heinrich H. The opening time of parachutes under infinite-mass conditions [J]. Journal of Aircraft, 2012, 6(3): 268-272.

[121] Kenneth E. Inflation of a parachute [J]. AIAA Journal, 1963, 1(11): 2615-2617.

[122] Stein K, Tezduyar T, Sathe S, et al. Simulation of parachute dynamics during control line input operations [R]. AIAA, 2003: 2003-2151.

[123] Norio A. Inflation process and free oscillation of flexible parachute-like body [C]. AIAA Aerodynamic Decelerator Systems Technology Conference and Seminar, Munich, 2005.

[124] Witkowski A. Inflation characteristics of the MSL disk-gap-band parachute [J]. AIAA Journal, 2000: 2915-2920.

[125] Ray E. Inflation of unreefed and reefed extraction parachutes [J]. Journal of Clinical Investigation, 1986, 76(6): 2416-2419.

[126] 彭勇. 载人飞船回收系统若干动力学问题的研究与应用 [D]. 长沙：国防科学技术大学, 2004.

[127] 彭勇, 宋旭民, 秦子增. 降落伞充气过程中尾流再附动力学分析 [J]. 航天返回与遥感, 2005, 26(2): 1-5.

[128] 彭勇, 宋旭民, 张青斌. 降落伞充气时间的计算方法 [J]. 航天返回与遥感, 2004, 25(1): 17-20.

[129] 荣伟, 陈旭, 陈国良. 火星探测着陆系统开伞控制方法研究 [J]. 航天返回与遥感, 2007, 28(4): 6-11.

[130] 荣伟, 高树义, 李健, 等. 神舟飞船降落伞系统减速策略及其可靠性验证 [J]. 中国科学: 技术科学, 2014, (3): 251-260.

[131] Yu L, Ming X. Study on transient aerodynamic characteristics of parachute opening process [J].

ACTA Mechanica Sinica, 2007, 23(6): 627-633.

[132] 张红英, 刘卫华, 秦福德, 等. 降落伞充气过程中伞衣外形及流场变化研究 [J]. 空气动力学学报, 2011, 29(3): 288-294.

[133] 贾贺, 荣伟, 陈国良. 基于 LS-DYNA 软件的降落伞充气过程仿真研究 [J]. 航天器环境工程, 2010, 27(3): 175-180.

[134] Tory C, Ayres R. Computer model of a fully-deployed parachute [J]. Journal of Aircraft, 1977, 14(7): 675-679.

[135] White F, Wolf D. A theory of three dimensional parachute dynamic stability [J]. Journal of Aircraft, 1968, 5(1): 86-92.

[136] 史献林, 余莉, 袁文明, 等. 降落伞拉直过程的三维仿真分析 [J]. 航天返回与遥感, 2010, 31(1): 11-17.

[137] 金友兵, 邵大燮, 薛晓中, 等. 鱼雷和伞的空中运动模型 [J]. 弹道学报, 1998, 10(2): 87-92.

[138] 唐乾刚, 张青斌, 张晓今, 等. 伞 – 弹系统九自由度动力学模型 [J]. 兵工学报, 2007, 28(4): 449-452.

[139] 朱勇, 刘莉. 基于拉格朗日力学的伞 – 弹系统动力学模型 [J]. 航空学报, 2009,30(7): 1208-1213.

[140] 郭叔伟, 董杨彪, 秦子增. 物伞系统动力学模型和讨论 [J]. 航天返回与遥感, 2008, 29(3): 38-44.

[141] Ibrahim S. Potential flowfield and added mass of the idealized hemispherical parachute [J]. Applied and Environmental Microbiology, 2012, 78(6): 1785-1793.

[142] 王恭义. 物体在带自由表面的流体中作任意运动的附加质量 [D]. 大连: 大连理工大学, 2007.

[143] Wolf D. The dynamic stability of a nonrigid parachute and payload system [J]. Journal of Aircraft, 1971, 8(8): 603-609.

[144] Gulieri G, Quagliotti F. Validation of a simulation model for planetary entry capsule [J]. Journal of Aircraft, 2003, 40(1): 127-136.

[145] 《降落伞技术导论》编写组. 降落伞技术导论 [M]. 北京: 国防工业出版社, 1977.

[146] 李大耀. 物 – 伞系统运动稳定性判据 [J]. 航天返回与遥感, 1994, 15(1): 8-17.

[147] 李大耀, 李大治. 物 – 伞系统运动方程与稳定性判据 [J]. 中国空间科学技术, 1994, 14(2): 43-54.

[148] 王海涛, 郭叔伟, 秦子增. 降落伞特性对伞舱系统运动稳定性的影响 [J]. 航天器工程, 2009, 18(2): 68-73.

[149] 廖前芳, 廖波, 程文科, 等. 气动力对伞稳定下降阶段摆动的影响 [J]. 中国空间科学技术, 2006, 26(5): 43-49.

[150] Acikmese B, Ploen S. Convex programming approach to powered descent guidance for Mars landing [J]. Journal of Guidance, Control and Dynamics, 2007, 30(5): 1353-1366.

[151] Blackmore L, Acikmese B, Scharf D. Minimum-landing-error powered-descent guidance for Mars landing using convex optimization [J]. Journal of Guidance, Control and Dynamics, 2010, 33(4): 1161-1171.

[152] Ebrahimi B, Bahrami M, Roshanian J. Optimal sliding mode guidance with terminal velocity constraint for fixed-interval propulsive maneuvers [J]. Acta Astronautica, 2008, 62(10/11): 556-562.

[153] Furfaro R, Selnick S, Cupples M L, et al. Non-linear sliding guidance algorithms for precision lunar landing[J]. Advances in the Astronautical Sciences, 2011, 140:945-964.

[154] Guo Y, Hawkins M, Wie B. Waypoint-optimized zero-effort-miss/zero-effort-velocity feedback guidance for Mars landing [J]. Journal of Guidance, Control and Dynamics, 2013, 36(3): 799-809.

[155] Guo Y, Hawkins M, Wie B. Optimal feedback guidance algorithms for planetary landing and

asteroid intercept [C]. AAS/AIAA Astrodynamics Specialist Conference, AAS, California, 2011: 11-588.

[156] 雷亚珂. 视觉导航在星际着陆任务中的应用研究 [D]. 哈尔滨: 哈尔滨工业大学, 2012.

[157] 余萌. 面向行星着陆视觉导航应用的特征提取与匹配方法研究 [D]. 哈尔滨: 哈尔滨工业大学, 2012.

[158] Robert W. Automated landmark identification for spacecraft navigation [C]. AIAA/AAS Astrodynamics Conference, Quebec City, 2001.

[159] Robert W. Small body simulations for navigation approach and landing [C]. AIAA Space 2005, Long Beach, 2005.

[160] Cheng Y, Miller J. Autonomous landmark based spacecraft navigation system [C]. AAS/AIAA Astrodynamics Specialist Conference, Ponce, 2003.

[161] Miller J, Cheng Y. Autonomous landmark tracking orbit determination strategy [C]. AAS/AIAA Astrodynamics Specialist Conference, AAS, Big Sky, 2003.

[162] Cheng Y, Ansar A. Landmark based position estimation for pinpoint landing on Mars [C]. Proceedings of the 2005 IEEE International Conference on Robotics and Automation, Barcelona, 2005: 4470-4475.

[163] Cheng Y, et al. Optical landmark detection for spacecraft navigation [C]. AAS/AIAA Astrodynamics Specialist Conference, Ponce, 2003.

[164] Johnson A. Motion estimation from laser ranging for autonomous comet landing [C]. IEEE International Conference on Robotics and Automation, San Francisco, 2000, 1: 132-138.

[165] Johnson A, et al. Field testing of the Mars exploration Rovers descent image motion estimation system [C]. IEEE International Conference on Robotics and Automation, Barcelona 2005.

[166] Cheng Y, Goguen J, Johnson A, et al. The Mars exploration Rovers descent image motion estimation system [J]. IEEE Intelligent Systems, 2004, 19(3): 13-21.

[167] Harpold J, Graves J. Shuttle entry guidance [C]. 25th American Astronautical Society, Anniversary Conference, Houston, 1978: 78-147.

[168] Graf J, Zurek R, Eisen H, et al. The Mars reconnaissance orbiter mission [J]. Acta Astronautica, 2005, 57(2): 566-578.

[169] Schmidt R. Mars express—ESA's first mission to planet Mars [J]. Acta Astronautica, 2003, 52(2): 197-202.

[170] Wang L, Xia Y. Navigation strategy with the spacecraft communications blackout for Mars entry [J]. Advances in Space Research,2015, 55(4): 1264-1277.

[171] 付兆萍. 卫星轨道运动方程数值算法研究 [D]. 武汉：华中科技大学, 2006.

[172] Prakash R, Burkhart P, Chen A, et al. Mars Science Laboratory entry, descent, and landing system overview [C]. Aerospace Conference, IEEE, Big Sky, 2008: 1-18.

[173] 张兵山, 于金华, 赵德林, 等. 天地通信技术 [M]. 北京：国防工业出版社, 2002.

[174] Horton T. The JPL Thermochemistry and normal shock computer program [R]. JPL Technical Report, California, 1964.

[175] Wood G, Asmar S, Rebold T, et al. Mars Pathfinder entry, descent and landing communications [R]. TDA Progress Report, California, 1997.

[176] Morabito D, Schratz B, Bruvold K. The Mars Science Laboratory EDL communications brownout and blackout at UHF [R]. IPN Progress Report, Houston, 2014.

[177] 应国峰. 航天器再入段通信信道模拟器研究与设计 [D]. 南京：南京理工大学, 2014.

[178] 李俊. 无线衰落信道的建模与仿真研究 [D]. 西安：西安电子科技大学, 2008.

[179] Mitchell F. Communication system blockout during reentry of large vehicles [J]. Proceedings of the IEEE, 1967, 55(5): 619-626.

[180] Rybak J, Churchill R. Progress in reentry communication [J]. IEEE Transactions on Aerospace and Electronic Systems, 1971, 7(5): 879-894.

[181] 胡红军, 刘军, 马明. 雷达和在黑障区对返回舱捕获跟踪分析研究 [J]. 测控与通信, 2006, 3: 49-53.

[182] 樊昌信, 曹丽娜. 通信原理 [M]. 北京：国防工业出版社, 2008.

[183] 李丽. 网络化非线性系统无迹卡尔曼滤波研究 [D]. 北京：北京理工大学, 2013.

[184] Li L, Xia Y. UKF-based nonlinear filtering over sensor networks with wireless fading channel [J]. Information Sciences, 2015, 316: 132-147.

[185] Mendeck G, McGrew L. Post-flight EDL entry guidance performance of the 2011 Mars Science Laboratory mission [C]. 23rd AAS/AIAA Space Flight Mechanics Meeting, Hawaii, 2013.

[186] Kornfeld R, Prakash R, Devereaux A, et al. Verification and validation of the Mars Science Laboratory/Curiosity rover entry, descent, and landing system [J]. Journal of Spacecraft and Rockets, 2014, 51(4): 1251-1269.

[187] 崔平远, 于正湜, 朱圣英. 火星进入段自主导航技术研究现状与展望 [J]. 宇航学报, 2013, 34(4): 447-456.

[188] Graven P, Collins J, Sheikh S, et al. XNAV for deep space navigation [C]. Proceedings of 31st Annual AAS Guidance and Control Conference, San Diego, 2008.

[189] Wei E, Jin S, Zhang Q, et al. Autonomous navigation of Mars probe using X-ray pulsars: Modeling and results [J]. Advances in Space Research, 2013, 51(5): 849-857.

[190] Sheikh S, Pines D, Ray P, et al. Spacecraft navigation using X-ray pulsars [J]. Journal of Guidance, Control and Dynamics, 2006, 29(1): 49-63.

[191] Ray P, Sheikh S, Graven P, et al. Deep space navigation using celestial X-ray sources [C]. Proceedings of 2008 National Technical Meeting, San Diego, 2008.

[192] Chen Z. Local observability and its application to multiple measurement estimation [J]. IEEE Transactions on Industrial Electronics, 1991, 38(6): 491-496.

[193] Bar-Shalom Y, Li X, Kirubarajan T. Estimation with applications to tracking and navigation: theory algorithms and software [M]. Hoboken: John Wiley & Sons, 2004.

[194] Yim J, Crassidis J, Junkins J. Autonomous orbit navigation of interplanetary spacecraft [C]. AIAA/AAS Astrodynamics Specialist Conference, Denver, 2000.

[195] Norgaard M, Poulsen N, Ravn O, New developments in state estimation for nonlinear systems [J]. Automatica, 2000, 36(11): 1627-1638.

[196] Jauffret C. Observability and fisher Iinformation matrix in nonlinear regression [J]. IEEE Transactions on Aerospace and Electronic Systems, 2007, 43(2): 756-759.

[197] Prabhakar A, Fisher J, Bhattacharya R. Polynomial chaos-based analysis of probabilistic uncertainty in hypersonic flight dynamics [J]. Journal of Guidance, Control and Dynamics, 2010, 33(1): 222-234.

[198] Dutta P, Bhattacharya R. Nonlinear estimation of hypersonic state trajectories in Bayesian framework with polynomial chaos [J]. Journal of Guidance, Control and Dynamics, 2010, 33(6): 1765-1778.

[199] Dutta P, Bhattacharya R. Hypersonic state estimation using the Frobenius-Perron operator [J].

Journal of Guidance, Control and Dynamics, 2011, 34(2): 325-344.

[200] Seywald H. Desensitized optimal trajectories with control constraints [J]. Advances in the Astronautical Sciences, 2003, 14: 737-743.

[201] Karlgaard C, Shen H. Desensitised kalman filtering [J]. IET Radar, Sonar & Navigation, 2013, 7(1): 2-9.

[202] Shen H, Karlgaard C. Desensitized unscented Kalman filter about uncertain model parameters [C]. Institute of Navigation International Technical Meeting, Newport Beach, 2012.

[203] Li X, Zhao Z, Jilkov V. Practical measures and test for credibility of an estimator [C]. Proceedings of Workshop on Estimation, Tracking, and Fusion—A Tribute to Yaakov Bar-Shalom, New Orleans, 2001.

[204] Crassidis J, Junkins J. Optimal estimation of dynamic systems [M]. Boca Raton: CRC Press, 2011.

[205] Schmidt S. The Kalman filter-its recognition and development for aerospace applications [J]. Journal of Guidance, Control and Dynamics, 1981, 4(1): 4-7.

[206] Xia Q, Rao M, Ying Y, et al. Adaptive fading Kaiman filter with an application [J]. Automatica, 1994, 30(8): 1333-1338.

[207] Zhou D, Frank P. Strong tracking filtering of nonlinear time-varying stochastic systems with colored noise: Application to parameter estimation and empirical robustness analysis [J]. International Journal of Control, 1996, 65(2): 295-307.

[208] Kim K, Lee J, Park C. Adaptive two-stage extended Kalman filter for a fault-tolerant INS-GPS loosely coupled system [J]. IEEE Transactions on Aerospace and Electronic Systems, 2009, 45(1): 125-137.

[209] Kim K, Jee G, Park C, et al. The stability analysis of the adaptive fading extended Kalman filter using the innovation covariance [J]. International Journal of Control, Automation, and Systems, 2009, 7(1): 49-56.

[210] Simon D. Optimal state estimation: Kalman, H Infinity, and nonlinear approaches [M]. Hoboken: John Wiley & Sons, 2006.

[211] 周东华, 席裕庚, 张钟俊. 一种带多重次优渐消因子的扩展卡尔曼滤波器 [J]. 自动化学报, 1991, 17(6): 689-695.

[212] Fitzgerald R. Divergence of the Kalman filter [J]. IEEE Transactions on Automatic Control, 1971, 16(6): 736-747.

[213] Karlgaard C, Schaub H. Huber-based divided difference filtering [J]. Journal of Guidance, Control, and Dynamics, 2007, 30(3): 885-891.

[214] Karlgaard C, Schaub H. Comparison of several nonlinear filters for a benchmark tracking problem [C]. AIAA Guidance, Navigation and Control Conference, Colorado, 2006.

[215] Karlgaard C, Schaub H. Adaptive nonlinear Huber-based navigation for rendezvous in elliptical orbit [J]. Journal of Guidance, Control and Dynamics, 2011, 34(2): 388-402.

[216] Masreliez C, Martin R. Robust Bayesian estimation for the linear model and robustifying the Kalman filter [J]. IEEE Transactions on Automatic Control, 1977, 22(3): 361-371.

[217] Tyler D. Robust statistics: Theory and methods [J]. Journal of the American Statistical Association, 2008, 103(482): 888-889.

[218] Durovic Z, Kovacevic B. Robust estimation with unknown noise statistics [J]. IEEE Transactions

on Automatic Control, 1999, 44(6): 1292-1296.

[219] Wang X, Gong D, Xu L, et al. Laser radar based relative navigation using improved adaptive Huber filter [J]. Acta Astronautica, 2011, 68(11): 1872-1880.

[220] Chang L, Hu B, Chang G, et al. Multiple outliers suppression derivative-free filter based on unscented transformation [J]. Journal of guidance, control and dynamics, 2012, 35(6): 1902-1906.

[221] Wang Y, Sun S, Li L. Adaptively robust unscented Kalman filter for tracking a maneuvering vehicle [J]. Journal of Guidance, Control and Dynamics, 2014, 37(5): 1696-1701.

[222] Huber P. Robust estimation of a location parameter [J]. The Annals of Mathematical Statistics, 1964, 35(1): 73-101.

[223] Lu P. Predictor-corrector entry guidance for low-lifting vehicles [J]. Journal of Guidance, Control and Dynamics, 2008, 31(4): 1067-1075.

[224] Carman G L, Ives D, Geller D. Apollo-derived Mars precision lander guidance [J]. AIAA Paper, 1998: 4570.

[225] Zhao Z, Yang J, Li S, et al. Finite-time super-twisting sliding mode control for Mars entry trajectory tracking [J]. Journal of the Franklin Institute, 2015, 352(11): 5226-5248.

[226] Li S, Peng Y. Command generator tracker based direct model reference adaptive tracking guidance for Mars atmospheric entry [J]. Advances in Space Research, 2012, 49(1): 49-63.

[227] Li S, Peng Y. Neural network-based sliding mode variable structure control for Mars entry [J]. Proceedings of the Institution of Mechanical Engineers, Part G: Journal of Aerospace Engineering, 2012, 226(11): 1373-1386.

[228] Wang D, Min W. Robust guidance law for drag tracking in Mars atmospheric entry flight [C]. Chinese Control Conference (CCC), IEEE, Nanjing，2014: 697-702.

[229] Talole S, Benito J, Mease K. Sliding mode observer for drag tracking in entry guidance [C]. Proceedings of the AIAA Guidance, Navigation and Control Conference, Hilton Head, 2007: 5122-5137.

[230] Furfaro R, Wibben D. Mars atmospheric entry guidance via multiple sliding surface guidance for reference trajectory tracking [C]. AIAA/AAS Astrodynamics Specialist Conference, AIAA, 2012: Minneapolis, 4435.

[231] Saraf A, Leavitt J, Chen D, et al. Design and evaluation of an acceleration guidance algorithm for entry [J]. Journal of Spacecraft and Rockets, 2004, 41(6): 986-996.

[232] Xia Y, Fu M. Compound control methodology for flight vehicles [M]. Berlin：Springer, 2013.

[233] Zhao Z, Yang J, Li S, et al. Drag-based composite super-twisting sliding mode control law design for Mars entry guidance [J]. Advances in Space Research, 2016, 57(12): 2508-2518.

[234] 韩京清. 自抗扰控制技术 [M]. 北京: 国防工业出版社, 2009.

[235] 武利强. 自抗扰控制技术应用研究 [D]. 北京: 中国科学院数学与系统科学研究院, 2009.

[236] 韩京清. 自抗扰控制技术 [J]. 前沿科学, 2007, 1: 24-31.

[237] 韩京清, 王伟. 非线性跟踪 - 微分器 [J]. 系统科学与数学, 1994, 14(2): 177-183.

[238] 韩京清, 王伟. 非线性跟踪微分器的另一种形式 [C] 智能控制与智能自动化. 北京: 科学出版社, 1994: 2355-2362.

[239] 韩京清. 非线性状态误差反馈控制律 -NLSEF [J]. 控制与决策, 1995, 10(3): 221-225.

[240] 韩京清. 控制系统的非光滑综合 [C]. 中国控制会议, 香港, 2000.

[241] Han J. Nonlinear design methods for control system [C]. The Proceedings. of the 14th IFAC World Congress, Beijing，1999.

[242] 韩京清, 张荣. 二阶扩张状态观测器的误差分析 [J]. 系统科学与数学, 1999, 4: 469-471.

[243] Huang Y, Wan H, Song J. Analysis and design for third order nonlinear continuous extended states observer [C]. Proceedings. of 19th Chinese Control Congress, Hong Kong, 2000: 677-681.

[244] Ding S. Active Disturbance Rejection Controller and Its Applications in Furnace Control [D]. Beijing: Institute of Systems Science of Chinese Academy of Science, 1996.

[245] Xie W. The Investigation on Synchronous System of Hydraulic Press and Control Theory of Nonlinear State Error Feedback [D]. Hangzhou: Zhejiang University, 1996.

[246] 陈忻彦. 基于自抗扰控制技术的动力调谐陀螺控制研究 [D]. 北京：中国科学院数学与系统科学研究院, 2003.

[247] 冯光, 黄立培, 朱东起. 异步电机的新型非线性自抗扰控制器的研究 [J]. 清华大学学报, 1999, 39(3): 30-33.

[248] Mease K, Chen D, Teufel P, et al. Reduced-order entry trajectory planning for acceleration guidance [J]. Journal of Guidance, Control, and Dynamics, 2002, 25(2): 257-266.

[249] McFarland M, Hoque S. Robustness of a nonlinear missile autopilot designed using dynamic inversion [C]. Proceedings of AIAA Guidance, Navigation, and Control Conference and Exhibit, Big Sky, 2000.

[250] Benito J, Mease K. Nonlinear predictive controller for drag tracking in entry guidance [C]. AIAA/AAS Astrodynamics Specialist Conference and Exhibit, Big Sky, 2008: 18-21.

[251] Harl N, Balakrishnan S. Reentry terminal guidance through sliding mode control [J]. Journal of Guidance, Control, and Dynamics, 2010, 33(1): 186-199.

[252] 石厅. 不确定输入饱和系统的鲁棒控制研究 [D]. 杭州: 浙江大学, 2006.

[253] Khalil H. Nonlinear Systems [M]. 3rd ed. New Jewsey: Prentice Hall, 2002.

[254] Gao W, Hung J. Variable structure control of nonlinear systems: A new approach [J]. IEEE Transactions on Industrial Electronics, 1993, 40(1): 45-55.

[255] 高为炳. 变结构控制理论基础 [M]. 北京: 中国科学技术出版社, 1990.

[256] 李鹏. 传统和高阶滑模控制研究及应用 [D]. 长沙：国防科学技术大学, 2011.

[257] Zhu Z, Xu D, Liu J, et al. Missile guidance law based on extended state observer [J]. IEEE Transactions on Industrial Electronics, 2013, 60(12): 5882-5891.

[258] Levant A. Higher order sliding modes and their application for controlling uncertain processes [D]. Moskau: Institute for System Studies of the USSR Acadamy of Science, 1987.

[259] Levant A. Higher-order sliding modes, differentiation and output-feedback control [J]. International Journal of Control, 2003, 76(9/10): 924-941.

[260] Levant A. Principles of 2-sliding mode design [J]. Automatica, 2007, 43(4): 576-586.

[261] Fridman L, Levant A. Higher order sliding modes as a natural phenomenon in control theory [J]. Springer Berlin Heidelberg, 1996, 217(3): 107-133.

[262] Levant A. Robust exact differentiation via sliding mode technique [J]. Automatica, 1998, 34(3): 379-384.

[263] Ding S, Li S. Stabilization of the attitude of a rigid spacecraft with external disturbances using finite-time control techniques [J]. Aerospace Science and Technology, 2009, 13(4): 256-265.

[264] Xia Y, Shi P, Liu G, et al. Active disturbance rejection control for uncertain multivariable

systems with time-delay [J]. IET Control Theory and Applications, 2007, 1(1): 75-81.

[265] Feng Y, Han F, Yu X. Chattering free full-order sliding-mode control [J]. Automatica, 2014, 50(4): 1310-1314.

[266] Brunner C, Lu P. Skip entry trajectory planning and guidance [J]. Journal of Guidance, Control, and Dynamics, 2008, 31(5): 1210-1219.

[267] Brennen C. A review of added mass and fluid inertial forces [J]. Department of the Navy, 1982: 1-10.

[268] Sahin I. Added mass coefficients for submerged bodies by a low-order panel method [J]. Journal of Fluids Engineering, 1993, 115(3): 452-456.

[269] Ghassemi H, Yari E. The added mass coefficient computation of sphere, ellipsoid and marine propellers using boundary element method [J]. Polish Maritime Research, 2011, 18(1): 17-26.

[270] Yih C. Maximum speed in steady subsonic flows [J]. Quarterly of Applied Mathematics, 1958, 4: 178-180.

[271] Cruz J, Kandis M, Witkowski A. Opening loads analyses for various disk-gap-band parachutes [J]. AIAA, 2003: 2002-2131.

[272] Schoenenberger M, et al. Assessment of the reconstructed aerodynamics of the Mars Science Laboratory entry vehicle [J]. Journal of Spacecraft and Rockets, 2014, 51(4): 1076-1093.

[273] Gonyea K, Tanner C, et al. Aerodynamic stability and performance of next-generation parachutes for Mars descent [C]. Aerodynamic Decelerator Systems Technology Conferences, Colorado，2013: 1356.

[274] Purvis J. Prediction of parachute line sail during lines-first deployment [J]. Journal of Aircraft, 1983, 20(11): 940-945.

[275] 鲁媛媛, 荣伟, 吴世通. 火星环境下降落伞拉直过程的动力学建模 [J]. 航天返回与遥感, 2014, 35(1): 29-36.

[276] Jason M, Ian G, et al. Parachute dynamic stability and the effects of apparent inertia [C]. AIAA Atmospheric Flight Mechanics Conference, Atlanta, 2014.

[277] Milnethomson L, Rott N. Theoretical Hydrodynamics [M]. Toronto: Courier Corporation, 1968.

[278] Anita S. Findings from the supersonic qualification program of the Mars Science Laboratory parachute system [C]. Aiaa Aerodynamic Decelerator Systems Technology Conference and Seminar, Big Sky, 2009.

[279] Shen G, Xia Y, Sun H. A 6DOF mathematical model of parachute in Mars EDL [J]. Advances in Space Research, 2015, 55(7): 1823-1831.

[280] Ginn J, Clark I, Braun R. Parachute dynamic stability and the effects of apparent inertia [C]. AIAA Atmospheric Flight Mechanics Conference, Big Sky, 2014.

[281] Souza C. An optimal guidance law for planetary landing [C]. Guidance, Navigation, and Control Conterence, Cambridge, 2013.

[282] 冯军华, 崔祜涛, 崔平远, 等. 行星表面陨石坑检测与匹配方法 [J]. 航空学报, 2010, 31(9): 1858-1863.

[283] Weismuller T, Leinz M, Caballero D, et a1. Technology for autonomous optical planetary navigation and precision landing [C]. AIAA Space Conference and Explosition, Atlanta, 2007: 1924-1949.

[284] Canny J. A computational approach to edge detection [J]. IEEE Transactions on Pattern

Analysis and Machine Intelligence, 1986, 8(6): 679-698.

[285] 杨全银. 基于 Hough 变换的图像形状特征检测 [D]. 济南: 山东大学, 2009.

[286] Lowe D G. Distinctive image features from scale-invariant keypoints [J]. International Journal of Computer Vision, 2004 , 60(2): 91-110.

[287] Yu G, Morel J M. A fully affine invariant image comparison method [C]. IEEE International Conference on Acoustics, Taipei, 2009: 1597-1600.

[288] Morel J M, Yu G. ASIFT: A new framework for fully affine invariant image comparison [J]. Siam Journal on Imaging Sciences, 2009, 2(2): 438-469.

[289] Yu M, Cui H, Tian Y. A new approach based on crater detection and matching for visual navigation in planetary landing [J]. Advances in Space Research, 2014, 53(12): 1810-1821.

[290] Wokes D, Palmer P. Perspective reconstruction of a spheroid from an image plane ellipse [J]. International Journal of Computer Vision, 2010, 90(3): 369-379.

[291] Mu Y, Ding W, Tao D, et al. Biologically inspired model for crater detection [C]. International Joint Conference on Neural Networks, San Jose, 2011.

[292] Konopliv A, Miller J, Owen W, et al. A global solution for the gravity field, rotation, landmarks, and ephemeris of Eros [C]. The 16th International Symposium on Space Flight Dynamics, Atlanta, 2001.

[293] 吴福朝, 胡占义. 由二次曲线确定摄像机方位的线性算法 [J]. 计算机学报, 2002, 25(11): 1157-1164.

[294] 高锡珍, 邵巍, 冷君阁, 等. 一种基于陨石坑拟合椭圆的着陆器位姿估计算法 [J]. 深空探测学报, 2015, (3): 241-245.

[295] 邵巍, 陈海燕, 孟琳, 等. 基于鲁棒曲线匹配的星表特征跟踪方法 [J]. 深空探测学报, 2014, 1(1): 75-80.

[296] 杨本立. 超定方程组最小二乘解行处理法 [J]. 云南师范大学学报 (自然科学版), 1997, (1): 1-4.

[297] Jonathan F. Animating rotation with quaternion curves, shoemaker [J]. ACM SIGGRAPH Computer Graphics, 1985, 19(3): 245-254.

[298] Zhen L, Hosein T, Han S. From AutoCAD to 3ds Max: An automated approach for animating heavy lifting studies [J]. Canadian Journal of Civil Engineering, 2015, 42(3): 190-198.

[299] 赵海媚, 林振生, 彦虹羽. 基于 Kinect 的 3D 实时虚拟试衣系统的研究 [J]. 电子技术与软件工程, 2015, (20): 69-71.